Mein ARTENRETTER GARTEN

Mit den richtigen Pflanzen & Strukturen die Insektenvielfalt fördern

Wie innerhalb weniger Jahre aus einem Garten
eine Arche Noah der Artenvielfalt wurde

Anja Eder

Idee, Konzeption, Text, Fotografie,
Gestaltung, Illustration, Realisation:
Anja Eder

1. Auflage Oktober 2024

www.wildbienen-garten.de
TiPP 4 Verlag, Rheinbach

Inhalt

Goldene Glanzschwebfliege
Callicera aurata

Eine seltene Beobachtung

Sie gilt als extrem seltene, vom Aussterben bedrohte Art. Im August 2024 konnte ich diese auffällig große, goldglänzende Schwebfliegenart bei der Nahrungsaufnahme an der Wilden Karde beobachten. Die adulten Fliegen leben in hohen Baumkronen und werden nur selten gesichtet. Die Larven entwickeln sich in feuchten, dauerhaft mit Wasser gefüllten Baumhöhlen alter Buchen, Birken und vermutlich weiterer Baumarten. In diesen wassergefüllten Fäulnislöchern filtrieren sie Mikroben.

Begegnungen dieser Art zeigen, wie wichtig reich gegliederte, artenreiche Landschaften mit altem heimischen Laubholzbestand und Totholz für Insekten sind.

Vorwort

Schön, dass Sie da sind und gerade beschlossen haben, in diesem Buch zu blättern. Es erfüllt mich mit Freude, dass Sie sich die Zeit nehmen, einige typische Bewohner naturnaher Gärten näher kennenzulernen. Ein wenig stolz bin ich auch, da ich es tatsächlich geschafft habe, diese anfänglich unterschätzte Projektidee erfolgreich zu beenden. Vor Ihnen liegt – nach intensiver Arbeit der letzten Jahre – ein informatives, umfangreich bebildertes, mit Liebe gestaltetes Buch über unseren 180 Quadratmeter großen Garten inmitten der Wuppertaler Nordstadt – prall gefüllt mit Leben. Es blüht, summt, brummt, flattert und krabbelt.

Mit diesem Buchprojekt möchte ich dokumentieren, wie unser Garten zu einer Arche Noah der Artenvielfalt wurde. Ich wollte herausfinden, welche Insekten durch die Neupflanzung heimischer Gewächse, durch die Anlage insektenfreundlicher Strukturen und infolge einer naturnahen Pflege in unseren Garten gelockt werden können.

Das Vorhaben, die Biodiversität zu dokumentieren, entpuppte sich als weitaus umfangreicher, anspruchsvoller und zeitaufwendiger als angenommen. Ich stand vor einer gewaltigen Herausforderung. Da ich im ersten Schritt die Tiere fotografisch festhielt, entstand eine umfangreiche Bildersammlung. Über 120.000 Makrofotografien mussten sortiert und ausgewertet werden. Vögel, kleine Säugetiere, Spinnentiere, Schnecken, Insekten und weitere. Die ursprüngliche Idee beinhaltete Porträts aller Tiere des Gartens. Vom Eichhörnchen bis zur Assel. Mehrere Jahre verbrachte ich allein damit, Fotos zu sortieren und die Tiere zu bestimmen. Keine leichte Aufgabe. Im Dezember 2021 erkannte ich, ein Buch über alle Gartenbewohner würde zu umfangreich werden, und reduzierte es auf Insekten. Eine gute Entscheidung.

Goldene Glanzschwebfliege
Callicera aurata

Die Anzahl der belegten Insektenarten übertraf meine Erwartungen. Das Ergebnis war überwältigend. Weit über 300 verschiedenen Insekten konnte ich bislang einen Lebensraum bieten. Nicht alle Entdeckungen passen in dieses Buch. Vor einem Jahr etwa beschloss ich, weitere Neuzugänge nicht mehr aufzunehmen. Die Diversität der kleinen tierischen Bewohner scheint stetig anzusteigen. Erst gestern, am 28. Juli 2024, konnte ich eine besondere Schwebfliegenart an der Wilden Karde beobachten. Die Goldene Glanzschwebfliege *Callicera aurata* ist eine vom Aussterben bedrohte Art, sie gilt als extrem selten. Ich freue mich dann wie ein kleines Kind über solche wunderbaren Entdeckungen.

Dass sich in einem so kurzen Zeitraum von nur wenigen Jahren all diese Insektenarten einfinden konnten, ist eine ausgesprochen gute Nachricht. Erst seit 2020 verfolge ich konsequent das Ziel, heimische Pflanzen auf unserer Gartenfläche zu etablieren. Eine weitere gute Nachricht ist die, dass die Tiere Jahr für Jahr wiederkehren.

Über 300 Insektenarten stelle ich Ihnen in dieser Ausgabe vor. Darunter befinden sich jedermann bekannte, vielen Menschen unbekannte, im Verhalten wundersame, neu eingebürgerte, selten gewordene, vom Aussterben bedrohte und atemberaubend schöne Tiere.

Jedes Insekt wird in Einzelporträts beschrieben. Sie erfahren, von welchen Pflanzen ihr Leben abhängt, was sie fressen oder von wem sie gefressen werden, welchen Lebensraum sie brauchen, wie und wo sie ihren Nachwuchs unterbringen, wann sie unterwegs sind, wie sie aussehen und warum sie so wichtig für uns alle sind. Vorausgesetzt, ich konnte die entsprechenden Informationen zu den einzelnen Tieren finden. Denn nicht alle Tiergruppen sind gleich gut erforscht. Beispielsweise gibt es hervorragende Nachschlagewerke zu Tag- und Nachtfaltern oder zu Wildbienen. Verschiedene Fliegen- und Wespenarten gelten noch heute als hochinteressante Forschungsgebiete, die noch zu bearbeiten sind. Daher fallen einige Artenporträts weniger ausführlich aus als andere.

Betrachten können Sie die Insekten in diesem Buch aus nächster Nähe. Ich habe versucht, die Tiere so natürlich wie möglich in Szene zu setzen. Sie können anhand der großformatigen Fotos sehen, wie wunderschön sie sind. Wer diese Schönheit erkennt, wird sie zukünftig schützen. Das hoffe ich zumindest – es ist das Ziel meiner Arbeit.

Gerne verrate ich Ihnen vorab ein gut funktionierendes Rezept. Sie benötigen: heimische Pflanzen, einige nicht heimische Pflanzen, lückige Rasenflächen, unversiegelte Bodenflächen, etwas Totholz, vielleicht eine Trockensteinmauer oder einen Steinhaufen, Blätterhaufen, einen Komposthaufen und eine Prise Unordnung. Sicher fehlt die ein oder andere Zutat in dieser Aufzählung. Bei allem, was Sie in Ihrem Garten unternehmen, gilt: Seien Sie nicht zu ordentlich. Ein Garten ist kein Wohnzimmer! Ordnung vernichtet Lebensraum. Warum übertriebene Ordnungsliebe den tierischen Gartenbewohnern schadet, werden Sie in späteren Kapiteln des Buches erfahren.

Der Weg zu mehr Artenvielfalt im eigenen Garten ist verblüffend einfach

Die Reaktionen auf mein Buch „Wildbienenhelfer" zeigen mir immer wieder, wie wenig Menschen über Insekten wissen. Es gilt, fest verankerte Vorurteile über Insekten oder sogenannte Schädlinge aufzulösen, um den Tieren das Überleben zu erleichtern. Schnell ist die Fliegenklatsche zur Hand, wenn sich etwa Wespen oder Fliegen nähern. Meist gibt es keinen Grund, die Tiere zu töten. Noch heute besteht die Fehlinformation, dass die „gefährdete" Honigbiene geschützt werden müsse. Jungimker*innen sprießen aus dem Boden und bringen mit einer gut gemeinten Insekten-Rettungsaktion genau diese in Gefahr. Honigbienen ernten systematisch Pollen und Nektar – es entsteht eine Situation der Nahrungskonkurrenz zum Nachteil weniger gut organisierter Insekten. Selten sorgen Imker*innen für ein Nahrungsangebot in Form von Blumenwiesen für ihre Tiere. Immerhin kann ein Honigbienenvolk 40.000 bis 60.000 Bienen hervorbringen. Zu oft sehe ich Honigbienen-Beuten in Gärten auf blütenleeren Rasenflächen. So viel Ignoranz macht mich wütend.

Wir stellen also fest: Die Honigbiene muss nicht gerettet werden, sie ist ein Zuchttier. Wildlebende heimische Honigbienenarten existieren heute in Deutschland nicht mehr. Die Honigbiene wurde zu einer effizient funktionierenden Honigproduzentin gezüchtet. Sie arbeitet für uns.

Wenn wir etwas verändern wollen, müssen wir handeln, jetzt!
Wir sollten das nicht auf später verschieben, dafür haben wir keine Zeit.

Insekten brauchen dringend unsere Hilfe

Neben dem Nektarangebot für adulte Insekten ist es elementar, dass diese entsprechende Eiablagemöglichkeiten für die Fortpflanzung an heimischen Pflanzen vorfinden. Wussten Sie, dass Zitronenfalter-Weibchen ihre Eier ausschließlich am Faulbaum oder am Echten Kreuzdorn ablegen? So sind viele Insektenarten an ganz bestimmte Pflanzen gebunden. Sie können bei der Eiablage nicht auf andere Pflanzen ausweichen, der Nachwuchs würde verhungern.

Zur erfolgreichen Fortpflanzung benötigen Insekten zudem Lebensräume, die dauerhaft vorhanden sind. Wilde, ursprüngliche Natur gibt es kaum noch. Ruderalflächen, Naturschutzgebiete und der Natur nachempfundene Gartenflächen gelten als letzte Rückzugsorte. Vorausgesetzt, die Bepflanzung bleibt bestehen und wird nicht jedes Jahr auf links gedreht, wie es in Ziergärten oft der Fall ist. Verblühte Stauden landen aus optischen Gründen im Müll, sie machen Platz für Neues. Ein Aspekt, den viele Gartenbesitzer*innen bei der Planung, Gestaltung und Pflege nicht vor Augen haben. Mit der Entsorgung der Pflanze werden auch die darin lebenden Larven getötet. Nicht selten werden Pflanzen der Gartenvorbesitzer entfernt, um frischen Wind in die Fläche zu bringen. Entfernt man heimische Pflanzen, die einige Jahre oder sogar jahrzehntelang Bestand eines Gartens waren, wird die Lebensgrundlage derjenigen Insekten aufgelöst, die in Abhängigkeit zu diesen Nahrungspflanzen stehen. Schottergärten vernichten nicht nur Lebensraum, sie sorgen für noch mehr Hitze in den Sommermonaten. Wie seltsam diese Entwicklung ist. Wir versiegeln ohne Not unsere direkte Umgebung und unterdrücken natürliches Wachstum – verstehen kann ich das nicht.

Biodiversitätswüste Rollrasen

Ähnliches gilt für das Umwandeln einer Wiese in eine Rollrasenfläche. Es verschwinden nicht nur Gänseblümchen und heimische Gräser, die für viele Nachtfalterarten Lebensgrundlage bedeuten. Die Abtragung der ursprünglichen Grasnarbe und die Belegung dieser Fläche mit einer extrem verdichteten, lückenlosen Erd-Rasenmatte erschweren die Lebensbedingungen für Bodenorganismen. Sie zersetzen organische Materialien zu Humus. Die enthaltenen Nährstoffe werden durch diese Kleinstlebewesen für Pflanzen verfügbar gemacht. Einmal zerstört, lässt sich diese fruchtbare Schicht nur schwer wieder aufbauen. Bei der Anzucht des Rollrasens werden zudem Pestizide und Düngemittel verwendet. Die meisten Wildbienenarten und viele weitere Insektenarten nisten in lückigen Bodenflächen. Rollrasen zerstört sowohl die bestehenden Nester als auch zukünftige Nistmöglichkeiten.

Kommt ein Mähroboter hinzu, ist die grüne Wüste perfekt. Bevor etwas blühen kann, wird es entfernt. Nachtaktive Tiere wie Igel werden lebensgefährlich verletzt. Wenn mir solche Gartenbesitzer beipflichtend berichten, dieses Jahr noch keine Biene gesehen zu haben, fehlen mir die Worte.

Haben Sie Streit mit den Nachbarn, weil Sie naturnah gärtnern und heimische Pflanzen kultivieren möchten. Dann hilft Ihnen vielleicht folgende Information:
„Weder Nachbar noch Vermieter können die Anlage eines Wildgartens mit rechtlichen Mitteln verhindern. Ob hinüberfliegende Falter, hinüberkriechende Raupen oder auf das Nachbargrundstück gewehte „Unkraut"-Samen – all das sind ortsübliche und hinzunehmende Begleiterscheinungen eines Wild- oder Naturgartens." Quelle: https://www.lbv.de/ratgeber/lebensraum-garten/rechtliches-zum-naturnahen-garten/

Bewahren Sie Vorhandenes
Erschaffen Sie Neues
Erleben Sie das Paradies vor Ihrer Haustür
Retten Sie die vielen kleinen Schönheiten der Natur

Lassen Sie sich von dem Vorhaben, etwas für die Biodiversität in Ihrem Garten zu unternehmen, nicht abhalten. Fordern Sie Ihr Recht! In unserer aktuellen Lage gibt es kaum etwas Wichtigeres, als die aktuell vorhandene Artenvielfalt zu förden und zu erhalten. Jetzt können wir noch etwas erreichen. Das ökologische Potenzial, welches in Privatgärten steckt, wurde bislang unterschätzt und bei Weitem nicht ausgeschöpft. Rund 17 Millionen Privatgärten gibt es schätzungsweise in Deutschland.

Ein unglaubliches Potenzial für neue Lebensräume, Nahrung, Nistmöglichkeiten und Überwinterungsplätze bedrohter Insekten. Selbst wenn nur ein Teil dieser Gärten insektenfreundlich bepflanzt würde, könnten diese wie ökologische Trittsteine funktionieren und den Tieren die Möglichkeit bieten, zu wandern. Ein gewaltiges Netzwerk würde entstehen. Eine wunderbare Vorstellung – finden Sie nicht auch?

Ich versichere Ihnen: Selbstbestimmt Artenschutz zu betreiben ist wie eine „Therapie zum Glücklichsein", da wir eigenständig etwas verändern – völlig unabhängig von politischen oder wirtschaftlichen Interessen. Wir können zukünftig entscheiden, Pflanzen aus biologischer Zucht zu kaufen, regionales Saatgut zu verwenden und auf Pestizide zu verzichten. Dieses Buch soll Sie so detailliert und gezielt, wie es mir möglich ist, dabei unterstützen.

Vielleicht kann ich Sie überzeugen, „Insektenretter*in" zu werden. Den ersten Schritt haben Sie bereits unternommen. Herzlichen Dank, dass Sie sich für dieses Buch entschieden haben.

Anja Eder / Juli 2024

Von ganzem Herzen Natur- und Tierschützerin

Vielleicht fragen Sie sich, wie eine Designerin dazu kommt, ein Buch über Insekten und heimische Pflanzen zu schreiben. Ich liebe es, Details zu entdecken. Mein Blick auf die Dinge ist davon geprägt. Geboren und aufgewachsen bin ich in Solingen. Nahe der Müngstener Brücke durchstreiften wir als Kinder die Wiesen und Wälder der Umgebung. Das Bergische Land ist nicht unbedingt für seine Sonnenscheindauer bekannt. Als regenreiche Region ist es dicht bewaldet und hügelig grün. Davon profitieren auch die urbanen Räume. Heute lebe ich in Wuppertal und arbeite als Naturfotografin, Kommunikationsdesignerin und Buchautorin.

Als ich 2014 damit begann, Wildbienen zu beobachten, hatte ich keine Ahnung von Insekten – auch nicht von heimischen Pflanzen. Die Tatsache, dass eine mit Pestiziden belastete Pflanze in unserem Garten so viele kleine Opfer forderte, veränderte mein Leben. Ich begann mit der Makrofotografie, um zunächst Wildbienen näher betrachten zu können. Sofort verliebte ich mich in meine neue Tätigkeit und begann Pläne zu schmieden. Wie konnte ich mit meinen beruflichen Mitteln die Missstände rund um das Thema Bienensterben deutlich machen? Mir wurde bald klar, dass es zu dem Zeitpunkt keine Sachliteratur gab, die den Zusammenhang zwischen Wildbienen und Nahrungspflanzen so übersichtlich und gestalterisch ansprechend darstellt, wie ich es mir als Leserin gewünscht hätte.

Vom Gartenexperiment zum Arten-Retter-Garten Buch

Ich bin keine Biologin, aber eine neugierige und mutige Quereinsteigerin, die in die Welt der Insekten hineingeplumpst ist. Also begann ich mit meinen Recherchen. Ende 2017 war mein erstes Buch dann endlich fertig. Als selbstständige Kommunikationsdesignerin war ich in der Lage, dieses Projekt eigenständig zu konzipieren, zu gestalten, zu schreiben und zu produzieren. Die erste Auflage des Wildbienenhelfer-Buches konnte mithilfe einer Crowdfunding-Finanzierung gedruckt werden. Heute bestimmen Themen um Insekten und ihre Nahrungspflanzen meinen Berufsalltag.

Als wir den Garten 2008 übernahmen, gab es wenig Nahrung und kaum Fortpflanzungsmöglichkeiten für Insekten. Vorherrschend waren Edelrosen, Zierstrauchrosen, jede Menge Buchsbaumhecken und glücklicherweise ein wunderschöner, alter Birnbaum. In den folgenden Jahren sollte der Birnbaum nicht der einzige Insektenmagnet bleiben.

Seit inzwischen fünf Jahren suche ich nach Insekten in ihren Verstecken und an ihren möglichen Nistplätzen wie in Erdlöchern, an Totholz oder an Pflanzen. Eine sehr zeitintensive, aber hochinteressante Tätigkeit, da der Blick durch das Makroobjektiv Einblicke gewährt, die erst in der Vergrößerung zum Vorschein kommen. Wir sind umgeben von so vielen kleinen Wesen, die in einer Welt atemberaubend schöner Pflanzen leben. All das können wir fördern und fast wie aus dem Nichts erschaffen.

Nachdem ich die Fotos ausgewertet und nach Tiergruppen sortiert hatte, begann ich mit der schwierigsten und anspruchsvollsten Aufgabe des gesamten Projektes. Die Bestimmung der einzelnen Arten. Wenn Sie mich jetzt fragen, wie ich das geschafft habe – ich kann die Frage nicht beantworten. Oft war ich kurz davor, diesen Wahnsinn einfach abzubrechen. Aber das ist nicht meine Art. Die Bestimmung einzelner Insekten anhand fotografischer Vorlagen ist kompliziert. Scheinbar besitze ich ein gutes „Bestimmungsauge" und glücklicherweise jede Menge Geduld und Ausdauer. Ein Insekt nach dem anderen nahm ich mir vor und erstellte die entsprechenden Artenporträts. Mit der Bitte um Überprüfung der Artenbestimmungen und Beschreibungen der Tiere knüpfte ich Kontakte zu Entomologinnen, Entomologen und Wissenschaftler*innen der entsprechenden Fachgebiete. Dort fand ich durchweg interessierte und hilfsbereite Unterstützer*innen, die ihr Wissen bereitwillig mit mir teilten.

Alle weiteren Prozesse wie die Konzeption und Gestaltung des Buches, die Anfertigung der Illustrationen, die Bildbearbeitung der Fotos und das Schreiben der Texte waren verglichen damit fast ein Kinderspiel.

Die Inhalte des Buches wurden mit Enthusiasmus, größter Sorgfalt und nach bestem Wissen und Gewissen recherchiert, zusammengestellt und geprüft. Sie halten kein klassisches Gartenbuch in den Händen. In dieser Ausgabe dreht sich alles um das Angebot, welches wir einer artenreichen Insektenwelt zur Verfügung stellen können.

Die Abbildung links zeigt unseren halbschattig gelegenen Miniteich.

Als ich den Teich Anfang Juni 2024 anlegte, standen die Inhalte des Buches bereits fest, sodass keine Libellenarten oder andere an Gewässern lebende Insekten vorkommen. Anfang Juli entdeckte ich fünf winzige Molchlarven und musste laut jubeln, so überrascht war ich. Einen weiteren Monat später entstand das Foto des oben abgebildeten Molches bei Nacht. Vermutlich befanden sich die Eier an Wasserpflanzen, die ich von meiner Schwester aus ihrem Teich bekommen hatte. Der Gemeine Teichläufer und diverse Wasserschnecken leben bereits ebenfalls in und an der kleinen neuen Wasserlandschaft.

Privat blühende Oasen – wichtiger denn je

Warum sind unsere Gärten, Balkone oder sogar eine blumenreiche Fensterbank so wichtig für den Erhalt der Insektenvielfalt

Sinnvoll bepflanzte Flächen jeglicher Größe können sich zu Oasen der Artenvielfalt entwickeln. Gibt es viele solcher Oasen, funktionieren diese wie ökologische Trittsteine. Diese ermöglichen es Insekten von Fläche zu Fläche oder von Oase zu Oase zu wandern. Biotope wie Naturschutzgebiete, Blumenwiesen, blumenreiche Randstreifen oder insektenfreundliche Gärten können auf diese Weise, für uns unsichtbar, miteinander verbunden werden. Man kann sich das wie ein Netz aus vielen kleinen und größeren Blühinseln vorstellen. Werden diese Blühinseln zur Eiablage genutzt, können Insekten sich weiter ausbreiten, indem sie als adulte Insekten entsprechend der Möglichkeit ihrer Flugradien neue Gebiete erkunden. Oftmals existieren in älteren, naturnah angelegten Gärten selten gewordene Arten, die in ihrem besonderen Gartenkosmos überlebt haben. Es sind Überlebende, die in solchen von Menschenhand angelegten Biotopen sozusagen „konserviert" wurden. Diesen und allen anderen Arten können wir mit einem Netzwerk insektenfreundlicher Gärten die Chance geben, sich auszubreiten.

Ungenutztes Potenzial: Biodiversität privater Grünflächen

Welches Potenzial in vorhandenen privaten Flächen schlummert, zeigen folgende Erhebungen

„79 Prozent aller Haushalte in Deutschland verfügen über einen Garten, einen Balkon oder eine Terrasse, die naturnah genutzt werden können. Es gibt 36 Millionen Menschen mit Garten, das sind rund 900.000 Hektar Fläche. 58 Millionen Menschen haben einen Balkon oder eine Terrasse. Es gibt etwa 900.000 Schrebergärten in Deutschland mit mehr als 44.000 Hektar Pachtfläche. Dazu kommen private und öffentliche Freiflächen, z. B. von Sportvereinen, Straßenbegleitgrün und Baumscheiben, Stadtplätze und Firmengärten.
31 Prozent der Wildpflanzen in Deutschland sind bestandsgefährdet. Das liegt unter anderem daran, dass ihre Lebensräume verschwinden: von Magerwiesen über Hecken bis zu Mooren. Seit 1950 sind in Deutschland 71 Prozent der Ackerwildkrautarten verschwunden."

Quelle: https://www.tausende-gaerten.de/media/tgta-infoblatt-zahlen_daten_und_fakten.pdf (leben.natur.vielfalt/das Bundesprogramm)

Den meisten dieser privaten oder öffentlichen Flächen mangelt es an Artenreichtum. Sie sind zwar grün, aber blütenleer. Unkenntnis, Desinteresse oder fehlendes Bewusstsein für die Folgen der drohenden Artenarmut führen vermutlich zu diesem Mangel an Blühnahrung. Sogenannte Schottergärten sind vor diesem Hintergrund der Ausdruck völliger Hilflosigkeit oder Ignoranz.

Gründe für den Biodiversitätsverlust in privaten Gärten

Die meisten Menschen, die in einer städtischen Umgebung aufwachsen, haben keine gelebte Erfahrung im Umgang mit naturnahen Bepflanzungen. Blühpflanzen werden nach optischen Kriterien und nicht nach ihrer ökologischen Relevanz ausgewählt. Das seit Jahrzehnten immer gleiche Pflanzenangebot im Handel an Stauden, Sträuchern und Bäumen macht es dem Verbraucher nicht gerade leicht, auf einheimische Pflanzen umzusteigen. Diese werden kaum oder nur in geringem Maße angeboten. Abhilfe schaffen Onlineanbieter oder regionale Pflanzenmärkte. Gelegenkeitskäufer werden auf der Suche nach heimischen Pflanzen vermutlich mit leeren Händen in ihren Garten zurückkehren oder nach der üblichen, für Insekten meist nutzlosen Ware greifen.

Dem wissenschaftlichen Bericht *„Konservative Gartenarbeit in die Praxis umsetzen"* der Universität Leipzig zu Folge, sind je nach Bundesland zwischen 29 % und 53 % der gefährdeten Pflanzenarten in den deutschen Bundesländern gärtnerisch nutzbar, darunter auch ausgestorbene und vom Aussterben bedrohte Arten. Erfreulich ist, dass 66 % der oben genannten Pflanzenarten bereits käuflich zu erwerben sind.

Quelle: Munschek, M., Witt, R., Kaltofen, K. et al. Konservative Gartenarbeit in die Praxis umsetzen. Sci Rep 13 , 12671 (2023) https://doi.org/10.1038/s41598-023-39432-8

Aus der oben genannten Studie geht eine benutzerfreundliche App hervor, die Listen einheimischer Pflanzen für jedes deutsche Bundesland bereitstellt. Die App ermöglicht es Ihnen, von der gewählten Pflanze ausgehend über einen direkten Link zu einem seriösen Anbieter zu gelangen. Es besteht zudem die Möglichkeit nach Gefährdungsgrad, Licht-, Wasser-, Nährstoff- und Bodenansprüchen, Pflanzenhöhe, Biodiversität, Blütenfarbe und Eignung der Pflanzen für beispielsweise Dach- und Balkonbegrünung zu sortieren.
https://conservation-gardening.shinyapps.io/app-de/

Wenn Sie vor einer Pflanze stehen und nicht wissen, ob diese heimisch ist, gibt es die Möglichkeit, dies direkt vor Ort zu klären. Bei fraglichen Pflanzen können Sie zwei Apps nutzen, denn es ist nicht immer so einfach, heimische Pflanzen zu erkennen. Mit **Flora Incognita** bestimmen Sie die Pflanze. Mit **Natura DB** erfahren Sie, ob die Pflanze heimisch ist und welchen Nutzen sie für die Tierwelt hat.
https://floraincognita.de / **https://www.naturadb.de** (beide sind als Handy App verfügbar)

Pflanzen finden per App

Wo bekommen Sie heimische Pflanzen in Bio-Qualität und warum ist das wichtig

Der BUND und seine Partnerorganisation Global 2000 haben 2021, 2022 und 2023 **als bienenfreundlich ausgewiesene Pflanzen** im Handel auf Pestizidrückstände untersucht. Dabei wurden 2023 wieder sehr hohe Belastungen nachgewiesen. „Von den 22 Proben wurden in 21 Proben Pestizide nachgewiesen. Im Durchschnitt wurden 6,5 Pestizide auf einer Probe gefunden. Der Höchstwert waren 22 verschiedene Pestizide auf einer Pflanzenprobe. Es wurden insgesamt 38 verschiedene Pestizide auf den bienenfreundlichen Pflanzen festgestellt. Fünf davon sind hoch bienengiftig."

Quelle: https://www.bund.net/fileadmin/user_upload_bund/publikationen/umweltgifte/Zierpflanzen-Pestizidtest-BUND.pdf

Vielleicht haben Sie das Glück, eine Biogärtnerei in der Nähe aufsuchen zu können. Ist das nicht der Fall, können Sie Ihre Pflanzen online bestellen. Eine Liste seriöser Anbieter, die heimische Pflanzen in Bioqualität und regionales Saatgut anbieten, finden Sie auf Seite 328.

Garantiert arterhaltend: heimische Pflanzen

Warum etwas Unordnung im Garten und heimische Pflanzen so wichtig sind

Ein Garten – bestückt mit einem hohen Anteil an einheimischen Wiesenblumen, heimischen Gräsern, Stauden, Sträuchern und Bäumen; mit Ecken, in denen Totholz liegen darf; Trockenmauern, Steinhaufen, Magerflächen, sandigen Bereichen oder einem nicht perfekten lückigen Rasen – ist überlebenswichtig für Insekten und wild lebende Gartentiere. Ist Ihr Garten perfekt gepflegt und ordentlich, dann entfernen Sie vermutlich Verblühtes sofort, weil es nicht schön aussieht. Genau hier, in den welken Blüten, in oder an Pflanzenstängeln, an oder unter dem Laub, verstecken sich unzählige Larven verschiedener Insektenarten. Sie brauchen solche natürlichen Strukturen für Ihre Entwicklung. Diese kann einige Tage, Wochen, aber auch mehrere Monate dauern. **Entfernen Sie Verblühtes zu früh, dann landet nicht nur der Grünschnitt, sondern auch all das Leben – welches darin steckt – im Müll.**

Lassen Sie einfach mal die Natur arbeiten. Sie werden dafür mit Artenvielfalt belohnt. Verblühte Stauden entferne ich im Frühjahr des folgenden Jahres so spät wie möglich, erst wenn andere Pflanzen den Platz zum Wachsen brauchen. Viele Insektenlarven überwintern in ihren Nahrungspflanzen. Sie schlüpfen teilweise erst im späten Frühjahr.

Möchten Sie dennoch einiges im Herbst entfernen, können Sie den Abschnitt der Pflanzen, von denen Sie vermuten, dass Insekten diese zur Larvenablage nutzen, locker gebündelt an einen halbschattigen oder sonnigen Platz stellen. Infrage kommen markhaltige Pflanzenstängel, wie zum Beispiel die von Beifuß, Brombeere, Distel, Himbeere, Königskerze, Klette, Stockrose und Heckenrose. Bitte nicht auf den Kompost oder auf einen Haufen werfen, die Brut würde bei andauernder Feuchtigkeit verschimmeln. Das klingt vielleicht kompliziert, ist es aber nicht. Sie könnten verblühte Stauden ja einfach stehen lassen – alles Weitere entsteht von ganz alleine. Ganz gleich, was der Nachbar dazu sagt. Zudem sehen naturnahe Gärten im Winter besonders schön aus, wenn Tau, Eis und Schnee in der Wintersonne auf Wilder Karde und Co. zu glitzern beginnen.

Heimische Pflanzen bieten nicht nur Nahrung, sondern garantieren den Fortpflanzungserfolg. Aber auch gezielt ausgewählte, nicht heimische Pflanzen wie die Breitblättrige Platterbse, der Woll-Ziest oder die Dalmatiner Glockenblume – um nur einige wenige zu nennen – sollten einen Platz im Garten finden. Am Beispiel der pollenspezialisierten Glockenblumen-Scherenbiene zeigt sich, dass Wildbienenarten nicht ausschließlich heimische, sondern auch etablierte, neophytisch vorkommende Glockenblumengewächse als Pollenquelle nutzten. Relevant dabei ist, dass die grundlegenden Erbgut-Informationen, die im Insekt wie auch in der Pflanze gespeichert sind, zusammenpassen.

Im Laufe der Evolution haben sich Flora und Fauna aneinander angepasst

Pflanzen mussten Abwehrmechanismen entwickeln, um sich vor hungrigen Insekten zu schützen. Tiere mussten wiederum körpereigene Abwehrmechanismen entwickeln, um als Blattfresser die mit Giften, Gällstoffen oder Ölen ausgestatteten Pflanzen vertilgen zu können. Je spezialisierter ein Insekt ist, umso weniger muss es die auserwählte Leibspeise mit anderen Arten teilen. Aus der Nahrungsspezialisierung resultiert eine Fortpflanzungsspezialisierung. Die meisten Insekten legen ihren Nachwuchs nicht irgendwo ab, denn dieser kann nur an den Pflanzen hinterlassen werden, deren Nahrungsangebot sie überleben.

Die wechselseitige Beeinflussung der Entwicklung zweier Arten im Laufe der Evolution nennt man Koevolution. Diese führt zum Schlüssel-Schloss-Prinzip – der Spezialisierung. Davon können wir uns leiten lassen, wenn wir Artenvielfalt fördern wollen. Ein Großteil der pflanzenfressenden Insekten ist auf einheimische Wildpflanzen spezialisiert. Die Spezialisten unter den Insekten benötigen eine bestimmte Pflanzengattung für ihren gesamten Lebenszyklus. Hat man diesen Zusammenhang verstanden, betrachtet man heimische Pflanzen mit anderen Augen. Der Begriff „Unkraut" ist in diesem Sinne eine nicht mehr zeitgemäße Verunglimpfung.

Wichtig zu wissen – grundsätzlich gilt

Verzichten Sie auf exotische Gewächse anderer Kontinente

Heimische Pflanzen sind die erste Wahl, denn der Nachwuchs heimischer Insekten ernährt sich von heimischen Nahrungsquellen. Wenn Sie einen Schmetterling bei der Nahrungsaufnahme an exotischen Blüten beobachten, bedeutet es nur, dass sich das Tier zur eigenen Ernährung dort aufhält. Die gleiche Pflanze ist für die Nachkommen des Falters völlig nutzlos. Schmetterlingseier werden grundsätzlich an Pflanzen ablegt, deren Blattgrün die heranwachsenden Raupen fressen.

Trockenheit in den Sommermonaten

Die zunehmenden, teils lang anhaltenden Hitzeperioden der vergangenen Jahre zeigen, dass zukünftig weitere Faktoren bei der Pflanzenwahl eine Rolle spielen werden. Sie müssen hitzebeständig sein. Dennoch sollten Sie keinesfalls auf Exoten aus Asien oder Nordamerika ausweichen. Es gibt eine bessere Wahl.

Pflanzen benachbarter Florenregionen wie die aus Südost- und Südeuropa sind häufig den Familien und Gattungen unserer heimischen Pflanzen sehr ähnlich. Sie stammen aus unmittelbarer Ländernachbarschaft. Viele dieser Pflanzen sind trockenheitsresistenter und gleichzeitig geeignet, Insekten und deren Nachwuchs zu ernähren. Wie bereits links im Kapitel beschrieben, unterscheidet die Biene nicht, ob die Glockenblume aus der Region oder aus Südeuropa stammt.

„Denn sobald eine Pflanzenart in Koevolution mit unserer Tierwelt entstanden ist (und umgekehrt), sind sozusagen die grundlegenden gegenseitigen Baumerkmale in beider Erbgut abgespeichert. Und das gilt für 90 Prozent all unserer pflanzenfressenden Insekten."

Zitat: „Pflanzen für die Zukunft aus naturgärtnerischer Sicht – Klimawandel im Garten." Dr. Reinhard Witt, Stadt+Grün, 07/2021

Invasive Pflanzenarten

Invasive Pflanzen sind eine Gefahr, da sie die bestehende heimische Vegetation verdrängen können. Selbst wenn Sie die Pflanzen in Ihrem Garten im Griff haben, sollten Sie invasive Arten entfernen. Die Gefahr der Ausbreitung in nahe gelegene Naturschutzgebiete oder auf benachbarte freie Flächen ist zu groß.

„Die Bewahrung der Biodiversität ist zentrales Ziel internationaler und europäischer Vereinbarungen. Zum Erreichen dieses Zieles sind vielfältige Maßnahmen mit unterschiedlichen Zielsetzungen notwendig. Hierzu gehört auch, der zunehmenden Gefährdung der indigenen Floren und Faunen durch invasive gebietsfremde Arten zu begegnen. So verpflichtet das Übereinkommen über die biologische Vielfalt (CBD) die internationale Staatengemeinschaft, Vorsorge gegen gebietsfremde Arten zu treffen und diese gegebenenfalls zu bekämpfen. Dieser Ansatz wurde auch in die Europäische Biodiversitätsstrategie für das Jahr 2020 übernommen. Das Bundesnaturschutzgesetz greift die Vorgaben der CBD auf und schreibt sie verbindlich fest."*

Die meisten der über 2.400 in Deutschland vorkommenden gebietsfremden Gefäßpflanzenarten stellen aus Sicht des Naturschutzes kein Problem dar. Insgesamt wurden **38 invasive** und **42 potenziell invasive** Arten identifiziert, welche die biologische Vielfalt in Deutschland erheblich oder zumindest potenziell gefährden. Ausführliche Auswertungen der einzelnen unten aufgeführten Pflanzen können Sie einer Studie entnehmen. Diese finden Sie auf der Webseite des Bundesamtes für Naturschutz über den Link (rechts).

*Zitat + Quelle dieser Seite: Nehring, S., Kowarik, I., Rabitsch, W., Essl, F., Naturschutzfachliche Invasivitätsbewertungen für in Deutschland wild lebende gebietsfremde Gefäßpflanzen, Bundesamt für Naturschutz.

https://www.bfn.de/sites/default/files/BfN/service/Dokumente/skripten/skript352.pdf

(Invasive = rot / potentiell Invasive = schwarz)

Acer negundo	**Eschen-Ahorn**
Ailanthus altissima	**Götterbaum**
Allium paradoxum	**Wunder-Lauch**
Ambrosia artemisiifolia	**Beifußblättrige Ambrosie**
Amorpha fruticosa	**Gewöhnlicher Bastardindigo**
Artemisia verlotiorum	**Kamtschatka-Beifuß**
Asclepias syriaca	**Gewöhnliche Seidenpflanze**
Azolla filiculoides	**Großer Algenfarn**
Bidens frondosa	**Schwarzfrüchtiger Zweizahn**
Buddleja davidii	**Schmetterlingsstrauch**
Bunias orientalis	**Orientalische Zackenschote**
Claytonia perfoliata	**Gewöhnliches Tellerkraut**
Cotoneaster dammeri	**Teppich-Zwergmispel**
Cotoneaster divaricatus	**Sparrige Zwergmispel**
Cotoneaster horizontalis	**Fächer-Zwergmispel**
Crassula helmsii	**Nadelkraut**
Cynodon dactylon	**Gewöhnliches Hundszahngras**
Dianthus giganteus	**Große Nelke**
Echinocystis lobata	**Stachelgurke**
Echinops sphaerocephalus	**Drüsenblättrige Kugeldistel**
Elaeagnus angustifolia	**Schmalblättrige Ölweide**
Elodea canadensis	**Kanadische Wasserpest**
Elodea nuttallii	**Schmalblättrige Wasserpest**
Epilobium ciliatum	**Drüsiges Weidenröschen**
Fallopia bohemica	**Bastard-Staudenknöterich**
Fallopia japonica	**Japan-Staudenknöterich**
Fallopia sachalinensis	**Sachalin-Staudenknöterich**
Fraxinus pennsylvanica	**Pennsylvanische Esche**
Galeobdolon argentatum	**Silber-Goldnessel**
Gleditsia triacanthos	**Amerikanische Gleditschie**
Helianthus tuberosus	**Topinambur**
Heracleum mantegazzianum	**Riesen-Bärenklau**
Hydrocotyle ranunculoides	**Großer Wassernabel**
Impatiens balfourii	**Balfour-Springkraut**
Impatiens edgeworthii	**Buntes Springkraut**
Impatiens glandulifera	**Drüsiges Springkraut**
Impatiens parviflora	**Kleines Springkraut**
Lagarosiphon major	**Wechselblatt-Wasserpest**
Lonicera henryi	**Henrys Geißblatt**
Lonicera tatarica	**Tataren-Heckenkirsche**
Ludwigia grandiflora	**Großblütiges Heusenkraut**
Ludwigia x kentiana	**Kents Heusenkraut**
Lupinus polyphyllus	**Vielblättrige Lupine**
Lycium barbarum	**Gewöhnlicher Bocksdorn**
Lysichiton americanus	**Gelbe Scheinkalla**
Mahonia aquifolium	**Gewöhnliche Mahonie**
Miscanthus sacchariflorus	**Großes Stielblütengras**
Miscanthus sinensis	**Chinaschilf**
Myriophyllum aquaticum	**Brasilianisches Tausendblatt**
Myriophyllum heterophyllum	**Verschiedenblättriges Tausendblatt**
Paulownia tomentosa	**Chinesischer Blauglockenbaum**
Phedimus spurius	**Kaukasus-Glanzfetthenne**
Phytolacca americana	**Amerikanische Kermesbeere**
Pinus nigra	**Schwarz-Kiefer**
Pinus strobus	**Weymouth-Kiefer**
Pistia stratiotes	**Wassersalat**
Populus canadensis	**Bastard-Pappel**
Prunus laurocerasus	**Lorbeerkirsche**
Prunus serotina	**Späte Traubenkirsche**
Pseudotsuga menziesii	**Gewöhnliche Douglasie**
Quercus rubra	**Rot-Eiche**
Rhododendron ponticum	**Pontischer Rhododendron**
Rhus typhina	**Essig-Baum**
Robinia pseudoacacia	**Robinie**
Rosa rugosa	**Kartoffel-Rose**
Rubus armeniacus	**Armenische Brombeere**
Rudbeckia laciniata	**Schlitzblättriger Sonnenhut**
Sarracenia purpurea	**Braunrote Schlauchpflanze**
Senecio inaequidens	**Schmalblättriges Greiskraut**
Solidago canadensis	**Kanadische Goldrute**
Solidago gigantea	**Späte Goldrute**
Spartina anglica	**Salz-Schlickgras**
Symphoricarpos albus	**Gewöhnliche Schneebeere**
Symphyotrichum lanceolatum	**Lanzett-Herbstaster**
Symphyotrichum novi-belgii	**Neubelgien-Herbstaster**
Syringa vulgaris	**Gewöhnlicher Flieder**
Telekia speciosa	**Große Telekie**
Vaccinium atlanticum	**Amerikanische Strauch-Heidelbeere**
Vallisneria spiralis	**Wasserschraube**
Viburnum rhytidophyllum	**Leberblattschneeball**

Pollen oder Nektar

Glockenblumen-Scherenbiene
Chelostoma rapunculi

Warum unterscheiden Insekten wie Wildbienen zwischen Pollen und Nektar

Wenn Sie ein Insekt bei der Nahrungsaufnahme saugend an einer Blüte beobachten, nimmt es Nahrung in Form von Nektar zu sich. Pflanzenspezialisierte Insektenarten, wie die abgebildete Glockenblumen-Scherenbiene, sind spezialisiert auf bestimmte Pollenquellen, jedoch unspezialisiert auf Nektarquellen. Das Insekt muss je nach Pflanzenabhängigkeit zwischen Pollen- oder Nektarangebot unterscheiden. Der Pollen dient der Versorgung des Nachwuchses, während der Nektar zur Eigenversorgung benötigt wird. Dem Nachwuchs kann die Glockenblumen-Scherenbiene kein Proviantpaket aus Pollen anderer Blüten anbieten, er würde diesen nicht fressen und sterben. Daher sind exotische oder viele nicht heimische Pflanzen vielleicht eine Nahrungsquelle für adulte Insekten, sie eignen sich jedoch in der Regel nicht, um den Nachwuchs zu versorgen. Entspannter ergeht es den Generalisten unter den Insekten. Diese sind bei der Wahl der Nahrungs- und Pollenpflanzen flexibler und zeigen keine Bindung an bestimmte Pflanzenarten.

Wer frisst was oder wen

Etwa 90% der Insekten benötigen zur Fortpflanzung heimische Pflanzen

Gefleckter Taghaft
Micromus variegatus

Entdeckt habe ich diesen 8 bis 11 mm großen Netzflügler im Mai 2024.

Auf den folgenden Seiten erfahren Sie etwas über die grundlegenden Nahrungsquellen zur Eigenversorgung sowie zur Larvenversorgung verschiedener Insektengruppen

Schmetterlinge: Adulte Falter ernähren sich hauptsächlich von Blütennektar. Fast alle Falterraupen (Larven) sind Pflanzenfresser. Sie fressen Gräser, Blätter und Blüten. Eine Ausnahme ist beispielsweise der Ameisenbläuling – er ernährt sich im späteren Larvenstadium räuberisch von der Ameisenbrut. Falterraupen sind im Bereich ihrer Mundwerkzeuge mit Rezeptoren ausgestattet, die ihnen dabei helfen, die richtige Futterpflanze zu erkennen. Nicht alle Falter legen ihre Eier direkt an der Raupenfutterpflanze ab. So muss die Larve nach dem Schlupf ihre Nahrungspflanze finden. Arten wie der Kleine Kohlweißling überwintern in der zweiten Generation als Raupe. Im Frühjahr machen sie sich auf die Suche nach Nahrung. Dazu müssen sie Kreuzblütler wie Raps, Bitteres Schaumkraut, Kohl oder Kapuzinerkresse finden. Nicht alle Raupen haben die Wahl zwischen mehreren Pflanzenarten. Manche sind auf eine Einzige spezialisiert.

Wildbienen: Sie sammeln für ihr Larvenfutter Pollen, seltener wird auch Nektar beigefügt. Es gibt unter den Wildbienenarten Pollenspezialisten und solche, die als Generalisten – wie die Hummel – nicht von bestimmten Pollenlieferanten abhängig sind. Nektar dient hauptsächlich der Ernährung adulter Tiere. Wildbieneneier werden nicht einfach irgendwo abgelegt. Weibliche Bienen bauen Nisthöhlen im Boden, in Böschungen, in Steilwänden, in Mauerfugen oder in Totholz. Diese Nester sind mit Brutzellen ausgestattet, in die je ein einzelnes Ei und Proviant für die Larve abgelegt werden. Die Larven schlüpfen auf dem Proviantpaket und entwickeln sich vollständig, um als fertig entwickeltes Insekt in einer Art Winterschlaf zu ruhen. Die meisten Arten verlassen das Nest im darauf folgenden Jahr.

Mücken & Fliegen: Die Ernährungsweisen der Zweiflügler sind ausgesprochen vielfältig. Sie sind Pflanzenfresser, ernähren sich räuberisch, parasitisch oder von toten organischen Substanzen. Die Mehrzahl der adulten Fliegen und Mücken sind Blütenbesucher. Einige wenige Arten nehmen als ausgewachsenes Insekt keine Nahrung mehr zu sich. Die Eiablage erfolgt in ein für die Larvalentwicklung geeignetes Substrat, nahe dem entsprechenden Lebensraum oder direkt an Pflanzen und Blüten. Bevorzugt werden von den adulten Fliegen zur direkten Nahrungsaufnahme leicht zugängliche Blüten wie die der Doldenblütler, Korbblütler, Malvengewächse, Johanniskrautgewächse oder Kardengewächse.

Taghafte: Sie ernähren sich als Larven ebenso wie als adulte Tiere räuberisch. Hauptsächlich werden Blattläuse vertilgt, daher werden die Larven umgangssprachlich Blattlauslöwen genannt. Die Weibchen legen ihre Eier in der Nähe von Blattlauskolonien ab. Als Larven fressen sie täglich bis zu 20 Blattläuse. Die Eier werden auf Blättern, an Rinde und weiteren Pflanzenteilen abgelegt.

Florfliegen: Die ausgewachsenen, dämmerungs- und nachtaktiven Netzflügler ernähren sich von Pollen, Nektar, Honigtau und teils räuberisch. Ihre Larven erbeuten Insekten und Milben, insbesondere Blattläuse.

Ameise
Formicidae spec.

Wiesenschaumzikade
Philaenus spumarius

Ameisenwanze
Myrmecoris gracilis

Die Nahrung weiterer Insekten-Gruppen

Eintagsfliegen: Sie verbringen ihr Larvenstadium im Wasser und ernähren sich von lebenden oder abgestorbenen pflanzlichen Substanzen wie auch teilweise von Mückenlarven. Adulte Tiere nutzen ihre kurze Lebenszeit ausschließlich zur Begattung und Eiablage. Nahrung nehmen sie nicht mehr zu sich.

Wespen: Ausgewachsene Wespen ernähren sich in erster Linie von Nektar. Pollen wird nur in Ausnahmefällen zur Ergänzung des Speiseplans genutzt. Pflanzenspezialisierungen kommen bei Wespen kaum vor. Es gibt aufgrund ihrer meist kurzen Mundwerkzeuge Blütenvorlieben. Bevorzugt werden meist Nahrungspflanzen, deren Blüten schalen-, scheiben- oder glockenförmig gebaut sind. Weitere Nahrungsquellen sind reife Früchte, zuckerhaltige Baumsäfte, Honigtau [Blattlauskot], Körpersäfte aus Tierleichen und räuberisch erjagte Insekten. Die Larvennahrung muss tierisches Eiweiß enthalten, daher wird der Nachwuchs mit Spinnen, Fliegen, Mücken, Läusen, Bienen, Heuschrecken, Zikaden, Wespen, Wanzen, Schaben, Ameisen und Raupen versorgt. Einige Arten leben parasitisch.

Ameisen: Sie ernähren sich ursprünglich räuberisch von Raupen, Schmetterlingen, Fliegen und Spinnen. Als ergänzende oder alternative Nahrungsquelle kommen zuckerreiche Pflanzensäfte infrage. Entweder nutzen sie dazu Nektar verschiedener Blütenpflanzen oder sie sammeln die zuckerreichen Ausscheidungen von Pflanzensaugern wie Zikaden, Wanzen, Blattflöhen oder Läusen. Dabei leben sie mit diesen Insekten in Symbiose. Beispielsweise schützen sie Läuse gegen Fressfeinde, um den von Läusen ausgeschiedenen Honigtau zu ernten. Es gibt sogenannte Ernteameisen, die sich auf das Sammeln protein- und fettreicher Samen spezialisiert haben. Einige Arten ernähren sich von frischem Aas.

Zikaden: Bis auf wenige Ausnahmen leben Zikaden von Pflanzensäften aus Blättern, Zweigen und Wurzeln. Ausgestattet mit einem Saugrüssel, der wie ein Strohhalm eingesetzt wird, nehmen sie ausschließlich flüssige Nahrung zu sich. Ein Überschuss der zuckerreichen, klebrigen Pflanzensäfte wird als Honigtau ausgeschieden, welcher wiederum von Ameisen und anderen Insekten als Nahrung aufgenommen wird. Auch hier gibt es Zikadenarten, die an eine Nährpflanzenart gebunden sind, und solche, die an einer Pflanzengattung, an einer Pflanzenfamilie oder an mehreren Pflanzenfamilien Nahrung finden. Nahrungspflanzen sind Farne, Gräser, Laubbäume, Nadelbäume, Wildkräuter, Korbblütler, Disteln und Schneeheide. Die befruchteten Eier werden im Erdboden oder in Pflanzen abgelegt.

Pflanzenläuse: Sie ernähren sich ausschließlich pflanzensaugend. Mit ihrem Saug- und Stechrüssel entnehmen sie den Pflanzen einen zuckerhaltigen Saft. Vor allem geschwächte Pflanzen, die unter Nährstoff- oder Lichtmangel leiden, werden von Läusen befallen. Sind Pflanzen überdüngt, werden sie ebenfalls befallen, da sie ein schwaches Festigungsgewebe ausbilden. Sie entwickeln sich in ihrer Struktur weicher und anfälliger. Exotische Pflanzen sind ebenfalls blattlausanfälliger, da sie selten ihre natürlichen Standortbedingungen vorfinden.

Nach dem Austrieb der Pflanzen im Frühjahr schlüpfen ausschließlich weibliche Läuse aus ihren Überwinterungseiern. Sie gebären im Verlauf des gesamten Sommers ohne weitere Befruchtung weibliche Nachkommen. Erst gegen Ende der Vegetationsperiode bringen sie männliche Geschlechtstiere hervor, die sich mit den Jungfern paaren. In unserem Garten sind Läuse willkommen, weil sie für viele Tiere lebenswichtige Nahrung bedeuten.

Prächtiger Blattkäfer
Chrysolina fastuosa

Gemeiner Ohrwurm
Forficula auricularia

Feldheuschrecke
Chorthippus biguttulus-group

Wanzen: Die meisten Wanzenarten sind Pflanzensaftsauger. Unter ihnen gibt es Pflanzenspezialisten und Generalisten. Die Larven sind während ihrer Entwicklung häufiger an bestimmte Nahrungspflanzen gebunden als ausgewachsene Tiere. Einige Arten ernähren sich räuberisch, einige wenige Arten saugen Blut von Wirbeltieren. Rindenwanzen ernähren sich von den Fruchtkörpern und fadenförmigen Zellen holzzersetzender Pilze. Die Nahrungspflanzen der Pflanzensauger sind Laub- und Nadelbäume, Gräser, Farne, Moose, Heidekrautgewächse, Glockenblumengewächse, Korbblütler, Lippenblütler, Doldenblütler, Wolfsmilchgewächse, Hülsenfrüchtler, Malvengewächse, Nelkengewächse, Zypressengewächse und diverse Früchte.

Käfer: Sie besitzen beißend-kauende Mundwerkzeuge und sind in der Lage, sich ausgesprochen vielfältig zu ernähren. Adulte Käfer ernähren sich meist anders als die Larven. Unter den verschiedenen Arten gibt es sowohl Generalisten als auch Spezialisten. Es gibt Holzfresser, Pflanzenfresser, Fäulnisfresser und räuberische Käferarten, die Insekten, Gliederfüßer, Würmer, Schnecken und Raupen fressen. Kaum eine organische Nahrungsquelle wird verschmäht. Auf dem Speiseplan stehen: Zellulose wie Holz und Mulm, Getreide, Pilze, Pollen und Nektar offener Blüten wie von Wildrosen, Doldenblütlern, Korbblütlern und Wolfsmilchgewächsen. Hinzu kommen Baumsäfte, Früchte, Pflanzensamen, Nüsse, Stängel, Blätter und Wurzeln verschiedener Pflanzen, Exkremente, Blattläuse, Spinnmilben, Raupen und Aas. Einige Arten ernähren sich auch von Leder, Federn, Sehnen, Haaren und trockener Haut. Ebenso vielfältig wie die Nahrungsaufnahme findet die Eiablage statt.

Ohrwürmer: Sie gelten als Allesfresser. Ihr Speiseplan setzt sich sowohl aus pflanzlicher als auch aus tierischer Nahrung zusammen. Sie mögen Pflanzenteile, Samen, tote organische Substanzen und wirbellose Tiere wie Blattläuse und deren Eier. An Früchten fressen sie nur, wenn diese bereits beschädigt sind. Die Eier werden in unterirdisch angelegten Bodennestern von den Weibchen behütet und bewacht.

Heuschrecken: Die meisten Arten ernähren sich von Pflanzen wie Gräsern, Kräutern, Moosen, Algen, Samen, Beeren und Früchten. Hier werden die energiereichen Pflanzenteile sowie die zarteren Blütenteile und Früchte gefressen. Kleine wirbellose Tiere wie Insekten und Spinnen werden von größeren Heuschreckenarten wie dem Heupferd oder dem Warzenbeißer erbeutet. Aasfresser gibt es ebenfalls. Einige Arten versorgen sich ausschließlich mit tierischer Nahrung. Die Eiablage findet mithilfe eines langen Legebohrers entweder im Boden oder in weichem Pflanzengewebe statt.

Warum ist mir die ausführliche Beschreibung der Nahrungsquellen für Insekten so wichtig

In Gesprächen mit Gartenbesitzer*innen entsteht nicht selten eine immer wieder ähnliche Situation. Ich erkläre, warum es wichtig ist, besonders viele heimische Pflanzen zu etablieren. Mein Gegenüber hört aufmerksam zu und entgegnet: „Aber an meinen exotischen Pflanzen wimmelt es von Bienen." Ich weiß dann, es handelt sich mit großer Wahrscheinlichkeit um Honigbienen. Mein Gegenüber hat mich nicht verstanden und meist auch kein weitergehendes Interesse.

Alte Gewohnheiten verändert man nicht gerne. Gärten, die bunt blühen und mit auffälligen exotischen Stauden Gästen und Besuchern Sätze entlocken wie „Was für ein prachtvoller Garten!", führen zu Anerkennung und Bewunderung. Gleichzeitig wird so dem Artensterben die kalte Schulter gezeigt.

Daher wiederhole ich an dieser Stelle nochmals eine vielleicht unbequeme, aber unumstößliche Tatsache:

Etwa 90 % der pflanzenfressenden Insekten in Deutschland sind auf heimische Pflanzen angewiesen. Ohne heimische Pflanzen ist eine Fortpflanzung dieser Insekten unmöglich.

260

Pflanzen-arten

auf einer Fläche von 180 qm

Die Terrassierung und der angrenzende Baumbestand unserer und der benachbarten Flächen sorgen für unterschiedliche Klimazonen. Ein mehrstöckiges Vorderhaus im Südosten verschattet unseren kleinen Vorgarten. Hier hatten unsere Vorbesitzer einen Teich angelegt, der ohne Sonne für Molche, Frösche und Libellen nicht nutzbar ist, aber als Vogeltränke und Wasserstelle für Honigbienen und Wespen dient.

1. **Sonne-Halbschatten**
2. **Halbschatten-Schatten**
3. **Vollschatten**
4. **Mini-Teich**
5. **Bäume**
6. **Benjeshecke**
7. **Käferkeller & Sandarium**
8. **Totholz**
9. **Trockensteinmauer**
10. **Insekten-Nisthilfen**

Lebendige Gärten im Einklang mit der Natur

Naturgärten sind Oasen, die Insekten, Vögeln und anderen kleinen Gartenbewohnern etwas Besonderes bieten: Einen der Natur nachempfundenen Lebensraum

Naturnah angelegte Gärten sind keine Wildgärten, in denen alles nach Kräften wachsen darf. Auf einer begrenzten Fläche würde ohne jeglichen Eingriff genau das entstehen, was wir verhindern wollen: Einfalt statt Vielfalt. Auf Dauer setzen sich die robusten Pflanzen durch. Ich habe mich über die Jahre zu einer Hüterin der Vielfalt entwickelt. Zugunsten des Zarten Robustes reduziert. Verschiedene Standorte für hinzukommende Pflanzen getestet. Gesammeltes Material wie Obstbaumschnitt aufbewahrt, um daraus eine Hecke zu bauen. Ausgebuddelte Steine zur Seite gelegt, um daraus eine kleine Mauer zu bauen. Alles in allem ist es eine Arbeit, die reich belohnt wird.

Das Ziel einer solchen Oase ist es, möglichst vielen Lebewesen einen dauerhaften Lebensraum zu bieten, in dem der Lebenskreislauf der Tiere das gesamte Jahr hindurch unterstützt oder ermöglicht wird. Das fördert dynamische Netzwerke aus Pflanzen und Tieren. Wir haben die Möglichkeit, seltene Wildkräuter in unsere Gärten zu holen. Passen sie in den vorgegebenen Lebensraum, erhalten wir nicht nur bedrohte Pflanzenarten. Mit etwas Glück helfen wir den Insekten, die auf immer seltener werdende Artenvielfalt angewiesen sind, zu überleben. Ca. 900 heimische Pflanzen bekommt man übrigens in Deutschland zu kaufen. Es gibt Tiere, die auf wundersame Weise durch eine Neupflanzung auftauchen, um zu bleiben. Unser Garten ist der beste Beweis dafür.

Indem wir Prozesse, die in der Natur vorkommen, im Kleinen nachahmen, generieren wir elementare Biotopelemente – wir erschaffen überlebensnotwendige Nahrungs-, Nist- und Überwinterungsmöglichkeiten. Viele Insekten sind auf bestimmte Zerfalls- und Zersetzungsphasen des Holzes angewiesen. Darunter viele bedrohte Arten. Totholzinsekten (*Xylobionten* = die im Holz Lebenden) besiedeln tote Äste oder das abgestorbene Holz umgefallener Bäume. Ein umgestürzter Baum passt selten in einen Privatgarten. Durch Totholzhaufen oder Käferkeller können wir diesen natürlichen Prozess des Zerfalls nachahmen und damit eine Vielzahl verschiedener Organismen unterstützen. Neben Insekten wie Käfern, Wildbienen, Wespen, Ameisen, Schmetterlingen, die auf Totholz angewiesen sind, entstehen Pilze, Flechten, Moose und Bakterien. Welche Artenvielfalt sich einstellt, hängt von Faktoren wie der Baumart, dem Zerfallsstadium oder der Dimension ab. Jede Phase des Zerfalls bringt eine ganz bestimmte Zusammensetzung der Insektenfauna hervor.

Totholz – Nahrung und Lebensraum für eine Vielzahl von Insekten

Manche Insekten ernähren sich von Rinde und Holz toter Äste oder Bäume. Zweitbesiedler wie Wildbienen oder Wespen nutzen die von den holzfressenden Insekten geschaffenen Höhlen und Gänge, um ihre eigene Brut darin unterzubringen. Sogenannte Käferfraßgänge sind beliebte vorgefertigte Unterkünfte für Larven oder geschützter Raum für einen ungestörten Schlaf.

Wichtig zu wissen
Wenn ich Oster- oder Sonnwendfeuer brennen sehe, blutet mir das Herz. So viel Leben wird bei diesen traditionellen Festen in einer Nacht Jahr für Jahr zerstört. Es verbrennt nicht nur das Leben, welches sich im Holz befindet. Wurden Brennholzstapel lange im Voraus aufgeschichtet, kommen oft Tiere wie Kröten, Schlangen oder Igel, die sich dort angesiedelt haben, zu Tode.

Mein Vorschlag
Totholz einfach mal über viele Jahre unberührt liegen lassen!

Abb. oben: Totholz, Benjeshecke, die unteren vier Abbildungen zeigen schrittweise den Aufbau eines Käferkellers

Naturgarten Strukturen

Benjeshecke & Käferkeller

Eine Benjeshecke als Zaun zum Nachbargarten oder Totholzelemente sind natürlich schön und nützlich zugleich.

Eine Benjes- oder Totholzhecke können Sie ganz einfach anlegen

Das Grundgerüst bilden stabile Äste, die senkrecht in zwei parallelen Reihen möglichst tief in den Boden geschlagen werden. Locker aufgehäufte Äste, Zweige, Laub und Reisig werden Schicht für Schicht aufeinandergelegt oder ineinandergesteckt, damit die Hecke Halt bekommt. Zwischendurch sollte die Aufschichtung immer mal wieder verdichtet werden. Beginnen Sie am Boden mit dickeren Ästen, nach oben können diese dünner werden. Dicke Äste sind besonders wertvoll, da sie mehr Lebensraum und Nahrung bieten. Auf diese Weise werden Sie Ihren Grünschnitt los. Nicht nur Insekten nutzen diesen neuen Lebensraum, auch Vögel, Igel, Haselmäuse, Amphibien, Reptilien, Spinnen, Fledermäuse und weitere Tiere profitieren von Totholz. Der Zaunkönig nutzt Benjeshecken, um sein Nest darin zu bauen. Vorausgesetzt, die Tiefe der Hecke bietet ausreichend Platz und Versteckmöglichkeiten für den kleinen Vogel. Da die Hecke mit der Zeit absinkt, können Sie regelmäßig neues Material nachschichten.

Sie können abgestorbene Äste auch direkt ins Beet legen oder senkrecht in den Boden stecken (siehe links oben auf dieser und links auf der gegenüberliegenden Seite). Der senkrecht stehende Ast des alten Birnbaumes ist ein beliebter Sitzplatz des Rotkehlchens. Von hier aus hat es einen schönen Ausblick in den Garten. Senkrechte Äste werden von Wildbienen als Nistplätze angenommen, da Regenwasser abfließen kann. Dauerhafte Feuchtigkeit in bodennahem Holz würde zu Schimmelbefall der Brut führen. Je dicker der Ast, umso interessanter ist dieser für den Nestbau verschiedener Wildbienenarten.

Mit einem Käferkeller die Biodiversität im Garten steigern

Wenn Sie einen Käferkeller anlegen möchten, buddeln Sie je nach vorhandenem Platz ein Loch oder eine Grube. Legen Sie dicke und dünnere Äste heimischer Bäume wie Eiche, Buche, Weide, Obstgehölze etc. in die Vertiefung und schichten Sie Äste, Sägespähne, Holzhächsel und lockere Erde so auf, dass ein Totholz-Erdhügel entsteht. Je größer der Garten umso größer darf ein Käferkeller sein. Den angestrebten Zersetzungsprozess des Holzes erreichen Sie durch die Wahl des Stadtortes. Dieser sollte halbschattig oder leicht schattig sein, damit die Feuchtigkeitsregulierung des Kellers funktioniert. Zu viel Sonne trocknet Boden und Hölzer aus. Eine umliegende Bepflanzung sorgt für zusätzliche Feuchtigkeit und Verschattung. Im Nu ist ein wertvolles Habitat für die Fortpflanzung und Entwicklung von Käferlarven und vielen weiteren Organismen entstanden.

Miniaturbiotope finden in jedem Garten Platz

Trockenbiotope: Steinhaufen & Trockensteinmauern

Sonnig angelegte Steinhaufen oder Trockensteinmauern haben einen hohen ökologischen und zugleich ästhetischen Wert. Sie bieten nicht nur Reptilien wie Eidechsen und Schlangen Versteckmöglichkeiten, auch Insekten finden hier einen Lebensraum. Sandige Trockenbiotope werden von Sandbienen, Grabwespen, Käfern, Grashüpfern und Schmetterlingsarten wie dem Kleinen Feuerfalter genutzt. Wärmeliebende Schmetterlingsraupen nutzen beispielsweise die warmen Fugen zur Verpuppung.

Etwa 75 % aller Wildbienenarten legen ihre Nester unterirdisch an

Eine Vielzahl von Wildbienenarten kommt in Offenlandschaften vor. Solche nicht bewaldeten Landschaften werden immer seltener, da sie landwirtschaftlich genutzt werden. Mit unversiegelten, nicht gedüngten, mageren und unbepflanzten Flächen mit lockerer oder sandiger Erde können wir im Boden nistenden Bienen Lebensraum bieten. Geeignet sind lückenhaft bepflanzte Flächen im Beet oder in der Wiese. Auch locker sandige Zwischenräume von Pflastersteinen oder Gehplatten werden genutzt.

Nur etwa 25 % unserer in Gärten lebenden Bienenarten nisten in vorhandenen oder vorgefertigten Hohlräumen wie in Käferfraßgängen, in Bohrungen im Totholz oder Hartholz, in hohlen und markhaltigen Stängeln, in Bambusröhrchen oder in senkrechten Löß- oder Lehmwänden. Diesen Arten können wir künstliche Nisthilfen anbieten. Achten Sie beim Kauf einer Insektennisthilfe darauf, dass die Materialien natürlichen Ursprungs sind. Röhrchen aus Pappe, Glas oder Kunststoff können dazu führen, dass die Brut verschimmelt. Ich habe in Garten- oder Baumärkten bislang nicht eine gute Nisthilfe für Insekten entdeckt. Solche gibt es zum Beispiel online zu bestellen. Dort muss man allerdings etwas recherchieren. All unsere Nisthilfen sind mit einem Schutzgitter vor Specht und Meise geschützt. Ausführliche Informationen rund um das Thema Nistmöglichkeiten für Wildbienen finden Sie in meinem Buch „Wildbienenhelfer".

Ein Teich im Garten sorgt innerhalb kürzester Zeit für einen Anstieg der Artenvielfalt

Libellen, Käfer, Falter, Wanzen und weitere Kleinstlebewesen finden sich an einem Teich schnell ein. Je natürlicher ein Teich angelegt wird, umso wertvoller ist er. Auch hier tappt man schnell in die Falle des gängigen Angebotes an Wasserpflanzen der Bau- und Gartenfachmärkte. Obwohl ich bei Gartenpflanzen sehr genau hinschaue, habe ich invasive Teichpflanzen gekauft. Diese werden noch ausgetauscht, denn auch hier gilt: Heimische Pflanzen erhöhen die Artenvielfalt. Problematisch wird es für die Vielfalt, wenn Zierfische dem Teich zugesetzt werden. Goldfische und andere sind ökologisch nicht zu empfehlen. Sie erschweren die Entwicklung von Amphibien und Libellen, da sie deren Laich und Larven fressen. Exkremente der Fische verschmutzen zudem das Wasser. Keine Sorge vor Stechmücken. Ist Ihr Teich ökologisch ausgewogen, werden Stechmückenlarven von Molchen und Fröschen gründlich dezimiert. Fünf kleinen Molche waren nach nur einem Monat plötzlich da – Stechmückenlarven gibt es seitdem nicht mehr.

Wo nisten Wildbienen

Natürliche Nistmöglichkeiten & Insektennisthilfen

Ein Sandarium kann ein wichtiger Beitrag zur Förderung bodennistender Wildbienenarten sein. Schaufeln Sie an einem sonnigen Platz eine Mulde mit einer Tiefe von 60-100 cm, legen Sie zuerst eine Drainageschicht aus Kies an und schütten Sie ausschließlich ungewaschenen Sand (kein Spielplatzsand) hinein. Je größer der Umfang, umso größer die Chance, dass sich Wildbienen ansiedeln. Ideal wäre eine Fläche ab etwa einem Quadratmeter.

Feuchtbiotop Teich

Ein Teich verbessert das Mikroklima vor Ort, davon profitieren Mensch und Tier. Möchten Sie einen Teich nach ökologischen Gesichtspunkten gestalten, dann verzichten Sie auf nichtheimische Pflanzen, Zierfische und Schildkröten. Unterstützen Sie die Entwicklung von Amphibien wie Fröschen, Kröten, Molchen und Salamandern, da diese besonders bedroht sind.

Das Pflanzenangebot unseres Gartens

In diesem Kapitel zeige ich Ihnen 260 Pflanzen, die in unserem Garten vorkommen. Die heimischen Pflanzen wurden gezielt nach dem Nutzen für Insekten ausgewählt, ebenso die nichtheimischen Pflanzen. Exotische oder invasive Pflanzenarten wurden ausgetauscht. Die ein oder andere Rose der Vorbesitzer wird zukünftig heimischen Wildrosen weichen müssen. Und natürlich werden immer wieder neue Schätze dazukommen. In den ersten Jahren wurde aus dem ursprünglichen Rosengarten ein ganz normaler Ziergarten. 2018 begann ich nach und nach, diesen in einen naturnahen Garten zu verwandeln. Seit etwa vier Jahren etabliere ich überwiegend insektenfreundliche heimische Pflanzen.

Die Struktur dieses Kapitels

Ich stelle die Pflanzen nach Blühbeginn von Januar bis September vor. Der kurze beschreibende Text gibt Informationen zum Nahrungsangebot, insbesondere zur Larvennahrung für Insekten. Die Beschreibung beginnt mit den Falterarten. Da aktuell zwei Drittel der heimischen Tagfalter und etwa die Hälfte aller Nachtfalter als gefährdet gelten, schenke ich ihnen besondere Aufmerksamkeit. Hier ist es wichtig zu verstehen, welche Pflanzen den Faltern als Raupenfutterpflanzen dienen, damit sie sich vermehren können.

Nach den folgenden Kriterien werden die Pflanzen stichpunktartig beschrieben:

Raupenpflanze für Falter
Falterraupen benötigen für ihr Wachstum heimische Futterpflanzen. Viele Raupen sind pflanzenspezialisiert. Sie benötigen das eine, besondere Pflanzengewebe, welches primäre Pflanzenstoffe wie Kohlenhydrate, Fette und Eiweiße enthält. Weibliche Falter legen ihre Eier nur an Pflanzen ab, die von ihrem Nachwuchs gefressen werden. Das sind selten die Pflanzen, an denen sie Nektar saugen.

Nektarpflanze für Falter
Nektar dient adulten Faltern zur eigenen Ernährung. Diesen finden sie an unterschiedlichsten Saugpflanzen. Sind viele Schmetterlinge an Blüten wie dem Sommerflieder zu sehen, bedeutet dies nur, dass gerade Nektar im Angebot ist. Die Eiablage findet dort nicht statt.

Pollenquelle für Bienen
Bienen unterschieden zwischen Nektar und Pollen. Nektar dient der eigenen Ernährung. Für ihren Nachwuchs sammeln sie jedoch vor allem Pollen. Einige Bienenarten nutzen Nektar, um beim Bau ihrer Brutzellen den Lehmmörtel zu verflüssigen. Die Frühlingspelzbiene sammelt zusätzlich zum Pollenproviant etwas Nektar für den Nachwuchs.

Pollenspezialisierte Bienen
Etwa ein Drittel der Bienenarten in Deutschland sind Pollenspezialisten. Weibliche Bienen sammeln Pollen an den Blüten einer einzigen Pflanzenart, einer Pflanzengattung oder an den Gattungen einer Pflanzenfamilie. Stehen die Pollenquellen nicht zur Verfügung, kann die Art sich nicht fortpflanzen.

Blütenbesuch oder **Nahrungsquelle**
Hier werden Insektenarten aufgeführt, welche die vorgestellte Pflanze zur eigenen Ernährung oder zur Eiablage aufsuchen.

Zeichenerklärung:

- einheimisch
- nicht heimisch
- 2-3 Blühzeitraum (hier Februar-März)
- wichtige Insektenpflanze
- Sonne
- Halbschatten
- Schatten

Trivialname
Wissenschaftlicher Name
Pflanzenfamilie

Informationen zum Nahrungsangebot für Insekten

5-6

Gamander-Ehrenpreis
Veronica chamaedrys
Wegerichgewächse

Raupenpflanze: Saudistel-Steineule, Eschen- und Wachtelweizen-Scheckenfalter. **Einzige Pollenquelle** für die Ehrenpreis-Sandbiene, **Pollenquelle** für weitere 27 Bienenarten. **Blütenbesuch**: Falter, Bienen, Fliegen

260 Pflanzenarten

beschreibe ich auf den folgenden 25 Seiten. Ich habe mir die Frage gestellt, wie die Bedeutsamkeit der einzelnen Pflanzenarten für die Insektenpopulation dargestellt werden kann. Als Ergebnis entstanden aufwendig recherchierte „Pflanzenkärtchen". Die zugrundeliegenden Quellen finden Sie ab Seite 326. Ich hoffe, damit eine Art Wegweiser zur Orientierung anbieten zu können. Einen Anspruch auf Vollständigkeit oder Ausschließlichkeit erhebt diese Übersicht nicht.

1-11

Gewöhnliches Hirtentäschel
Capsella bursa-pastoris
Kreuzblütler

Raupenpflanze für die Knöterich-Bodeneule. Pollenquelle für 4 Bienenarten, davon 2 pollenspezialisiert: *Andrena distinguenda, Andrena tscheki.* Das Hirtentäschel bietet hohe Nektar- und Pollenwerte.

1-4

Schwarze Nieswurz
Helleborus niger
Hahnenfußgewächse

Raupenpflanze für die Achateule. Wichtige Nahrungsquelle für Bienen und Fliegen. Die fettreichen Samen werden durch Ameisen ausgebreitet.

2-4

Palmblatt-Nieswurz
Helleborus foetidus
Hahnenfußgewächse

Früh blühende immergrüne Staude mit hohem Nektar- und Pollenwert. Pollenquelle für die Zweifarbige Sandbiene. Blütenbesuch durch weitere Bienenarten wie Hummeln und Pelzbienen.

2-3

Gemeine Hasel
Corylus avellana
Birkengewächse

Raupenpflanze für 67 Falterarten wie: C-Falter, diverse Eulenfalter, Spanner und Spinnerartige. Pollenquelle für Honigbienen. Nahrungsquelle für Bienen, Kleinschmetterlinge, Fliegen, Käfer, Wanzen, Zikaden.

2-3

Schneeglöckchen
Galanthus
Amaryllisgewächse

Mäßiges Angebot an Pollen- und Nektar. Blütenbesuch durch Bienen und Falter. Ameisen fressen den am Samen festgewachsenen Nährkörper der Blüten und tragen diesen zu ihrem Bau.

2-3

Winterling
Eranthis hyemalis
Hahnenfußgewächse

Eine der ersten Pflanzenarten im Jahr, die auch im Halbschatten viel Pollen und mäßig Nektar liefert. Blütenbesuch: Bienen, Fliegen, Käfer

2-3

Frühlings-Krokus
Crocus vernus
Schwertliliengewächse

Der früh im Jahr blühende Krokus bietet Bienen und Fliegen viel Pollen und mäßig Nektar.

2-4

Huflattich
Tussilago farfara
Spargelgewächse

Nektar- und Raupenpflanze für 17 Falterarten. Pollenquelle für 14 Bienenarten, davon eine pollenspezialisiert: Sandbiene *Andrena taraxaci.* Nahrungsgrundlage für die Bohrfliege *Acidia cognata.*

2-4

Sternhyazinthe
Chionodoxa luciliae & C. forbesii 'Pink Giant'
Spargelgewächse

Sternhyazinthen bieten Insekten früh im Jahr geringe Mengen an Pollen und mäßig Nektar.

2-5

Scharbockskraut

Ficaria verna

Hahnenfußgewächse

Ende Februar erscheinen die kleinen gelben Blüten in großer Anzahl, die in dieser nahrungsknappen Zeit Insekten Pollen und Nektar bieten. Paupenpflanze: Achateule. Ausbreitung teils durch Ameisen.

3-5

Traubenhyazinthe

Muscari botryoides & Muscari latifolium

Spargelgewächse

Blütenbesucher sind Mauerbienen, diverse Hummel arten, Schmalbienen, Frühlings-Pelzbienen, Honigbienen, diverse Fliegen- und Falterarten.

3-5

Geflecktes Lungenkraut

Pulmonaria officinalis

Raublattgewächse

Blütenbesucher sind Mauerbienen, Hummeln, Frühlings-Pelzbienen, Sandbiene *Andrena bicolor*. Futterpflanze für diverse Eulenfalter wie Lungenkraut-Metalleule und Käfer wie den Schwarzen Beinwell-Erdfloh.

3-4

Orientalischer Rauling

Trachystemon orientalis

Raublattgewächse

Die Staude ist schattenverträglich und wird von diversen Hummelarten, Frülings-Pelzbienen und einigen Fliegenarten angeflogen. Ausbreitung der Samen durch Ameisen.

3-5

Strahlen-Anemone

Anemone blanda

Hahnenfußgewächse

Dieser früh blühende Korbblütler wird von Schmalbienen, Sandbienen, Hummeln und Fliegen angeflogen. Eine wertvolle heimische Alternative ist das Busch-Windröschen *Anemone nemoros*.

3-5

Bärlauch

Allium ursinum

Amaryllisgewächse

Wirtspflanze für die Bärlauch-Erzschwebfliege *Cheilosia fasciata* und die Schwebfliege *Portevinia maculata*. Blütenbesucher sind diverse Fliegen-, Wildbienen-, Wespen- und Käferarten.

3-4

Salweide

Salix caprea

Weidengewächse

Nahrungsgrundlage für ca. 500 Insektenarten, davon allein 117 Schmetterlingsarten wie: Trauermantel, Kleiner- u. Großer Schillerfalter. Nahrung für ca. weitere 500 Räuberinsekten und Parasitoide.

3-4

Wilde Tulpe

Tulipa sylvestris & Tulipa turkestanica

Liliengewächse

Die Weinberg-Tulpe *Tulipa sylvestris* gilt als einzige wild vorkommende Wildtulpenart deutschlands. Die Gnomen-Tulpe stammt aus Asien. Beide bieten mäßig Pollen und Nektar.

3-7

Kriechender Beinwell

Symphytum ibericum

Raublattgewächse

Die schattenverträgliche Staude bietet Nahrung für verschiedene Hummelarten und Frühlings-Pelzbienen, möglicherweise auch für Falter.

3-5

Hohe Schlüsselblume

Primula elatior
Primelgewächse

Raupenpflanze des Schlüsselblumen-Würfelfalters und viele weitere Falterarten. Blütenbesuch durch Falter, Bienen, Fliegen wie Wollschweber und Schwebfliegen

4-5

Schachbrettblume

Fritillaria meleagris
Liliengewächse

Sie ist eine Lichtpflanze und verträgt nur wenig Schatten. Ursprünglich nicht heimisch gilt sie heute als etablierte wild vorkommende Art, die in Deutschland stark gefährdet und streng geschützt ist.

4-9

Spitzwegerich

Plantago lanceolata
Wegerichgewächse

Raupenpflanze für den stark gefährdeten Wegerich-Scheckenfalter, den Roten Scheckenfalter und den gefährdeten Zweibrütigen Scheckenfalter. Blütenbesuch durch viele weitere Insektenarten.

4-6

Blaukissen

Aubrieta deltoidea
Kreuzblütler

Die seltene Erdbiene *Andrena tschecki* ist auf Kreuzblütler wie das Blaukissen spezialisiert. Blütenbesuch durch weitere Insektenarten wie Falter, Bienen und Fliegen.

4-6

Große Sternmiere

Stellaria holostea
Nelkengewächse

Wichtige Raupenpflanze für gefährdete Nachtfalterarten wie: Sternmieren-Blattspanner, Braune Glattrückeneule, den stark gefährdeten Hornkraut-Blattspanner und das Hornkraut-Tageulchen.

4-5

Stachelbeere

Ribes uva-crispa
Stachelbeergewächse

Raupenpflanze für 13 Falterarten. Pollenquelle: Fuchsrote Sandbiene, Rotfransige Sandbiene, Gewöhnliche Zwergsandbiene. Blütenbesuch durch Falter, Bienen, Fliegen

4-5

Frühlings-Platterbse

Lathyrus vernus
Hülsenfrüchtler

Raupenpflanze für 3 Falterarten. Pollenquelle für 4 Bienenarten, davon 2 pollenspezialisiert: Platterbsen-Sandbiene, Frühe Langhornbiene. Blütenbesuch: Falter, Hummeln, Mauerbienen, Frühlings-Pelzbiene

4-5

Pflaume

Prunus domestica
Rosengewächse

Raupenpflanze für 34 Falterarten wie: Pflaumen-und Nierenfleck-Zipfelfalter, Pflaumenglucke, Kupferglucke. Pollenquelle für 6 Sandbienenarten wie: Fuchsrote- und Weißflaum-Sandbiene, Schottische Erdbiene

4

Zuckerhutfichte

Picea glauca 'Conica'
Kieferngewächse

Die kleinwüchsige Fichte wird von Ameisen, diversen Wildbienen- und Wanzenarten besucht. Grund genug, sie nicht aus dem Bestand der Gartenvorbesitzer zu entfernen.

4-7

Wald-Vergissmeinnicht
Myosotis sylvatica
Raublattgewächse

Das zweijährige Vergissmeinnicht mag halbschattige Lagen. Fühlt es sich wohl, erscheint es Jahr für Jahr. Blütenbesuch durch Bienen, Falter wie das Hornkraut-Tageulchen, Fliegen wie Tanzfliegen und Käfer.

4-6

Gundermann
Glechoma hederacea
Lippenblütler

Die vielen kleinen Blüten produzieren zuckerreichen Nektar. Nahrungspflanze für sehr viele Insektenarten wie: Falter, Bienen, Fliegen, Wespen, Wanzen und Ameisen.

4-6

Eisenhutblättriger Ahorn
Acer japonicum aconitifolium
Seifenbaumgewächse

Die Blüten des kleinwüchsigen Ahorns werden zur Nektaraufnahme von Sandbienen wie der Fuchsroten Sandbiene, diversen Hummelarten und weiteren Insekten besucht.

4-6

Knoblauchsrauke
Alliaria petiolata
Kreuzblütler

Nektar- und Raupenpflanze für 7 Falterarten wie: Aurorafalter, Kohl-Blattspanner, Mehlfarbener Raukenspanner, Waldbrettspiel. Blütenbesuch: Bienen, Falter, Fliegen, Käfer, Wanzen

4-6

Kriechender Günsel
Ajuga reptans & Ajuga reptans 'Atropurpurea'
Lippenblütler

Nektar- und Raupenpflanze für 11 Falterarten wie: Trapez-Bodeneule. Blütenbesuch durch Bienen wie: Pelzbienen, Mauerbienen, Schwarze Mörtelbiene. Außerdem Fliegen und Ameisen

4-9

Weiße Taubnessel
Lamium album
Lippenblütler

Raupenpflanze für 13 Falterarten. Pollenquelle für 4 Bienenarten. Blütenbesuch durch Pelzbienen, Mauerbienen, Hummeln, Honigbienen, Blauschwarze Holzbiene. Fliegen, Zikaden und Ameisen

4-5

Schleifenblume
Iberis sempervirens
Kreuzblütler

Raupenpflanze des Karstweißling. Blütenbesuch durch: Kleiner Kohlweißling, Grünglanz-Schmalbiene, diverse Fliegenarten

4-5

Felsen-Steinkraut
Aurinia saxatilis
Kreuzblütler

Blütenbesuch zur Nektaraufnahme durch: Rote-Ehrenpreissandbiene, diverse Mauerbienenarten, Gewöhnliche Zwergsandbiene, Fliegen, Falter, Käfer

4-6

Gewöhnlicher Löwenzahn
Taraxacum officinale
Korbblütler

Pollenquelle für über 70 Wildbienenarten, davon drei auf Korbblütler spezialisierte Sandbienenarten. Diverse weitere Insekten wie: Honigbienen, Fliegen, Falter, Käfer, Wanzen, Heuschrecken, Ameisen

4-8

Rote Lichtnelke

Silene dioica

Nelkengewächse

Nektar- und Raupenpflanze für 9 Falterarten wie: Dunkler Lichtnelken-Kapselspanner, Gemeine Kapseleule, Kiefernschwärmer, Aurorafalter, Zitronenfalter. Blütenbesuch: Falter, Bienen, Fliegen, Käfer

4-5

Birne

Pyrus communis

Rosengewächse

Pyrus spec.: Raupenpflanze für 43 Falterarten wie: Birnbaumeule, Pflaumenglucke, Segelfalter, Baum-Weißling. Pollenquelle für 12 Bienenarten. Blütenbesuch: Falter, Bienen, Fliegen, Käfer, Wanzen, Ameisen

4-5

Apfel

Malus domestica

Rosengewächse

Malus spec.: Raupenpflanze für 50 Falterarten wie: Apfel-Glasflügler, Graugrüner Apfel-Blütenspanner, Obsthaineule. Pollenquelle für 18 Bienenarten. Blütenbesuch: Falter, Bienen, Fliegen, Käfer, Wanzen, Ameisen

4-5

Hasenglöckchen

Hyacinthoides non-scripta

Spargelgewächse

Das Hasenglöckchen mag halbschattige und schattige Standorte. Es bietet Insekten geringe Mengen an Nektar und ein mäßiges Angebot an Pollen. Europaweit gilt es als gefährdet und steht unter Schutz.

4-5

Mandelblättrige Wolfsmilch

Euphorbia amygdaloides

Wolfsmilchgewächse

Euphorbia spec.: Raupenpflanze für 33 Falterarten. Pollenquelle für die Sandbiene *Andrena fulvida*. Blütenbesuch weiterer Bienenarten, Falter und Fliegen. Ausbreitung der Samen durch Ameisen.

4-10

Wald-Schaumkraut

Cardamine flexuosa

Kreuzblütler

Raupenpflanze für Raps-Weißling und Kreuzblütler-Blattspanner. Blütenbesuch: Falter, Bienen, Fliegen, Käfer. Schaumzikaden Eiablage an Stängeln

4-6

Sumpfdotterblume

Caltha palustris

Hahnenfußgewächse

Raupenpflanze für: Wegerich-Erdeule, Rotbraune Moorheiden-Erdeule, Metelkana-Bär. Reiches Angebot an Nektar, mäßiges Angebot an Pollen. Blütenbesuch durch diverse Insektenarten.

5-10

Ruprechtskraut

Geranium robertianum

Storchschnabelgewächse

Nektar- und Raupenpflanze für Falterarten wie: Felsschlucht-Blattspanner, Schwarzer Apollofalter. Pollenquelle: Zweifarbige Sandbiene, Gemeine Furchenbiene, Weißbinden-und Pförtner-Schmalbiene

5-9

Taubenkropf-Leimkraut

Silene vulgaris

Nelkengewächse

Nektar- und Raupenpflanze für 38 Falterarten. Der abendliche Blütenduft lockt Nachtfalter an, sie gilt als wichtige Nahrungsquelle für nachtaktive Falter. Blütenbesuch: Bienen, Fliegen, Käfer

5-7

Kuckucks-Lichtnelke

Silene flos-cuculi

Nelkengewächse

Nektarpflanze für 11 Falterarten wie: Kuckucksnelken-Kapseleule, Brauner Feuerfalter, Raps-Weißling, Gemeiner Bläuling. Blütenbesuch: Bienen, Fliegen, Käfer. Schaumzikaden Eiablage an Stängeln

5-6

Gemeine Akelei

Aquilegia vulgaris

Hahnenfußgewächse

Bestäubung durch Insekten mit langem Rüssel wie Hummeln. Raupenpflanze für 3 Eulenfalterarten. Bienen mit kurzem Rüssel beißen den Sporn der Akelei von außen an, um an den Nektar zu gelangen.

5-8/9

Fingerkraut

Potentilla reptans & Potentilla recta 'Sulphurea'

Rosengewächse

Raupenpflanze für 5 Falterarten wie: Brombeerspinner, Würfeldickkopffalter. Pollenquelle für die Blutwurz-Sandbiene und weitere 20 Bienenarten. Blütenbesuch: Falter, Bienen, Fliegen, Käfer, Wespen

5-8

Wiesensalbei

Salvia pratensis

Lippenblütler

Nektar- und Raupenpflanze für 31 Falterarten. Pollenquelle für 20 Bienenarten wie: Sandbienen, Maskenbienen, Furchenbienen, Pelzbienen, Mauerbienen, Holzbienen. Blütenbesuch: Falter, Bienen, Fliegen

5-8

Wiesen-Bocksbart

Tragopogon pratensis

Korbblütler

Raupenpflanze für Bocksbarteule und Kräuter-Mönch. Pollenquelle für 2 pollenspezialisierte Bienen: Pippau-Sandbiene, Gewöhnliche Dörnchensandbiene. Blütenbesuch: Falter, Bienen, Fliegen wie Hummelschweber

5-10

Wald-Scheinmohn

Meconopsis cambrica

Mohngewächse

Der blühfreudige Mohn mag sonnige bis halbschattige Lagen. In unserem Garten wächst er sogar im Vollschatten. Hummeln und weitere Bienenarten sammeln Nektar und Pollen der Blüten.

5-7

Wald-Segge

Carex sylvatica

Sauergrasgewächse

Die zierliche Wald-Segge ist Raupenpflanze für Falter wie das Waldbrettspiel und die Buchenwald-Graseule. Sie wächst in halbschattigen und vollschattigen Lagen.

5-7

Spring-Schaumkraut

Cardamine impatiens

Kreuzblütler

Raupenpflanze für Falter wie Raps-Weißling und Kreuzblütler-Blattspanner. Blütenbesuch: Falter, Bienen, Fliegen, Käfer

5-6

Gemeiner Schneeball

Viburnum opulus

Moschuskrautgewächse

Raupenpflanze für Eschen-Scheckenfalter, Purpurglanzeule, Bogenlinien-Spannereule. Nektarpflanze für die Zackeneule und Bienen. Offen dargebotener Nektar für rüssellose Insekten wie Fliegen.

5-7

Schwarzer Lauch

Allium nigrum

Amaryllisgewächse

Typisch für dieses Zwiebelgewächs sind die namensgebenden grün-schwarzen Fruchtknoten. Blütenbesuch: Falter, Bienen, Fliegen, Käfer, Wanzen

5-7

Sternkugel-Lauch

Allium christophii

Amaryllisgewächse

Pollen und Nektar werden den Insekten offen angeboten, daher ist Allium bei vielen Insekten als leicht zugängliche Nahrungsquelle beliebt. Blütenbesucher sind z.B. Bienen wie Maskenbienen und Fliegen.

5-7

Lauch

Allium Purple sensation & Allium Mont Blanc

Amaryllisgewächse

Bienenarten, die Allium zur eigenen Nahrungsaufnahme anfliegen sind Maskenbienen, Schmalbienen und Sandbienen. Die Lauch-Maskenbiene ist auf im Sommer blühenden Lauch pollenspezialisiert.

5-7

Brauner Storchschnabel

Geranium phaeum

Storchschnabelgewächse

Blütenbesuch der leicht zugänglichen Blüten durch Bienen, Falter, Fliegen. Käfer wie z.B. der Große Storchschnabelrüssler, dessen Larven in den Früchten von Geranium fressen.

5-6

Schwertlilie

Iris germanica

Schwertliliengewächse

Nektarpflanze für die Gammaeule und Bienenarten wie die Frühlings-Pelzbiene oder Maskenbienen. Pollenquelle für die Gemeine Pelzbiene. Eiablage-Pflanze des Weißpunktigen Schwertlilienrüsslers.

5-7

Gewöhnliche Pechnelke

Viscaria vulgaris

Nelkengewächse

Raupenpflanze: Graubraune Frühherbsteule, Leimkraut-Kapselspanner Gemeine-, Kuckucksnelken-, Leimkraut- und Violettbraune Kapseleule. Blütenbesuch: Bienen, Fliegen, Käfer wie Rüsselkäfer

5-10

Wiesenklee & Weißklee

Trifolium pratense & Trifolium repens

Schmetterlingsblütler

Nektar- und Raupenpflanze für 36 Falterarten. Pollenquelle für 10 pollenspezialisierte und über 40 unspezialisierte Bienenarten. Nektarquelle für Hummeln, Honigbienen und weitere Insekten.

5-6

Wald-Erdbeere

Fragaria vesca

Rosengewächse

Raupenpflanze: Buschhalden-Blattspanner, Wegerich-Erdeule, Kleiner Hopfen-Wurzelbohrer, Brombeerspinner, Kleiner Würfeldickkopffalter. Pollenquelle für 13 Bienenarten. Blütenbesuch durch Fliegen und Käfer

5-6

Garten-Taubnessel

Lamium maculatum 'Beacon Silver'

Lippenblütler

Lamium spec.: Nektar- und Raupenpflanze für 42 Falterarten. Blütenbesuch durch Hummeln, Pelzbienen, Mauerbienen, Sandbienen, Holzbienen, Wollbienen, Schmalbienen, Honigbienen, Falter, Fliegen und Käfer

5-7

Berg-Flockenblume
Centaurea montana & montana ‚Jordy'
Korbblütler

Pollenquelle für die Gemeine Furchenbiene. Blütenbesuch durch Hummeln, weitere Wildbienenarten und Honigbienen. Blütenbesuch durch Ameisen, die Nektar aufnehmen.

5-7

Echter Beinwell
Symphytum officinale
Raublattgewächse

Raupenpflanze: Lungenkraut-Staubeule, Messingeule, Brombeerspinner, Zimtbär, Distelfalter. Pollenquelle für: die spezialisierte Beinwell-Sandbiene, Frühlings-Pelzbiene, Rostrote Mauerbiene. Blütenbesuch: Hummeln

5-6

Traubige Graslilie
Anthericum liliago
Spargelgewächse

Raupenpflanze für die nachtaktive Veränderliche Graslilieneule. Blütenbesuch durch Bienen, Falter und Fliegen.

5-7

Saat-Esparsette
Onobrychis viciifolia
Hülsenfrüchtler

Raupen- und Nektarpflanze für über 25 Schmetterlings-Arten wie: Esparsetten-Glasflügler, Grüner Zipfelfalter, Großer Esparsetten-Bläuling. Pollenquelle für Esparsetten-Sägehornbiene und 23 weitere Bienenarten.

5-7

Nachtviole
Hesperis matronalis
Kreuzblütler

Raupenpflanze: Aurorafalter, Kleiner Kohlweißling, Schleier- und Halbmotten. Pollenquelle: Schöterich-Mauerbiene, Rotfransige Sandbiene. Blütenbesuch: Tag- und Nachtfalter, Bienen, Fliegen. Duftet nachts.

5-6

Einjähriges Silberblatt
Lunaria annua
Kreuzblütler

Raupenpflanze des Aurorafalters. Pollenquelle für die Schöterich-Mauerbiene und die Zweifarbige Sandbiene. Blütenbesuch durch Falter, Bienen, Fliegen

5-7

Ausdauerndes Silberblatt
Lunaria rediviva
Kreuzblütler

Raupenpflanze: Aurorafalter, Raps-Weißling. Blütenbesuch durch Tag- und Nachtfalter, Bienen, Fliegen und Wespen. Die ausdauernde krautige Mondviole duftet nachts und lockt Nachtfalter an.

5-7

Schneeweiße Hainsimse
Luzula nivea
Binsengewächse

Raupenpflanze: Hainsimsen-Wippmotte, Hainsimsen-Grasminierfalter. Blütenbesuch durch Bienen, Falter und Käfer. Ausbreitung der Samen durch Ameisen.

5-8

Echter Baldrian
Valeriana officinalis
Geißblattgewächse

Raupenpflanze: Baldrian-Blütenspanner, Kletteneule, Baldrian-Scheckenfalter. Pollen- und Nektarquelle für diverse Bienenarten wie Maskenbienen, Schmalbienen, Sandbienen, Hummeln, Falter, Käfer, Wanzen.

5-6

Gamander-Ehrenpreis

Veronica chamaedrys
Wegerichgewächse

Raupenpflanze: Saudistel-Steineule, Eschen- und Wachtelweizen-Scheckenfalter. Einzige Pollenquelle für die Ehrenpreis-Sandbiene, Pollenquelle für weitere 27 Bienenarten. Blütenbesuch: Falter, Bienen, Fliegen

5-7

Schlangen-Knöterich

Bistorta officinalis
Knöterichgewächse

Raupen- und Nektarpflanze für über 20 Falterarten wie: Blauschillernder Feuerfalter, Kleines Nachtpfauenauge, Randring- und Alpenmoor Perlmuttfalter. Blütenbesuch: Falter, Bienen, Fliegen, Wanzen, Wespen

5-9

Gelber Lerchensporn

Corydalis lutea
Mohngewächse

Pollenquelle für die Gehörnte Mauerbiene. Blütenbesuch durch weitere Bienenarten wie Hummeln. Ausbreitung der Samen durch Ameisen.

5-6

Maiblumenstrauch

Deutzia gracilis
Hortensiengewächse

Blütenbesuch durch Maskenbienen, Mauerbienen, Blattschneiderbienen, Käfer, Fliegen

5-6

Weiß- und Rotkohl

Brassica oleracea var. capitata f. alba & f. rubra
Kreuzblütengewächse

Raupenpflanze: Großer- und Kleiner Kohlweißling, Kreuzblütler-Blattspanner, Gemeiner Blattspanner. Pollenquelle: Schöterich-Mauerbiene, diverse Sandbienen, Mauerbienen, Schmalbienen. Falter, Fliegen

5-8

Rote Spornblume

Centranthus ruber
Geißblattgewächse

Blütenbesuch durch Falter und Bienen. Jahr für Jahr kann ich das Taubenschwänzchen an den Blüten beobachten.

5-9

Borretsch

Borago officinalis
Raublattgewächse

Raupenpflanze: Achateule, Messingeule, Punktbär, Distelfalter. Blütenbesuch durch Honigbienen, Hummeln und Bienenarten wie die Garten-Blattschneiderbiene.

5-6

Wald-Salomonssiegel

Polygonatum multiflorum
Spargelgewächse

Wirtspflanze der Salomonssiegel-Blattwespe. Blütenbesuch durch Hummeln und Falter.

5-6

Immenblatt

Melittis melissophyllum 'Alba'
Lippenblütler

Blütenbesuch durch Bienen wie Hummeln und Pelzbienen. Weitere Bestäuber sind Falter.

5-7

Wildhimbeere

Rubus idaeus
Rosengewächse

Raupen- und Nektarpflanze für über 75 Falterarten. Darunter viele Eulenfalter und Spanner, Brombeer-Perlmuttfalter, Schönbär, Spanische Fahne. Nahrung für diverse Bienenarten, Fliegen, Käfer und Wanzen.

5-6

Langspornige Akelei

Aquilegia chrysantha
Hahnenfußgewächse

Blütenbesuch durch Bienenarten wie: Mauerbienen, Schmalbienen und Sandbienen. Ohrenkneifer übernachten in den langen Blütensporen.

5-8

Kriechender Hahnenfuß

Ranunculus repens
Hahnenfußgewächse

Nektarpflanze: Gelbbindiger Mohrenfalter, Waldbrettspiel, Abbiß-Scheckenfalter, Wiesenknopf-Würfeldickkopffalter. Einzige Pollenquelle der Hahnenfuß-Scherenbiene. Pollenquelle f. 12 weitere Bienenarten.

5-9

Faulbaum

Rhamnus frangula
Kreuzdorngewächse

Raupenpflanze für über 27 Schmetterlingsarten wie: Zitronenfalter, Grüner Zipfelfalter, Faulbaum-Bläuling, Kupferglucke, Kleines Nachtpfauenauge. Blütenbesuch: Bienen, Fliegen, Wespen, Käfer, Ameisen

5-8

Inkarnat-Klee

Trifolium incarnatum
Hülsenfrüchtler

Pollenquelle der sehr seltenen Blattschneiderbiene *Megachile analis*. Der Zuckergehalt des Nektars ist mit bis zu 38% sehr hoch. Die Blüten produzieren täglich Nektar. Blütenbesuch: Bienen, Falter, Käfer u. weitere

5-9

Breitblättrige Lichtnelke

Silene latifolia
Nelkengewächse

Raupenpflanze für 5 Schmetterlingsarten: Gemeine Kapseleule, Nelken-Kapseleule, Leimkraut-Kapseleule, Karden-Sonneneule, Kiesflur-Lichtnelken-Kapselspanner. Blütenbesuch: Bienen, Falter, Florfliegen

5-10

Hopfen-Luzerne

Medicago lupulina
Hülsenfrüchtler

Raupenpflanze für 9 Schmetterlingsarten wie: Grüner Zipfelfalter, Gemeiner Gelbling, Kleiner Weinschwärmer. Pollenquelle für *Lasioglossum pauxillum*. Blütenbesuch: Bienen, Falter, Fliegen und weitere Insekten

5-9

Trauben-Katzenminze

Nepeta racemosa
Lippenblütler

Raupenpflanze der Grauen Moderholzeule. Pollenquelle für 6 Bienenarten: Garten-Wollbiene, Frühlings-, Wald-, Schuppen- und Vierfleck-Pelzbiene, Stahlblaue Mauerbiene. Blütenbesuch: Falter, Bienen, Fliegen, Zikaden

5-9

Oxford-Storchschnabel

Geranium oxonianum 'Trevor's White'
Storchschnabelgewächse

Blütenbesuch durch Bienen und Fliegen. Die kleinblütige, blütenreiche Staude wird von kleinen Bienen-Arten wie Maskenbienen, Furchenbienen und Schmalbienen besucht.

5-9

Blut-Storchschnabel
Geranium sanguineum & var. striatum 'Apfelblüte'
Storchschnabelgewächse

Raupenpflanze für 4 Schmetterlingsarten: Storchschnabel-Bläuling, Rötliche Herbsteule, Einbrütiger Sonnenröschen-Bläuling, Kleines Nachtpfauenauge. Blütenbesuch: Bienen, Falter, Fliegen, Käfer

5-9

Veränderlicher Storchschnabel
Geranium versicolor
Storchschnabelgewächse

Schattenverträgliche Staude, sie blüht sogar im vollschattigen Beet unseres Gartens. Blütenbesuch durch Bienen und Fliegen.

5-7

Dalmatiner Polster-Glockeblume
Campanula portenschlagiana
Glockenblumengewächse

Pollenquelle für streng blütenspezialisierte Bienenarten wie: Braunschuppige Sandbiene und Kleine Glockenblumen-Scherenbiene. Blütenbesuch durch weitere Insekten.

5-9

Hängepolster-Glockenblume
Campanula poscharskyana
Glockenblumengewächse

Pollenquelle für streng pollenspezialisierte Bienen-Arten wie: Braunschuppige Sandbiene, Kleine Glockenblumen-Scherenbiene. Blütenbesuch durch weitere Insekten. Vorsicht: breitet sich sehr stark aus

5-8

Echter Schaf-Schwingel
Festuca ovina
Süßgräser

Raupenpflanze für 29 Schmetterlingsarten wie: Weißer Waldportier, Berghexe, Rostfarbenes- und Gemeines Wiesenvögelchen, diverse Mohren- und Eulenfalter, Kleines Ochsenauge, Schachbrettfalter

5-10

Echtes Leinkraut
Linaria vulgaris
Wegerichgewächse

Raupenpflanze für: Möndcheneule, Leinkraut-Blütenspanner, Goldbraune Hauhecheleule, Roter Scheckenfalter. Pollenquelle für: Garten-Wollbiene, Luzerne-Sägehornbiene. Blütenbesuch: weitere Bienenarten

5-6

Strauch-Pfingstrose
Paeonia suffruticosa
Pfingstrosengewächse

An den ungeöffneten Blütenknospen der Pfingstrose finden sich oft Ameisen ein, um den zuckerhaltigen klebrigen Saft zu fressen. Bitte bekämpfen Sie diese nicht, die Ameisen schaden der Pflanze nicht.

5-6

Fächer-Zwergmispel
Cotoneaster horizontalis
Rosengewächse

Der sommergrüne Ziertrauch wird als invasive Art eingestuft, der in Gebirgslandschaften großen Schaden anrichten kann. Der Strauch grenzt an unser Grundstück. Er bietet Nektar für Bienen und Wespen.

5-9

Schöllkraut
Chelidonium majus
Mohngewächse

Raupenpflanze: Braune Staudenflureule, Purpurglanzeule, Triangel-Erdeule. Pollenquelle: Erzfarbige Düstersandbiene, *Lasioglossum zonulum*. Blütenbesuch: Falter, Bienen, Fliegen. Ameisen verbreiten die Samen.

5-8

Echter Wundklee
Anthyllis vulneraria
Hülsenfrüchtler

Raupenpflanze: Schlupfwespen-Glasflügler, Zwerg- u. Wundklee-Bläuling, Dunkelbraune Klee-Eule. Pollenquelle: Frühe Langhornbiene, Sommerpelzbiene, Garten-Blattschneiderbiene, Sandbiene *Andrena labialis*

5-7

Wiesen-Glockenblume
Campanula patula
Glockenblumengewächse

Raupenpflanze für den Glockenblumen-Mönch. Pollenquelle für 9 Bienenarten wie: Braunschuppige Sandbiene, Grauschuppige Sandbiene, *Andrena rufizona, Osmia mitis*. Blütenbesuch: Bienen, Falter, Käfer

5-7

Klatschmohn
Papaver rhoeas
Mohngewächse

Pollenquelle für 10 Bienenarten wie Sandbienen, Furchenbienen und die sehr seltene Mohn-Mauerbiene. Blütenbesuch: Bienen, Fliegen, Käfer

5-7

Schwarzer Holunder
Sambucus nigra
Moschuskrautgewächse

Raupenpflanze für 16 Falterarten wie: Gammaeule, Nachtschwalbenschwanz, Achateule, Gelber Fleckleibbär. Blütenbesuch: Falter, Bienen, Fliegen, Käfer wie Bockkäfer, Zikaden wie die Wiesenschaumzikade

5-7

Küchenzwiebel
Allium cepa
Amaryllisgewächse

Pollenquelle für die pollenspezialisierte Lauch-Maskenbiene, Zweifleck-Erdbiene, Köhler-Sandbiene, *Andrena thoracica, Lasioglossum punctatissimum*. Blütenbesuch: Bienen, Falter, Fliegen, Wespen, Käfer

5-8

Große Kapuzinerkresse
Tropaeolum majus
Kapuzinerkressengewächse

Raupenpflanze für Großer Kohlweißling und Kleiner Kohlweißling. Blütenbesuch durch Bienen wie Hummeln.

5-9

Magerwiesen-Margerite
Leucanthemum vulgare
Korbblütler

Nektar- und Raupenpflanze für 19 Falterarten wie: Hellgrauer Fleckleibbär, Hauhechel-Garteneule. Pollenquelle für 22 Bienenarten. Blütenbesuch: Bienen, Falter, Fliegen, Käfer, Wespen

5-8

Kleiner Wiesenknopf
Sanguisorba minor
Rosengewächse

Raupenpflanze für 9 Falterarten wie: Kleiner Würfeldickkopffalter, Spanische Fahne, Kleines Nachtpfauenauge, Wiesenknopf-Würfeldickkopffalter. Blütenbesuch: Bienen, Falter, Fliegen, Käfer

5-8

Gewöhnlicher Hornklee
Lotus corniculatus
Hülsenfrüchtler

Nektar- und Raupenpflanze für 47 Falterarten. Pollenquelle für 57 Bienenarten, davon sind 13 Bienenarten auf die Pflanzenfamilie spezialisiert. Blütenbesuch: Bienen, Falter, Käfer

5-7

Bach-Kratzdistel
Cirsium rivulare
Korbblütler

Nektarpflanze: Feuchtwiesen-Grünwidderchen, Hochmoor-und Randring-Perlmuttfalter, Gemeiner u. Hochmoor-Gelbling. Blütenbesuch: Bienen, Falter, Fliegen, Wespen, Käfer, Wanzen, Zikaden

5-6

Nesselkönig
Lamium orvala
Lippenblütler

Der Pflanzengattung Taubnesseln (*Lamium* spec.) werden als Nektar- oder Raupenpflanze 42 Falter-Arten zugeordnet. Blütenbesuch: Bienen, Falter, Fliegen, Käfer

6-8

Wiesen-Storchschnabel
Geranium pratense
Storchschnabelgewächse

Raupenpflanze für 7 Falterarten wie Storchschnabel-Bläuling, Schönbär, Brombeerspinner und diverse Eulenfalter. Pollenquelle: Acker-Schmalbiene Blütenbesuch: Bienen, Falter, Fliegen, Käfer

6-7/9

Storchschnabel
Geranium renardii & Geranium 'Rozanne'
Storchschnabelgewächse

Vermutlich ähnlicher Blütenbesuch wie bei dem zuvor beschriebenen Wiesen-Storchschnabel.

6-9

Berg-Weidenröschen
Epilobium montanum
Nachtkerzengewächse

Raupenpflanze: Saudistel-Steineule, Nachtkerzenschwärmer, Schwarzer Mondfleck-Blattspanner. Blütenbesuch: Bienen, Falter, Fliegen, Käfer

6-9

Rotes Seifenkraut
Saponaria ocymoides
Nelkengewächse

Saponaria officinalis ist Nahrungspflanze für 9 Falter-Arten wie: Mittlerer Weinschwärmer, Fledemausschwärmer, Feldstaudenrasen-Silbereule. Blütenbesuch: Bienen, Falter, Fliegen, Käfer

6-10

Kleinstrauchrose
Rosa 'Lavender Dream'
Rosengewächse

Blütenbesuch durch Bienen, Falter, Fliegen, Käfer, Wanzen, Wespen, Ameisen

6-7

Kletter-Hortensie
Hydrangea petiolaris
Hortensiengewächse

Blütenbesuch durch Bienen, Falter, Fliegen, Käfer, Wanzen, Wespen, Ameisen

6-7

Balkan-Storchschnabel
Geranium macrorrhizum 'Spessart'
Storchschnabelgewächse

Blütenbesuch durch Bienen, Fliegen, Käfer

6-7/8

Fingerhut

Digitalis purpurea & Digitalis lutea
Wegerichgewächse

Raupenpflanze: Fingerhut-, Zwerg- und Waldkräuter-Blütenspanner, Purpurglanzeule. Pollenquelle *Digitalis purpurea*: Garten-Wollbiene. *Digitalis lutea:* Smaragdgrüne Schmalbiene. Blütenbesuch: Bienen, Falter

6-8

Natternkopf

Echium vulgare
Raublattgewächse

Nektar- und Raupenpflanze für 50 Falterarten. Pollenquelle für 38 Bienenarten, davon 3 streng pollenspezialisierte Mauerbienenarten wie: Natterkopf-Mauerbiene. Blütenbesuch: Bienen, Falter, Käfer

6-8

Fenchel

Foeniculum vulgare
Doldenblütler

Raupenpflanze für Schwalbenschwanz und Bocksbarteule. Pollenquelle für die extrem seltene Sandbiene *Andrena hypopolia*. Blütenbesuch: Bienen, Falter, Fliegen, Wespen, Käfer, Wanzen, Ameisen

6-7

Aufrechtes Fingerkraut

Potentilla recta
Rosengewächse

Vermutlich Raupenpflanze für den Amboßfleck-Würfeldickkopffalter. Blütenbesuch: Bienen, Falter, Fliegen, Wespen, Käfer, Wanzen

6-7

Blaue Himmelsleiter

Polemonium caeruleum
Sperrkrautgewächse

Der sehr hohe Pollen- und Nektargehalt der Blüten lockt diverse Insekten, insbesondere Hummeln, an. Blütenbesuch durch Bienen, Falter, Fliegen

6-7

Echter Alant

Inula helenium
Korbblütler

Pollenquelle für die pollenspezialisierte Gemeine Löcherbiene, Sechsbindige Furchenbiene und die Verschiedenfarbige Blattschneiderbiene. Blütenbesuch: Bienen, Falter, Fliegen, Käfer, Wanzen

6-8

Zitronenmelisse

Melissa officinalis
Lippenblütler

Raupenpflanze: Buchdruckereule, Schlehen-Bürstenspinner. Pollenquelle Garten-Wollbiene. Blütenbesuch: Bienen, Falter, Fliegen, Wespen, Käfer, Zikaden

6-8

Großblütige Braunelle

Prunella grandiflora
Lippenblütler

Nektarpflanze: Rotbraunes Wiesenvögelchen, Quendel-Ameisenbläuling, Assmanns Scheckenfalter, Esparsetten-Widderchen, Karden-Sonneneule. Blütenbesuch: Hummeln, Garten-Wollbiene, Fliegen, Käfer

6-8/10

Echter & Mehliger Salbei

Salvia officinalis & Salvia farinacea
Lippenblütler

Raupenpflanze: Gammaeule. Nektarpflanze: Baum-Weißling. Pollenquelle der sehr seltenen Mauerbiene *Osmia andrenoides*, sehr seltene *Megachile ligniseca*, Blauschwarze Holzbiene. Blütenbesuch: Bienen, Falter

6-7/9

Steppen-Salbei

Salvia nemorosa 'Caradonna' & 'Schneehügel'
Wegerichgewächse

Der Pflanzengattung Salbei (*Salvia* spec.) werden als Nektar- oder Raupenpflanze 31 Falterarten zugeordnet. Blütenbesuch: Hummeln, Sandbienen, Schmalbienen, Holzbienen, Pelzbienen, Mauerbienen, Falter

6-9

Wilde Möhre

Daucus carota
Doldenblütler

Nektar- und Raupenpflanze für 12 Falterarten wie: Schwalbenschwanz. Pollenquelle für 25 Bienenarten, davon 4 pollenspezialisierte Sandbienenarten. Blütenbesuch: Bienen, Falter, Fliegen, Käfer, Wanzen

6-9

Gemeiner Rainkohl

Lapsana communis
Korbblütler

Pollenquelle für die Pollenspezialisierte Pippau-Sandbiene. Blütenbesuch durch Bienen, Fliegen, Käfer, Wanzen, Zikaden

6-9

Storchschnabel

Geranium x cultorum 'Dreamland'
Storchschnabelgewächse

Blütenbesuch durch Bienen und Fliegen. Die kleinblütige Staude wird von Bienenarten wie Furchenbienen, Schmalbienen und Maskenbienen besucht wie von der mäßig häufigen Grobpunktierten Maskenbiene.

6-9

Rasen-Schmiele

Deschampsia cespitosa
Süßgräser

Raupenpflanze für 26 Falterarten wie: Weißrandiger Mohrenfalter, Weißer Waldportier, Wald- und Moor-Wiesenvögelchen, Großes Ochsenauge, Gelbringfalter und diverse Eulenfalter

6-10

Aufrechter Ziest

Stachys recta
Lippenblütler

Raupenpflanze für 5 Falterarten wie: Roter Scheckenfalter, Ziest-Glasflügler. Pollenquelle für 10 Bienenarten, davon 4 pollenspezialisierte wie: Waldpelzbiene, Rote Schneckenhausbiene, Frühe- u. Späte Schlürfbiene

6-10

Kornblume

Centaurea cyanus
Korbblütler

Pollenquelle für 8 Bienenarten wie die sehr seltene Sandbiene *Andrena nigriceps*, die seltene Dünen-Pelzbiene oder die seltene Große Keulkornbiene. Blütenbesuch durch Bienen, Falter, Fliegen, Käfer

6-9

Rundblättrige Glockenblume

Campanula rotundifolia
Glockenblumengewächse

Raupenpflanze für 6 Falterarten. Pollenquelle für 24 Bienenarten, davon 10 pollenspezialisierte Sandbienen-, Scherenbienen-, Glanzbienen-, Furchenbienen-, Sägehornbienen- und Mauerbienenarten

6-8

Pfirsichblättrige Glockenblume

Campanula persicifolia
Glockenblumengewächse

Raupenpflanze für den Magerrasen-Glockenblumen-Blütenspanner. Pollenquelle für 8 Bienenarten, davon 6 pollenspezialisierte Sandbienen-, Scherenbienen-, Furchenbienen- und Sägehornbienenarten

6-9

Rapunzel-Glockenblume

Campanula rapunculus

Glockenblumengewächse

Pollenquelle für 6 Bienenarten, davon 5 pollenspezialisiert: Braunschuppige- und Grauschuppige Sandbiene, Kleine Glockenblumen-Scherenbiene, Glockenblumen-Schmalbiene, Glockenblumen-Sägehornbiene

6-9

Knäuel-Glockenblume

Campanula glomerata

Glockenblumengewächse

Pollenquelle für 10 Bienenarten, davon 7 pollenspezialisiert wie: Glockenblumen-Scherenbiene, Glanzbiene *Dufourea dentiventris*, Glockenblumen-Schmalbiene, Mauerbiene *Osmia mitis*

6-9

Echter Steinklee

Melilotus officinalis

Hortensiengewächse

Raupenpflanze für 5 Falterarten. Pollenquelle für 6 Bienenarten, davon 2 pollenspezialisiert: Luzerne-Sägehornbiene, Dünen-Seidenbiene. Sehr nektarreich, auch für kurzrüsselige Insekten. Duftet nach Honig.

6-9

Färber-Wau

Reseda luteola

Resedagewächse

Raupenpflanze für den Reseda-Weißling. Pollenquelle für 4 Bienenarten wie die streng pollenspezialisierte Reseden-Maskenbiene. Blütenbesuch: kleine Bienen, Fliegen, Käfer. Samen Ausbreitung durch Ameisen.

6-9

Gemeiner Gilbweiderich

Lysimachia vulgaris

Primelgewächse

Raupenpflanze für 15 Spanner und Eulenfalterarten. Öl- und Pollenquelle für die 2 streng spezialisierten Auen- und Wald-Schenkelbiene. Blütenbesuch: Falter, Bienen, Fliegen

6-9

Punktierter Gilbweiderich

Lysimachia punctata

Primelgewächse

Öl- und Pollenquelle für 2 streng spezialisierte Auen-Schenkelbiene u. Wald-Schenkelbiene. Pollenquelle für Gewöhnliche Schmalbiene, Weißbinden-Schmalbiene. Blütenbesuch: Falter, Bienen, Fliegen

6-9

Sumpf-Ziest

Stachys palustris

Lippenblütler

Raupenpflanze für die Ziest-Silbereule. Pollenquelle für 4 Bienenarten, davon 2 pollenspezialisiert: Waldpelzbiene und die sehr seltene Späte Schlürfbiene. Blütenbesuch: Falter, Bienen, Fliegen, Käfer

6-9

Wald-Ziest

Stachys sylvatica

Lippenblütler

Raupenpflanze für 16 Spanner und Eulenfalterarten. Pollenquelle für 4 Bienenarten, davon eine pollenspezialisiert: Waldpelzbiene. Blütenbesuch: Falter, Bienen, Fliegen, Käfer

6-9

Luzerne

Medicago sativa

Hülsenfrüchtler

Raupenpflanze für 35 Falterarten wie: Bläulinge, Eulenfalter, Spinnerartige, Spanner. Pollenquelle für 29 Bienenarten, davon 10 pollenspezialisiert wie: Frühe- und Mai-Langhornbiene, Große Harzbiene

6-8

Wahrer Bärenklau
Acanthus mollis
Akanthusgewächse

Blütenbesuch durch Hummeln. Die ausbreitungsfreudige Staude blüht bevorzugt in halb- und vollschattigen Beeten unseres Gartens.

6-8

Woll-Ziest
Stachys byzantina
Lippenblütler

Pollenquelle für die pollenspezialisierte Waldpelzbiene und die Garten-Wollbiene, diese fertigt die Brutzellen aus Pflanzenwolle. Blütenbesuch: Falter, Bienen, Fliegen, Käfer

6-9

Weißer Senf
Sinapis alba
Kreuzblütler

Raupenpflanze für den Raps-Weißling. Pollenquelle für 26 Bienenarten, davon 3 pollenspezialisiert wie die seltenen: Schöterich-Mauerbiene u. Blauschwarze Sandbiene, die sehr seltene *Andrena suerinensis*

6-10

Schwarze Flockenblume
Centaurea nigra
Korbblütler

Nektarpflanze: Hochmoor-Perlmuttfalter, Weißbindiger Mohrenfalter, Schachbrettfalter, Lilagold-Feuerfalter. Pollenquelle für: Bergwald-Sandbiene. Blütenbesuch: Falter, Bienen, Fliegen, Käfer, Wanzen

6-9

Gewöhnliche Braunelle
Prunella vulgaris
Lippenblütler

Nektarpflanze: Mauerfuchs, Raps-Weißling, Kleiner Esparsetten-Bläuling, Heller Wiesenknopf-Ameisenbläuling, Karden-Sonneneule. Pollenquelle: Stahlblaue Mauerbiene. Blütenbesuch: Falter, Bienen, Fliegen

6-9

Echtes Herzgespann
Leonurus cardiaca
Lippenblütler

Pollenquelle für die Garten-Wollbiene. Blütenbesuch durch Hummeln und Ameisen. Die heimische Heilpflanze ist gebietsweise im Rückgang begriffen, sie gilt in Baden-Württemberg als stark gefährdet.

6-9

Gewöhnliche Betonie
Betonica officinalis
Lippenblütler

Raupenpflanze für Heilziest-Dickkopffalter und Gelber Fleckenspanner. Nektarpflanze für 13 Falterarten. Pollenquelle für 5 Bienenarten, davon 3 pollenspezialisiert. Blütenbesuch: Falter, Bienen, Fliegen

6-8

Knotige Braunwurz
Scrophularia nodosa
Braunwurzgewächse

Raupenpflanze für 10 Falterarten wie: Königskerzen-, Braunwurz-, und Braunwurz-Wald-Mönch, Weißer Johanniskraut-Kleinspanner u. Eulenfalter. Pollenquelle für *Hylaeus pectoralis* u. *Lasioglossum sexnotatum*.

6-8

Riesen-Schuppenkopf
Cephalaria gigantea
Geißblattgewächse

Blütenbesuch durch Falter, Bienen, Fliegen, Käfer und Wanzen.

6-8

Tüpfel-Johanniskraut

Hypericum perforatum
Johanniskrautgewächse

Raupenpflanze für 13 Falterarten wie: Johanniskraut-eule, Johanniskraut-Glasflügler. Pollenquelle für 16 Bienenarten. Blütenbesuch: Falter, Bienen, Fliegen. Käfer wie der Johanniskraut-Blattkäfer

6-9

Kartäusernelke

Dianthus carthusianorum
Nelkengewächse

Nektar- und Raupenpflanze für 16 Falterarten wie: Schwalbenschwanz, Hummelschwärmer, Karthäus-ernelken-Kapseleule. Pollenquelle für 3 Bienenarten. Blütenbesuch: Falter, Bienen, Fliegen, Käfer

6-10

Färberkamille

Anthemis tinctoria
Korbblütler

Nektar- und Raupenpflanze für 4 Falterarten wie der Wolfsmilch-Glasflügler. Pollenquelle für 7 Bienen-Arten, davon 6 pollenspezialisiert wie: Buckel-Seidenbiene. Blütenbesuch: Falter, Bienen, Fliegen, Käfer

6-9

Ähriger Ehrenpreis

Veronica spicata
Wegerichgewächse

Raupenpflanze: Wachtelweizen-und Assmanns Scheckenfalter. Pollenquelle für die Blauschwarze Holzbiene. Blütenbesuch: Falter, Bienen, Fliegen, Käfer

6-9

Kleinblütige Bergminze

Calamintha nepeta
Lippenblütler

Nektarpflanze: Dost-Glasflügler, Spanische Fahne, Feldstaudenrasen-Silbereule. Pollenquelle für die Garten-Wollbiene. Blütenbesuch: Falter, Bienen, Fliegen, Käfer. In Deutschland ist sie vom Aussterben bedroht.

6-9

Blutweiderich

Lythrum salicaria
Weiderichgewächse

Nektar- oder Raupenpflanze für 21 Falterarten. Pollenquelle für 8 Bienenarten, davon 2 pollenspezialisiert: Blutweiderich-Langhornbiene, Blutweiderich-Sägehornbiene. Blütenbesuch: diverse Insekten

6-8

Purpur-Leinkraut

Linaria purpurea
Wegerichgewächse

Pollenquelle: Garten-Wollbiene, Kleine Harzbiene. Blütenbesuch: Falter, Bienen, Fliegen. Die in Italien heimische Zierpflanze wird besonders von Hummeln angeflogen.

6-8/10

Große Sterndolde

Astrantia major & Astrantia major 'Roma'
Doldenblütler

Raupenpflanze: Brustwurz-Blütenspanner. Nektarpflanze für: Landkärtchen. Blütenbesuch: Falter, Bienen, Fliegen, Käfer, Wespen, Zikaden

6-10

Sand-Thymian

Thymus serpyllum
Lippenblütler

Raupenpflanze für 9 Falterarten wie: Thymian-Blütenspanner, Thymian-Widderchen, Quendel-Bläuling. Pollenquelle für 4 Bienenarten. Blütenbesuch: Falter, Bienen, Fliegen, Käfer, Zikaden

6-9

Gemeine Nachtkerze

Oenothera biennis

Nachtkerzengewächse

Raupenpflanze: Nachtkerzenschwärmer. Nektarpflanze: Taubenschwänzchen, Mittlerer Weinschwärmer. Blütenbesuch: Falter (überwiegend Nachtfalter), Bienen, Fliegen

6-7

Gewöhnlicher Liguster

Ligustrum vulgare

Ölbaumgewächse

Nektar- und Raupenpflanze für 31 Falterarten wie: Achateule, Ligustereule, Kleiner Schlehen-Zipfelfalter. Pollenquelle für 5 Bienenarten. Blütenbesuch: Falter, Bienen, Fliegen

6-8

Breitblättrige Platterbse

Lathyrus latifolius

Hülsenfrüchtler

Pollenquelle: Garten-Blattschneiderbiene. Pollenspezialisierte Bienen: Platterbsen-Mörtelbiene, Dreizahn-Mauerbiene. Blütenbesuch: Hummeln, Blattschneider- und Mörtelbienen, Holzbienen

6-10

Moschus-Malve

Malva moschata

Malvengewächse

Raupenpflanze: Malven-Dickkopffalter, Wegrand-Malven-Blattspanner. Pollenspezialisierte Biene: sehr seltene Malven-Langhornbiene. Blütenbesuch: Falter, Bienen, Fliegen, Käfer

6-10

Wilde Malve

Malva sylvestris

Malvengewächse

Raupenpflanze: Hellbraune Bandeule. Pollenspezialisierte Biene: sehr seltene Malven-Langhornbiene. Blütenbesuch: Falter, Bienen, Fliegen, Käfer

6-10

Schafgarbe

Achillea millefolium

Korbblütler

Nektar- und Raupenpflanze für 32 Falterarten. Pollenquelle für 28 Bienenarten, davon 7 pollenspezialisiert. Blütenbesuch: Falter, Bienen, Fliegen, Käfer, Wespen, Wanzen

Rose

Rosa spec.

Rosengewächse

Heimische Wildrosen sind Nektar- und Raupenpflanzen für 45 Falterarten. Pollenquellen für 12 Bienenarten u. viele weitere Insekten. Abgebildet sind die Zierrosen unseres Gartens vom Bestand der Gartenvorbesitzer.

6-11

Große Brennnessel

Urtica dioica

Brennnesselgewächse

Raupenpflanze für 36 Falterarten wie: Admiral, C-Falter, Distelfalter, Kleiner Fuchs, Landkärtchen, diverse Eulenfalter und Spinnerartige. Wirtspflanze: Falter, Wanzen, Käfer, Zikaden, Heuschrecken

6-9

Weißer Steinklee

Melilotus albus

Hülsenfrüchtler

Raupenpflanze für den Faulbaum-Bläuling. Pollenquelle für 23 Bienenarten, davon 6 pollenspezialisiert. Blütenbesuch: Falter, Bienen, Fliegen, Käfer, Wanzen, Wespen

6-8

Fingerkraut

Potentilla atrosanguinea & P. nepalensis 'Miss Willmott'
Rosengewächse

Blütenbesuch durch Bienenarten wie Maskenbienen, Sandbienen, Schmalbienen, Falter, Fliegen, Käfer

6-8

Muskatellersalbei

Salvia sclarea
Lippenblütler

Pollenquelle: Garten-Wollbiene, Blauschwarze Holzbiene. Blütenbesuch: Bienen wie Hummeln, Wollbienen oder Holzbienen, Fliegen, Käfer, Zikaden

6-8

Echtes Mädesüß

Filipendula ulmaria
Rosengewächse

Raupenpflanze für 9 Falterarten wie: Kleiner Würfeldickkopffalter, Mädesüß-Perlmuttfalter, diverse Eulenfalter und Spinnerartige. Blütenbesuch: Falter, Bienen, Fliegen, Käfer, Wanzen, Wespen

6-8

Schnittlauch

Allium schoenoprasum
Amaryllisgewächse

Nektarpflanze: Johannisbeer-Glasflügler. Pollenquelle für: Gewöhnliche Maskenbiene. Blütenbesuch: Falter, Bienen, Fliegen

6-8

Dornige Hauhechel

Ononis spinosa
Hülsenfrüchtler

Raupenpflanze für 20 Falterarten. Pollenquelle für 15 Bienenarten, davon 3 pollenspezialisiert: Grobpunktierte Kleesandbiene, Große Harzbiene, Platterbsen-Mörtelbiene. Blütenbesuch: Falter, Bienen

6-8

Prachtspiere

Astilbe simplicifolia 'Praecox Alba' & 'Glut'
Steinbrechgewächse

Blütenbesuch durch Bienen wie Hummeln, Maskenbienen, Honigbienen, Schmalbienen, Fliegen

6-10

Herbst-Anemone

Anemone hupehensis
Hahnenfußgewächse

Blütenbesuch durch Bienen wie Hummeln, Maskenbienen, Honigbienen, Schmalbienen, Sandbienen, Fliegen, Käfer

7-8

Acker- und Apfelminze

Mentha arvensis & Mentha suaveolens
Lippenblütler

Die heimischen Arten der *Mentha* spec. sind Nektar- oder Raupenpflanze für 23 Falterarten. Blütenbesuch durch Falter, Bienen, Fliegen, Wespen, Käfer, Zikaden

7-9

Grüne-und Pfefferminze

Mentha spicata & Mentha x piperita
Lippenblütler

Blütenbesuch durch Falter, Bienen, Fliegen, Wespen, Käfer, Zikaden

7-9

Kleinblütige Königskerze
Verbascum thapsus
Braunwurzgewächse

Raupenpflanze: Gammaeule, Verschollener Königskerzen-Mönch, Königskerzen-Mönch. Pollenquelle: *Lasioglossum villosulum*. Blütenbesuch: Falter, Bienen, Fliegen, Käfer, Wanzen

7-9

Flachblatt-Mannstreu
Eryngium planum
Doldenblütler

Pollenquelle: Gewöhnliche Sandbiene, Gemeine Furchenbiene, Luzerne-Blattschneiderbiene. Pollenspezialisierte Biene: Bärenklau-Sandbiene. Blütenbesuch: Bienen, Fliegen, Käfer, Wespen

7-10

Klebriger Salbei
Salvia glutinosa
Lippenblütler

Raupenpflanze: Messingeule, Wasserdost-Goldeule. Pollenquelle der sehr seltene Blattschneiderbiene *Megachile ligniseca* und der Garten-Wollbiene. Blütenbesuch: Bienen wie Hummeln, Furchenbienen, Fliegen

7-8

Nesselblättrige Glockenblume
Campanula trachelium
Glockenblumengewächse

Raupenpflanze: Flohkraut- und Veränderliche Herbsteule, Nessel-Glockenblumen-Blütenspanner. Pollenquelle für 13 Bienenarten, davon 8 pollenspezialisiert. Blütenbesuch: Falter, Bienen, Fliegen, Käfer

7-9

Wegwarte
Cichorium intybus
Korbblütler

Raupenpflanze für 5 Falterarten. Pollenquelle für 38 Bienenarten, davon 10 pollenspezialisiert wie: Braunbürstige Hosenbiene, Kleine- und Große Zottelbiene. Blütenbesuch: Falter, Bienen, Fliegen, Käfer

7-9

Gewöhnlicher Dost
Origanum vulgare
Lippenblütler

Nektar- und Raupenpflanze für 68 Falterarten wie: Dost-Glasflügler, diverse Tagfalter, Eulenfalter, Spanner, Spinnerartige. Pollenquelle für 4 Bienenarten. Blütenbesuch: Falter, Bienen, Fliegen, Käfer, Zikaden

7-9

Großer Wiesenknopf
Sanguisorba officinalis
Rosengewächse

Nektar- und Raupenpflanze für 7 Falterarten wie: Heller- und Dunkler Wiesenknopf-Ameisenbläuling, Mädesüß-Perlmuttfalter, Kleines Nachtpfauenauge. Blütenbesuch: Falter, Bienen, Fliegen, Wespen

7-8

Hohe Flammenblume
Phlox paniculata 'Dwarf White'
Sperrkrautgewächse

Nektarpflanze für 4 Falterarten wie: Grauer Mönch, Mittlerer Weinschwärmer, Grauleib-Flechtenbärchen, Kiefernschwärmer. Blütenbesuch: Falter wie Taubenschwänzchen

7-8

Purpurglöckchen
Heuchera micrantha 'Obsidian'
Steinbrechgewächse

Blütenbesuch durch kleine Bienenarten wie Schmalbienen, Maskenbienen, Furchenbienen, Fliegen

7-11

Tauben-Skabiose

Scabiosa columbaria

Geißblattgewächse

Nektar- und Raupenpflanze für 68 Falterarten. Pollenquelle für 7 Bienenarten, davon 3 pollenspezialisiert: Skabiosen-und Knautien-Sandbiene, Skabiosen-Hosenbiene. Blütenbesuch: diverse Insektenarten

7-8

Gewöhnlicher Wasserdost

Eupatorium cannabinum

Korbblütler

Nektar- und Raupenpflanze für 45 Falterarten wie: Spanische Fahne, Gelber Fleckleibbär, Großer Schillerfalter, Großer Waldportier. Blütenbesuch: Bienen, Falter, Fliegen, Käfer, Wanzen, Zikaden

7-9

Rainfarn

Tanacetum vulgare

Korbblütler

Nektar- und Raupenpflanze für 13 Falterarten wie der stark gefährdete Rainfarn-Mönch. Pollenquelle für 21 Bienenarten, davon 7 pollenspezialisiert wie: Rainfarn-Seidenbiene. Blütenbesuch: diverse Insektenarten

7-10

Gewöhnliche Waldrebe

Clematis vitalba

Hahnenfußgewächse

Nektar- und Raupenpflanze für 35 Falterarten. Pollenquelle für 2 Bienenarten: Gemeine Furchenbiene, Pförtner-Schmalbiene. Blütenbesuch: Falter, Bienen, Fliegen, Käfer, Wanzen, Zikaden

7-9

Gewöhnliche Stockrose

Alcea rosea

Malvengewächse

Raupenpflanze für: Malven-Dickkopffalter. Pollenquelle für die stark gefährdete Malven-Langhornbiene. Blütenbesuch durch Bienen wie Hummeln, Fliegen, Käfer, Wanzen

7-8

Silber-Mannstreu

Eryngium spinalba

Doldenblütler

Blütenbesuch durch Bienen wie: Maskenbienen, Furchenbienen, Hummeln, Honigbienen. Falter, Fliegen, Käfer, Wanzen, Wespen wie: Knotenwespen, Bienenwolf, Goldwespen

7-8

Garten-Mannstreu

Eryngium x zabelii 'Jos Eijking'

Doldenblütler

Blütenbesuch durch Bienen wie: Maskenbienen, Furchenbienen, Hummeln, Honigbienen. Falter, Fliegen, Käfer, Wanzen, Wespen wie: Knotenwespen, Bienenwolf

7-9

Strauchbasilikum

Ocimum basilicum 'Magic Blue'

Lippenblütler

Raupenpflanze für: Ampfereule. Blütenbesuch durch Bienen wie: Hummeln, Honigbienen. Falter, Fliegen, Wanzen, Zwergzikaden

7-9

Wald-Engelwurz

Angelica sylvestris

Doldenblütler

Nektar- und Raupenpflanze für 13 Falterarten. Pollenquelle für 9 Bienenarten, davon 2 pollenspezialisiert: *Andrena rosae, Andrena nitidiuscula*. Blütenbesuch: Bienen, Falter, Fliegen, Käfer, Wespen, Wanzen

7-8

Wilde Karde

Dipsacus fullonum
Geißblattgewächse

Nektar- und Raupenpflanze für 5 Falterarten: Karden-Sonneneule, Ampfer-Rindeneule, Kaisermantel, Schachbrettfalter, Weißer Waldportier. Blütenbesuch: Bienen, Falter, Fliegen, Käfer, Wanzen

7-9

Kleinblütige Nachtkerze

Oenothera parviflora
Nachtkerzengewächse

Blütenbesuch überwiegend durch Nachtfalter, Falter, Bienen, Fliegen

7-8

Blauer Eisenhut

Aconitum napellus
Hahnenfußgewächse

Raupenpflanze für 6 Falterarten: Eisenhut-Goldeule, Erbseneule, Flohkrauteule, Silberpunkt-Höckereule, Moorwaldheiden-Blättereule, Rittersporn-Sonneneule. Blütenbesuch: Falter, Bienen, Fliegen, Käfer

7-9

Kugelköpfiger Lauch

Allium sphaerocephalon
Amaryllisgewächse

Raupenpflanze für den Lauchzwiebelbohrer. Pollenquelle für 3 Bienenarten, davon eine pollenspezialisiert: Lauch-Maskenbiene. Blütenbesuch: Bienen, Falter, Fliegen, Käfer, Wespen

7-9

Schnee-Felberich

Lysimachia clethroides
Primelgewächse

Blütenbesuch durch Bienen wie Hummeln, Furchenbienen, Schenkelbienen. Falter, Fliegen, Käfer

7-8

Verschiedenblättrige Kratzdistel

Cirsium heterophyllum
Korbblütler

Als Nektar- und Raupenpflanze wird *Cirsium* spec. 116 falterarten zugeordnet. Pollenquelle für 41 Bienen-Arten, davon 10 pollenspezialisiert. Blütenbesuch: Bienen, Falter, Fliegen, Käfer, Wanzen, Wespen, Zikaden

7-8

Echter Lavendel

Lavandula angustifolia
Lippenblütler

Raupenpflanze für die Achateule. Pollenquelle für die vom Aussterben bedrohte unspezialisierte Schuppen-Pelzbiene. Blütenbesuch: Bienen, Falter, Fliegen, Käfer

7-9

Echter Wermut

Artemisia absinthium
Korbblütler

Raupenpflanze für 9 Falterarten wie: Schneckenhaus-Sackträger, Beifuß-Mönch, Karden-Sonneneule, Hauhechel-Garteneule. Blütenbesuch: Bienen, Falter, Fliegen, Käfer wie der Wermut-Zahnrüssler

7-9

Nickende Distel

Carduus nutans
Korbblütler

Nektarpflanze für 7 Falterarten. Pollenquelle für 4 Bienenarten, davon 2 pollenspezialisiert: die seltene Distel-Mauerbiene u. *Osmia niveata*. Blütenbesuch: Bienen, Falter, Fliegen, Käfer, Wanzen, Wespen, Zikaden

7-9

Prächtige Fetthenne

Sedum spectabile 'Meteor'
Dickblattgewächse

116 Falterarten nutzen heimische Arten der Fetthennen (*Sedum*) als Nektar- und Raupenpflanze wie: *Sedum acre, Sedum album, Sedum alpestre, Sedum rubens* oder *Rhodiola rosea*

7-10

Gewöhnliche Goldrute

Solidago virgaurea
Korbblütler

Raupenpflanze für 16 Falterarten wie: Goldruten-Mönch. Pollenquelle für die pollenspezialisierte Rainfarn-Herbstsandbiene. Blütenbesuch: Falter, Bienen, Fliegen, Käfer, Wanzen, Zikaden

8-10

Doldiges Habichtskraut

Hieracium umbellatum
Korbblütler

Nektar- und Raupenpflanze für 4 Falterarten wie: Zimtbär. Pollenquelle für 9 Bienenarten, davon 6 pollenspezialisiert wie: Braunbürstige Hosenbiene, Zottelbienen. Blütenbesuch: diverse Insektenarten

8-10

Jakobs-Greiskraut

Senecio jacobaea
Korbblütler

Nektar- und Raupenpflanze für 10 Falterarten wie: Jakobskraut-Bär. Pollenquelle für 11 Bienenarten, davon 4 pollenspezialisiert. Blütenbesuch: Falter, Bienen, Fliegen, Käfer, Wanzen, Zikaden, Heuschrecken

8-10

Blauraute

Perovskia abrotanoides
Lippenblütler

Blütenbesuch durch Falter, Bienen, Fliegen, Käfer

8-10

Pfeffer-Salbei

Salvia uliginosa
Lippenblütler

Blütenbesuch durch Hummeln, Maskenbienen, Fliegen

8-10

Blaues Pfeifengras

Molinia caerulea
Süßgräser

42 Falterarten nutzen die Gräser der Gattung Pfeifengräser (*Molinia*) als Nektar- und Raupenpflanze. Diverse Zikadenarten ernähren sich von Süßgräsern wie dem Blauen Pfeifengras.

8-10

Kerzenknöterich

Bistorta amplexicaulis
Knöterichgewächse

Blütenbesuch durch Falter, Bienen, Wanzen, Wespen

6-9

Mutterkraut

Tanacetum parthenium
Korbblütler

17 Falterarten nutzen Pflanzen aus der Gattung *Tanacetum* (Wucherblumen) als Nektar- und Raupenpflanze. Blütenbesuch: Falter, Bienen, Fliegen, Käfer, Wanzen, Wespen

8-10

Berg-Aster
Aster amellus
Korbblütler

Nektar- und Raupenpflanze für 4 Falterarten wie: Astern-Mönch. Pollenquelle für die pollenspezialisierte Bedornte Mauerbiene. Blütenbesuch: Falter, Bienen, Fliegen, Käfer, Wanzen, Wespen

9-10

Raublatt-und Neubelgische Aster
Symphyotrichum novae-angliae & S. novi-belgii
Korbblütler

Blütenbesuch: Falter, Bienen, Fliegen, Käfer, Wanzen, Wespen

9-11

Gemeiner Efeu
Hedera helix
Araliengewächse

Nektar- und Raupenpflanze für 7 Falterarten wie: Nachtschwalbenschwanz. Pollenquelle für die pollenspezialisierte Efeu-Seidenbiene. Blütenbesuch: Falter, Bienen, Fliegen, Käfer, Wanzen, Wespen

Gewöhnlicher Frauenfarn
Athyrium filix-femina
Wimpernfarngewächse

Raupenpflanze für 5 Falterarten: Achateule, Buchdruckereule, Purpurglanzeule, Braune Staudenflureule, Große Grüne Erdeule

Weicher Schildfarn
Polystichum braunii
Wurmfarngewächse

Raupenpflanze für 4 Falterarten: Achateule, Buchdruckereule, Purpurglanzeule, Waldfarn-Smaragdeule

Spreuschuppiger Wurmfarn
Dryopteris affinis agg.
Wurmfarngewächse

Raupenpflanze für 4 Falterarten: Achateule, Buchdruckereule, Purpurglanzeule, Waldfarn-Smaragdeule

4-5

Rotbuche
Fagus sylvatica
Buchengewächse

Die Buche ist für etwa 170 bis 180 Insekten- und Milbenarten eine ihrer Haupt-Wirtspflanzen. Raupenpflanze für 68 Falterarten. Buchen sind Brutbäume des vom Aussterben bedrohten Alpenbock.

4-5

Gemeine Fichte
Picea abies
Kieferngewächse

Fichten bieten Nahrung oder Brutmöglichkeiten für diverse Käfer- und Wanzenarten. Raupenpflanze für 29 Falterarten wie: Nonne, Fichten-Bürstenspinner. Nahrungsquelle für Fliegen, Wespen, Ameisen

5

Gemeine Esche
Fraxinus excelsior
Ölbaumgewächse

Eschen bieten Nahrung oder Brutmöglichkeiten für diverse Käfer- und Wanzenarten. Raupenpflanze für 27 Falterarten wie: Eschen-Scheckenfalter, Eschen-Zackenrandspanner, Ligusterschwärmer, Streckfuß

Distelfalter
Vanessa cardui

Schmetterlinge

Es gibt sie in den schönsten Farben und in unterschiedlichsten Formen. Sie können auffallend bunt und groß oder unscheinbar klein sein. Sie sind tag-, nacht- oder dämmerungsaktiv, Sonnenanbeter oder Nachtschwärmer, Frühlingsboten und Überlebenskünstler. Und sie gehören zu der beliebtesten Insektengruppe überhaupt. Zumindest trifft das auf den „fertigen" Falter zu. Die Schmetterlingsraupe hingegen wird nicht so geschätzt wie der Schmetterling, der sich auf wundersame Weise aus ihr entwickelt. Ist das nicht sonderbar? In vielen Gärten werden Raupen bekämpft, weil sie sich von „unseren" Pflanzen ernähren. Dabei sind es doch ursprünglich ihre Nahrungspflanzen, ohne die sie nicht in der Lage sind zu überleben.

Beschäftigen wir uns eingehender mit dem Thema Raupenfraßpflanzen, wird bald klar, dass die meisten Raupen keinen nennenswerten Schaden anrichten. Oft bleiben die Fraßspuren unbemerkt. Im privaten Garten sollten wir ein Auge zudrücken, wenn sich Weißlinge für unsere Kohlpflanzen interessieren, denn häufig geglaubte Arten wie der Große Kohlweißling werden immer seltener. Wenn Sie Weißlinge unterstützen möchten, pflanzen Sie Kohl oder Kapuzinerkresse. Behandeln Sie den Kohl wie eine Zierpflanze, die blühen darf. Kohl ist übrigens ein Kreuzblütler mit hübschen gelben Blüten.

„Neue Rote Liste der Schmetterlinge von Nordrhein-Westfalen belegt Artenrückgang – Erschreckend ist das Fazit der Gefährdungsbeurteilung: Nur 34 Prozent der Falter sind ungefährdet! Insgesamt 66 Prozent, d.h. zwei Drittel der Schmetterlingsarten sind in einer der Gefährdungskategorien eingestuft; 12 Prozent der Arten sind bereits ausgestorben und 13,6 Prozent akut vom Aussterben bedroht. Das ist etwas mehr als ein Viertel der in Nordrhein-Westfalen heimischen Arten!"

Zitat: Arbeitsgemeinschaft rheinisch-westfälischer Lepidopterologen e.V. / Dr. Wolfgang Vorbrüggen / November 2021

Nach den Käfern zählen Schmetterlinge mit weltweit knapp 160.000 beschriebenen Arten als die artenreichste Insektenordnung. Daher sollten uns diese besorgniserregenden Zahlen dazu bringen, aktiv zu werden. Das stille Verschwinden der Schmetterlinge dürfen wir nicht einfach so hinnehmen. Wir können mithilfe unserer Gärten sehr viel für diese große Insektengruppe tun.

Ich möchte Sie ermutigen, den Kohl für diverse Weißlinge in ihren Garten zu holen. Pflanzen Sie Doldengewächse wie Fenchel, Pastinake und Wilde Möhre für den Schwalbenschwanz. Lassen Sie die Brennnessel in Ihrem Garten zu. Tauschen Sie nichtblühende, exotische Heckenpflanzen gegen wunderbar blühende heimische Gehölze aus, wie beispielsweise den duftenden Liguster. Der Echte Faulbaum ist die Kinderstube des hübschen Zitronenfalters. Disteln locken den Distelfalter an. Pflanzen Sie überwiegend heimische Stauden, Sträucher und Bäume, damit Falter sich fortpflanzen und entwickeln können, denn Schmetterlingsraupen ernähren sich von Blättern, Blüten, Zweigen, Holz oder Wurzeln heimischer Pflanzen. Ausgewachsene Schmetterlinge ernähren sich überwiegend von Nektar, süßen Pflanzensäften, Honigtau, Läusen und dem Saft von faulendem Obst.

Für das nachfolgende Kapitel habe ich versucht, die Falter, die sich in unserem Garten aufhalten, fotografisch zu dokumentieren. All die Schönheiten leben hier, weil sie neben dem entsprechenden Nahrungsangebot einen Lebensraum für alle Entwicklungsstadien vorfinden.

Jedem Tag- und Nachtfalter sind im weiteren Verlauf dieses Kapitels die Nahrungsquellen und Lebensraumbedingungen zugeordnet. Lassen Sie sich inspirieren. Der Erfolg stellt sich schneller ein, als Sie vielleicht denken. Die Belohnung für Ihren überschaubaren Einsatz ist das beruhigend fröhliche Flattern unterschiedlichster Schmetterlingsarten, die Ihren Garten vielleicht zukünftig besuchen werden.

Die Abbildungen zeigen die Raupen und späteren Schmetterlinge unterschiedlicher Arten, die in unserem Garten geschlüpft sind.

Von oben nach unten:

***Distelfalter** Vanessa cardui*
***Kleiner Kohlweißling** Pieris rapae*
***C-Falter** Polygonia c-album*

12
Tagfalter
werde ich Ihnen auf den folgenden Seiten vorstellen

Distelfalter
Vanessa cardui

Tagfalter

Admiral
Vanessa atalanta

Aurorafalter
Anthocharis cardamines

C-Falter
Polygonia c-album

Distelfalter
Vanessa cardui

Faulbaum-Bläuling
Celastrina argiolus

Großer Kohlweißling
Pieris brassicae

Grünader-Weißling
Pieris napi

Karstweißling
Pieris mannii

Kleiner Kohlweißling
Pieris rapae

Zitronenfalter
Gonepteryx rhamni

Kleiner Fuchs
Aglais io

Tagpfauenauge
Aglais urticae

Die bevorzugten Nektarquellen, die unser Garten dem Admiral zu bieten hat, sind Wasserdost, Schnee-Felberich, Aster, Alant, blühender Efeu, Prächtige Fetthenne und als Fallobst Birne, Pflaume und Apfel.

Für die Raupen des Admirals darf zwischen den Stauden vereinzelt die Große Brennnessel wachsen.

Admiral *Vanessa atalanta*

Ursprünglich galt der Admiral als typischer Wanderfalter. In jedem Frühling überwanden einzelne Falter lange Strecken, beispielsweise von Südeuropa oder Nordafrika über die Alpen bis zu uns nach Deutschland. Dabei legten die Falter bis zu 3000 Kilometer lange Strecken zurück. In der Regel flogen sie zur Überwinterung zurück in den Süden. Dieses Wanderverhalten scheint sich durch die Veränderung der klimatischen Verhältnisse anzupassen. Immer häufiger überwintert der Admiral in wärmeren Regionen wie dem Kaiserstuhl. Auch in anderen Regionen Deutschlands ist dieses Verhalten inzwischen zu beobachten. Werden die Tiere von einem kalten Winter mit lang anhaltendem Frost überrascht, sind die Überlebenschancen ungünstig. **Möchten Sie dem Admiral einen Lebensraum bieten, dann lassen Sie die Große Brennnessel in Ihrem Garten zu. Dabei sollte diese halbschattig wachsen und das gesamte Jahr als Futterpflanze zur Verfügung stehen.** Richten Sie eine Brennnesselecke nahe dem Kompost oder im Halbschatten der Bäume ein, die nicht gemäht wird. Die Raupe des Admirals spinnt aus jungen Brennnesselblättern ein Nest. Dabei zeigt der Eingang des Nestes stets nach unten. Bei kräftigen Blattstielen wird das Absinken des Blattes erzwungen, indem die Raupe die mittleren Blattadern am Stielansatz mit ihren Mundwerkzeugen durchtrennt. Mit feinen Seidenfäden von Blattrand zu Blattrand wird das Blatt wie eine Tüte zusammengefasst. So verschlossen bietet es Schutz vor Fressfeinden. Gleichzeitig ist die Behausung die Nahrungsquelle der Raupe, denn bevor sie sich auf den Weg zur Verpuppung in ihr Versteck macht, frisst sie ihre ehemalige Behausung auf. Die Puppen *Abb. 6* findet man in den Blütenständen der Brennnessel, an deren Stängeln oder an nahe gelegenen Zweigen. Die Raupen können unterschiedlich gefärbt sein. *Abb. 4 + 5*

Flugzeit April - Juli, August - Oktober, vier Generationen bis in den November sind möglich
Vorkommen Obstplantagen, Waldränder und lichte Wälder, Gärten, Parks
Erkennungsmerkmale die rote Binde auf der Flügeloberseite macht sie unverwechselbar *Abb. 1*
Flügelspannweite 50-60 mm
Nektarquellen Korbblütler wie Alant oder Astern, Fallobst wie Birne und Pflaume, Efeu, Goldrute, Heckenkirsche, Phlox, Salweide, Schnee-Felberich, Sommerflieder, Sonnenröschen, Spierstrauch, Thymian, Wasserdost, Wasserminze, Weißdorn
Raupenfraßpflanze Große Brennnessel (Nesselfalter) *Abb. 7*
Ei oval, grünlich mit hellen Längsrippen *Abb. 3*
Eiablage einzeln abgelegtes Ei *Abb. 3b* ausschließlich an Brennnessel (im oberen Bereich) *Abb. 7/3b*
Überwinterung Wanderfalter, Überwinterung ursprünglich in Südeuropa, Mittelmeergebiete

1

2

3

4

5

7

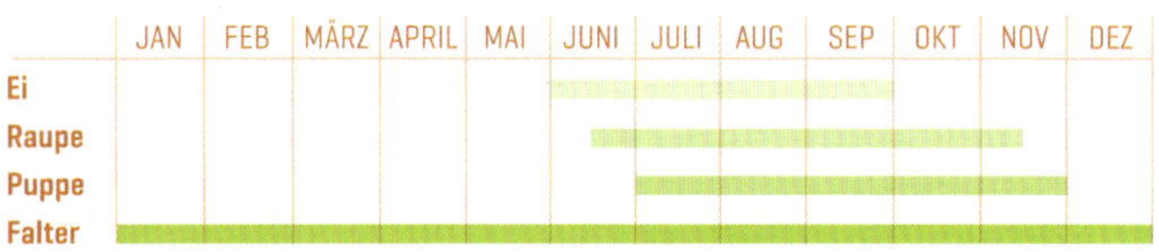

Phänogramm / Quelle: ufz.de / tagfalter-monitoring.de

Setzen Sie Wiesenschaumkraut oder Knoblauchsrauke in einen Pflanzkübel. So müssen Sie nicht befürchten, dass Sie die Eier und Raupen des schönen Aurorafalters mit dem Rasenmäher vernichten. Die Knoblauchsrauke breitet sich stark aus. Ich minimiere die Pflanzen, bevor sie blühen, so muss ich die verbleibenden Pflanzen später nicht nach Eiern oder Raupen absuchen.

Haben Sie Wiesenschaumkraut in Ihrer Wiese und möchten diese mähen, können Sie die Pflanzen absuchen und gefundene Raupen auf andere Kreuzblütler! (siehe Liste) umquartieren.

Aurorafalter *Anthocharis cardamines*

Der Aurorafalter gehört zu den ersten Schmetterlingen, die bereits ab Ende März mit Beginn der Wärmeperiode aus ihrer Gürtelpuppe *Abb. 5* schlüpfen. Bis zum Zeitpunkt des Schlupfes hat der Falter zehn Monate als Puppe überwintert. Im Mai des Vorjahres legte das Weibchen die Eier einzeln in Blütennähe ihrer Futterpflanze wie Wiesenschaumkraut oder Knoblauchsrauke ab. Nach wenigen Tagen schlüpfen die Raupen und ernähren sich von den Blüten und Fruchtständen ihrer Wirtspflanze. **Während der Eiablage und der Raupenentwicklungszeit von April bis Mitte Juli sollten die Flächen des Wiesenschaumkrautes oder der Knoblauchsrauke nicht gemäht werden.** Mähen Sie zu früh, landen die Eier und Raupen im Rasenmäher. Nach der Fress- und Wachstumsphase, diese dauert etwa fünf Wochen, macht die Raupe sich auf die Suche nach einem geeigneten Platz für die Verpuppung. Oft wählt sie einen Pflanzenstängel in Bodennähe nahe ihrer Geburtspflanze. Wenn sie Glück hat, wird ihre Puppe nicht vor ihrem Schlupf mit samt der verblühten Pflanze auf dem Kompost entsorgt. **Seien Sie in Ihrem Garten nicht zu ordentlich. Ordnung vernichtet Lebensraum.** In unserem Staudenbeet haben die Knoblauchsrauke oder das Einjährige Silberblatt einen festen Platz. Die Knoblauchsrauke wird erst im nächsten Frühjahr entfernt, denn die Puppen überwintern an den Pflanzenstängeln. Auch die Nachtviole oder weitere unten aufgeführte Kreuzblütler kommen als Wirtspflanze infrage.

Flugzeit Anfang April - Juni, in wärmeren Regionen Mitte März - Ende Mai
Vorkommen Saumbiotope wie Wegränder an Nadel-, Laub- und Auwäldern, Feuchtwiesen, Magerwiesen, Lichtungen, Kahlschläge, Gebüschflure, aber auch in naturnahen Gärten
Erkennungsmerkmale Männchen orange Flügelspitzen, Flügel der Weibchen rein weiß, Hinterflügelunterseite grüngelb gesprenkelt *Abb. 1-2*
Flügelspannweite 35-45 mm
Nektarquellen bevorzugt Wiesen-Schaumkraut und Knoblauchsrauke, aber auch Berg-Platterbse, Bitteres Schaumkraut, Echte Sternmiere, Nachtviole, Rote Lichtnelke, Weißdorn, Zaunwicke
Raupenfraßpflanzen Blüten und Fruchtstände von Kreuzblütlern wie Brillenschötchen, Einjähriges Silberblatt, Hirtentäschel, Knoblauchsrauke, Kohlrabi, Meerrettich, Rauhaarige Gänsekresse, Turmkraut, Weg-Rauke, Wiesen-Schaumkraut *Abb. 6*
Ei spindelförmig, oval, frisch gelegt weiß, später orange, an Unterseite der Blätter und an Stängeln *Abb. 4*
Eiablage mehrere einzeln abgelegte Eier an einer Pflanze *Abb. 3* ausschließlich an Kreuzblütlern *Abb. 6*
Überwinterung Gürtelpuppe überwintert an Pflanzenstängeln *Abb. 5* Falter schlüpfen im Frühjahr

Phänogramm / Quelle: ufz.de / tagfalter-monitoring.de

A

B

C

D

Die abgebildete Raupe fand ich in unserem Haselnussstrauch. Zum Schutz vor hungrigen Vögeln setzte ich sie auf eine Brennnessel, die für solch einen Zweck in einem Pflanzkübel wächst. Im Schattenbereich des Gartens und durch eine Voliere geschützt, konnte sie sich ungestört verpuppen. Leider habe ich den Moment des Schlupfes verpasst. Die Verpuppung und den frisch geschlüpften Falter konnte ich jedoch fotografisch dokumentieren. *Abb. A-D*

C-Falter *Polygonia c-album*

Die vielen Ausbuchtungen der Flügelränder *(Polygonia)* und ein weißes C *(C-album)* auf der Unterseite der Hinterflügel, verhalfen diesem Falter zu seinem Namen. *Abb. 2+5.* In Färbung und Zeichnung ist das Erscheinungsbild des C-Falters recht variabel. Es kommen dunkle und helle Varianten vor, die entweder rötlich, gelblichorange oder gräulichbraun gefärbt sind. Alle weisen die typische Flügelform und das kleine weiße C auf. Nicht ohne Grund erinnert die Flügelunterseite des Schmetterlings an die Rinde eines Baumes. Diese Rindenoptik verhilft den überwinternden Faltern zu einer guten Tarnung, denn sie sitzen offen ohne Schutz an einem Ast oder Zweig und warten auf den richtigen Zeitpunkt, um wieder aufzuwachen. Die Flügelunterseiten der Überwinterer sind dunkler gefärbt und eher graubraun, so fallen sie im laubleeren Winter kaum auf. Von Weitem erscheinen sie wie ein trockenes Blatt und sind so perfekt getarnt. Ebenso getarnt sind die Raupen der C-Falters, sie gelten als ein Paradebeispiel für die so genannte Vogelkotmimese. Die ausgewachsene Raupe trägt zu der orangebraunen Färbung eine schwarze Zeichnung. Die spitzen, weißen, teils gelben Dornen am Rücken wandeln sich später zu langen Härchen. Sie liegen in Ruhestellung meist leicht gekrümmt auf der Blattoberseite oder Unterseite. Die C-Falterraupe spinnt sich nicht ein und lebt offen an ihrer Nahrungspflanze. Für Vögel sehen sie aus wie Vogelkot und erscheinen als ungenießbar. Man findet den hübschen Schmetterling bevorzugt in Waldnähe. Er besucht Gärten, wenn diese einen entsprechenden Baumbestand, Beerensträucher wie Stachel- und Johannisbeere, Brennnesseln, Haselnuss, nektarreiche Gartenblumen oder Sträucher aufweisen.

Flugzeit regional unterschiedlich, Überwinterer von März - Mai oder Juni (in kühlen Gebieten)
1. Generation von Ende Mai oder Juni - Ende Juli, 2. Generation von Anfang August - Mitte September
Vorkommen Waldwege und Waldränder, Wald- und Buschland, Auwälder, mäßig feuchte bis feuchte Bereiche von Laub- und Nadelwäldern, Feldgehölze, naturnahe Gärten
Erkennungsmerkmale orange gefärbte Oberseite mit schwarz, braun und gelb gefärbtem Fleckmuster, Flügelunterseiten dunkelbraun, hellbraun, grau oder gelblich gefärbt *Abb. 1-2*
Flügelspannweite 40-50 mm
Nektarquellen diverse Gartenblumen, Beerensaft, Disteln, Fallobst, Sommerflieder, Weidenkätzchen
Raupenfraßpflanzen Haselnuss, Hopfen, Große Brennnessel, Rote Johannisbeere, Johannisbeere, Schwarze Johannisbeere, Salweide, Stachelbeere, Feld-, Flatter- und Berg-Ulme *Abb. 7*
Ei oval, grünlich mit hellen Längsrippen *Abb. 3*
Eiablage einzeln abgelegte Eier an Brennnesseln, Laubbäumen, Stachel- und Johannisbeeren *Abb. 7*
Überwinterung als ausgewachsene Individuen

1

2

Unterseite mit weißem "C"

6

3b

3

4

7

Phänogramm / Quelle: ufz.de / tagfalter-monitoring.de

Die Raupen sind sehr unterschiedlich gefärbt. Die Grundfarbe kann schwarz, aber auch gräulich weiß sein. Auf jedem Segment tragen sie einen Dornenring mit sich verästelnden Dornen.
Abb. A-B

Abbildung C zeigt eine Raupe, die sich zur Verpuppung kopfüber hängend an ihrer Futterpflanze platziert hat. Bereits nach zwei bis drei Tagen verändert sich ihre Erscheinung und sie entwickelt sich zur Puppe. Abbildung D zeigt eine zwei Tage alte Puppe.

Distelfalter *Vanessa cardui*

Wie der Admiral gehört der Distelfalter zu den Wanderfaltern. Aus Südafrika und Südeuropa wandern die auffälligen Edelfalter nach Norden und können ab Mai in Deutschland beobachtet werden. Um solch weite Strecken zu bewältigen, lassen die Tiere sich zeitweise vom Wind tragen. Zur Überwinterung kehren sie in wärmere Gebiete zurück, um den kalten Wintern Nordeuropas zu entfliehen. Entdecken Sie im Frühjahr die ersten Distelfalter, können Sie an den beschädigten und abgeflogenen Flügeln erkennen, dass diese eine lange Flugreise hinter sich gebracht haben. Finden sie ein reiches Angebot an Nektar- und Raupenfraßpflanzen, werden sie sich in Ihrem Garten einfinden und vielleicht sogar fortpflanzen. Bereits kurz nach ihrer Ankunft im Mai legen Distelfalter ihre Eier einzeln an den Blättern ihrer Raupenfraßpflanzen ab. Dabei bevorzugen sie junge Pflanzen in sonniger Lage. Nach etwa zehn Tagen schlüpfen die kleinen Raupen. Oftmals spinnen sie ein feines Gespinst um die Blätter, in dessen Schutz sie ungestört fressen können. Nach etwa vierzehn Tagen verpuppen sich die Raupen, um nach wiederum vierzehn Tagen als Falter zu schlüpfen. Die frisch geschlüpften Distelfalter legen ab Juli eine zweite Generation Eier, deren Falter etwa im September oder Oktober schlüpfen. Distelfalter sind bei der Wahl der Nektarpflanzen nicht wählerisch. Neben Disteln fliegen sie Blutweiderich, Brombeerblüten, Rotklee, Sommerflieder, Luzerne, Wasserdost, Erdbeerpflanzen und viele weitere Blühpflanzen an. Die Raupen bevorzugen Disteln und Brennnesseln, sie können auf Beifuß, Flockenblume, Hopfen, Huflattich, Malve und Natternkopf, in Notlage sogar auch auf Bohnen, Getreide, Sojabohnen, Mais und Möhre ausweichen.

Flugzeit bis zu zwei Generationen von Juli - August und von September - Oktober
Vorkommen offenes Gelände, Ruderalflächen, Waldränder, breite Waldwege, Feuchtwiesen, Hochstaudenflure, blumenreiche Biotope, naturnahe Gärten mit Distelbestand
Erkennungsmerkmale unverwechselbar durch blassorange Grundfarbe und dunkelbraune Flügelspitzen, dunkles Fleckenmuster, mehrere große und kleine weiße Flecken, Unterseite der Hinterflügel weißbraun marmoriert, Außenrand mit fünf unterschiedlich großen Augenflecken *Abb. 1-2*
Flügelspannweite 45-60 mm
Nektarquellen breites Spektrum an Blühpflanzen
Raupenfraßpflanzen bevorzugt Disteln und Große Brennnessel, Flockenblume, Natternkopf *Abb. 6*
Ei oval, grünlich mit hellen Längsrippen *Abb. 3*
Eiablage einzeln abgelegte Eier an Raupenfraßpflanzen *Abb. 3b*
Überwinterung Wanderfalter, der weite Strecken bis nach Nordafrika zurücklegen kann

1

2

3

4

5

6

	JAN	FEB	MÄRZ	APRIL	MAI	JUNI	JULI	AUG	SEP	OKT	NOV	DEZ
Ei						■	■	■	■			
Raupe						■	■	■	■	■		
Puppe							■	■	■	■		
Falter					■	■	■	■	■	■		

Phänogramm / Quelle: ufz.de / tagfalter-monitoring.de

Die Abbildung A zeigt den Faulbaum-Bläuling auf dem Großen Wiesenknopf. Abbildung B zeigt ihn bei der Eiablage an der Luzerne und ein abgelegtes Ei am Blutweiderich (beobachtet Anfang Juli).

**Das Staudenangebot unseres Gartens fördert die Entwicklung dieses Falters ebenso wie der Baumbestand. Die Puppen des Bläulings heften sich an Blätter verschiedener Laubbäume und fallen im Herbst mit den Blättern ab. Im Frühjahr schlüpfen aus dem Falllaub die Schmetterlinge bereits sehr früh. Gut, wenn das Laub eine Weile liegen bleiben darf!*

Faulbaum-Bläuling *Celastrina argiolus*

Der kleine blaue Schmetterling wird auch Garten-Bläuling genannt, da er als Kulturfolger zunehmend in Gärten zu finden ist. Ausschlaggebend für die Anwesenheit des Falters sind der Bestand von Laubbäumen* und ein Angebot an entsprechenden Raupenfraßpflanzen. Bevorzugt werden lichte Laubwälder mit offenen Flächen wie Wegränder und Lichtungen, ebenso halboffene Heidelandschaften oder Gewässerufer mit Blutweiderichbestand an Gebüschzonen. Ihr Name ist etwas irreführend, denn die Falter sind keinesfalls auf den Faulbaum spezialisiert. Das Pflanzenspektrum der Nahrungs- und Raupenpflanzen ist recht umfangreich. In unserem Garten bevorzugen sie Blutweiderich und Luzerne. Ende April werden die Eier der ersten Generation einzeln an die ungeöffneten Blüten, am unteren Rand der Blütenknospen, den Pflanzenstängeln oder an den Blättern abgelegt. Nach etwa sieben bis zehn Tagen schlüpfen die kleinen Raupen. Sie ernähren sich von ihrer Geburtspflanze. Die Raupen können recht unterschiedlich aussehen. Die Abbildung *Abb. 3* zeigt die rötliche Variante. Es gibt zudem grünlich oder bräunlich gefärbte Raupen. Zur Verpuppung sucht sie sich einen Platz an einer Blattunterseite oder unter Blättern am Boden, um im gleichen Sommer nach etwa drei Wochen zu schlüpfen. Die Puppen der zweiten Generation überwintern und schlüpfen im April des kommenden Jahres. Eine wichtige Raupenfutterpflanze im Spätsommer sind die Blüten des Efeu, vermutlich entwickeln sich überwinternde Puppen in der Regel an Efeu.

Flugzeit zwei Generationen im Jahr von April - September
Vorkommen lichte Laubwälder, Wegränder und Waldlichtungen, naturnahe Gärten und Parks mit Laubbaumbestand, Heidelandschaften
Erkennungsmerkmale Oberseite beider Flügelpaare hellblau, beim Weibchen dunkelgrauer bis braunschwarzer Rand, Unterseiten beider Flügelpaare weißlichblau mit schwarzer Fleckenzeichnung *Abb. 1-2*
Flügelspannweite 25-30 mm
Nektarquellen eine Vielzahl von Blühpflanzen, in unserem Garten wird auch der Wiesenknopf besucht
Raupenfraßpflanzen Faulbaum, Blutweiderich, Brombeere, Efeu, Besenheide, Johannisbeere, Kreuzdorn, Luzerne, Roter Hartriegel, Süßer Tragant, Stechpalme und weitere *Abb. 7*
Ei weißlich, rund und flach mit feiner Oberflächenstruktur *Abb. 4*
Eiablage einzeln abgelegte Eier an oben genannten Raupenfraßpflanzen *Abb. 4b*
Überwinterung als Puppe

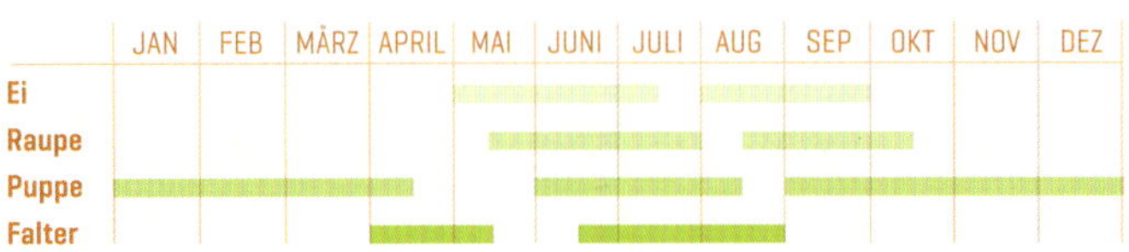

Phänogramm / Quelle: ufz.de / tagfalter-monitoring.de

Dieser auffällig große Falter ist in unserem Garten nur vereinzelt und eher selten unterwegs. Ich versuche, die Raupen vor ihren Fressfeinden zu schützen. Sie werden gesammelt und in eine Voliere gesetzt, welche mit einem Netz vor Vögeln schützt. Im hinteren Teil dieses Kapitels gehe ich näher darauf ein.

Großer Kohlweißling *Pieris brassicae*

Die ursprünglich besiedelten Lebensräume des großen weißen Falters waren Küstenbereiche mit wild wachsenden Kohlarten und Meersenf. Auch heute findet man ihn in solchen Gebieten. Mit der Kultivierung des Kohls im Binnenland spezialisierte sich der Kohlweißling auf die Kulturpflanze Kohl und wurde wegen des Schadens, den er in der Landwirtschaft anrichtete, stark minimiert. Heute trifft man ihn nicht mehr auf Kohlfeldern an, da diese mit Insektiziden behandelt werden. Auch wenn der Falter nicht als gefährdet gelistet ist, wird er immer seltener.

Wenn Sie dem Falter einen Lebensraum bieten möchten, können Sie ihn mit Kohlpflanzen anlocken. Weitere Kreuzblütler wie Ackersenf und Raps locken den Schmetterling ebenfalls an. Haben Sie eine Kapuzinerkresse, wird diese, obwohl sie kein Kreuzblütler ist, aber Senföle enthält, ebenso für die Eiablage genutzt. Da die Eier in Gruppen gelegt werden und daraus viele Raupen gleichzeitig schlüpfen, legen die Weibchen diese bevorzugt an großen Blättern ab, daher ist die Kohlpflanze besonders gut geeignet. Sie garantiert ausreichend Nahrung und damit einen sicheren Start ins Leben. In der Regel werden die äußeren Blätter der Pflanzen abfressen, so richten die Raupen keinen Totalschaden an. Die Puppen findet man oft an Hauswänden, Mauern, Zaunpfählen oder an ihren Nahrungspflanzen. Zur Nahrungsaufnahme bevorzugen die Schmetterlinge rosa- und violettfarbene Blüten.

Flugzeit drei bis selten vier Generationen im Jahr von April - Oktober
Vorkommen unterschiedlichste Habitate ohne spezifische Anforderungen, bis auf ihre Pflanzenwahl
Erkennungsmerkmale die Oberseite der Vorderflügel ist weiß, das Weibchen trägt zwei schwarze Flecken, Vorderflügelspitzen auf der Unterseite gelblich gefärbt mit zwei schwarzen Flecken, an der Basis grau gestäubt, Hinterflügel-Unterseiten gelblichweiß und grau bestäubt *Abb. 1+2*
Flügelspannweite 50-65 mm
Nektarquellen unspezialisiert mit einer Vorliebe für rosa- und violettfarbene Blüten, Arznei-Baldrian, Brombeere, Distel, Flockenblume, Klee, Kartäusernelke, Lavendel, Luzerne, Sommerflieder, Wiesen-Schaumkraut
Raupenfraßpflanze Ackersenf, Große Kapuzinerkresse, Raps, Meersenf, verschiedene Kohlarten *Abb. 6*
Ei kegelförmig, grüngelb, mit feinen Längsrippen *Abb. 4*
Eiablage in Gruppen abgelegte Eier an der Blattunterseite *Abb. 6*
Überwinterung als Gürtelpuppe, häufig an Wänden, die Puppen sind unterschiedlich gefärbt *Abb. 5*

Phänogramm / Quelle: ufz.de / tagfalter-monitoring.de

Die Zeichnung der Oberflügel wie auch die Gelbfärbung der Unterflügel kann je nach Generation der Tiere unterschiedlich intensiv ausfallen. Die dunkel gesprenkelte Aderzeichnung bleibt jedoch stets deutlich sichtbar.

Grünader-Weißling *Pieris napi*

Er gehört zu den kleineren Weißlingarten und könnte mit dem Kleinen Kohlweißling verwechselt werden. Betrachtet man die unteren Flügelunterseiten, zeigt sich ein deutliches Unterscheidungsmerkmal. *Abb.2* Männchen wie Weibchen tragen auf gelblichem Grund eine breite, dunkle Adernzeichnung. Die unteren Flügelunterseiten des Kleinen Kohlweißlings sind auf gelblichem Grund grau gesprenkelt.

Der Grünader-Weißling fühlt sich in unterschiedlichsten Lebensräumen wohl. Er bevorzugt die Nähe zum Wald, denn zur Eiablage sucht er gerne schattige Bereiche im Saum von Bäumen, Hecken und Gebüschen auf. Auch trockene und feuchte Wiesen, Weide- und Moorlandschaften werden von ihm besucht. Er findet mitunter den Weg in unsere Gärten, vorausgesetzt, diese bieten ein entsprechendes Angebot an Raupen- und Nektarpflanzen, außerdem dürfen diese nicht baumlos sein. In unserem Garten besucht er zur Nektaraufnahme den Heilziest, das üppig blühende Oregano, Skabiosen und Flockenblumen. Die Eiablage konnte ich bislang nicht beobachten. Hier würde der Falter auf der Suche nach den geeigneten Pflanzen ebenso fündig werden, da im halbschattigen Teil des Gartens Knoblauchsrauke, Silberblatt und die große Kapuzinerkresse wachsen.

Flugzeit zwei bis drei, selten vier Generationen im Jahr von März - Oktober
Vorkommen unterschiedlichste beschattete Bereiche, Saumbiotope, Waldränder, Baumhecken, Fettwiesen, bewaldete Flusstäler, Lichtungen und Böschungen, Gärten, Felder
Erkennungsmerkmale Hinterflügelunterseite mit breiter dunkler Adernzeichnung, schwarze Zeichnung auf der Spitze der Vorderflügel, Männchen mit einem Fleck auf der Vorderflügeloberseite, Weibchen mit zwei Flecken auf der Vorderflügeloberseite *Abb. 1+2*
Flügelspannweite 35-45 mm
Nektarquellen unspezialisiert mit einer Vorliebe für Blutweiderich, Distel, Skabiose, Flockenblume, Ziest, Oregano, diverse Korbblütler und Kreuzblütler
Raupenfraßpflanze verschiedene Schaumkrautarten, verschiedene Kressearten, Acker-Rettich, Knoblauchsrauke, Senfpflanzen, Felsen-Steinkraut, Silberblatt, Große Kapuzinerkresse *Abb. 6*
Ei kegelförmig, grünlich weiß, mit feinen Längsrippen *Abb. 4*
Eiablage einzeln abgelegtes Ei an der Blattunterseite und an Pflanzenstängeln *Abb. 6*
Überwinterung als Gürtelpuppe, die Puppen sind unterschiedlich gefärbt *Abb. 5*

1

3

4

2

5

6

Phänogramm / Quelle: ufz.de / tagfalter-monitoring.de

Karstweißling *Pieris mannii*

Ursprünglich stammt der Karstweißling aus dem südlichen Mittelmeerraum. Der erste Nachweis dieser Schmetterlingsart in Deutschland stammt aus dem Jahr 2008. Seither hat sich der Falter von Süden kommend ausgebreitet und ist besonders häufig in unseren Gärten zu finden. Ein Grund für die Vorliebe für Gärten im Siedlungsbereich sind Schleifenblumen, die besonders in Steingärten als blütenreiche und blühwillige Bodendecker zu finden sind. Schleifenblumen sind neben den weniger häufig vorkommenden Pflanzen wie Blasenschötchen, Rucola und Wilde Rauke, die Hauptnahrungspflanze der Raupen. Hier legen die Weibchen an den Blattunterseiten und an den Stängeln der Pflanze ihre Eier einzeln oder in kleinen Gruppen ab. In unserem Garten ist der neu zugewanderte Weißling bereits seit einigen Jahren bei der Nektarsuche zu beobachten. Im Nachbargarten wächst in großen Mengen die Schleifenblume. Vermutlich wird der Falter in Zukunft unsere speziell für ihn neu angelegte Fläche mit Schleifenblumen ebenfalls zur Eiablage nutzen. Ich bin gespannt.

Karstweißling und Kleiner Kohlweißling sind sich zum Verwechseln ähnlich. Erkennungsmerkmale des Karstweißlings sind die beinahe viereckigen Flecken auf den Vorderflügeln. Dieses Unterscheidungsmerkmal ist jedoch nicht immer eindeutig. Einfacher zu bestimmen sind dagegen die kleinen Raupen, die im Gegensatz zu dem Kleinen- und Großen Kohlweißling einen schwarzen Kopf aufweisen.

Flugzeit ein bis fünf Generationen im Jahr von April - September/Oktober
Vorkommen Offenland, trockenwarme Felsengebiete, Waldränder, Siedlungsbereiche, Gärten, Parks
Erkennungsmerkmale Flügeloberseiten weiß, Vorderflügelspitze schwarz bis dunkelgrau gefärbt mit eckig geformten, dunklen Flecken, Hinterflügel-Unterseiten gelblich gefärbt *Abb. 1+2*
Flügelspannweite 40-46 mm
Nektarquellen unspezialisiert, Lavendel, Sommerflieder, Schleifenblumen und weitere Blühpflanzen
Raupenfraßpflanze Blasenschötchen, Schleifenblumen, Rucola, Wilde Rauke *Abb. 6*
Ei kegelförmig, gelblich, mit feinen Längsrippen *Abb. 4*
Eiablage einzeln abgelegtes Ei, hauptsächlich an den Blattunterseiten der Schleifenblume *Abb. 4+6*
Überwinterung als Gürtelpuppe *Abb. 5* sie werden an Steine, Äste und Blätter gebunden *Abb. 6*

Das hier sichtbare Verhalten nennt man mating refusal (Paarungsabwehr), der hochgestreckte Hinterleib des Weibchens signalisiert: Ich habe mich bereits gepaart.

Zur Nektaraufnahme werden in unserem Garten Astern, Disteln, Skabiosen, Schmetterlingsflieder, Lavendel und diverse Storchschnabelgewächse wie auch das kleine Ruprechtskraut angeflogen.

Phänogramm / Quelle: ufz.de / tagfalter-monitoring.de

Die Aufnahmen dieser Doppelseite zeigen Kohlweißlinge, die nur wenige Stunden alt sind. Ihren ersten Flug starten die frisch geschlüpften Falter in aller Ruhe. Viel Zeit für wunderbar entspannte Fotos der kleinen hübschen Tagfalter.

Wie der Große Kohlweißling wird der Kleine Kohlweißling als landwirtschaftlicher Schädling intensiv bekämpft.

Kleiner Kohlweißling *Pieris rapae*

Obwohl der Kleine Kohlweißling zu einem der häufigsten Tagfalter zählt, begegne ich ihm immer seltener. Die Gründe sind vielfältig. Zwei der Weißling-Probleme, Nahrungsmangel und Fressfeinde der Raupen, ging ich 2021 mit Erfolg gezielt an. In einem Kübel auf unserer Terrasse wurden Rot- und Weißkohl angepflanz, beide gediehen schnell und üppig. Bereits im gleichen Jahr entdeckte ich Mitte August zehn Raupen an den Pflanzen. In einer Schmetterlingsvoliere vor Fressfeinden geschützt konnten sich die Raupen ungestört entwickeln, verpuppen und überwintern, um Ende März 2022 zu schlüpfen und als Schmetterling in die Freiheit zu fliegen. Die Flugzeit der Falter reicht von März bis spät in den Herbst. In warmen Jahren oder Regionen sind sie bis in den November hinein unterwegs. Sie nutzen zur Eiablage neben Kohl ebenso Kapuzinerkresse, Ackersenf, Meersenf oder Raps und legen, wie der Große Kohlweißling, die Eier an deren Blättern ab, wobei die Eier einzeln oder in kleinen, locker zerstreuten Gruppen platziert werden. Angelockt werden die Falter vom Duft der scharfen Senföle der Kreuzblütler. Obwohl es heißt, dass die Raupen aufgrund der scharfen Senföle, die sie über ihre Nahrung aufnehmen, ungenießbar seien, werden sie von Vögeln als eiweißreiche Nahrung an ihre Jungen verfüttert. Weitere Nahrungspflanzen sind: Blaukissen, Gartenrettich, Kresse, Rauke, Resede, Rübsen, Schöterich, Schleifenblume, Spinnenpflanze, Steifes Barbarakraut und Steinkraut.

Flugzeit bis zu vier Generationen von März - November
Vorkommen Offenland und Kulturlandschaften, Waldränder, Gärten, Brachland, Raps- und Kohlfelder
Erkennungsmerkmale Flügeloberseiten cremeweiß, Vorderflügelspitze schwarz bis dunkelgrau gefärbt mit rund geformten, dunklen Flecken, Hinterflügel-Unterseiten gelblich gefärbt *Abb. 1+2*
Flügelspannweite 40-50 mm
Nektarquellen unspezialisiert, Arznei-Baldrian, Distel, Dost, Eisenkraut, Großer Wiesenknopf, Kohldistel, Rot-Klee, Sommerflieder, Teufelsabbiss, Wiesen-Flockenblume, Wiesen-Salbei, Lavendel und diverse Korbblütler
Raupenfraßpflanze verschiedene Kohlarten, Ackersenf, Große Kapuzinerkresse, Raps, Meersenf *Abb. 6*
Ei kegelförmig, gelblich, mit feinen Längsrippen *Abb. 4*
Eiablage einzeln oder in kleinen Gruppen abgelegte Eier an den Blättern ihrer Fraßpflanzen *Abb. 4b*
Überwinterung als Gürtelpuppe *Abb. 5*

1 ♂ ♀

3

4

2 ♂ ♀

5

6

Phänogramm / Quelle: ufz.de / tagfalter-monitoring.de

Der Faulbaum *Abb. 6*
(Rhamnus frangula, auch Frangula alnus genannt) ist ein recht anspruchsloser Strauch mit vielen Vorteilen für die Insekten- und Vogelwelt Ihres Gartens. Er toleriert volle Sonne und vollschattige Standorte und mag jeden Boden, wobei der Strauch feuchte Standorte vorzieht. Er trägt gelblichweiße kleine Blüten mit langer Blühdauer und bildet rot bis schwarz gefärbte Früchte aus, die von Vögeln gefressen werden.

Zitronenfalter *Gonepteryx rhamni*

Zitronenfalter gehören zu den langlebigsten Schmetterlingsarten im europäischen Raum. Ihre Lebenszeit kann bis zu dreizehn Monate betragen. Einen Großteil der Zeit verbringen sie in Winterruhe. Diese beginnt oft bereits im September, dann suchen sie einen geeigneten Platz zur Überwinterung. Relativ ungeschützt sitzen sie in Bäumen, an Zweigen und Ästen, im dichten Brombeergestrüpp oder Heidekraut, im Efeu und unter Laubstreu am Boden. Temperaturen von −15° Celsius und weniger halten sie ohne Probleme aus, da ihr Körper eine Art Frostschutzmittel produziert, das vor der Kälte schützt. Bei wärmeren Temperaturen ab 15° Celsius erwachen sie aus ihrem Winterschlaf und machen sich auf die Suche nach ersten Frühblühern wie Schlüsselblumen. Wird es ihnen im Sommer zu heiß, legen sie im Juli eine kurze Pause von mehreren Wochen im Schatten ein. Nach der Balz im Frühjahr legt das Weibchen ab April oder Mai die ersten Eier bevorzugt an den Blättern des Faulbaumes ab. **Möchten Sie den Zitronenfalter unterstützen, können Sie einen Faulbaum in Ihren Garten pflanzen. Achten Sie darauf, dass es ein heimischer Faulbaum ist. Nur dieser wird angenommen.**

Flugzeit nach dem Schlupf ab Ende Juni-August/September, nach Überwinterung von Ende Februar - Ende Juni, ab September gehen die Falter oftmals bereits in die Winterruhe
Vorkommen Waldwege, Waldränder, Lichte Wälder, Gebüsche, felsige Hänge und Gärten mit Gehölzbestand der Raupennahrungspflanzen Faulbaum und Kreuzdorn
Erkennungsmerkmale Männchen sind leuchtend zitonengelb gefärbt, Weibchen sind heller und wirken grünlicher, orangefarbener Fleck auf allen Flügeln *Abb. 1+2*
Flügelspannweite 50-55 mm
Nektarquellen unspezialisiert mit einer Vorliebe für rote und violette Blüten, Blutweiderich, Brombeere, Distel, Flockenblume, Löwenzahn, Rotklee, Schmetterlingsflieder, Seidelbast, Kartäusernelke, Lerchensporn, Luzerne, Kohldistel, diverse Korbblütler, Wasserdost, im Frühjahr Schlüsselblume, Pflaume, Apfel
Raupenfraßpflanze Faulbaum *Frangula alnus* und Gewöhnlicher Kreuzdorn *Abb. 6*
Ei spindelförmig, grünlich mit deutlichen Längsrippen, verfärbt sich später orange
Eiablage einzeln oder in kleinen Gruppen abgelegte Eier an Faulbaum und Kreuzdorn ab Mitte April *Abb. 4+6*
Überwinterung als ausgewachsene Individuen ungeschützt in der Vegetation z.B. im Efeu

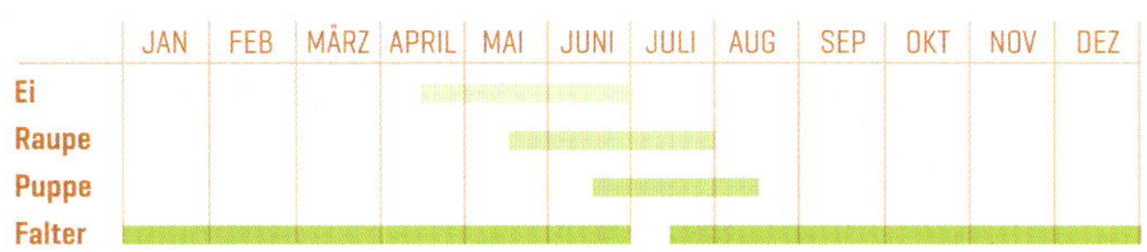

Phänogramm / Quelle: ufz.de / tagfalter-monitoring.de

Ein wunderschöner Edelfalter, der nur mit dem Großen Fuchs verwechselt werden kann. Dieser ist mit einer Flügelspannweite von 50-55 mm wesentlich größer. Zudem fehlt ihm die dunkle Färbung im inneren Bereich der unteren Vorderflügel.

Kleiner Fuchs *Aglais urticae*

Bei der Wahl der Nektarpflanzen ist der Kleine Fuchs ausgesprochen flexibel, unzählige Pflanzenarten und Pflanzenfamilien werden zur Nahrungsaufnahme angeflogen. Bei der Eiablage fällt die Wahl umso spezialisierter aus. Allein die Große Brennnessel in vollsonniger Lage kommt infrage. Selten weichen die Tiere auf die Kleine Brennnessel aus. Die grünlichen Eier werden ab Mai in kleinen Gelegen an die Unterseite der Brennnesselblätter geheftet. Dabei darf die Region nicht zu heiß sein. Den Kleinen Fuchs findet man eher im Gebirge oder in kühleren Tälern Nordeuropas als im trockenheißen Süden. Der fuchsrote Falter sucht sich meist in Gesellschaft seiner Artgenossen einen geschützten Platz zum Überwintern. Das können Dachböden, Kellerräume, Scheunen, Garagen und in der Natur befindliche Verstecke wie beispielsweise ausgehöhlte Bäume sein. Wichtig dabei ist, dass sie bei aufkommender Wärme ausfliegen können.
Nicht selten bleibt ihnen in unseren Kellern und Dachböden der Ausgang verwehrt. Es lohnt sich zu schauen, ob zufällig ein oder mehrere Falter im Keller von der Decke hängen oder in einer Ecke des Dachbodens sitzen, um den Tieren gegebenenfalls die Fenster zu öffnen. Je nach Witterung sollten Sie bereits ab Mitte oder Ende April oder spätestens Anfang Mai nach den Faltern schauen.

Flugzeit zwei bis drei Generationen von Mai - Oktober, Überwinterer fliegen bis in den Mai/Juni hinein
Vorkommen Offenland, Waldränder und Lichtungen, Brennnesselsäume, naturnahe Gärten mit Brennnesselbestand, Gebirge, kühlere Täler, vollsonnige Brennnesselbestände in nicht zu trockenen Gebieten
Erkennungsmerkmale Grundfarbe fuchsrot, innere Hälfte der Hinterflügel dunkel, Vorderflügel am Rand mit drei schwarzen Flecken auf hellgelbem Grund, weiße Flecken an Flügelspitzen, Flügelaußenränder mit blauen Flecken schwarz und dunkelbraun umrandet, kleiner als der große Fuchs *Abb. 1+2*
Flügelspannweite 40-50 mm
Nektarquellen unspezialisiert, Disteln, Dost, Fetthenne, Flockenblumen, Korbblütler, Pippau, Rote Spornblume, Schafgarbe, Schnee-Felberich, Skabiosen
Raupenfraßpflanze Große Brennnessel, selten an Kleiner Brennnessel *Abb. 6*
Ei oval, grünlich mit hellen Längsrippen
Eiablage in Gelegen abgelegte Eier an Blattunterseite, sonnig stehende Brennnesseln *Abb. 4+6*
Überwinterung als ausgewachsene Individuen

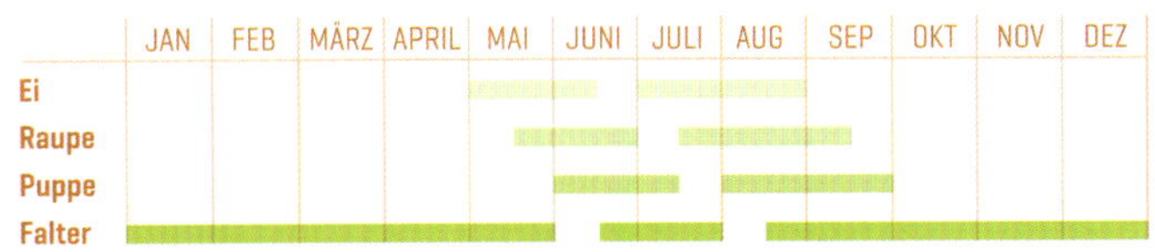

Phänogramm / Quelle: ufz.de / tagfalter-monitoring.de

Abbildung A zeigt die jungen, hell gefärbten Raupen in ihrem Gespinst. Hier haben sie die erste Häutung hinter sich.

Ausgewachsene Raupen (Abbildung B+C) tragen eine samtig tiefschwarze Färbung mit weißen Punkten, deutlich abstehenden Stacheln und rötlich gefärbten Bauchfüßen.

Tagpfauenauge *Aglais io*

Ein wunderschöner Edelfalter, welcher durch die markant gefärbten Augenflecken an den Vorder- und Hinterflügelspitzen absolut unverkennbar ist. Er zählt zu den häufigen Tagfaltern und gehört zu den Schmetterlingen, die fast jeder als Tagpfauenauge benennen kann, weil er so leicht zu bestimmen ist. Zu finden ist er im offenen Gelände, an Waldrändern, lichten Wäldern, Lichtungen, Gärten und Parks. Überall dort, wo die Große Brennnessel in sonniger oder halbschattiger, meist windgeschützter Lage vorkommt. Das Weibchen legt ab Anfang Mai zwischen 50 und 200 Eier an der Blattunterseite ab. Ab Mitte Mai schlüpfen die ersten Raupen und ernähren sich fast ausschließlich von der Großen Brennnessel. Selten werden andere Brennnesselarten akzeptiert. Nach zwei bis drei Wochen schlüpfen die kleinen Raupen. Bereits nach wenigen Tagen häuten sie sich, um später gemeinschaftlich im Schutz eines Gespinstes zu wachsen. Das Gespinst soll sie vor Fressfeinden und Parasiten schützen. Nach weiteren drei Häutungen und mehreren Übersiedelungen auf frische Futterpflanzen zerstreuen sie sich, um einen Platz zur Verpuppung zu finden. Dies ist in der Regel ein trockener Stängel. Nach etwa zwei Wochen ist der Falter ausgebildet und bereit zum Schlupf. Als Überwinterungsquartier nutzen sie gerne gemeinschaftlich zu mehreren Tieren leicht feuchte Orte wie Höhlen, Fuchsbauten, Stallungen, Vogel-Nistkästen, verlassene Häuser oder Keller.

Flugzeit möglicherweise zwei Generationen, 1. Generation von Juni - August und Juli - Oktober, 2. Generation von August - Oktober, Überwinterer fliegen von März - Mai
Vorkommen Offenland, Waldränder und lichte Wälder, Lichtungen, Gärten, Parks
Erkennungsmerkmale Grundfarbe leuchtend rostrot, auf jedem Flügel ein großer Augenfleck *Abb. 1+2*
Flügelspannweite 50-55 mm
Nektarquellen unspezialisiert mit einer Vorliebe für rosa- und violettfarbene Blüten, Astern, Blaukissen, Dahlien, Disteln, Efeu, Fetthenne, Gänsekresse, Heidekraut, Rot-Klee, Sommerflieder, Prachtscharte, Stauden-Wicke, Thymian, Wasserdost, Wilde Karde, Wildmirabelle, gährendes Obst, im Frühjahr Birne, Apfel, Seidelbast, Sal-Weide
Raupenfraßpflanze Große Brennnessel *Abb. 6*
Ei oval, grünlich mit hellen Längsrippen
Eiablage in Gelegen abgelegte Eier an Blattunterseite, Große Brennnessel sonnig oder halbschattig *Abb. 4*
Überwinterung als ausgewachsene Individuen

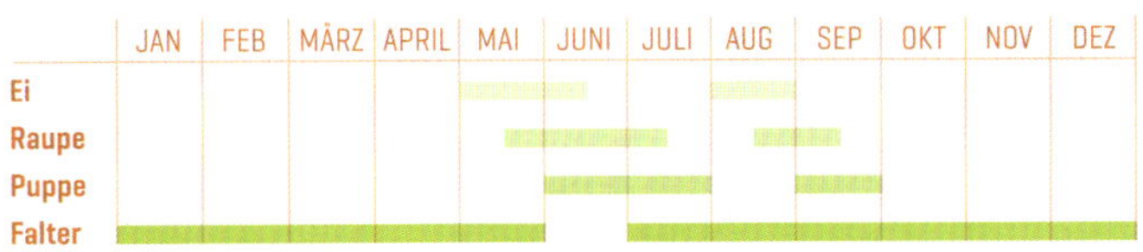

Phänogramm / Quelle: ufz.de / tagfalter-monitoring.de

Ein Ei und die junge Raupe des Distelfalters auf der Blattoberseite einer Brennnessel.

Die ausgewachsene Raupe des Distelfalters bringt sich in die hängende Position bereit zur Verpuppung.

Die Stürzpuppe des Distelfalters kurz vor dem Schlupf.

Die Metamorphose eines Tagfalters

Vom Ei zur Raupe zur Puppe zur Imago durchlaufen Schmetterlinge eine vollständige Verwandlung, die sogenannte Metamorphose. In der Phase dieser Transformation häuten sich die Raupen etwa drei bis vier Mal, je nach Schmetterlingsart sogar noch öfter. Da ihre wenig dehnbare Chitinhaut nicht mitwächst, legen sie sich immer wieder eine größere Raupenhaut zu, bevor sie sich endgültig verpuppen. Edelfalter wie der hier abgebildete Distelfalter entwickeln sich zu Stürzpuppen. In der letzten Raupenphase spinnen sich die Raupen mit dem Hinterleibsende fest und hängen etwa einen Tag lang mit dem Kopf nach unten gerichtet. Ab dem Moment, da ihre Raupenhaut abgestreift ist, sind sie zur Puppe verwandelt. Bis zur vollständigen Aushärtung der Puppenhaut verändert sich ihre Form ein wenig. Ihre Hülle platzt auf, sobald der Schmetterling ausgewachsen ist. Nach dem Schlupf ruht er für mehrere Stunden, bis die Flügel entfaltet sind.

Der Schlupf des Distelfalters dauert nur wenige Minuten. Davonfliegen wird er erst, wenn seine Flügel ausgehärtet sind. Das kann einige Stunden dauern.

Die unteren Abbildungen zeigen die Entwicklung des Kleinen Kohlweißlings. Im Gegensatz zum Distelfalter entwickelt sich der Kohlweißling zu einer Gürtelpuppe. Dazu wählt die Raupe einen Platz an einer Wand, einem Ast oder Pflanzenstängel, um sich aufrecht mit dem Kopf nach oben gerichtet festzubinden. Sie spinnt einen kaum sichtbaren seidenen Gürtel um ihre Körpermitte, der sie über Monate sicher hält.

Abb: A Kohlpflanzen in einem Pflanzkübel
Abb: B+C Junge Raupe mit abgestreifter Raupenhaut u. ausgewachsene Raupe
Abb: D Gürtelpuppe mit einem Haltefaden an eine Holzwand geheftet
Abb: E+F Schlupf des Kleinen Kohlweißlings

Da ich die Entwicklung einiger Schmetterlingsarten in unserem Garten unterstützen wollte, hatte ich für die Aufzucht einiger Distelfalter, C-Falter und der Kleinen Kohlweißlinge eine Schmetterlingsvoliere gebaut. Das gekaufte XL-Schmetterlingshaus empfand ich als zu klein, da ich z. B. die Distelfalter-Raupen mit ihren Nahrungspflanzen und nicht mit einem Futterersatz versorgen wollte. *Abb. A*

Die Schmetterlingszucht einiger Arten ist recht einfach zu bewältigen. Wichtige Faktoren wie die Wahl der entsprechenden Nahrungspflanzen oder die des Volierestandortes sind elementar für eine erfolgreiche Zucht. Informieren Sie sich umfassend, bevor Sie mit der Schmetterlingszucht beginnen. Den Schlupf einiger Tagfalter können Sie auf meiner Webseite **www.anja-eder-fotografie.de** verfolgen.

Die selbstgebaute Voliere *Abb. B-D*
Einfach und preiswert aus drei Holzböcken und einem Moskitonetz gebaut, welches nach oben hin erweiterbar ist. Mit ausreichend Platz für raumgreifende Pflanzen in Kübeln und einer Tür mit Magnetverschluss. Die Raupen können sich artgerecht entwickeln und sind vor Fressfeinden geschützt. An den entsprechenden Pflanzen unseres Gartens konnte ich diverse Schmetterlingsraupen sammeln oder, wie im Fall der Distelfalter, als winzig kleine Raupen kaufen.

Hauhechel-Bläuling *Polyommatus icarus*

Schmetterlingspflanzen

Aufgelistet sind Pflanzenarten, die Schmetterlingen Nahrung bieten. Die Sortierung richtet sich absteigend nach der Anzahl der Schmetterlingsarten, die sich als Falter oder als Raupe von der genannten Pflanze ernähren. Datengrundlage bildet die Datenbank LEPIDAT des Bundesamtes für Naturschutz (BfN). Es handelt sich hier um eine gekürzte Fassung. Die vollständige Liste finden Sie unter folgendem Link:
https://www.floraweb.de/php/schmetterlingspflanzen.php

Pflanzen-Gattungen (spec.) Artengruppen (agg.)

Malven-Dickkopffalter *Carcharodus alceae*

Pflanzen	Anzahl der Schmetterlingsarten
Weide *Salix* spec.	227
Eiche *Quercus* spec.	178
Kirsche *Prunus* spec.	172
Birke *Betula* spec.	163
Schlehe *Prunus spinosa* agg.	143
Pappel *Populus* spec.	137
Heidelbeere *Vaccinium* spec.	133
Brombeere *Rubus* spec.	126
Ampfer *Rumex* spec.	119
Kratzdistel *Cirsium* spec.	116
Flockenblume *Centaurea* spec.	103
Labkraut *Galium* spec.	101
Löwenzahn *Taraxacum* spec.	101
Erle *Alnus* spec.	97
Wegerich *Plantago* spec.	89
Linde *Tilia* spec.	94
Weißdorn *Crataegus* spec.	80
Buche *Fagus* spec.	77
Dost *Origanum* spec.	74
Beifuß *Artemisia* spec.	67
Hasel *Corylus* spec.	67
Heckenkirsche *Lonicera* spec.	66
Greiskraut *Senecio* spec.	66
Ginster *Cytisus* spec.	65
Leimkraut *Silene* spec.	62
Schwingel *Festuca* spec.	61
Thymian *Thymus* spec.	60
Ulme *Ulmus* spec.	56
Ahorn *Acer* spec.	56
Skabiose *Scabiosa* spec.	56
Hornklee *Lotus* spec.	55
Klee *Trifolium* spec.	54
Natternkopf *Echium* spec.	53
Schafgarbe *Achillea* spec.	52
Sommerflieder *Buddleja* spec.	52
Apfel *Malus* spec.	50
Witwenblume *Knautia* spec.	50
Brennnessel *Urtica* spec.	49
Flockenblume *Centaurea jacea*	47
Schneckenklee *Medicago* spec.	47
Waldrebe *Clematis* spec.	45
Holunder *Sambucus* spec.	44
Birne *Pyrus* spec.	43
Wicke *Vicia* spec.	42
Taubnessel *Lamium* spec.	42
Habichtskraut *Hieracium* spec.	42
Pfeifengras *Molinia* spec.	42
Schwarz-Pappel *Populus nigra*	39
Goldrute *Solidago* spec.	38
Liguster *Ligustrum* spec.	37
Luzerne *Medicago sativa*	35
Vogelbeere *Sorbus* spec.	34
Esparsette *Onobrychis* spec.	34
Zwetschge *Prunus domestica*	34

Pflanzen	Anzahl der Schmetterlingsarten
Segge *Carex* spec.	33
Wolfsmilch *Euphorbia* spec.	33
Schilf *Phragmites* spec.	32
Esche *Fraxinus* spec.	32
Reitgras *Calamagrostis* spec.	32
Schmiele *Deschampsia* spec.	31
Wiesen-Sauer-Ampfer *Rumex acetosa*	31
Hufeisenklee *Hippocrepis* spec.	31
Salbei *Salvia* spec.	31
Zwenke *Brachypodium* spec.	31
Gew. Trauben-Kirsche *Prunus padus*	30
Feld-Beifuß *Artemisia campestris* agg.	30
Knäuelgras *Dactylis* spec.	29
Gewöhnliche Fichte *Picea abies*	29
Echter Faulbaum *Frangula alnus*	29
Gew. Pfeifengras *Molinia caerulea* agg.	28
Rispengras *Poa* spec.	28
Platterbse *Lathyrus* spec.	27
Sternmiere *Stellaria* spec.	27
Lattich *Lactuca* spec.	27
Rasen-Schmiele *Deschampsia cespitosa*	26
Nelke *Dianthus* spec.	25
Hauhechel *Ononis* spec.	25
Veilchen *Viola* spec.	25
Trespe *Bromus* spec.	24
Sand-Reitgras *Calamagrostis epigejos*	24
Glockenblume *Campanula* spec.	24
Quecke *Elymus* spec.	23
Fingerkraut *Potentilla* spec.	23
Weidenröschen *Epilobium* spec.	23
Vogel-Knöterich *Polygonum* spec.	23
Minze *Mentha* spec.	23
Storchschnabel *Geranium* spec.	22
Johannisbeere *Ribes* spec.	22
Hahnenfuß *Ranunculus* spec.	22
Erdbeere *ragaria* spec.	22
Binse *Juncus* spec.	22
Johanniskraut *Hypericum* spec.	22
Hartriegel *Cornus* spec.	21
Gew. Blutweiderich *Lythrum salicaria*	21
Baldrian *Valeriana* spec.	21
Nachtschatten *Solanum* spec.	20
Sonnenröschen *Helianthemum* spec.	20
Ziest *Stachys* spec.	20
Schlangen-Knöterich *Bistorta officinalis*	20
Vogel-Kirsche *Prunus avium*	20
Margerite *Leucanthemum vulgare* agg.	19
Fetthenne *Sedum* spec.	19
Kohl-Kratzdistel *Cirsium oleraceum*	19
Berberitze *Berberis* spec.	18
Glockenheide *Erica* spec.	18
Honiggras *Holcus* spec.	18
Melde *Atriplex* spec.	18
Königskerze *Verbascum* spec.	18

Pflanzen	Anzahl der Schmetterlingsarten
Lärche *Larix* spec.	18
Wiesenknopf *Sanguisorba* spec.	17
Wucherblume *Tanacetum* spec.	17
Gilbweiderich *Lysimachia* spec.	17
Braunwurz *Scrophularia* spec.	17
Huflattich *Tussilago farfara*	17
Wald-Ziest *Stachys sylvatica*	16
Haarstrang *Peucedanum* spec.	16
Kreuzdorn *Rhamnus* spec.	16
Bibernelle *Pimpinella* spec.	16
Schwaden *Glyceria* spec.	15
Engelwurz *Angelica* spec.	15
Straußgras *Agrostis* spec.	14
Wacholder *Juniperus* spec.	14
Pestwurz *Petasites* spec.	14
Grüner Salat *Lactuca sativa*	14
Echtes Mädesüß *Filipendula ulmaria*	14
Sandglöckchen *Jasione* spec.	13
Möhre *Daucus* spec.	13
Wiesenraute *Thalictrum* spec.	13
Wachtelweizen *Melampyrum* spec.	13
Gew. Betonie *Betonica officinalis*	13
Tüpfel-Hartheu *Hypericum perforatum*	13
Wiesen-Lieschgras *Phleum pratense*	13
Stachelbeere *Ribes uva-crispa*	13
Rainfarn *Tanacetum vulgare*	13
Schneeball *Viburnum* spec.	12
Geißfuß *Aegopodium* spec.	12
Weidelgras *Lolium* spec.	12
Seifenkraut *Saponaria* spec.	12
Steinklee *Melilotus* spec.	12
Ehrenpreis *Veronica* spec.	12
Gamander *Teucrium* spec.	11
Vergissmeinnicht *Myosotis* spec.	11
Pimpinelle *Pimpinella saxifraga* agg.	11
Aster *Aster* spec.	11
Kronwicke *Coronilla* spec.	11
Hundskamille *Anthemis* spec.	11
Kohl *Brassica* spec.	11
Gänsedistel *Sonchus* spec.	11
Leinkraut *Linaria* spec.	11
Gew. Giersch *Aegopodium podagraria*	11
Kriech-Günsel *Ajuga reptans*	11
Habichtskraut *Hieracium pilosella*	11
Berg-Jasione *Jasione montana*	11
Kartoffel *Solanum tuberosum*	11
Tragant *Astragalus* spec.	11
Glanzgras *Phalaris* spec.	10
Glatthafer *Arrhenatherum* spec.	10
Wegwarte *Cichorium* spec.	10
Hohlzahn *Galeopsis* spec.	10
Malve *Malva* spec.	10
Kälberkropf *Chaerophyllum* spec.	10
Schneebeere *Symphoricarpos* spec.	10

Waldbrettspiel *Pararge aegeria*

Kleiner Sonnenröschen-Bläuling *Aricia agestis*

Gestreifter Grasbär *Spiris striata*

Kleiner Feuerfalter *Lycaena phlaeas*

Regensburger Gelbling *Colias myrmidone*

Pflanzen	Anzahl der Schmetterlingsarten
Miere *Minuartia* spec.	10
Gänsefuß *Chenopodium* spec.	10
Wasser-Schwaden *Glyceria maxima*	10
Flatter-Binse *Juncus effusus*	10
Borstgras *Nardus stricta*	10
Krauser Ampfer *Rumex crispus*	10
Jakobs-Greiskraut *Senecio jacobaea*	10
Pfaffenhütchen *Euonymus* spec.	9
Silberdistel *Carlina* spec.	9
Steinbrech *Saxifraga* spec.	9
Winde *Convolvulus* spec.	9
Enzian *Gentiana* spec.	9
Wermut *Artemisia absinthium*	9
Ausdauernder Lolch *Lolium perenne*	9
Geißblatt *Lonicera periclymenum*	9
Hopfen-Luzerne *Medicago lupulina*	9
Echtes Seifenkraut *Saponaria officinalis*	9
Gew. Moosbeere *Vaccinium oxycoccos*	9
Schaumkraut *Cardamine* spec.	9
Hasenlattich *Prenanthes* spec.	8
Frauenmantel *Alchemilla* spec.	8
Karde *Dipsacus* spec.	8
Pippau *Crepis* spec.	8
Alant *Inula* spec.	8
Klette *Arctium* spec.	8
Bärenschote *Astragalus glycyphyllos*	8
Gew. Zaunwinde *Calystegia sepium*	8
Gew. Silbergras *Corynephorus canescens*	8
Echte Hundszunge *Cynoglossum officinale*	8
Gew. Hopfen *Humulus lupulus*	8
Vogelknöterich *Polygonum aviculare*	8
Akelei-Wiesenraute *Thalictrum aquilegiifolium*	8
Preiselbeere *Vaccinium vitis-idaea*	8
Großes Springkraut *Impatiens noli-tangere*	7
Fingerhut *Digitalis* spec.	7
Phlox *Phlox* spec.	7
Lungenkraut *Pulmonaria* spec.	7
Eisenhut *Aconitum* spec.	7
Kerbel *Anthriscus* spec.	7
Akelei *Aquilegia* spec.	7
Floh-Knöterich *Persicaria maculosa*	7
Kleine Pimpinelle *Pimpinella saxifraga*	7
Wiesen-Primel *Primula veris*	7
Tomate *Solanum lycopersicum*	7
Gew. Teufelsabbiss *Succisa pratensis*	7
Weinrebe *Vitis vinifera*	7
Knoblauchsrauke *Alliaria petiolata*	7
Wiesen-Fuchsschwanz *Alopecurus pratensis*	7
Nickende Distel *Carduus nutans*	7
Blutauge *Comarum palustre*	7
Wiesen-Storchschnabel *Geranium pratense*	7
Gew. Efeu *Hedera helix*	7
Sanddorn *Hippophae rhamnoides*	7
Wasser-Schwertlilie *Iris pseudacorus*	7
Nelkenwurz *Geum* spec.	7
Hederich *Raphanus* spec.	6
Rauke *Sisymbrium* spec.	6
Beinwell *Symphytum* spec.	6
Rittersporn *Consolida* spec.	6
Strohblume *Helichrysum* spec.	6
Klappertopf *Rhinanthus* spec.	6
Alpenrose *Rhododendron* spec.	6
Felsenbirne *Amelanchier* spec.	6
Gänseblümchen *Bellis* spec.	6
Kammgras *Cynosurus* spec.	6
Meier *Asperula* spec.	6
Augentrost *Euphrasia* spec.	6
Kugelblume *Globularia* spec.	6
Kamille *Matricaria* spec.	6
Christophskraut *Actaea spicata*	6
Große Eberwurz *Carlina acaulis*	6
Ess-Kastanie *Castanea sativa*	6
Gold-Steppenaster *Galatella linosyris*	6
Gew. Bitterkraut *Picris hieracioides*	6
Pastinak *Pastinaca* spec.	5
Nabelmiere *Moehringia* spec.	5
Zahntrost *Odontites* spec.	5
Rübe *Beta* spec.	5
Wiesen-Kerbel *Anthriscus sylvestris*	5
Hasenohr *Bupleurum* spec.	5
Ochsenzunge *Anchusa* spec.	5
Goldregen *Laburnum* spec.	5
Waldmeister *Galium odoratum*	5
Kriechendes Gipskraut *Gypsophila repens*	5
Türkenbund-Lilie *Lilium martagon*	5
Garten-Erbse *Pisum sativum*	5
Blutwurz *Potentilla erecta*	5
Weiße Lichtnelke *Silene latifolia*	5
Echte Felsenbirne *Amelanchier ovalis*	5
Echte Arnika *Arnica montana*	5
Gew. Frauenfarn *Athyrium filix-femina*	5
Echte Tollkirsche *Atropa bella-donna*	5
Behaarte Gänsekresse *Arabis hirsuta*	4
Färber-Hundskamille *Anthemis tinctoria*	4
Berg-Aster *Aster amellus*	4
Garten-Boretsch *Borago officinalis*	4
Sumpf-Dotterblume *Caltha palustris*	4
Schwarze Flockenblume *Centaurea nigra*	4
Brunnenkresse *Nasturtium* spec.	4
Wau *Reseda* spec.	4
Felsen-Kreuzdorn *Rhamnus saxatilis* agg.	4
Bocksbart *Tragopogon* spec.	4
Hornkraut *Cerastium* spec.	4
Fahnenwicke *Oxytropis* spec.	4
Teufelskralle *Phyteuma* spec.	4
Zweizahn *Bidens* spec.	4
Schöllkraut *Chelidonium* spec.	4
Stechender Hohlzahn *Galeopsis tetrahit* agg.	4
Gundermann *Glechoma hederacea* agg.	4
Gew. Leinkraut *Linaria vulgaris* agg.	4
Ringelblume *Calendula* spec.	4
Gefl. Lungenkraut *Pulmonaria officinalis*	4
Acker-Rettich *Raphanus raphanistrum.*	4
Acker-Senf *Sinapis arvensis*	4
Elsbeere *Sorbus torminalis*	4
Gew. Blasenstrauch *Colutea arborescens*	3
Feinstrahl-Berufkraut *Erigeron annuus*	3
Feld-Mannstreu *Eryngium campestre*	3
Strauchwicke *Hippocrepis emerus*	3
Kuhschelle *Pulsatilla* spec.	3
Wiesen-Silau *Silaum silaus*	3
Spierstrauch *Spiraea* spec.	3
Heide-Günsel *Ajuga genevensis*	2
Gauchheil *Anagallis* spec.	2
Polei-Gränke *Andromeda polifolia*	2
Bärentraube *Arctostaphylos uva-ursi*	2
Gemüse-Spargel *Asparagus officinalis*	2
Rote Spornblume *Centranthus ruber*	2
Gew. Hornkraut *Cerastium holosteoides*	2
Großes Hexenkraut *Circaea lutetiana*	2
Herbst-Zeitlose *Colchicum autumnale*	2
Finger-Lerchensporn *Corydalis solida*	2
Zwergmispel *Cotoneaster* spec.	2
Gew. Besenrauke *Descurainia sophia*	2
Schnee-Heide *Erica carnea*	2
Grau-Heide *Erica cinerea*	2
Gew. Reiherschnabel *Erodium cicutarium*	2
Acker-Flügelknöterich *Fallopia convolvulus*	2
Echter Fenchel *Foeniculum vulgare*	2
Enzian *Gentiana* spec.	2
Doldige Schleifenblume *Iberis umbellata*	2
Großes Zweiblatt *Listera ovata*	2
Zitronen-Melisse *Melissa officinalis*	2
Echte Färberröte *Rubia tinctorum*	2
Gew. Teichsimse *Schoenoplectus lacustris*	2
Kümmel-Silge *Selinum carvifolia*	2
Bittersüßer Nachtschatten *Solanum dulcamara*	2
Gew. Mehlbeere *Sorbus aria*	2
Schwalbenwurz *Vincetoxicum hirundinaria*	2
Laubholz-Mistel *Viscum album*	2
Graslilie *Anthericum* spec.	2
Löwenmaul *Antirrhinum* spec.	2
Geißbart *Aruncus* spec.	2
Alpenhelm *Bartsia* spec.	2
Kleine Eberwurz *Carlina vulgaris* agg.	2
Gew. Hornkraut *Cerastium fontanum* agg.	2
Weißer Gänsefuß *Chenopodium album* agg.	2
Seidelbast *Daphne* spec.	2
Gemswurz *Doronicum* spec.	2
Nachtkerze *Oenothera-biennis-Gruppe*	2
Spark *Spergula* spec.	2
Rosmarin-Weidenröschen *Epilobium dodonaei*	2

Bewohnte Brennnesselblätter

Der Admiral rollt wie links abgebildet die Brennnesselblätter ein. Damit das eingerollte Blatt sich nicht öffnet, wird es mit Seidenfäden zusammen gehalten.

Der Brennnesselzünsler spinnt das Blatt so zusammen, dass ein Hohlraum entsteht. Im Inneren befinden sich ab Mai die Raupen, diese verpuppen sich dort. Ab Juni liegt die braune Puppe in diesem Gespinst.

Russischer Bär *Euplagia quadripunctaria*

Warum Sie die Brennnessel in Ihren Garten holen sollten

Admiral

C-Falter

Distelfalter

Kleiner Fuchs

Landkärtchen

Tagpfauenauge

Eine Liste einiger Schmetterlinge, die in Abhängigkeit der Brennnessel leben und solche, deren Raupen die Brennnessel neben anderen Pflanzen auf ihrem Speiseplan haben:

Admiral	*Vanessa atalanta*
C-Falter	*Polygonia c-album*
Distelfalter	*Vanessa cardui*
Kleiner Fuchs	*Aglais urticae*
Landkärtchen	*Araschnia levana u. prorsa*
Tagpfauenauge	*Inachts io*
Achateule	*Phlogophora meticulosa*
Buchdruckereule	*Naenia typica*
Breitflügelige Bandeule	*Noctua comes*
Nessel-Höckereule	*Abrostola triplasia*
Flohkraut-Eule	*Melanchra persicariae*
Gammaeule	*Autographa gamma*
Gelbbraune Staubeule	*Hoplodrina octogenaria*
Hopfen-Zünslereule	*Hypena rostralis*
Janthina-Bandeule	*Noctua janthina*
Jota-Silbereule	*Autographa jota*
Messingeule	*Diachrysia chrysitis*
Nessel-Schnabeleule	*Hypena proboscidalis*
Voralpen-Schnabeleule	*Hypena obesalis*
Breitflügelige Fleckleibbär	*Spilosoma lubricipeda*
Hellgraue Fleckleibbär	*Diaphora mendica*
Russischer Bär	*Euplagia quadripunctaria*
Schmalflügelige Fleckleibbär	*Spilosoma urticae*
Schönbär	*Callimorpha dominula*
Brennnesselblattroller	*Celypha lacunana*
Spreizflügelfalter	*Anthophila fabriciana*
Gelbe Tigermotte	*Spilosoma lutea*
Nesselzünsler	*Patania ruralis*
Großer Hopfen-Wurzelbohrer	*Hepialus humuli*

Diese sechs Edelfalter haben etwas gemeinsam: Sie nutzen zur Eiablage die Große Brennnessel. Wobei der Distelfalter Disteln bevorzugt und in zweiter Wahl an die Brennnessel geht und der C-Falter auf Beerensträucher, Haselnuss, Ulme und Weide ausweichen kann. Der Admiral, der Kleine Fuchs und das Tagpfauenauge sind unausweichlich von der Brennnessel abhängig, denn ihre Raupen fressen ausschließlich Brennnesselblätter.

Damit es nicht zu Nahrungsengpässen kommt, hat die Natur den Tieren unterschiedliche Vorlieben zugeordnet. So werden die Eier des Kleinen Fuchses an trocken und sonnig stehenden Brennnesseln abgelegt. Das Tagpfauenauge bevorzugt zwar sonnig stehende, aber luftfeuchte Brennnesselbestände gerne an Gewässern. Der C-Falter legt seine Eier in halbschattiger bis schattiger Lage ab, ebenso das Landkärtchen.

Die Liste der Insekten, die in Abhängigkeit zur Brennnessel leben, ist lang. Es heißt, dass etwa fünfzig verschiedene Schmetterlingsarten an der Brennnessel ihre Eier ablegen. In der links stehenden Liste sind einige Arten aufgeführt, von denen mir bekannt ist, dass sie die Brennnessel nutzen. Zu den Schmetterlingen kommen etliche Käfer, Kleinzikaden, Blattläufer und Blattwanzen hinzu.

Zu guter Letzt profitiert auch der Mensch vom Verzehr der Brennnessel. Wegen des hohen Gehalts an Flavonoiden, Mineralstoffen wie Magnesium, Kalzium und Silizium, Vitamin A und C, Eisen und des hohen Eiweißgehalts wird das Wildkraut seit der Antike als Heil- und Nutzpflanze geschätzt.

Viele Gründe, der Brennnessel wieder den guten Ruf von einst zurückzugeben und ihr einen Platz im Garten einzurichten. Dabei sollten die Pflanzen das ganze Jahr unberührt bleiben. In unserem Garten gibt es sonnige und schattige Plätze, wo die Brennnessel ungestört wachsen darf, und einige Kübelbepflanzungen. Möchten Sie die Wildpflanze nicht im Beet zulassen, können Sie alternativ große Kübel bepflanzen. So vermeiden Sie die Vermehrung durch Wurzelausläufer.

Nachtfalter und Kleinschmetterlinge

Die Tagfalter unseres Gartens haben Sie bereits kennengelernt. Im folgenden Kapitel werde ich Ihnen weitere Schmetterlingsarten vorstellen, die in direkter Nachbarschaft mit ihnen leben.

Nachtfalter und Kleinschmetterlinge bilden keine homogenen Gruppen, vielmehr werden sie in eine Vielzahl von Familien unterteilt, die unterschiedlichste Merkmale aufweisen. Aus wissenschaftlicher Sicht ist die Einteilung in Nachtfalter und Kleinschmetterlinge nicht korrekt, sie vereinfacht jedoch die Übersicht dieser vielfältigen, artenreichen Insektengruppe.

Ca. 95%

aller Schmetterlingsarten

gehören zu den Nachtfaltern. Obwohl die Bezeichnung dies suggeriert, sind diese nicht ausschließlich nachts, sondern teilweise tagsüber unterwegs

30+7

Dreißig tag- und nachtaktive Schmetterlingsarten stelle ich Ihnen vor. Sieben Arten sind mir etwas zu spät begegnet, so dass diese lediglich mit einer Abbildung vorgestellt werden.

Achateule
Phlogophora meticulosa

Achateule
Phlogophora meticulosa

Gammaeule
Autographa gamma

Möndcheneule
Calophasia lunula

Hausmutter
Noctua pronuba

Nessel-Schnabeleule
Hypena proboscidalis

Braune Spätsommer-Bodeneule
Xestia xanthographa

Braune Tageule
Euclidia glyphica

Apfelbaum-Glasflügler
Synanthedon myopaeformis

Ligusterschwärmer
Sphinx ligustri

Taubenschwänzchen
Macroglossum stellatarum

Grauer Zwergspanner
Idaea seriata

Milchweißer Bindenspanner
Plemyria rubiginata

Rotgebänderter Blütenspanner
Gymnoscelis rufifasciata

Rauten-Rindenspanner
Peribatodes rhomboidaria

Breitgebänderter Staudenspanner
Idaea aversata

Zünsler
Eudonia mercurella

Brennnesselzünsler
Anania hortulata

Blasser Nesselzünsler
Patania ruralis

Buchsbaumzünsler
Cydalima perspectalis

Dunkler Graszünsler
Crambus pascuella

Goldzünsler
Pyrausta aurata

Zünsler
Agriphila straminella

Birken-Faulholzmotte
Eratophyes amasiella

Hummel-Wachsmotte
Aphomia sociella

Faulholzmotte
Harpella forficella

Motte
Nemapogon koenigi

Wasserdost-Federmotte
Adaina microdactyla

Ackerwinden-Federmotte
Emmelina monodactyla

Ampfer-Wurzelbohrer
Triodia sylvina

Dunkler-Brennnesselwickler
Celypha lacunana

Tag- und nachtaktive Schmetterlinge

Taubenschwänzchen
Macroglossum stellatarum

Neben den ausschließlich am Tag aktiven, jedermann bekannten Tagfaltern gibt es unzählige weitere Falterarten, die ebenso tagsüber, in der Dämmerung oder bei Nacht unterwegs sind. Die Anzahl der tag- und nachtaktiven Nachtfalter ist um einiges größer als die der Tagfalter. Die Mehrzahl der Nachtfalter ist in der Dunkelheit aktiv, den Tag verbringen sie meist gut versteckt. Der abgebildete Ligusterschwärmer verharrt hier, an ein Stöckchen geklammert, in einer Art Tiefschlaf. Es ist Hochsommer, als ich ihn so finde. Bis zu seinem Erwachen gegen 22 Uhr lässt er sich durch nichts stören.

Etwa 95 % aller Schmetterlingsarten gehören zu den tag- und nachtaktiven Nachtfaltern. Einer der wohl bekanntesten tagaktiven Nachtfalter ist das Taubenschwänzchen. Betrachten wir dessen Fühler etwas genauer, zeigt sich ein deutlich erkennbares Unterscheidungsmerkmal. Denn anhand der Antennen heben sich die Sonnenanbeter von den Nachtschwärmern ab. Tagfalter besitzen keulenartig verdickte Antennenenden. Nachtfalter und tagaktive Nachtfalter tragen gerade, spitz zulaufende, nicht verdickte, gesägte oder gefiederte Antennenenden.

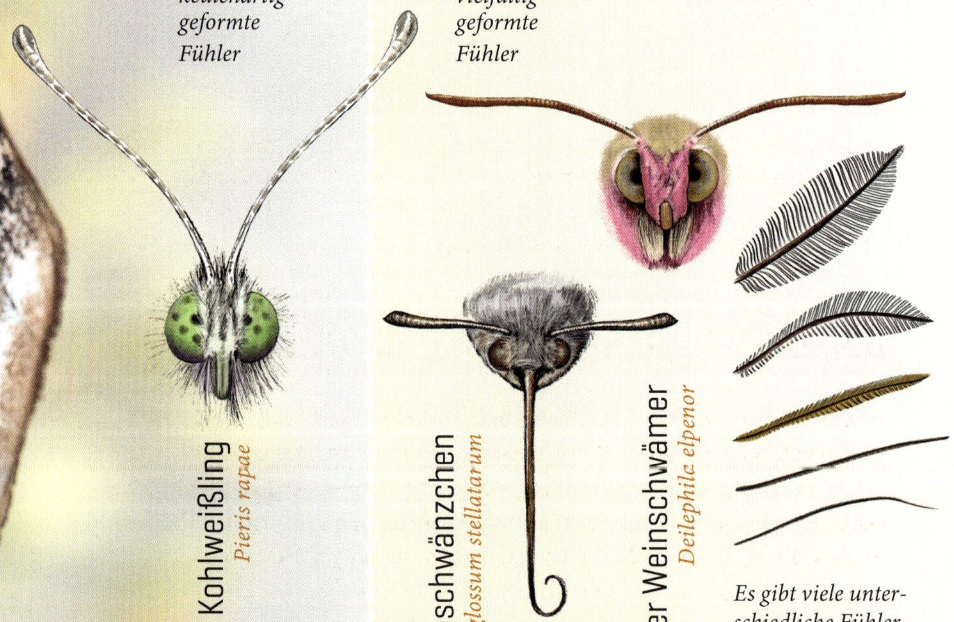

Es gibt viele unterschiedliche Fühlervarianten, hier ist nur ein kleiner Ausschnitt dargestellt.

Mit den Antennen schmecken und riechen Schmetterlinge, sie nehmen über ihre Fühler Nahrungs- und Sexualdüfte wahr. Die Antennen der männlichen Nachtfalter sind meist ausgeprägter als die der weiblichen Tiere. Paarungswillige Weibchen geben über ihre Drüsen Pheromone ab, Botenstoffe, die interessierte Männchen sogar über große Distanzen wahrnehmen können.

Ligusterschwärmer
Sphinx ligustri

Unscheinbar, vielfältig und wunderschön

Obwohl die Anzahl der Nachtfalter sehr viel größer ist als die der Tagfalter, sind sie den meisten Menschen nur unzureichend bekannt. Bis auf wenige Ausnahmen trifft das selbst auf die vielen am Tag aktiven Nachtfalter zu.

Um vor Fressfeinden geschützt auch tagsüber durchs Leben zu fliegen, besitzen die meisten Schmetterlinge Tarnfarben. Ihre Flügel sind in der Regel bräunlich oder gräulich gefärbt. Viele Arten passen sich optisch an ihre bevorzugte Umgebung an. Ein Schmetterling, der an einem Baum mit grau gefärbter Rinde den Tag verschläft, trägt im besten Fall genau diese Farben in Kombination mit einer bestimmten Maserung seiner Flügeldecken, die ihn mit dem Untergrund verschmelzen lassen. Er wird beinahe unsichtbar.

Dass die meisten Nachtfalter ihre Flügel dachförmig und flach ausbreiten, ist kein Zufall. Auf diese Weise verschmelzen sie regelrecht mit dem Untergrund, auf dem sie teilweise viele Stunden schlafend verweilen.

Unter den Nachtfaltern gibt es mehr oder weniger schreckhafte Arten. Vielleicht kennen Sie die Situation, dass plötzlich ein kleiner Falter davonfliegt und blitzschnell ein neues Versteck sucht, weil Sie ihn zufällig aufgeschreckt haben. Andere, wie der zuvor beschriebene Ligusterschwärmer, lassen sich kaum beeindrucken. Dieser bewegt sich nicht, ganz gleich auf welche Art wir uns ihm nähern. Er zeigt keinerlei Fluchtinstinkt. Sie können ihn sogar auf den Finger setzen, er schläft einfach weiter.

Der hier abgebildete Goldzünsler trägt braun bis purpurrote, gelb gefleckte Vorderflügel. Vermutlich benötigt er keine besondere Tarnung, da der kleine Falter tagaktiv ist und jederzeit davonfliegen kann, wenn ihm danach ist.

Goldzünsler
Pyrausta aurata

Dreißig (+7) tag- und nachtaktive Schmetterlinge

werden auf den folgenden Seiten vorgestellt. Um die Schmetterlinge unseres Gartens aufzuspüren, wurden keine besonderen Methoden wie beispielsweise das Aufstellen von Lichtfallen angewendet. Ich wurde lediglich am Tag und in der frühen Dämmerung auf der Suche nach Faltern hier und da fündig. Daher nehme ich an, dass die tatsächliche Zahl der Schmetterlinge um einiges größer sein wird. Die Methode, mit der ich die meist gut versteckten schlafenden Falter fand, war recht simpel. Ich versuchte in schattigen Bereichen des Gartens oder in unteren Bereichen großer Stauden möglichst viele Pflanzen zu berühren, um die schlummernden Schmetterlinge aufzuschrecken. In der Regel suchen die Tiere sogleich in nächster Nähe einen neuen Schlafplatz.

Das Ergebnis meiner Suche kann sich sehen lassen, denn meiner Meinung nach ist ein Schmetterling eindrucksvoller als der andere. Aber – schauen Sie selbst!

Achateule *Phlogophora meticulosa*

Eulenfalter gelten mit über 25.000 Arten weltweit als die artenreichste Schmetterlingsfamilie. Etwa 540 heimische Arten sind bekannt. Die meisten von ihnen sind unscheinbar und schwer zu bestimmen. Die Achateule zählt zu den auffällig gezeichneten Eulenfaltern mit deutlich aufgestelltem Kragen. Achateulen nehmen tagsüber eine Art Totenstellung ein. In dieser Ruhestellung imitieren sie ein vertrocknetes Blatt und sind somit gut getarnt. Mitte Mai fand ich diesen schlafenden Nachtfalter auf einem Stöckchen sitzend mitten im Staudenbeet. Ihre braunglänzenden Puppen können ab Dezember oder auch im August am Boden oder in Laubhaufen gefunden werden.

Eulenfalter nachtaktiv **Flugzeit** zwei Generationen von Mai - Juli und von August bis November **Vorkommen** Offenlandhabitate, Wald- und Wegränder, Gärten **Flügelspannweite** 45-55 mm **Nektarquellen** breites Nahrungsspektrum **Raupenfraßpflanze** polyphag, breites Nahrungsspektrum u. a. Brennnessel, Ampfer, Brombeere, Farn **Ei** rund und flach, weißlich mit rotbraun geflecktem Muster **Eiablage** einzeln oder in kleinen Gruppen abgelegte Eier an Blättern **Überwinterung** Wanderfalter, als Raupe und als Falter

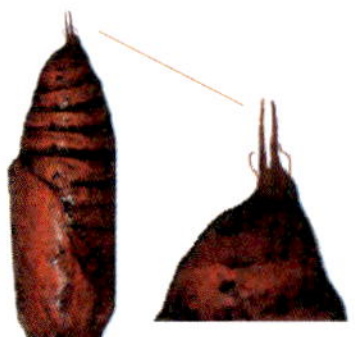

Puppe

Gammaeule *Autographa gamma*

Die Gammaeule ist ein Nachtfalter, der ebenso tagsüber aktiv ist. In Deutschland kommt er recht häufig vor. Da er bei Tageslicht in Gärten, Parks und an Balkonkästen beobachtet werden kann, zählt er zu den bekanntesten Nachtfaltern. Bei seiner Wahl der Nahrungspflanzen und des Lebensraumes gilt er als Generalist. Zur Nektarsuche fliegt der Falter im Schwirrflug von Blüte zu Blüte, meist ohne sich dabei abzusetzen. Mitte Mai konnte ich die unentwegt flatternde Gammaeule an den Blüten diverser Alliumgewächse wie auch an der Luzerne beobachten. Zur Verpuppung legt die Raupe ein leichtes Gespinst (Kokon) z. B. an Blattunterseiten an, darin entwickelt sich die Puppe.

Eulenfalter tag- und nachtaktiv **Flugzeit** zwei bis mehrere Generationen von Ende Februar - Anfang Dezember **Vorkommen** unterschiedlichste Habitate, Wald- und Wegränder, Gärten, Parks **Flügelspannweite** 35-40 mm **Nektarquellen** breites Nahrungsspektrum **Raupenfraßpflanze** polyphag, breites Nahrungsspektrum u. a. Brennnessel, Löwenzahn, Salat **Ei** rund und flach, weißlich **Eiablage** einzeln oder in kleinen Gruppen abgelegte Eier an Blättern **Überwinterung** Wanderfalter, fliegt im Winter nach Süden

Flügelmahl Gamma

Puppe

Möndcheneule *Calophasia lunula*

In unserem Garten sitzen die Raupen am Purpur-Leinkraut. In der späten Dämmerung flattern die recht kleinen Eulenfalter am Taubenkropf-Leimkraut. **Eulenfalter** tag- und dämmerungsaktiv **Flugzeit** April - September **Vorkommen** unterschiedlichste Habitate **Flügelspannweite** 26-32 mm **Nektarquellen** Taubenkropf-Leimkraut **Raupenfraßpflanze** Leinkraut **Eiablage** mehrere hundert Eier einzeln oder in Gruppen an Blattunterseite **Name** halbmondförmige Zeichnung auf Flügeln

Hausmutter *Noctua pronuba*

Sie werden vom Licht angezogen und ruhen tagsüber gerne in Häusern, daher werden sie Hausmutter genannt. **Eulenfalter** überwiegend nachtaktiv **Flugzeit** Juni - Oktober **Vorkommen** unterschiedlichste Habitate **Flügelspannweite** 50-60 mm **Raupenfraßpflanze** große Auswahl an krautigen Pflanzen z.B. Brennnessel, Kohl, Königskerze, Löwenzahn, Weide, Wiesen-Schwingel **Ei** rundlich, gelblich, bräunlich, graubraun - die Farben variieren **Eiablage** mehrere Hundert Eier dicht gereiht an Zweigen und Ästen

Braune Tageule

Euclidia glyphica

Diese Eulenfalterart ist tagaktiv, um Nektar zu sammeln fliegen sie tagsüber Schmetterlingsblütler und Korbblütler an. **Flugzeit** April - Juli, Juli - August **Vorkommen** unterschiedlichste Habitate, häufig und weit verbreitet **Flügelspannweite** 25-30 mm **Raupenfraßpflanze** Schmetterlingsblütler **Eiablage** rund, grün, aufgereiht wie eine Perlenkette an Futterpflanze

Braune Spätsommer-Bodeneule

Xestia xanthographa

Einer der häufigsten Eulenfalter Deutschlands. Da ihn das Licht nicht anzieht, bekommt man ihn selten zu Gesicht. **Eulenfalter** nachtaktiv **Flugzeit** August - September **Vorkommen** unterschiedlichste Habitate mit Grasbestand **Flügelspannweite** 30-38 mm **Raupenfraßpflanze** diverse Süßgräser **Raupen** im Frühjahr können sie zu Hunderten an Gräsern auftauchen

Nessel-Schnabeleule

Hypena proboscidalis

Sie ist eine unscheinbare, recht häufige Rüsseleule, die sich gerne in Brennnessel besetzten Hochstaudenfluren, feuchten Wäldern und naturnahen Gärten aufhält. Ihr Name verrät, dass sie einen Rüssel oder Schnabel trägt. Zwei lange nebeneinander gehaltene Taster *(Palpen)* an den Mundwerkzeugen bilden den vorgestreckten Schnabel. Diese Taster dienen nicht allein zum Tasten, sondern ausgestattet mit Kontaktchemorezeptoren auch zum Schmecken und Riechen.

Eulenfalter tag-, dämmerungs- und nachtaktiv **Flugzeit** zwei Generationen, Mai - Juli und August - Oktober **Vorkommen** Laub-, Misch- und Nadelwälder, Ufergebiete, Gärten, Parks **Flügelspannweite** 25-28 mm **Nektarquellen** Nektar diverser Blühpflanzen und Früchten wie Brombeere **Raupenfraßpflanze** Große Brennnessel, Giersch, Hopfen und Wald-Ziest **Eiablage** hauptsächlich an der Großen Brennnessel

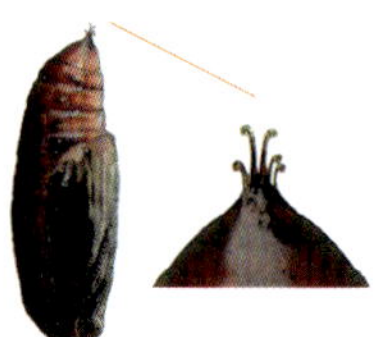

Puppe

Apfelbaum-Glasflügler

Synanthedon myopaeformis

Der tagaktive Schmetterling hält sich von Mai bis September in Obstplantagen, Streuobstwiesen und Gärten auf. Vorausgesetzt, er findet alte oder kranke Obstbäume wie Apfel, Birne und Pflaume. Die Raupen des Falters nehmen jedoch auch Ebereschen, Traubenkirsche oder Weißdorn an. Etwa 35 Glasflüglerarten kommen in Deutschland vor. Alle tragen durchsichtige Flügel, die an den Flügeladern, dem Diskalfleck und den Flügelrändern schwarz beschuppt sind.

Glasflügler tagaktiv **Flugzeit** Mai - Juli, teilweise bis Anfang September **Vorkommen** Obstplantagen, Streuobstwiesen, Gemüsegärten, Gärten **Flügelspannweite** 14-25 mm **Nektarquellen** diverse Blühpflanzen wie Himbeere, Holunder, Kratzdistel, Liguster **Raupenfraß** gewundene Gänge unter der Rinde oben genannter Bäume, bevorzugt an alten und beschädigten Apfelbäumen **Eiablage** an Schnittwunden der Wirtsbäume

Unser Birnbaum ist über 100 Jahre alt, obwohl er im Frühjahr übbig blüht, ernten wir keine Birnen. Kein Grund, diesen schönen Baum zu fällen, denn für Insekten und Vögel ist er eine unschätzbare Nahrungsquelle. Das abgebildete Weibchen beobachtete ich Anfang Juni am Gewöhnlichen Liguster nahe dem Birnbaum.

Ligusterschwärmer

Sphinx ligustri

Ein besonders schöner großer Schwärmer, der sich erst spät am Abend aufmacht, um duftende Nektarquellen wie Ligusterhecken, Nachtkerzen, Sommerflieder und Phlox zu suchen. Den Tag über ruhen die Tiere in absoluter Regungslosigkeit. Die auffällig großen Raupen sind hellgrün gefärbt und tragen ein weißbraunes Streifenmuster. Zur Verpuppung graben sie sich in lockere Erde ein und überwintern bis zum Frühsommer im Boden.

Schwärmer nachtaktiv **Flugzeit** April - August **Vorkommen** Offenlandhabitate, Laubmischwälder, Wald- und Wegränder, Gärten **Flügelspannweite** 80-120 mm **Nektarquellen** Gewöhnlicher Liguster, Nachtkerzen, Phlox, Geißblatt **Raupenfraßpflanze** Gewöhnlicher Liguster, Esche, Sommerflieder, Spiersträucher, Johannisbeere **Ei** rundlich bis oval, hellgrün gefärbt **Eiablage** in kleinen Gruppen abgelegte Eier an Zweigen der Raupenfraßpflanzen

Taubenschwänzchen

Macroglossum stellatarum

Der Schwirrflug des tag- und dämmerungsaktiven Nachtfalters ähnelt dem Flugverhalten eines Kolibris. Daher wird er auch Kolibrischwärmer genannt. Der schnelle und wendige Flug verbraucht so viel Energie, dass die Tiere mit ihren bis zu 28 mm langen Saugrüsseln gezielt besonders blütenreiche Pflanzen oder Blüten mit hohem Nektargehalt aufsuchen. Bei entsprechender Blütendichte können sie bis zu 100 Blüten in der Minute aussaugen.

Schwärmer tag- und dämmerungsaktiv **Flugzeit** ganzjährig in zwei oder mehreren Generationen **Vorkommen** blütenreiche Habitate mit nektarreichen Futterpflanzen, Wald- und Wegränder, Gärten, Parks **Flügelspannweite** 40-50 mm **Nektarquellen** breites Nahrungsspektrum nektarreicher Blühpflanzen **Raupenfraßpflanze** div. Labkräuter, Waldmeister, Färberkrapp **Ei** rund, weißlich grün **Eiablage** einzeln abgelegtes Ei pro Pflanze **Überwinterung** Wanderfalter, im Winter fliegt der Falter nach Süden

Ähnlich aber unverwechselbar, der Hummelschwärmer

Grauer Zwergspanner

Idaea seriata

Spanner nacht- und dämmerungsaktiv **Flügelspannweite** 13-22 mm **Lebensraum** weit verbreiteter Kulturfolger **Flugzeit** zwei Generationen, Ende Mai - Ende Juli, Anfang August - Mitte Oktober, ruht an hellen Wänden **Nahrung** Blütennektar u.a. von Sommerflieder, Heckenkirsche **Raupenfraßpflanzen** keine bestimmten Fraßpflanzen, sie mögen verwelkte Blätter

Milchweißer Bindenspanner

Plemyria rubiginata

Spanner nacht- und dämmerungsaktiv **Flügelspannweite** 22-28 mm **Lebensraum** Auwälder, Mischwälder, Heckengebiete, Streuobstwiesen, Talwiesen und Gärten **Flugzeit** Mai - September **Nahrung** Blütennektar **Raupenfraßpflanzen** Schlehe, Erle, Kulturapfel, Traubenkirsche **Ei** im Winter an Ästen einzeln oder paarweise abgelegte weiße ovalgeformte Eier

Rotgebänderter Blütenspanner

Gymnoscelis rufifasciata

Spanner nachtaktiv **Flügelspannweite** 11-19 mm **Lebensraum** wärmeliebende Art in unterschiedlichsten trockenen Habitaten **Flugzeit** zwei Generationen im Jahr, Mitte April - Ende Juni, Ende August - Mitte Oktober, **Nahrung** Blütennektar und Früchte **Raupenfraßpflanzen** keine bestimmten Fraßpflanzen, sie mögen diverse Blüten und Samen

Rauten-Rindenspanner

Peribatodes rhomboidaria

Spanner nachtaktiv **Flügelspannweite** 32-40 mm **Lebensraum** offenes Gelände, Waldränder, Parkanlagen, Gärten **Flugzeit** ein oder zwei Generationen von Juli - Ende August, in wärmeren Gebieten bis September oder Oktober **Nahrung** Blütennektar **Raupenfraßpflanzen** Laubgehölze und krautige Pflanzen, Weißdorn, Schlehe, Flieder, Efeu, polyphag

Breitgebänderter Staudenspanner

Idaea aversata

Spanner nachtaktiv **Flügelspannweite** 23-31 mm **Lebensraum** Laub- und Mischwälder, Waldränder, Heckengebiete, Gärten und Parks, dort wo Falllaub nicht entfernt wird **Flugzeit** drei Generationen, Juni - August, September **Nahrung** Gräserblütennektar u. Blütennektar **Raupenfraßpflanzen** nicht auf bestimmte Fraßpflanzen angewiesen = polyphag an vertrockneten Blättern

Zünsler (Trivialname ist nicht bekannt)

Eudonia mercurella

Zünsler dämmerungsaktiv **Flügelspannweite** 16-19 mm **Lebensraum** buschige Standorte, lichte Wälder, Gärten, Parks **Flugzeit:** Mitte April - August **Raupenfraßpflanzen** oligophag, Moose wie das Große Mausschwanzmoos oder das Zypressenschlafmoos und Flechten **Eiablage** in Moosen und Flechten an Mauern und Felsen, in angelegten Gespinstgängen

Blasser Nesselzünsler

Patania ruralis

Zünsler überwiegend nachtaktiv **Flügelspannweite** 26-40 mm **Lebensraum** Waldränder, Wegränder, Wiesen, naturnahe Gärten mit Brennnesselbestand **Flugzeit** Juli - September **Nahrung** Blütennektar **Raupenfraßpflanzen** Große Brennnessel, Aufrechtes Glaskraut, Hopfen, Mädesüß **Beschreibung** die Flügel sind leicht durchscheinend, perlmuttartig glänzend

Schwarzweißer Brennnesselzünsler

Anania hortulata

Zünsler dämmerungs- und nachtaktiv **Flügelspannweite** ca. 30 mm **Lebensraum** Auwälder, Mischwälder, Talwiesen und Gärten mit Brennnesselbestand **Flugzeit** Mai - Mitte September **Nahrung** Blütennektar **Raupenfraßpflanzen** Brennnessel, Ziest, Minze, Johannisbeere, Schwarznessel, Winde **Raupe** findet man in zusammengesponnenen Blättern ihrer Nahrungspflanzen

Buchsbaumzünsler
Cydalima perspectalis

Zünsler tag- und nachtaktiv **Flügelspannweite** 40-45 mm **Lebensraum** aus Korea eingewanderte Art, Neozoe, die Buchsbäume befällt **Flugzeit** drei Generationen, Raupen ab Mitte März bis Spätsommer **Raupenfraßpflanzen** Buchsbaumblätter, anschließend die grüne Zweigrinde **Bekämpfung** Absammeln der Raupen, regelmäßige Kontrollen. Viele unserer angeblich ungenießbaren giftigen Zünsler wurden von Spatzen gefressen.

Dunkler Graszünsler
Crambus pascuella

Zünsler tag- und nachtaktiv **Flügelspannweite** 21-26 mm **Lebensraum** Sumpfwiesen, Magerwiesen, Hochmoore, Schilfflächen, Hochstaudenflure, Wollgraswiesen, Gehölzränder, Siedlungsgebiete mit Baumgruppen und Gebüsche, bevorzugt Sumpfwiesen **Flugzeit** Ende Mai - Anfang September **Raupenfraßpflanzen** verschiedene Gräser, Klee und Moos

Paarung

Goldzünsler
Pyrausta aurata

Zünsler tagaktiv **Flügelspannweite** 18-20 mm **Lebensraum** Trockenwiesen, Feuchtwiesen, Weiden, Kalkfelsen, Wegränder, Waldränder, Gärten **Flugzeit** zwei Generationen, Mai - Juni und von Juli - August **Nahrung** Blütennektar und Früchte **Raupenfraßpflanzen** Lippenblütler wie Oregano, Basilikum, Katzenminze, Minze, Thymian, Zitronenmelisse

Zünsler *[Trivialname ist nicht bekannt]*
Agriphila straminella

Zünsler dämmerungs- und nachtaktiv **Flügelspannweite** 16-23 mm **Lebensraum** offenes, trockenes und frisches Grasland, Rasenflächen in Gärten, Waldränder, Auwälder, Kahlschläge, Hochmoore **Flugzeit** von Ende Mai - Anfang Oktober **Nahrung** Blütennektar **Raupenfraßpflanzen** Gräser, Echter Schaf-Schwingel, Wiesen-Rispengras, Gerste, Weizen

Birken-Faulholzmotte

Eratophyes amasiella

Motte tag- und nachtaktiv **Flügelspannweite** 23-31 mm **Lebensraum** unterschiedliche Lebensräume mit Birken- und Weidenbestand, Totholzstapel, Efeu **Flugzeit** Ende April - Ende Juni **Raupenfraßpflanzen** die Larven entwickeln sich unter der Rinde abgestorbener Birken und Weiden, ein auffälliger Falter, der erst Ende des 20. Jahrhunderts in Europa eingeschleppt wurde

Hummel-Wachsmotte

Aphomia sociella

Motte tag- und nachtaktiv **Flügelspannweite** 18-44 mm **Lebensraum** sie suchen Hummel- und Wespennester mithilfe ihres Geruchssinnes auf, um ihre Eier in deren Nester zu legen, sie ernähren sich von Abfällen der Wirtsnester (meist Baumhummeln) und räuberisch von der Brut ihrer Wirte **Flugzeit** März - September

Faulholzmotte

Harpella forficella

Motte auch Gemeine Nessel-Zünslereule genannt, tag-, dämmerungs- und nachtaktiv **Flügelspannweite** 28-38 mm **Lebensraum** Laub-, Misch- und Nadelwälder, Ufergebiete, Gärten und Parks **Flugzei:** zwei Generationen, Mai - Juli und August - Oktober **Nahrung** Blütennektar **Raupenfraßpflanze** Buche, Eiche, Birke, eventuell auch Weide und Ahorn

Motte *(Trivialname ist nicht bekannt)*

Nemapogon koenigi

Es gibt nur wenige Informationen über diese glänzend dunkelbraun gefärbte, weiß gefleckte Motte. In Nordrhein-Westfalen wurde sie bislang eher selten nachgewiesen. **Flügelspannweite** 12 mm **Lebensraum** Forstwege, Siedlungsbereich **Flugzeit** Juni - Juli **Raupenfraßpflanze** holzkeulenartige Pilze wie die Ziegelrote Kohlenkruste und die Vielgestaltige Kohlenbeere

Wasserdost-Federmotte

Adaina microdactyla

Federmotte tag-und dämmerungsaktiv **Flugzeit** Mai - Juni, 2. Generation im August **Vorkommen** überall dort, wo ihre Raupenfraßpflanzen wachsen **Flügelspannweite** 13-17 mm **Raupenfraßpflanzen** Wasserdost **Eiablage** in den letztjährigen, vertrockneten Stängeln des Wasserdost befinden sich die Puppen, die Larven gelangen über kleine Löcher in die Stängel

Windengeistchen *(nach äußeren Merkmalen nicht sicher bestimmbar)*

vermutlich Emmelina monodactyla

Federmotte dämmerungs- und nachtaktiv **Flugzeit** während des gesamten Jahres **Vorkommen** dort, wo ihre Raupenfraßpflanzen wachsen **Flügelspannweite** 18-27 mm **Raupenfraßpflanzen** Ackerwinde, Kriechende Winde, Dreifarbige Winde, Eibischblättrige Winde, Echte Zaunwinde, Prunkwinde, Strandwinde **Eiablage** an der Blattunterseite ihrer Nahrungspflanzen

Ampfer-Wurzelbohrer

Triodia sylvina

Wurzelbohrer dämmerungsaktiv **Flügelspannweite** Männchen 23-39 mm, Weibchen 30-45 mm **Lebensraum** Wälder, extensiv genutzte Wiesen und Wegränder, naturnahe Gärten und Parks **Flugzeit** Juli - September **Raupenfraßpflanzen** Wurzeln, Adlerfarn, Ampfer, Löwenzahn, Malve, Wegerich

Dunkler-Brennnesselwickler

Celypha lacunana

Wickler tag- und nachtaktiv **Flügelspannweite** 16-18 mm **Lebensraum** Mager- und Sumpfwiesen, Waldränder, Brennnesselbestände, naturnahe Gärten **Flugzeit** zwei Generationen, Mitte Mai - Juli, August - September **Nahrung** Blütennektar **Raupenfraßpflanzen** Alant, Beifuß, Brombeere, Erdbeere, Himbeere, Hahnenfuß, Margerite, Minze, diverse Bäume

Ligusterschwärmer
Sphinx ligustri

49 Schmetterlings-Arten

konnte ich fotografisch dokumentieren

Irgendwann musste ich entscheiden, keine weiteren Schmetterlinge in das Buch aufzunehmen. Mit großer Wahrscheinlichkeit befinden sich weitere unentdeckte dämmerungs- und nachtaktive Falter in unserem Garten.

Die nun folgenden Arten sind mir so spät begegnet, dass ich sie nur anhand der Abbildungen vorstellen werde.

Schwalbenschwanz
Papilio machaon

Johanniskraut-Wickler
Lathronympha strigana

Pyramideneule
Amphipyra pyramidea

Breitflügelige Bandeule
Noctua comes

Rundstirnmotte
Anthophila fabriciana

Hochstaudenflur-Blütenspanner
Eupithecia subfuscata

Hainsimsen-Wippmotte
Glyphipterix bergstraesserella

Wildbienen

Seit 2014 beobachte und dokumentiere ich die Wildbienen unseres Gartens. Dieses Kapitel, welches sehr viel umfangreicher ausgefallen ist als anfangs angenommen, zeigt, wie wichtig die Wahl der Blühpflanzen für unsere Gärten tatsächlich ist. Mit der enorm großen Anzahl von achtundfünfzig verschiedenen Wildbienenarten hatte ich nicht gerechnet. Als wir den Garten übernahmen, gab es bis auf einige wenige Pflanzen und den Birnbaum nicht viel Nahrung für Wildbienen. Fast alle für Wildbienen relevante Blühpflanzen und weitere kleine Obstbäume wurden neu gepflanzt. Entstanden ist ein kleines Wildbienenparadies.

Als Bienen werden umgangssprachlich meist die Honigbienen bezeichnet. Dabei handelt es sich bei ihnen nur um eine einzige Art, die Westliche Honigbiene *(Apis mellifera)*, von der es weltweit einige Unterarten oder Rassen gibt. Sie werden für die Imkerei genutzt. Für alle anderen Bienenarten hat sich der Begriff Wildbienen durchgesetzt. Bei deren Artenvielfalt wird es unübersichtlich: Mehr als 20.000 Arten sind weltweit in den Datenbanken der Biologen beschrieben.

Nach Paul Westrich, dem Autor des Standardwerkes „Die Wildbienen Deutschlands" (Ulmer 2019, 2. Auflage), sind mindestens 573 Bienenarten allein in Deutschland nachgewiesen.

Drei große Gruppen von Bienen werden unterschieden: kollektiv lebende Bienen, Solitärbienen und Kuckucksbienen. Maßgeblich dabei sind nicht allein äußerliche Kriterien, sondern die Art zu leben und den Nachwuchs zu organisieren. Demnach lebt die überwiegende Zahl der Bienenarten nicht im Staatenverbund, sie werden deshalb als Solitärbienen bezeichnet. Was wiederum nicht bedeutet, dass sie ihr komplettes Leben als Einsiedler verbringen. Manche bilden Brutkolonien mit Artgenossen, andere suchen gemeinsame Schlafplätze auf.

Oligolektische Wildbienen zeigen zeitlich eine direkte Abhängigkeit zu ihren bevorzugten Pollenquellen. Streng oligolektische Wildbienenarten leben in absoluter Abhängigkeit zu ihrer für sie auserwählten Pollenquelle. Ist die Blühzeit ihrer speziellen Blühpflanze vorbei, kann sie nicht auf andere Pollenquellen ausweichen.

Gehörnte Mauerbiene
Osmia cornuta / Weibchen

58 Arten aus 16 Gattungen

werden auf den folgenden Seiten vorgestellt

Sandbienen
Andrena

Woll- und Harzbienen
Anthidium

Pelzbienen
Anthophora

Hummeln
Bombus

Scherenbienen
Chelostoma

Seidenbienen
Colletes

Furchenbienen
Halictus

Löcherbienen
Heriades

Maskenbienen
Hylaeus

Schmalbienen
Lasioglossum

Schenkelbienen
Macropis

Blattschneiderbienen
Megachile

Sägehornbienen
Melitta

Wespenbienen
Nomada

Mauerbienen
Osmia

Blutbienen
Sphecodes

Sandbienen *Andrena*

Die Gattung *Andrena* ist artenreich und vielfältig, die Bestimmung der unterschiedlichen Arten sehr schwierig. Allein in Deutschland sind einhundertsechzehn Arten bekannt. Sie legen ihre Nester (vermutlich ausschließlich) unterirdisch an. Daher werden sie auch **Erdbienen** genannt.

Die meisten *Andrena*-Arten leben solitär. Was bedeutet, dass die Weibchen die Nester alleine bauen und ohne die Hilfe ihrer Artgenossen die Brut versorgen. Hier gibt es keine Arbeitsteilung, sie speichern auch keine Vorräte, wie es bei Hummeln und Honigbienen üblich ist. Weniger häufig gibt es kommunal lebende *Andrena*-Arten, die in kleineren oder auch größeren Kolonien mit mehreren Hundert Nestern leben. Eine davon ist beispielsweise die Aschgraue Sandbiene *Andrena cineraria*, die in unserem Garten vorkommt und auf den folgenden Seiten vorgestellt wird. Je nachdem, welche Bedingungen sie vorfindet, ist sie in der Lage kommunal oder solitär zu nisten.

Mit bis zu sechzehn Millimetern Körpergröße gibt es ausgesprochen große Arten und mit nur fünf Millimetern sehr kleine Arten. Hinsichtlich ihrer Behaarung sind sie ebenfalls recht unterschiedlich ausgestattet, manche sind kaum behaart, andere bepelzt wie eine Hummel.

Eines haben alle Andrena-Weibchen gemeinsam, sie tragen eine Hüftlocke *(Flocculus)* am Schenkelring. Das ist ein dichter Haarbüschel mit langen gebogenen Haaren. Außerdem gehören sie, wie auch die Honigbiene, zu den beinsammelnden Bienen, da sie den Pollen mit einer Haarbürste an ihren Hinterbeinen sammeln und transportieren.

Ein weiteres Merkmal der Weibchen sind die behaarten Gruben *(Foveae facialis)* am Innenrand der Facettenaugen. Diese oft länglichen, samtartig flachen Vertiefungen erscheinen wie eine helle, senkrechte Zeichnung nahe der Augen.

Rotfransen-Erdbiene
Andrena haemorrhoa / Männchen

116

Sandbienenarten
sind in Deutschland bekannt

11 Sandbienenarten
kommen in unserem Garten vor

Aschgraue Sandbiene
Andrena cineraria / Weibchen

75% aller Wildbienenarten

legen ihre Nester unterirdisch an

Die Nester der Sandbienen können je nach Art 5–100 cm tief in den Boden reichen. Nach der Paarung graben die Weibchen in der Regel einen senkrechten Hauptgang in die Tiefe. Von diesem Hauptgang zweigen sich Seitengänge ab, die am Ende in eine Zelle münden. In dieser kleinen Zelle ist Platz für ein Ei und den Larvenproviant, der überwiegend aus Pollen und anteilig weniger aus Nektar besteht. Im kommenden Jahr erst schlüpft die nächste Generation. Bei bivoltinen Arten kommen zwei Generationen in einem Jahr zustande, eine Frühjahrs- und eine Sommergeneration.

Das beim Graben entstandene Erdreich wird mit Speichel vermengt, zu kleinen Klümpchen gebunden und heraustransportiert. So entstehen um die Nesteingänge, je nach Bodenart, mehr oder weniger steil angehäufte Hügelchen oder Mini-Krater.

Die beiden größeren Aufnahmen zeigen Weibchen der Aschgrauen Sandbiene beim Verschließen und Verlassen des Erdnestes.

Die Variationen der Nistlöcher und auch die der Nistorte sind je nach Sandbienenart vielfältig und können unterschiedlich aussehen. Die erste Aufnahme zeigt ein Nest in einem Pflanzkübel, die zweite einen Nesteingang zwischen Bodenplatten. Alle weiteren Abbildungen zeigen unterschiedliche Bodenbedingungen wie locker erdige, sandige oder auch steinige Böden.

Die Verzweigungen der Nestgänge und die Anzahl der Zellen können ganz unterschiedlich aussehen, zwischen zwei und zehn Brutzellen werden pro Nest angelegt. Die Darstellung zeigt nur eine von vielen Möglichkeiten unterirdischer Bauweisen. Regnet es während des Nestbaus ist das nicht problematisch, es kann sogar hilfreich sein. Die Mischung aus Speichel und Erdboden härtet nach der Befeuchtung beim Trocknen aus und stabilisiert den Eingang zum Bau.

Ein Sandarium an einem sonnigen Platz im Garten kann ein wichtiger Beitrag zur Förderung bodennistender Wildbienenarten sein. Schaufeln Sie eine Mulde mit einer Tiefe von 60-100 cm, legen Sie zuerst eine Drainageschicht aus Kies an und schütten Sie ausschließlich ungewaschenen Sand (kein Spielplatzsand) hinein. Je größer der Umfang, umso größer die Chance, dass sich Wildbienen ansiedeln. Ideal wäre eine Fläche ab etwa einem Quadratmeter.

Männchen

Männchen

Männchen

Zweifarbige Sandbiene *Andrena bicolor*

Ihre ausgesprochen unkomplizierte Lebensweise – sie mag unterschiedlichste Böden für ihren Nestbau und akzeptiert verschiedenste Lebensräume – führt in Europa zu einer flächendeckenden Verbreitung dieser Art. Wie vermutlich alle Sandbienenarten legt sie ihre Nester in der Erde an. In vegetationsarmen Böden gräbt sie einen Hauptgang mit Nebengängen, der bis zu einem Meter tief gehen kann.

Frisch geschlüpft ist diese zierliche Sandbiene durch ihren auffällig rostrot leuchtenden Pelz an der Brustoberseite und dem deutlich abgegrenzten schwarzen Kopf relativ leicht zu bestimmen. Sie trägt eine ebenfalls rostbraun bepelzte Beinbürste. Im Laufe ihres kurzen Lebens verblassen jedoch die auffälligen Merkmale durch die Sonneneinstrahlung.

Die ausgeprägten, pelzigen Beinbürsten ermöglichen die Speicherung und den Transport der Pollen diverser Blüten, auch hier ist sie nicht wählerisch. Sie transportiert den Pollen mittels einer Haarbürste an ihrer Hinterschiene und an ihrer Hinterferse. Zudem verfügt sie über Körbchen, die sich auf der Unterseite der Hinterschenkel und an den Seiten des Mittelsegments befinden.

In einem Jahr schlüpfen zwei Generationen, beide nutzen zur Pollenaufnahme fünfzehn verschiedene Pflanzenfamilien. Die große Auswahl an Nahrungspflanzen garantiert dieser Art gute Überlebenschancen.

Flugzeit 2 Generationen: Anfang April - Ende Mai, Anfang Juli - Ende August

Vorkommen häufig

Größe 9-11 mm

Blütenbesuch unspezialisiert *(polylektisch)*

Erkennungsmerkmale

♀ Körper schwarz, in der ersten Lebenszeit: rotbraun-rostgelb behaarter Thorax und rostbraune Beinbürsten (Hinterbein), schwarz behaartes Gesicht, schwarz behaarte Thoraxseiten, gelblich helle Tergitbinden, Endfranse schwarz, später verblasst die frisch rote Farbe des Pelzes

♂ Körper in der ersten Generation überwiegend schwarz, in der zweiten Generation Brustoberseite schütter braungelb behaart

Lebensraum Waldränder, Waldlichtungen, Gärten, Parks

Lebensweise nistet in selbstgegrabenen Hohlräumen in der Erde

Kuckucksbiene Wespenbiene *Nomada fabriciana*

Blütenvorliebe sie besucht Blüten aus fünfzehn Pflanzenfamilien, in der zweiten Generation besondere Vorliebe für Glockenblumen

Blütenbesuch

Acker-Glockenblume
Acker-Senf
Acker-Winde
Berg-Sandglöckchen
Borstige Glockenblume
Blaustern
Blutwurz
Brombeere
Dolden-Milchstern
Frühlings-Fingerkraut
Gamander-Ehrenpreis
Gewöhnliches Ferkelkraut
Gewöhnliches Johanniskraut
Gewöhnliches Lungenkraut
Grüner Pippau
Heckenrose
Huflattich
Knäuel-Glockenblume
Kuckucks Lichtnelke
Löwenzahn
Nesselblättrige Glockenblume
Pfirsichblättrige Glockenblume
Rapunzel-Glockenblume
Raps
Rundblättrige Glockenblume
Ruprechtskraut
Scharbockskraut
Scharfer Hahnenfuß
Schlehe
Stängellose Schlüsselblume
Tollkirsche
Wald-Ehrenpreis
Weide
Weidenblättriger Spierstrauch
Zaunrübe
Zwetschge
Zweigriffliger Weißdorn

Männchen

Männchen

Aschgraue Sandbiene *Andrena cineraria*

Die Aschgraue Sandbiene wird wegen der überwiegend dunklen Behaarung auch Grauschwarze Düstersandbiene genannt. Die hellgrauen Querbinden auf ihrem sonst schwarzen Brustrücken stechen deutlich hervor und umrahmen diesen wie ein weicher Pelzkragen. Der Hinterleib, bei dem Weibchen unbehaart, schimmert leicht metallisch.

Für den unterirdischen Nestbau benötigt die Aschgraue Sandbiene vegetationsarme, spärlich bewachsene Magerwiesen. Sand- und Kiesgruben sind bei dieser Art ebenfalls sehr beliebt. Die einzelnen Nester dieser Art enthalten zwei bis drei Brutzellen und liegen etwa zehn bis zweiundzwanzig Zentimeter tief unter der Erde. Sind die Bodenbedingungen gut, können größere Kolonien mit Ansammlungen von mehreren Hundert Nestern entstehen. Eine ungedüngte Wiese mit löchrigem oder sandigem Boden wäre beispielsweise ideal für eine Sandbienenkolonie. Da unser Garten zu klein für größere Kolonien ist, nistet diese Art mit nur wenigen einzelnen Nestern solitär.

Während die Weibchen Proviant für ihre Larven sammeln, bleiben die Nester offen. Erst gegen Abend und bei Regenwetter werden die Nesteingänge verschlossen, so hat eine Kuckucksbiene tagsüber freien Zutritt.

Flugzeit Mitte März - Ende Mai
Vorkommen häufig
Größe ♀ 13-15 mm ♂ 10-13 mm
Blütenbesuch unspezialisiert *(polylektisch)*
Erkennungsmerkmale
♀ schwarzer Thorax, deutlich abgegrenzte hellgraue Querbinden, Gesicht schwarz mit leicht weißer Behaarung
♂ überwiegend grau behaart, Gesicht schwarz, deutlich hell behaartes Kopfschild, schwarz behaarte Beine
Lebensraum Waldränder, Waldlichtungen, trockene Wiesen, Sand- und Kiesgruben, Gärten, Parks
Lebensweise Erdnester auf spärlich bewachsenem Boden, nistet bedingt in größeren Kolonien
Kuckucksbiene Wespenbiene *Nomada goodeniana*, Wespenbiene *Nomada lathburiana*
Blütenvorliebe keine besondere Vorliebe, sie besucht Blüten aus sieben Pflanzenfamilien

Blütenbesuch
Acker-Senf
Birne
Großer Ehrenpreis
Hahnenfuß
Heckenrose
Löwenzahn
Pfeilkresse
Taumel-Kerbel
Raps
Schlehe
Steinkraut
Weide
Weißer Senf
Zackenröschen

Männchen

Rotbeinige Körbchen-Sandbiene *Andrena dorsata*

Die Bezeichnung Rotbeinige Körbchen-Sandbiene beschreibt die orangerot gefärbten hinteren Fußglieder *(Tarsen)*. Außerdem: An den Seiten des Mittelsegmentes *(Propodeum, Thoraxende)* existiert neben dem Beinkörbchen ein weiteres gut ausgebildetes Sammelkörbchen. Die Beinkörbchen der Andrena-Weibchen bilden sich aus der sogenannten Hüftlocke *(Flocculus)* am Schenkelring und einer kahlen Fläche auf der Unterseite des Schenkels *(Femur)*.

Andrena dorsata nistet solitär. Ihre Nester gräbt sie in lockere, vegetationsarme Böden, an Böschungen, Sandwegen, Wegrändern und in schütter bewachsenen Bodenflächen. Zu ihren Lebensräumen gehören Sand- und Kiesgruben, Hochwasserdämme, Waldränder, Magerrasen oder auch naturbelassene Gärten.

2019 habe ich diese hübsche Wildbienenart zum ersten Mal in unserem Garten entdeckt. Ende Juli suchten drei bis vier Weibchen regelmäßig die Rundblättrige Apfel-Minze auf, um vermutlich zur eigenen Versorgung Nektar zu trinken. Bis in den August hinein gehörten die Sandbienen-Weibchen zu meinen regelmäßigen Gartenbesuchern. Da sie keinen ausgeprägten Fluchtinstinkt zeigen, sind diese kleinen Bienen, obwohl sie ununterbrochen in Bewegung sind, dankbare Makromotive.

Flugzeit 2 Generationen: Mitte April - Ende Mai, Anfang Juli-Mitte August
Vorkommen häufig
Größe ♀ 12-16 mm ♂ 10-13 mm
Blütenbesuch unspezialisiert *(polylektisch)*
Erkennungsmerkmale
♀ Thoraxrücken orangebraun behaart, Körper überwiegend schwarz, Gesicht hell behaart, Tergite (Rückensegment) 2-4 mit hellen Binden, Tergit 2 mittig unterbrochen, Endfranse graubraun, hintere Tarsen (Fuß) orangerot, Tibien (Beinschiene) keulenförmig, Ende der Hintertibia orange
♂ Wie das Weibchen, aber etwas zierlicher im gesamten Körperbau
Lebensraum Waldränder und Lichtungen, Gärten, Parks, Kiesgruben, trockene Wiesen, vegetationsarme Flächen
Lebensweise selbstgegrabene Erdnester, bevorzugt in Sand- und Lehmboden
Kuckucksbiene Wespenbiene *Nomada zonata*
Blütenvorliebe keine besondere Vorliebe, besucht Blüten aus neun Pflanzenfamilien

Blütenbesuch
Acker-Senf
Apfel
Birne
Brombeere
Blutwurz
Gewöhnlicher Dost
Gewöhnlicher Hornklee
Graukresse
Himbeere
Kleine Bibernelle
Lacksenf
Linde
Margerite
Pfeilkresse
Raps
Rübsen
Steinkraut
Weide
Weiden-Spierstrauch
Weißer Senf
Weißer Steinklee
Wiesen-Bärenklau
Wilde Möhre
Zaunrübe
Zwetschge

Gemeine Sandbiene *Andrena flavipes*

Die Gemeine Sandbiene ist eine der am häufigsten vorkommenden Wildbienenarten Deutschlands, da sie als Generalistin unter den Wildbienen unterschiedlichste Lebensräume und eine Vielzahl an Nahrungspflanzen annimmt.

Andrena flavipes gehört zu den solitär nistenden Wildbienen. Es kann vorkommen, dass sie in großen Kolonien mit mehreren Hundert Individuen auf kleinem Raum ihre Nester in sandigen wie auch lehmigen Erdboden baut. Es kann zu Ansammlungen von über eintausend Nestern kommen. Allerdings handelt es sich nicht um eine sozial strukturierte Staatenbildung, wie es bei Hummeln der Fall ist. Es ist vermutlich eher eine Zusammenkunft aufgrund guter Lebens- und Bodenbedingungen.

Wie alle Sandbienen zählt *Andrena flavipes* zu den Beinsammlerinnen. Dazu trägt sie eine Haarbürste *(Scopa)* an den Hinterschienen und an den Fersen. Außerdem besitzt sie Körbchen auf der Unterseite des Hinterschenkels und an den Seiten des Mittelsegments, um den gesammelten Pollen transportieren zu können. Ihre Schienenbürste an den Hinterbeinpaaren leuchtet auffällig goldgelb. Die Hinterleibtergite sind mit gelblichen oder weißlichen Endbinden versehen. Diese zunächst durchgehenden Binden können sich mit der Zeit abwetzen und erscheinen bei älteren Weibchen daher lichter oder gehen teils gänzlich verloren.

Flugzeit 2 Generationen: Ende März - Ende Mai, Anfang Juli-Anfang September
Vorkommen häufig
Größe ♀ 11-13 mm ♂ 9-11 mm
Blütenbesuch unspezialisiert *(polylektisch)*
Erkennungsmerkmale
♀ überwiegend braungelb behaart, Gesicht oben schwarz, Mittelbrust *(Mesonotum)* schwarz, Hinterleib *(Tergitscheiben)* 2-5 schwarz, 2-4 mit weißlichen bis hellbraunen Binden, Endfranse schwarz, Schienenbürste *(Scopa)* goldgelb, *Tergite* glatt und nur schwach chagriniert (Narbenmuster)
♂ gelbbraun behaart, Gesicht mittig braungelb behaart, seitlich und oben und auf den *Tergitscheiben* schwarz, hellbraune Binden
Lebensraum unterschiedlichste Lebensräume, Waldränder und Lichtungen, Gärten, Parks, Kiesgruben, trockene Wiesen, vegetationsarme Flächen, trockene Wirtschaftswiesen
Lebensweise Erdnester in sandigen wie lehmigen Böden, 16–23 cm lange Gänge, kleine und größere Kolonien mit mehreren Hundert Nestern möglich
Kuckucksbiene Wespenbiene *Nomada signata* Wespenbiene *Nomada panzeri*
Blütenvorliebe besucht Blüten aus dreizehn Pflanzenfamilien

Blütenbesuch
Acker-Gänsedistel
Acker-Hundskamille
Acker-Senf + Weißer Senf + Raps
Acker-Winde
Berg-Sandrapunzel
Berg-Steinkraut + Felsen-Steinkraut
Birne + Süßkirsche
Brombeere
Blaukissen
Dolden-Milchstern
Eiche + Ahorn + Weide
Frühlings-Fingerkraut
Gamander-Ehrenpreis
Gefleckte Taubnessel
Gewöhnliches Ferkelkraut
Gewöhnliches Greiskraut
Gewöhnlicher Hornklee
Gewöhnliche Kratzdistel
Graukresse
Große Sternmiere
Grüner Pippau
Grundelrebe
Jakobs-Greiskraut
Klatschmohn
Knoblauchsrauke
Knolliger Hahnenfuß
Kriechendes Fingerkraut
Kriechender Hahnenfuß
Löwenzahn
Luzerne
Margerite
Rainfarn
Rispen-Flockenblume
Rucola
Rundblättrige Glockenblume
Scharbockskraut
Schlehe
Wegrauke
Weißer Steinklee
Weißdorn
Wiesen-Bärenklau
Wiesen-Flockenblume
Wiesen-Kerbel
Zweihäusige Zaunrübe

Männchen

Männchen

Männchen

Fuchsrote Sandbiene *Andrena fulva*

Der leuchtend fuchsrote Pelz des Weibchens in Kombination mit der pechschwarzen, pelzigen Unterseite und den ebenfalls schwarzen Beinen geben ihr ein auffälliges und unverwechselbares Aussehen. Sie ist eine echte Wildbienen-Schönheit. Da ich weiß, dass diese Wildbienenart besonders gerne an den Blüten der Stachelbeere und der Johannisbeere sammelt, wachsen diese Beerensträucher selbstverständlich in unserem Garten. Obwohl sie die eine oder andere Lieblingspflanze bevorzugt, ist die Fuchsrote Sandbiene ausgesprochen flexibel und vielseitig bei der Wahl ihrer Nahrungspflanzen. Immerhin fliegt sie dreizehn Pflanzenfamilien an. Weil sie so unspezialisiert ist, kommt sie sehr häufig in Gärten vor und gilt daher als weitverbreitete und häufige Art.

Sie liebt naturnahe Gärten mit unbefestigten, löchrigen Boden- und Rasenflächen. Überlebenswichtig sind daher nährstoffarme Vegetationsflächen wie Trockenwiesen, ungedüngte Bodenflächen und sandige Fugen, wie zwischen Terrassenplatten oder auf gepflasterten Pfaden. Überpflegte, überdüngte Gärten bieten dieser Sandbiene und vielen weiteren Sand- und Erdbienen keinen Lebensraum.

Die zarten, kleinen Männchen tragen auffällig lange Kieferzangen *(Mandibeln)* und einen großen, basalen Zahn. Im Feld sind sie mit ähnlichen Arten, die ebenfalls lange Mandibeln besitzen, leicht zu verwechseln.

Flugzeit Ende März - Mitte Mai
Vorkommen häufig
Größe ♀ 12-14 mm ♂ 9-12 mm
Blütenbesuch unspezialisiert *(polylektisch)*
Erkennungsmerkmale
♀ Unterseite schwarz behaart, Rücken leuchtend fuchsroter Pelz, Gesicht schwarz, die Abbildungen zeigen ausschließlich junge Weibchen, der leuchtend rote Pelz verblasst im Mai zu einer goldigen Färbung
♂ überwiegend braun behaart, Kopf schwarz, Gesicht weißlich behaart, auffällig lange Mandibeln
Lebensraum Waldränder, Waldlichtungen, Gärten, Parks
Lebensweise Erdnester auf spärlich bewachsenem Boden, nistet bedingt in größeren Kolonien
Kuckucksbiene Wespenbiene *Nomada signata*
Wespenbiene *Nomada panzeri*
Blütenvorliebe besondere Vorliebe für Johannisbeere und Stachelbeere, besucht Blüten aus dreizehn Pflanzenfamilien

Blütenbesuch
Ahorn
Beberitze
Buchsbaum
Eiche
Gewöhnliche Zwergmispel
Hahnenfuß
Johannisbeere
Kanadische Felsenbirne
Kirsche
Persischer Ehrenpreis
Pfaffenhütchen
Raps
Rübsen
Scharbockskraut
Schloho
Stachelbeere
Stechpalme
Weide
Wolliger Schneeball
Wildrose
Zweigriffliger Weißdorn

Männchen

Männchen

Rotfransen-Erdbiene *Andrena haemorrhoa*

Die Rotfransen-Erdbiene ist ausgesprochen anspruchslos, was die Blütenwahl betrifft. Sie mag fast alles, was Pollen oder Nektar bietet. Daher ist sie in unseren Gärten oft anzutreffen und zählt somit nicht zu den gefährdeten Wildbienenarten. Im Gegenteil. Sie gilt als eine der häufigsten mitteleuropäischen Sandbienenarten.

Bei der Wahl ihres Lebensraumes ist sie ebenfalls sehr anpassungsfähig. Zum Bau ihrer Erdnester akzeptiert sie unterschiedlichste Lebensräume wie: Wiesen, Waldränder, Hochwasserdämme, Brachen, Weinberge, Dünengebiete, Gärten und Parks. Sie besiedelt sandige und lehmige Böden. Manchmal nistet sie in kleinen Kolonien.

Durch den leuchtend braunorangen Rückenpelz, die orange gefärbte Endfranse (am Hinterleibsende) und den glänzend schwarzen Hinterleib ist das Weibchen unverwechselbar. Die kleineren Männchen hingegen sind im Feld nicht von ähnlichen *Andrena*-Arten zu unterscheiden.

Um paarungswillige Weibchen anzulocken, warten Männchen an ihren zuvor hinterlassenen Duftmarken. Diese Marken setzen sie auf die Nahrungspflanzen, die bevorzugt von den Weibchen angeflogen werden. In unserem Garten sitzen sie oft zu mehreren Männchen in unserem kleinen Pflaumenbaum.

Flugzeit Anfang April - Anfang Juni
Vorkommen häufig
Größe ♀ 10-12 mm ♂ 8-11 mm
Blütenbesuch unspezialisiert *(polylektisch)*
Erkennungsmerkmale
♀ Rückenpelz braunorange, Hinterleib wenig behaart, schwarz-orange gefärbtes Endtergit, Gesicht hell behaart, orange Hinterschienen und Tarsen, Brustunterseite hell behaart
♂ kleiner als das Weibchen, Rückenpelz und Gesicht hellbraun behaart
Lebensraum Waldränder, Waldlichtungen, Sandheiden, Gärten, Parks
Lebensweise Erdnester, auf keine Bodenart spezialisiert
Kuckucksbiene Wespenbiene *Nomada ruficornis*
Blütenvorliebe besonderen Vorliebe für blühende Büsche und kleine Bäume, nahezu jede Blüte wird angeflogen, fünfzehn Pflanzenfamilien

Blütenbesuch
Acker-Senf
Ahorn
Apfel
Birne
Echtes Barbarakraut
Frühlings-Fingerkraut
Gamander-Ehrenpreis
Gänseblümchen
Giersch
Große Sternmiere
Hecken Kälberkopf
Heckenrose
Huflattich
Johannisbeere
Knolliger Hahnenfuß
Löwenzahn
Orientalisches Zackenschötchen
Pfirsich
Raps
Roter Hartriegel
Scharbockskraut
Scharfer Hahnenfuß
Schwarz-Erle
Stachelbeere
Stechpalme
Steinkraut
Stiel-Eiche
Süßkirsche
Weide
Weißer Senf
Wiesen-Bärenklau
Wiesen-Kerbel
Wiesen-Schaumkraut
Wilde Resede
Zweigriffliger Weißdorn
Zwetschge

Rote Ehrenpreis-Sandbiene *Andrena labiata*

Meine Freude war groß, als ich diese Sandbiene 2020 in unserem Garten entdeckte. Unter den Sandbienen gibt es meiner Kenntnis nach zehn Arten mit rotem oder teilweise rot gefärbtem Hinterleib. Fast alle gelten als selten bis extrem selten. *Andrena labiata* ist eine der wenigen Arten mit rotem Abdomen, die in Deutschland als häufige Art gilt.

Die Männchen dieser Art sind mit sieben bis neun Millimeter Körpergröße recht klein. Sie sind den Weibchen sehr ähnlich, da sie ebenfalls einen schwarzen Körper mit weißlicher Behaarung und einen breiten roten Ring am Abdomen tragen. Ein deutliches Unterscheidungsmerkmal zum Weibchen ist der weiße Bart. Leider konnte ich nur das Weibchen in unserem Garten entdecken.

Andrena labiata nistet meist einzeln in selbstgegrabenen Erdnestern an vegetationsarmen Stellen. Es wurden jedoch auch größere Kolonien dieser Art beobachtet.

Sie gehört zu der Gruppe der unspezialisierten Wildbienenarten und fliegt sieben Pflanzenfamilien an: Hahnenfußgewächse, Korbblütler, Kreuzblütler, Lippenblütler, Nelkengewächse, Rachenblütler und Rosengewächse.

Flugzeit Anfang Mai - Ende Juni
Vorkommen häufig
Größe ♀ 10-12 mm ♂ 7-9 mm
Blütenbesuch unspezialisiert *(polylektisch)*
Erkennungsmerkmale
♀ Hinterleib überwiegend rot gefärbt, Tergit 2 seitlich mit je einem dunklen Fleck, Kopf und Thorax wenig weiß behaart, Endfranse bräunlich
♂ wie das Weibchen, mit typisch weißem Bart
Lebensraum Waldränder, Waldlichtungen, Streuobstwiesen, trockene Fettwiesen, Hochwasserdämme, Gärten, Parks
Lebensweise nistet in selbstgegrabenen Hohlräumen in der Erde
Kuckucksbiene Wespenbiene *Nomada guttulata*
Blütenvorliebe keine besondere Vorliebe, besucht Blüten aus sieben Pflanzenfamilien

Blütenbesuch
Acker-Senf
Echtes Barbarakraut
Eingriffliger Weißdorn
Frühlings-Fingerkraut
Gamander-Ehrenpreis
Gemeines Hornkraut
Gewöhnliches Ferkelkraut
Große Sternmiere
Knolliger Hahnenfuß
Löwenzahn
Pfeilkresse
Raps
Scharfer Hahnenfuß
Tag-Lichtnelke
Veronica
Vogelmiere
Weißer Senf
Weg-Rauke
Wiesen-Pippau
Wiesen-Salbei

Gewöhnliche Zwergsandbiene *Andrena minutula*

Diese recht kleine Sandbiene ist im Feld von ähnlichen *Andrena*-Arten, die zu der sogenannten *Andrena-minutula*-Gruppe gehören, nicht zu unterscheiden.

Da ich die Wildbienen unseres Gartens nicht einfangen möchte, um sie mit Hilfe eines Binokulars zu bestimmen, bleibt mir nur die Bestimmung über die Makrofotografie. Diese Methode ist jedoch nicht sicher, da sehr selten die Möglichkeit besteht, alle wichtigen Details der Bienen fotografisch festzuhalten. Eine eindeutige Bestimmung ist allein durch eine mikroskopische Untersuchung möglich. Daher kann ich hier nur vermuten, dass es sich um die recht häufige Gewöhnliche Zwergsandbiene handelt.

Andrena minutula ist mit 5-7 mm Körpergröße eine sehr kleine Sandbiene. Sie hat einen schwarzen Körper, der nur wenig grau oder bräunlich gefärbt ist. Die Beinbürste und die behaarte, flache Grube am Kopf *(Fovea facialis)* sind weißlich.

Zum Bau ihrer Erdnester akzeptiert sie unterschiedlichste Lebensräume wie: Wiesen, Waldränder, Feldhecken, Hochwasserdämme, Brachen, trockene Fettwiesen, Magerrasen, Ruderalflächen, Sand-, Kies- und Lehmgruben, Gärten und Parks. Sie besiedelt sandige und lehmige, schütter bewachsene Bodenflächen an Wegrändern, Böschungen oder Siedlungsbereiche.

Flugzeit 2 Generationen: Anfang April - Ende Mai, Ende Juni-Mitte August
Vorkommen häufig
Größe 5-7 mm
Blütenbesuch unspezialisiert *(polylektisch)*
Erkennungsmerkmale
♀ Kopf und Körper schwarz, spärlich gelbbraun behaart, Fovea etwas breiter als ein Fühler, Abdomen Endränder 2 und 3 seitlich mit lockeren Haarfransen, Endfranse schmutzig braun, *Scopa* (Transportbürsten der Beine) weißlich
♂ dem Weibchen ähnlich
Lebensraum Waldränder, Waldlichtungen, Ruderalflächen, Sand-, Kies- und Lehmgruben, Gärten, Parks
Lebensweise nistet in selbstgegrabenen Hohlräumen in der Erde
Kuckucksbiene Wespenbiene *Nomada flavoguttata*
Blütenvorliebe keine besondere Vorliebe, besucht Blüten aus elf Pflanzenfamilien

Blütenbesuch
Acker-Hellerkraut
Acker-Senf
Ahorn
Apfel
Brombeere
Felsen-Fetthenne
Frühlings-Fingerkraut
Gamander-Ehrenpreis
Gewöhnlicher Dost
Giersch
Große Sternmiere
Huflattich
Kriechendes Fingerkraut
Kümmel
Löwenzahn
Pfeilkresse
Pippau
Raps
Scharbockskraut
Scharfer Hahnenfuß
Sichelmöhre
Süßkirsche
Wald-Erdbeere
Wald-Engelwurz
Weide
Wiesen-Bärenklau
Wiesen-Kerbel
Wilde Möhre
Wiesen-Schafgarbe

Fovea (behaarte Grube jeweils innen neben dem Auge) etwas breiter als ein Fühler

Erzfarbige Düstersandbiene *Andrena nigroaenea*

Andrena nigroaenea nistet in selbst gegrabenen Erdnestern und nutzt nahezu alle Bodenarten. Dabei kommen sowohl ebene und geneigte Bodenflächen als auch Steilwände und Abbruchkanten infrage. Man geht davon aus, dass diese Art möglicherweise kommunal nistet, da mehrere Weibchen den gleichen Nesteingang nutzen. Ihre bevorzugten Lebensräume sind Magerrasen, Sand- und Kiesgruben, Waldränder, Hochwasserdämme, Flugsandfelder und naturbelassene Siedlungsbereiche mit schütter bewachsenen Bodenflächen. In Deutschland ist diese Sandbienenart flächenbezogen weit verbreitet. Sie gilt laut der aktuellen Roten Liste als mäßig häufige Wildbienenart.

Auch in der Wahl ihrer Nahrungspflanzen ist sie sehr flexibel und nutzt dreizehn verschiedene Pflanzenarten, um Pollen zu sammeln: Hahnenfußgewächse, Heidekrautgewächse, Doldengewächse, Kreuzblütler, Korbblüter, Kürbisgewächse, Nelkengewächse, Rosegewächse, Schmetterlingsblütler, Stechpalmengewächse, Weidengewächse, Weinrebengewächse, Zistrosengewächse.

Die Aufnahmen zeigen den bronzenen Schimmer am Hinterleib dieser Wildbienenart sehr deutlich. Ein entscheidendes Erkennungsmerkmal. Der gesamte Körper und die ersten beiden Hinterleibssegmente sind lang gelbbraun behaart. Der Thoraxrücken ist etwas rötlicher gefärbt.

Flugzeit Mitte April - Mitte Juni
Vorkommen mäßig häufig
Größe ♀13-15 mm ♂11-14 mm
Blütenbesuch unspezialisiert *(polylektisch)*
Erkennungsmerkmale
♀ Kopf und Beine schwarz, Körper mit bronzenem Schimmer, Rückenpelz rotbraun, rostbraune Beinbürsten (Hinterbein), schwarz behaartes Gesicht, Tergitenden (Hinterleib) ohne Binden
♂ wie das Weibchen aber schlanker, Gesicht brtaunschwarz, mittig oft rotbraun behaart
Lebensraum Waldränder, Waldlichtungen, Hochwasserdämme, Sand- und Kiesgruben, Flugsandfelder, Gärten, Parks
Lebensweise nistet in selbstgegrabenen Hohlräumen in der Erde
Kuckucksbiene Wespenbienen *Nomada succincta*, *Nomada goodeniana* und *Nomada marshamella*
Blütenvorliebe keine besondere Vorliebe, besucht Blüten aus dreizehn Pflanzenfamilien

Blütenbesuch
Acker-Senf
Gewöhnliches Sonnenröschen
Graukresse
Große Sternmiere
Himbeere
Kälberkopf
Knolliger Hahnenfuß
Löwenzahn
Orientalische Rauke
Pfeilkresse
Preiselbeere
Raps
Scharfer Hahnenfuß
Stechpalme
Wcidc
Weinrebe
Weißklee
Wiesen-Bärenklau
Wiesen-Kerbel
Wiesen-Pippau
Zweigriffliger Weißdorn
Zaunrübe

Schwarze Köhler-Sandbiene *Andrena pilipes*

Selbst für Laien ist die Schwarze Köhler-Sandbiene leicht zu bestimmen. Ein vollständig tiefschwarz gefärbter Körper kommt bei Wildbienen selten vor. Trägt eine schwarz gefärbte Wildbiene weiße Schienenbürsten an den Hinterbeinen und ist etwa so groß wie eine Honigbiene, handelt es sich immer um *Andrena pilipes*.

Die Kohlschwarze Sandbiene, wie sie auch genannt wird, benötigt für den Bau ihrer unterirdischen Nester Offenlandschaften. Sie nistet in schütter bewachsenen Bodenstellen in Böschungen und an Wegen und bevorzugt sandige oder lösslehmhaltige Böden. Diese Bedingungen findet sie in Ruderalflächen, Binnendünen, Feldfluren, strukturreichen Weinbergen, Sand- und Kiesgruben. Da solche Offenlandschaften immer seltener werden, gilt die Schwarze Köhler-Sandbiene trotz ihrer umfangreichen Auswahl an Trachtpflanzen als gefährdete, mäßig häufige Art.

Naturnahe blütenreiche Gärten mit stellenweise unbewachsenen, lückigen Bodenflächen und Trampelpfaden können die Lebensbedingungen dieser Wildbienenart erfüllen. Ein Sandarium* in einer sonnigen Ecke des Gartens oder das Zumischen von Sand im Beet, kann ein wichtiger Beitrag zur Förderung bodennistender Wildbienenarten sein.

Flugzeit 1. Generation: März – Mai
2. Generation: Juli–September
Vorkommen Rote Liste Kategorie 3: Gefährdet, mäßig häufig
Größe ♀ 13-15 mm ♂ 11-14 mm
Blütenbesuch unspezialisiert *(polylektisch)*
Erkennungsmerkmale
♀ Kopf und Körper schwarz glänzend, Behaarung überwiegend schwarz, wenig weiß behaart im Gesicht, auf dem Thorax und den Tergiten 1-2, Endfranse schwarz, Schienenbürste *(Scopa)* weiß, verdunkelte Flügel
♂ wie das Weibchen, auf dem Thorax grau bis gelbbraun behaart
Lebensraum Offenlandschaften, Ruderalflächen, Binnendünen, Feldflure, strukturreiche Weinberge, Sand- und Kiesgruben
Lebensweise selbstgegrabene Erdnester in Sand- oder Lehmboden, einzeln oder in kleineren Kolonien
Kuckucksbiene Wespenbiene *Nomada fulvicornis*
Blütenvorliebe Blüten aus sieben Pflanzenfamilien

Blütenbesuch
Acker-Kratzdistel
Acker-Senf
Brombeere
Echtes Barbarakraut
Feld-Mannstreu
Gemüsekohl
Graukresse
Giersch
Pfeilkresse
Raps
Rispen-Flockenblume
Skabiosen-Flockenblume
Ungarische Rauke
Zwiebel
Wald-Erdbeere
Weiß-Klee
Weißer Steinklee
Wiesen-Bärenklau
Wiesen-Flockenblume
Wiesen-Salbei
Zweigriffliger Weißdorn

**Ein Sandarium sollte an einem sonnigen Platz im Garten angelegt werden. Schaufeln Sie eine Mulde mit einer Tiefe von 60-100 cm, legen Sie zuerst eine Drainageschicht aus Kies an und schütten Sie ausschließlich ungewaschenen Sand (kein Spielplatzsand) hinein. Je größer der Umfang umso größer die Chance, dass sich Wildbienen ansiedeln. Ideal wäre eine Fläche ab etwa einem Quadratmeter.*

Ehrenpreis-Sandbiene *Andrena viridescens*

Das Überleben der kleinen Ehrenpreis-Sandbiene hängt davon ab, ob sie die Blüten ihrer namensgebenden Pflanzenarten findet. Sie ist streng spezialisiert auf den Gamander Ehrenpreis *(Veronica chamaedrys)* und den Großen Ehrenpreis *(Veronica teucrium)*. Ihre Hauptpollenquelle ist jedoch der Gamander Ehrenpreis. Natürliche Vorkommen des Wilden Vergissmeinnicht sind Säume von Hecken und Gebüschen, Wiesen, Wegraine, Waldränder und lichte Trockenwälder.

Würden Gartenbesitzer auf ihren Englischen Rasen verzichten und wieder Wildpflanzen zulassen, gäbe es für diese Wildbienenart und natürlich für viele weitere Arten Nahrung im Überfluss. Denn der Gamander-Ehrenpreis ist eine krautige, ausdauernde Pflanze, die oft rasig wächst und sonnige Standorte bevorzugt. Wie kann man eine blütenlose und daher nutzlose Rasenfläche schön finden? Eine Garten-Mode aus dem 18. Jahrhundert mit verheerenden Folgen für alle Insekten in Gärten und Parks.

Die Ehrenpreis-Sandbiene wird in der Roten Liste in der Kategorie V = Vorwarnliste geführt und gilt als mäßig häufige Art. Ein guter Grund, diese zierliche, heimische Pflanze in den eigenen Garten zu holen. Ich habe sie gezielt angepflanzt und mit nur wenig Aufwand der kleinen Ehrenpreis-Sandbiene einen Lebensraum geschaffen.

Flugzeit Ende April - Mitte Juni
Vorkommen mäßig häufig
Größe 6-8 mm
Blütenbesuch streng spezialisiert *(streng oligolektisch)*
Erkennungsmerkmale
♀ Kopf und Rückenschild *(Mesonotum)* mit metallisch blaugrünem Schimmer, hellbraun behaart, sonst Behaarung weiß, Endfranse hellbraun, Schienenbürste weiß
♂ wie das Weibchen, Kopfschild *(Clypeus)* hellgelb
Lebensraum dort, wo der Ehrenpreis vorkommt, trockenen Fettwiesen, Magerrasen, Streuobstwiesen, Waldränder, Waldlichtungen, Gärten, Parks
Lebensweise nistet in selbstgegrabenen Hohlräumen in der Erde, teilweise in kleineren Kolonien
Kuckucksbiene Wespenbiene *Nomada atroscutellaris*
Blütenvorliebe streng spezialisiert auf Veronica

Blütenbesuch
Gamander-Ehrenpreis
Großer Ehrenpreis

Die Aufnahmen zeigen Weibchen an den Blüten des Gamander Ehrenpreis. Die Blüten dieser zierlichen Staude haben eine Größe von 10-14 mm. Die Ehrenpreis-Sandbiene ist nur 6-8 mm groß. Die Fotos zeigen, wie winzig diese Biene ist.

In unserem Garten wächst und blüht der Gamander Ehrenpreis zwischen höheren Stauden im halbschattigen Bereich, obwohl es heißt, dass nur an sonnigen Standorten Blüten ausgebildet werden

11

Woll- und Harzbienenarten

sind in Deutschland bekannt

1 Art

lebt in unserem Garten

Garten-Wollbiene
Anthidium manicatum / Weibchen

Muskateller Salbei (Salvia sclarea) ist ein üppig blühender, großer Verwandter des Gewöhnlichen Salbeis. Die Garten-Wollbiene bekommt bei einem Besuch der Blüten unfreiwillig eine Ladung Pollen verpasst. In dem Moment, wo sie ihren Kopf tief in die Blüte steckt, um an den Nektar zu gelangen, bewegt sich der Staubfaden mit dem satt gefüllten Staubbeutel zielsicher auf die Körperoberseite der Biene und wird auf diese Weise zur nächsten Blüte transportiert.

Garten-Wollbiene
Anthidium manicatum
Männchen

Die Abbildung zeigt ein Nektar trinkendes Männchen der Garten-Wollbiene am Woll-Ziest (Stachys byzantina), eine ihrer Lieblingspflanzen. Diese Pflanze bietet neben der Pflanzenwolle für den Bau ihrer Nester auch Pollen und Nektar.

Stachys byzantina ist ein wunderschöner Lippenblütler mit aufrechten ährigen Blüten. Um die Garten-Wollbiene in unseren Garten zu locken, habe ich neben wolligen Pflanzen verschiedene Ziestarten gepflanzt. Mit Erfolg! Seit einigen Jahren gehören die Garten-Wollbienen zu unseren ständigen Gartenbewohnern.

Woll- und Harzbienen
Anthidium

Es gibt zwei Wollbienenarten, denen wir in unseren Gärten am ehesten begegnen, die Garten-Wollbiene und die Spalten-Wollbiene. Die meisten Woll- und Harzbienenarten finden wir eher in offenen Landschaften mit einem entsprechenden Wildpflanzenangebot. *Anthidium*arten sind wärmeliebende Wildbienen. Die Garten-Wollbiene fliegt beispielsweise erst bei Temperaturen über 16°Celsius. Als es Mitte Juni 2018 einen plötzlichen Kälteeinbruch gab, hatte ich das große Glück, dass die Garten-Wollbienen einige Tage lang ruhend an unseren Ziest-Pflanzen geklammert abwarten mussten, bis es wärmer wurde. So hatte ich die Gelegenheit, ganz wunderbare Aufnahmen zu machen. Zwei dieser Aufnahmen finden Sie auf der folgenden Seite.

Kurze Kälteeinbrüche überstehen die Bienen problemlos, sie verweilen regungslos an ihrer Pflanze und verbrauchen nur wenig Energie. Ab und zu saugen sie etwas Nektar der Pflanze, an der sie es sich bequem gemacht haben.

Der Kleinen Harzbiene bin ich in einem Naturschutzgebiet in Wuppertal begegnet. Die Weibchen dieser Art haben eine besondere Vorliebe für Schmetterlingsblütler wie den Gewöhnlichen Hornklee *Lotus corniculatus*. Diese Wildbiene können Sie mit etwas Glück in Ihren Garten locken. Eine sonnenbeschienene Wiese mit Wildblumen und einem größeren Hornkleebestand, einige Steinhaufen für den Nestbau und der Verzicht auf eine Mahd von Mitte Juni bis Mitte August würden ideale Bedingungen darstellen.

Die Nester baut das Weibchen der Kleinen Wollbiene in der Regel in Bodennähe an Steinen, Halmen, Zweigen und Baumstämmen. Zwei dieser Nester konnte ich durch einen Hinweis von Hans-Jürgen Martin (www.wildbienen.de) entdecken (Abbildung unten links). Die nach unten geschnäbelten, an einen Stein gehafteten Brutzellen werden unter anderem aus dem Harz von Nadelbäumen gebaut. Die Garten-Wollbiene benötigt zum Bau ihrer Nester dagegen Pflanzenwolle.

Woll- und Harzbienen die nicht aus unserem Garten stammen

Kleine Harzbiene
Anthidium strigatum / Paarung

Weißgefleckte Wollbiene
Anthidium punctatum

Kleine Harzbiene
Anthidium strigatum / schlafendes Männchen

Kleine Harzbiene
Anthidium strigatum
Weibchen / zwei Brutzellen

Spalten-Wollbiene
Anthidium oblongatum
Männchen

Kleine Harzbiene
Anthidium strigatum
schlafendes Männchen

Paarung

Weibchen beim Sammeln der Wolle an der Kronen-Lichtnelke

Links das Männchen, rechts das Weibchen. Sie warten an ihrer Blüte den Kälteeinbruch ab.

Auch diese Aufnahme entstand, während das Pärchen auf wärmere Temperaturen wartete.

Männchen

Männchen

Endtergit Vergleich: rechts das Weibchen, links das Männchen

Garten-Wollbiene *Anthidium manicatum*

Wollbienen werden wegen ihrer gelbschwarzen Zeichnung oftmals mit Wespen verwechselt. Ihr Körperbau ist jedoch sehr viel robuster als der einer Wespe. Auch ihr Verhalten unterscheidet sich deutlich von ihren vermeintlichen Artgenossen. Wollbienen-Männchen umfliegen und verteidigen über Wochen recht aggressiv ihre Nahrungspflanzen. Dabei werden Hummeln oder andere Wildbienen im vollen Flug gerammt und verjagt. Wie ein Kolibri können sie in der Luft verharren, bevor sie sich blitzschnell auf ihre Nahrungskonkurrenten oder auf ein zu begattendes Weibchen stürzen. Sollten Sie Wollbienen in Ihrem Garten finden, nehmen Sie sich etwas Zeit, diese zu beobachten. Es lohnt sich.

In Deutschland gibt es elf verschiedene Harz- und Wollbienenarten. Einige von ihnen, wie die hier abgebildete Garten-Wollbiene, verwenden zum Bau ihrer Brutzellen Pflanzenwolle. In Form kleiner Kügelchen wird die Wolle zum Nest geflogen. Die Pflanzenwolle bildet wie eine große Wollkugel das Nest, in dem die einzelnen Brutzellen untergebracht sind. Um die Brut vor Pilzbefall zu schützen, wird die Außenhaut des Nestes mit pflanzlichen Drüsensekreten imprägniert. Geeignete Nistorte sind vorhandene Hohlräume in Totholz, in Ritzen und Felsspalten oder auch in Erdlöchern. Um Pflanzenwolle zu sammeln, besucht sie gerne pelzige Pflanzen wie Wollziest, Kronenlichtnelke, Salbei, Königskerze, Sand-Strohblume, Silberraute oder den Wolligen Fingerhut.

Flugzeit Anfang Juni - September
Vorkommen häufig
Größe ♀ 10-13 mm ♂ 14-18 mm
Blütenbesuch eingeschränkt unspezialisiert (eingeschränkt *polylektisch*)
Erkennungsmerkmale
♀ Kopf breit, wenig behaart, Gesichtsmaske gelb, in der Mitte schwarz unterbrochen, Bauchbürste gelblich, Hinterleib mit bindenartigen gelben Flecken,
♂ wie das Weibchen, aber größer, Gesichtsmaske gelb, oben mittig schwarzer Fleck, Dreizack am Endtergit (Hinterleibsende), Brust braun behaart, orangefarbene Haarbüschel an den Seiten der Hinterleibssegmente
Lebensraum Gärten, Parks, Waldsäume, Sand-, Kies- und Lehmgruben, Hochwassergebiete, Weinbergbrachen
Lebensweise nistet in vorhandenen Hohlräumen
Kuckucksbiene Düsterbiene *Stelis punctulatissima*
Blütenvorliebe besondere Vorliebe für Braunwurzgewächse, Schmetterlingsblütler, Lippenblütler

Blütenbesuch
Berg-Gamander
Bergminze
Bunte Kronwicke
Fingerhut
Geißraute
Gewöhnlicher Hornklee
Hauhechel
Herzgespann
Hohes Helmkraut
Hohlzahn
Knollen-Brandkraut
Leinkraut
Löwenmaul
Muskateller-Salbei
Salbei-Gamander
Steinquendel
Schwarznessel
Taubnessel
Trauben-Gamander
Ziest
Zitronen-Melisse

13

Pelzbienenarten
sind in Deutschland bekannt

2 Arten
leben in unserem Garten

Frühlings-Pelzbiene
Anthophora plumipes / Männchen

Die Männchen dieser Art tragen auffällig lange Haarfransen an den vorderen Beinpaaren.

Pelzbienen
Anthophora

Der gedrungene Körperbau und die pelzige Behaarung einiger Pelzbienenarten verleihen den Tieren ein hummelähnliches Aussehen. Bei näherer Betrachtung zeigt sich ein deutliches Unterscheidungsmerkmal. Die Männchen tragen im Unterschied zu Hummeln meist eine hellgelb oder weiß gefärbte Gesichtsmaske, ebenso einige Weibchen. Eine nähere Betrachtung gestaltet sich aufgrund des stets rasantem Flugstils der Pelzbienen als nahezu unmöglich. Begegnen Sie auffallend schnellen, teils im Schwirrflug verharrenden, pummeligen Wildbienen, die mit einem hohen deutlich wahrnehmbaren Summton unterwegs sind, dann handelt es sich meist um Pelzbienen.

Pelzbienen sind Solitärbienen, sie nisten jedoch gerne in Kolonien. Für ihre Nester graben sie unter anderem kurze Gänge unter der Erde oder in morschem Holz. Am Ende eines Ganges befinden sich ein oder mehrere Kammern, in denen einzelne verschlossene Zellen angelegt sind. In einer Zelle befindet sich ein Ei, welches auf den zähflüssigen Nahrungsvorrat gelegt wird. Von diesem Proviant ernährt sich die Larve, entwickelt sich zur fertigen Biene und überwintert in ihrer Kammer, bis sie im kommenden Jahr schlüpfen kann.

Dreizehn Pelzbienenarten gibt es deutschlandweit. Bislang sind mir drei Arten begegnet. Die Frühlingspelzbiene: Sie gilt als die häufigste Art ihrer Gattung. Die Wald-Pelzbiene: Sie ist eine regional verbreitete, jedoch mäßig häufig vorkommende Art. Die Weiße Binden-Pelzbiene: Sie zählt in Deutschland als eine der seltensten ihrer Gattung. Wer die letztgenannte, auffällig gezeichnete Pelzbiene beobachten möchte, kann dies auf einer Urlaubsreise versuchen. Denn als wärmeliebende Art ist sie in Süd-, Mittel- und Osteuropa verbreitet. Früher war sie vereinzelt in Deutschland zu finden. Einen letzten Beleg gab es 1996 in Baden-Württemberg.

Um die Frühlings-Pelzbiene in unseren Gärten zu unterstützen, können wir ihr für den Bau ihrer Nester zum Beispiel Trockenmauern anbieten. Ebenso nutzt sie mit Kalkmörtel oder Lehm verfugte, unverputzte Wände von alten Häusern, Scheunen und Ställen. Weitere Nistmöglichkeiten findet sie in Steilwänden und Abbruchkanten mit Sand-, Löß- oder Lehmboden, steilwandigen Flussufern, in Sand-, Kies- und Lehmgruben und in Weinbergen. Sie nistet aber auch im flachen, regengeschützten Boden.

Pelzbienen, die nicht aus unserem Garten stammen:

Weiße Bindenpelzbiene
Anthophora (Amegilla) quadrifasciata

(Alle Fotos dieser Seite)

In jüngerer Zeit gab es 1996 einen einzigen Fund dieser Art in Baden-Württemberg. Die Aufnahmen dieser Seite stammen aus Spanien und Griechenland.

Männchen

Weibchen

Alle Fotos zeigen Weibchen. Oben rechts sammelt eine Ackerhummel neben der Wald-Pelzbiene.

Wald-Pelzbiene *Anthophora furcata*

Anthophora furcata hebt sich durch einige Besonderheiten von anderen Pelzbienenarten ab. Sie ist die einzige Pollenspezialistin ihrer Gattung. Für ihren Nachwuchs sammelt sie ausschließlich an Lippen- und Rachenblütlern. Hier bevorzugt sie verschiedene Ziestarten wie den Aufrechten Ziest, Heil-Ziest, Sumpf-Ziest, Woll-Ziest und vor allem den Wald-Ziest. Außerdem sammelt sie an Edel-Gamander, Hohlzahn, Katzenminze und Schwarznessel.

Eine weitere Ausnahme innerhalb ihrer Gattung ist die Wahl ihrer Nistorte. Die teilweise verzweigten Liniennester nagt sie in morsches Totholz alter Bäume oder in markhaltige, dürre Stängel. Vermutlich ist sie aufgrund ihrer Nistweise selten geworden, denn sie wird als gefährdet und mäßig häufig vorkommend eingestuft.

Wenn wir diese Wildbienenart fördern möchten, können wir neben der Anpflanzung ihrer bevorzugten Nahrungspflanzen für Totholz sorgen. Das kann ein Totholzhaufen am Randbereich des Gartens oder ein alter Obstbaum sein.

In unserem Garten findet diese wunderschöne Pelzbienenart ausreichend Nahrung für den Nachwuchs, Nektar zur eigenen Ernährung, diverse markhaltige Stängel, Totholzstämme, morsche Äste sowie einen alten, knorrigen Birnbaum für den Bau ihrer Nester.

Flugzeit Juni - August
Vorkommen mäßig häufig
Größe 11-12 mm
Blütenbesuch spezialisiert *(oligolektisch)*
Erkennungsmerkmale
♀ Behaarung gelbbraun und schütter, Scheitel, Thoraxmitte und Tergit 4 schwarz behaart, rostrot bis orange gefärbte Endfranse, Scopa (Beinbürste) gelbbraun, braune Komplexaugen
♂ wie das Weibchen aber mit gelb gefärbtem Gesicht, Hinterleib ohne gefärbte Endfranse, Tergit 7 am Ende mit zwei oft rötlich gefärbten Spitzen
Lebensraum Waldränder, Waldlichtungen, Parks und Gärten mit Totholzbestand
Lebensweise nistet solitär in selbstgenagten Liniennestern in morschem Totholz und markaltigen Pflanzenstängeln
Kuckucksbiene Kegelbiene *Coelioxys rufescens*
Blütenvorliebe Lippenblütler und Rachenblütler

Blütenbesuch
Aufrechter Ziest
Breitblättriger Hohlzahn
Edel-Gamander
Garten-Katzenminze
Großblütige Katzenminze
Heilziest
Schwarznessel
Sumpf-Ziest
Wald-Ziest
Woll-Ziest

Männchen

Männchen

Männchen

Beinfransen

Nach meinen Beobachtungen bevorzugen Männchen wie auch die Weibchen das blaue Lungenkraut. Das weiß blühende Lungenkraut wird weniger häufig angeflogen. Unten rechts ist die seltenere, schwarz gefärbte Variante der Weibchen abgebildet.

Frühlings-Pelzbiene *Anthophora plumipes*

Es ist eine echte Herausforderung, diese Pelzbienenart zu fotografieren, denn sie verweilt nur 1 bis 2 Sekunden an einer Blüte. Da sie über Wochen die gleichen Strecken abfliegt, kann sie an den zuvor besuchten Pflanzen wiederholt beobachtet werden, da sie diese etwa jede Viertelstunde anfliegt. Dabei ist zu beobachten, dass die Flugrichtung der Männchen nicht geändert wird. Sie fliegt entweder fortwährend im oder gegen den Uhrzeigersinn.

Der laute Summton während des rasant schnellen Fluges - sie fliegt ohne Unterbrechung, teils in Schwebehaltung von Blüte zu Blüte - ist typisch für diese Gattung. Da sie in unserem Garten bevorzugt Lungenkraut, Lerchensporn oder die Traubenhyazinthe anfliegt, warte ich manchmal stundenlang an diesen Pflanzen, um sie erfolgreich zu fotografieren. Sobald ich den typischen Summton höre, halte ich den Finger bereits auf dem Auslöser bereit, um vielleicht ein scharfes Foto zu bekommen.

Das Männchen könnte wegen des pelzigen Körpers mit einer Hummel verwechselt werden. Mit etwas Glück und Geduld entdecken Sie vielleicht die typischen Beinfransen an den vorderen Beinpaaren, die das Männchen unverwechselbar machen. Die auffällig hell gefärbte Gesichtsmaske des Männchens verrät jedoch sogleich, dass es sich nicht um eine Hummel handeln kann.

Flugzeit Anfang März - Anfang Juni
Vorkommen häufig
Größe 14-15 mm
Blütenbesuch unspezialisiert *(polylektisch)*
Erkennungsmerkmale
♀ zwei Farbvarianten: graubraune Behaarung, rostrote Beinbürste, schwach angedeutete beige Hinterleibsbinden oder schwarzbraune Behaarung, rostrote Beinbürste
♂ auffällig lange Haarfransen an den mittleren Beinpaaren, hummelähnlich pelzig behaart, Gesicht hellgelb gezeichnet
Lebensraum Steilwände, Abbruchkanten, lehmverfugte Mauern, Sandgruben, Trockenmauern
Lebensweise nistet in vorhandenen Hohlräumen, Mauerritzen, Felsspalten, Nisthilfen
Kuckucksbiene Trauerbiene *Melecta albifrons*
Pelzbienen-Ölkäfer *Sitaris muralis*
Blütenvorliebe keine besondere Vorliebe, sie besucht zwölf Pflanzenfamilien

Blütenbesuch
Apfel
Birne
Blaukissen
Elfenblume
Erdrauch
Gamander-Ehrenpreis
Gewöhnliche Ochsenzunge
Gundermann
Kriechender Günsel
Lerchensporn
Lungenkraut
Raps
Rosskastanie
Schwertlilie
Tarda-Tulpe
Taubnessel
Teppich-Primel
Weißklee

41

Hummelarten

sind in Deutschland bekannt

32 nestbauende Arten
9 Kuckuckshummeln

11 Hummelarten

leben in unserem Garten

Ackerhummel
Bombus pascuorum / Weibchen

Hummeln
Bombus

Die sicher bekanntesten und prominentesten Bienen unter den Wildbienen sind Hummeln. Wegen ihres friedfertigen Verhaltens, ihrer gemütlich wirkenden Statur, ihres wunderschönen Pelzes und des angenehm lauten Summtons ist die Hummel bei uns Menschen allgemein sehr beliebt. Die Hummel kennt jedes Kind. Dass sie wie die Honigbiene zu den Echten Bienen der Kategorie staatenbildender Insekten angehört, ist den meisten Menschen vermutlich nicht bekannt.

Das gemütliche Äußere der Hummel täuscht, denn sie sind alles andere als gemütlich. Im Flug kann sie eine Höchstgeschwindigkeit von etwa 20 km in der Stunde erreichen. Außerdem absolviert sie am Tag sehr viel mehr Flugstunden als die meisten Wildbienenarten. Sie beginnt ihre Sammelflüge sehr früh am Morgen und beendet diese oft erst mit Einbruch der Dunkelheit, da sie nicht wie die meisten Wildbienen auf wärmende Sonnenstrahlen angewiesen ist. Hummeln können bereits bei Temperaturen ab ca. 2-6 °Celsius auf Nahrungssuche gehen. Die zum Fliegen notwendige Körpertemperatur erzeugen sie durch die Vibration ihrer Brustmuskulatur. Sie können ihren Brustkorb auf die zum Fliegen benötigte Temperatur von 30–40 °Celsius erwärmen. Um die mit viel Energieaufwand erzeugte Wärme zu speichern, tragen sie einen besonders dichten und wärmenden Pelz.

Hummeln legen bei ihren Sammelflügen zwischendurch immer mal wieder längere Pausen auf einer Blüte ein. Das bedeutet nicht, dass sie zu erschöpft sind und nicht weiterfliegen können. Sie tanken ganz einfach neue Energie, indem sie sich ausruhen.

Der laute Summton beim Sammeln an der Blüte hat einen Grund. Hummeln haben eine besondere Technik entwickelt, um möglichst effizient Pollen zu sammeln. In einer Blüte erzeugen sie mit ihrem hochfrequenten Summton eine Vibration, die den Pollen in der Blüte löst. Der Blütenstaub wird regelrecht in ihren Pelz geschüttelt. Mit ihren Beinchen schieben oder kämmen sie den noch pudrigen Blütenstaub in Richtung ihrer Hinterbeine, damit dieser mit Speichel und Nektar angefeuchtet in den Sammelhöschen landet. So kann die klebrige Pollenmischung sicher zum Nest transportiert werden. An einem einzigen Sammeltag können Hummeln bis zu 1000 Blüten anfliegen.

Viele Hummelarten besitzen einen langen Saugrüssel, dieser ermöglicht ihnen die Nektarsammlung aus tiefkelchigen Blüten. Pflanzen mit tiefen Blütenkelchen sind für ihren Fortbestand darauf angewiesen, dass langrüsselige Hummeln ihre Blüten besuchen. Neben Honigbienen und Fliegen gehören Hummeln zu den wichtigsten Bestäuberinsekten.

Ackerhummel
Bombus pascuorum / Weibchen

Die Aufnahmen dieser Doppelseite zeigen an den Blüten eines Wiesensalbeis eine Ackerhummel, die ihre Gelenkigkeit beim Herunterkämmen des Pollen beweist.

Weibchen der dunklen Variante.

Der sehr lange Kopf und das Fersenglied des Mittelbeins sind hier recht gut zu erkennen. Am unteren linken Ende ist es spitz ausgebogen.

Weibchen mit der doppelten, gebogenen Querbinde.

Gartenhummel *Bombus hortorum*

Als Ubiquist und Kulturfolger fühlt sich die Gartenhummel in unterschiedlichsten Biotopen wohl. Vom Menschen geschaffene und gestaltete Lebensräume nimmt sie gerne an, da sie dort besonders günstige Lebensbedingungen vorfindet. Ursprünglich ist sie in Wiesen, Streuobstwiesen und Weiden, an Hochwasserdämmen, Wäldern, Laubwäldern und Waldrändern zu Hause.

Sie wird als Pocketmaker bezeichnet, denn sie legt im Nest um mehrere Brutzellen herum kleine, pollengefüllte Taschen an. Hummelarten mit langem Rüssel, wie auch die Ackerhummel, praktizieren diese Form der Pollenaufbewahrung. Die Gartenhummel ist eine der wenigen Hummelarten, die zwei Generationen in einem Jahr hervorbringt. Bei günstigen Bedingungen und in wärmeren Regionen kann es vorkommen, dass Jungköniginnen bereits im Sommer ein weiteres Volk gründen.

Auf den ersten Blick könnte die Gartenhummel mit der Erdhummel verwechselt werden. Genauer betrachtet trägt sie jedoch eine doppelte, gebogene, gelbe Querbinde und hat einen sehr langen Kopf. Erdhummeln haben einen kurzen Kopf und gerade Querbinden. Die schwarze Variante der Gartenhummel kommt nur sehr selten vor und ist von der Baumhummel kaum zu unterscheiden. Die Abbildung 1 zeigt ein eindeutiges Unterscheidungsmerkmal. Das Fersenglied des Mittelbeins ist spitz und dornartig ausgebogen. Bei der Baumhummel ist es abgerundet.

Flugzeit Mitte April - Ende Juli / Mitte August, gelegentlich eine zweite Generation im Jahr bis Ende September
Vorkommen sehr häufig
Größe **Königin** 17-22 mm **Drohn** 13-15 mm
Arbeiterin 11-16 mm
Blütenbesuch unspezialisiert *(polylektisch)*
Volkgröße bis 120 Tiere
Erkennungsmerkmale
Königin: Kopf schwarz und sehr lang, Körper schwarz mit drei gelben Binden, hintere Brustbinde gebogen, Hinterleib Tergite 5-6 weiß behaart
Dunkle, seltene Variante: Kopf und Körper schwarz, Kopf sehr lang, Hinterleib Tergite 5-6 weiß behaart, Fersenglied des Mittelbeins spitz und dornartig ausgebogen
Drohn: wie die Weibchen
Arbeiterin: wie die Königin, nur kleiner
Rüssel lang
Kopf sehr lang
Lebensraum Offenland wie Waldränder, Streuobstwiesen, Gärten, Weiden, Brachland, Parks
Lebensweise in oberirdischen und unterirdischen Hohlräumen, Erdnestern, in Kleinsäugernestern, Vogelnestern, Vogelnistkästen, Scheunen, Dachböden
Kuckuckshummel Bärtige Kuckuckshummel *Bombus barbutellus*
Blütenvorliebe keine besondere Vorliebe

Blütenbesuch
unzählige Pflanzenfamilien

Pflanzenvielfalt in Gärten ist wichtiger denn je. Die als sehr häufig geltende Gartenhummel scheint in den letzten Jahren rückläufig zu sein. Ihre bevorzugten Lebensräume wie blütenreiche Wiesen und Weiden oder Streuobstwiesen sind selten geworden.

Die Gartenhummel sammelt mit ihrem körperlangen Saugrüssel den Nektar der Blüten mit tiefen Blütenkelchen. Für viele Wildbienenarten mit kurzem Rüssel sind diese Blüten unerreichbar. Kurzrüsselige Hummeln sind oft Nektardiebe, wie zum Beispiel die Löcher in Beinwellblüten beweisen. Sie beißen eine seitliche Öffnung in die Blüten, um an den Nektar zu gelangen.

Sie ist ein Weitstreckenflieger und kann Strecken bis zu 2 km zurücklegen.

Das Baumhummel-Männchen mit ausgedehnt brauner Behaarung am Hinterleib.

Ein Weibchen in der braunschwarzen Variante.

Baumhummel *Bombus hypnorum*

Baumhummeln nutzen für ihren Nestbau Höhlen jeglicher Art, die sie oberirdisch finden können. So übernehmen sie beispielsweise verlassene Vogelnester, Nisthöhlen in Bäumen oder Vogelnistkästen. Diese werden mit weichem Moos, Tierhaaren und Federn gemütlich ausgepolstert. Ist ein auserwähltes Nest besetzt, kann es vorkommen, dass die Baumhummel den eigentlichen Besitzer mit laut drohendem Sirren aus dem Nest verjagt. Findet sie kein Vogelnest, kann sie ihr Nest ebenso in Scheunen oder Ställen, auf Dachböden oder in Felsspalten anlegen. Denn sie ist nicht nur ein Nestbezieher – sie ist auch ein Nestbauer. Hummelnistkästen kommen ebenfalls in Frage.

Sie wird wie die Wiesenhummel als Pollenstorer, also als Blütenstaubaufbewahrer bezeichnet. Neben dem Nektar wird auch Pollen als Proviant für die Fütterung der Larven in speziell dafür hergestellten kleinen Vorratstönnchen gelagert. Bei Bedarf kann sie so ihre Larven füttern, ohne ausfliegen zu müssen.

Sollten Sie sich einem Nest der Baumhummel zu sehr nähern, kann es vorkommen, dass diese ihr Nest verteidigen. Trotz des enormen Größenunterschieds werden die Tiere versuchen, Sie in die Flucht zu schlagen. Sie sind in der Lage zu stechen, wenn sie sich bedroht fühlen.

Flugzeit Ende März - Ende August
Vorkommen sehr häufig
Größe **Königin** 17-22 mm **Drohn** 14-16 mm
Arbeiterin 8-18 mm
Blütenbesuch unspezialisiert *(polylektisch)*
Volkgröße 80 bis 400 Tiere
Erkennungsmerkmale
Königin: Thorax bis über den Halskragen hinaus rotbraun, gelegentlich schwarz, Hinterleib Tergite 5-6 weiß behaart, Fersenglied des Mittelbeins abgerundet
Drohn: wie die Weibchen, oder mit ausgedehnter rotbrauner Behaarung am Hinterleib, das rotbraun kann stark verdunkeln und zu dunkelbraun oder schwarz wechseln
Arbeiterin: wie die Königin nur kleiner
Rüssel kurz
Kopf lang
Lebensraum Offenland wie Waldränder, Streuobstwiesen, Gärten, Weiden, Brachland, Parks
Lebensweise ausschließlich oberirdisch, Baumhöhlen, Felsspalten, Vogelnester, Vogelnistkästen, Scheunen, Dachböden
Kuckuckshummel Norwegische Kuckuckshummel *Bombus norvegicus*
Blütenvorliebe keine besondere Vorliebe

Blütenbesuch
unzählige Pflanzenfamilien

Baumhummel-Königinnen starten ihre ersten Flüge ab Mitte März, sie fliegen bereits bei Temperaturen von -2° Celsius.

Damit eine Baumhummel-Königin ein neues Volk gründen kann, ist auch sie auf frühblühende Pflanzen angewiesen.

Sie besucht bevorzugt die Blüten verschiedener Obstbäume, Beerensträucher wie Himbeeren und Brombeeren, aber auch der blühende Cotoneaster gehören zu ihren bevorzugten Nahrungsquellen.

Männchen

Männchen

Steinhummel *Bombus lapidarius*

Das Steinhummel-Weibchen ist farblich auf Schwarz und Rotbraun reduziert und vermeintlich leicht zu bestimmen. Allerdings gibt es Wildbienenarten, die ihr zum Verwechseln ähnlich sehen, wie die Felsen-Kuckuckshummel *Bombus rupestris* und die Weibchen der Gehörnten Mauerbiene *Osmia cornuta*.

Das Männchen trägt zu dem samtschwarzen und rotbraunen Pelz zusätzlich ein gelbes Halsband und einige gelbe Haarbüschel im Gesicht.

Ihr Name bezieht sich auf die Wahl der Nistplätze, denn diese legt sie gerne unter Steinhaufen an. *Lapidarius* bedeutet im Lateinischen steinig bzw. Stein. Bei der Wahl ihrer Nistplätze ist sie jedoch nicht ausschließlich auf Stein- und Geröllhaufen angewiesen. Sie ist flexibel und nutzt ebenso verlassene Mauselöcher, verlassene Vogelnester, Lücken in Trockenmauern, Felsspalten oder auch größere Spalten an Gebäuden. Sogar in Scheunen unter dem Stroh ist sie bereit, ihr Nest für ein Volk mit bis zu dreihundert Individuen anzulegen. Um ein neues Volk zu gründen, erscheinen die Jungköniginnen im Frühjahr. Sie verlassen ihr Versteck nach einer Überwinterung von etwa 6-8 Monaten und sind dann darauf angewiesen, sogleich Nahrung zu finden.

Flugzeit Mitte März - Anfang Oktober
Vorkommen sehr häufig
Größe Königin 20-22 mm **Drohn** 14-16 mm
Arbeiterin 12-16 mm
Blütenbesuch unspezialisiert *(polylektisch)*
Volkgröße 100–300 Tiere
Erkennungsmerkmale
Königin: Grundfarbe schwarz, Hinterleib Tergite 4-6 rot behaart, Tergit 6 mit kreisrunder, kahler Erhebung
Drohn: gelbe Haare in Kopfnähe, Gesicht gelb behaart, Hinterleib Tergite 4-6 rot behaart, die Farbe kann später ausbleichen
Arbeiterin: Grundfarbe schwarz, Hinterleib Tergite 4-6 rot behaart
Rüssel mittellang
Kopf kurz
Lebensraum Offenland wie Waldränder, Streuobstwiesen, Gärten, Viehweiden
Lebensweise in oberirdischen und unterirdischen Hohlräumen, Erdnester, in Kleinsäugernestern, Vogelnester, Vogelnistkästen, Mauer- und Felsspalten
Kuckuckshummel Felsen-Kuckuckshummel *Bombus rupestris*
Blütenvorliebe keine besondere Vorliebe

Blütenbesuch
unzählige Pflanzenfamilien

Wichtig sind früh blühende Pflanzen, die Mitte März viel Nektar bieten.

Die Jungköniginnen sammeln, nachdem sie den Winter in ihrem Versteck verbracht haben und einen geeigneten Nistplatz gefunden haben, zunächst Nektar.

In ihrem Nest baut die Königin einen Nektartopf aus Wachs und füllt diesen mit dem gesammelten Nektar. Auf diese Weise legt sie einen Nahrungsvorrat an, der ihr bei lang anhaltendem schlechten Wetter hilft, ohne Sammelflüge zu überleben.

Sollten Sie zufällig auf ein Nest der Steinhummel stoßen, können Sie beruhigt einen kurzen Blick hinein werfen, denn diese Hummelart ist sehr friedfertig und gilt als stechfaul.

Männchen

Männchen

Männchen

Männchen

Männchen

Helle Erdhummel *Bombus lucorum*

Die weiblichen Tiere der Hellen Erdhummel sind kaum von den Weibchen der Dunklen Erdhummel zu unterscheiden. Die Dunkle Erdhummel Königin trägt dunkelgelb gefärbte Binden, die der Hellen Erdhummel Königin sind zitronengelb.

Als Pollenstorer Blütenstaubaufbewahrer legt sie in ihrem Nest Pollentönnchen an (oder leere Brutzellen) und befüllt diese mit gesammeltem Pollen. Es entsteht ein Pollenvorrat, der bei Bedarf von den Ammen an die Larven verfüttert werden kann. Hummelarten mit kurzen Rüsseln nutzen diese Art der Aufbewahrung.

Bombus lucorum legt ihre Nester immer unter der Erde an, diese gräbt sie jedoch nicht selbst. Sie nutzt gerne die gemütlich mit Moos, Gräsern, Federn oder Tierhaaren ausgepolsterten, verlassenen Nester von Mäusen. Das weiche Polster schiebt sie zu einem Häufchen zusammen und legt darin ein kleines Tönnchen aus Wachs an. Hier legt sie erste weibliche Eier hinein und brütet diese aus, indem sie mit ihrem Flügelschlag Wärme erzeugt. Um in dieser Zeit nicht ausfliegen und nach Nahrung suchen zu müssen, hat sie zuvor einen Honigtopf angelegt, der mit Blütennektar gefüllt ist. Aus den ersten weiblichen Larven schlüpfen Arbeiterinnen, die die junge Königin mit Nahrung versorgen, den Nestbau weiterführen und die neue Brut pflegen. Die Königin wird das Nest nicht mehr verlassen, sie wird bis zu 400 Eier legen und ist bis zu ihrem Tod gut umsorgt.

Flugzeit Mitte März - Ende August
Vorkommen häufig
Größe **Königin** 18-21 mm **Drohn** 14-16 mm
Arbeiterin 9-16 mm
Blütenbesuch unspezialisiert *(polylektisch)*
Volkgröße 100-400 Tiere
Erkennungsmerkmale
Königin: zwei zitronengelbe Binden, die Querbinde auf dem Thorax endet am Flügelansatz, schwarz behaarter kurzer Kopf, Hinterleib Tergite 5+6 weiß behaart
Drohn: Behaarung unterschiedlich: dem Weibchen ähnlich oder Thorax schwarze Haare mit weißen Spitzen und gelben Binden oder komplett graugelb mit partiell schmaler dunkler Behaarung, kurzer Kopf, gelbe Haare im Gesicht, Hinterleib Tergite4-6 weiß behaart
Arbeiterin: wie die Königin, nur kleiner, kann auch mittels Bestimmungsschlüssel nicht immer eindeutig bestimmt werden.
Rüssel sehr kurz
Kopf sehr kurz
Lebensraum offenes Gelände, Wiesen, Brachland, Wälder, Waldränder, Gärten, Parks
Lebensweise Erdnester in verlassenen Kleinsäugernestern
Kuckuckshummel Angebundene Kuckuckshummel *Bombus bohemicus*
Blütenvorliebe keine besondere Vorliebe

Blütenbesuch
unzählige Pflanzenfamilien

Erdhummeln zählen zu den wichtigsten Bestäuberinsekten. Sie bestäuben unzählige Wild- und Kulturpflanzen.

Sie fliegen bereits bei niedrigen Temperaturen von nur 2° Celsius aus und sammeln an einem Tag bis zu achtzehn Stunden lang Pollen und Nektar. Auch Regen oder leichter Schnee stören sie nicht bei ihren Sammelflügen.

Obstbäume werden ebenso zuverlässig bestäubt wie Beerensträucher, Hülsenfrüchte oder Gemüse. Auch hier ist sie nicht wählerisch und fliegt Apfel, Birne, Kirsche, Pflaume, Mirabelle, Johannisbeere, Stachelbeere, Brombeere, Himbeere, Ackerbohnen, Erbsen, Zucchini, Tomate und vieles mehr an.

Ein Blick in das Nest der Ackerhummel. Es lag unter einer Schicht von Moos versteckt. Das Foto entstand Anfang September im Garten einer Freundin.

Ackerhummel *Bombus pascuorum*

Die Ackerhummelkönigin erscheint je nach Witterung und Höhenlage bereits Ende März oder Anfang April. Etwa vier Wochen nach der Nestgründung schlüpfen die ersten Arbeiterinnen. Die Ackerhummel hat den längsten Entwicklungszyklus aller Hummelarten, da sie je nach Nahrungsangebot bis in den November hinein unterwegs ist. Im November ist sie die einzige Hummelart, die in unserem Garten die letzten Blüten anfliegt und nach Nahrung sucht. Ebenso auffällig wie ihre sehr lange Flugzeit ist ihre Anpassungsfähigkeit an das Wetter. Selbst bei Regen und Kälte fliegt sie munter von Blüte zu Blüte. Die Jungköniginnen der Dunklen Erdhummel dagegen verweilen regungslos in den Blüten und warten, wenn nötig tagelang ab, bis es wieder wärmer wird und der Regen aufhört.

Als Kurzstreckenflieger entfernt die Ackerhummel sich nie zu weit von ihrem Nest, um Pollen und Nektar zu sammeln. Ackerhummeln sind Nestbauer und Nestbezieher. Sie sind dafür bekannt, dass sie gerne in vorgefertigte ober- und unterirdische Behausungen einziehen. Sie werden als Pocketmaker bezeichnet, denn sie legen im Nest kleine pollengefüllte Taschen an. So können die Larven sich selbst bedienen und müssen nicht gefüttert werden.

Flugzeit Mitte März - November
Vorkommen sehr häufig
Größe Königin 15-18 mm **Drohn** 12-14 mm
Arbeiterin 9-15 mm
Blütenbesuch unspezialisiert *(polylektisch)*
Volkgröße 60–150 Tiere
Erkennungsmerkmale
Weibchen wie Männchen sind variabel gefärbt, Thoraxoberseite braunrot bis gelblich, Abdomen graugelb bis braunrot gefärbt, Hinterleibtergiten beginnend grauschwarz, Endtergiten braunrot bis gelblich
Rüssel lang
Kopf mittellang
Lebensraum Waldränder, Wälder, Streuobstwiesen, Gärten, Parks
Lebensweise oberirdische und unterirdische Hohlräume aller Art, Erdnester, Kleinsäugernester, Vogelnester, Vogelnistkästen, unter Moospolstern, in Scheunen unter Stroh, auf Dachböden usw.
Kuckuckshummel Feld-Kuckuckshummel *Psithyrus campestris*
Blütenvorliebe keine besondere Vorliebe

Blütenbesuch
unzählige Pflanzenfamilien

Nistplätze:
Die Ackerhummel baut ihr Nest sowohl unterirdisch als auch oberirdisch. Manchmal liegt ihr Nest an geschützter Stelle in Moos- oder Laubschichten. Es kann sich auch direkt in einem Beet befinden, wie es die Abbildung zeigt. Hier liegt es nur wenige Zentimeter unter der Beetoberfläche nahe einer Staude.

Eine leicht erhöhte, gewölbte Stelle im Beet, könnte das Nest der Ackerhummel sein.

Die Ackerhummel ist ausgesprochen friedlich und wird ihr Nest nicht verteidigen. Um das Nest zu schützen, können Sie es mit einem Fähnchen markieren und die Gartenarbeit an anderer Stelle fortsetzen.

Männchen

Männchen

Männchen

Männchen

Wiesenhummel *Bombus pratorum*

Die Wiesenhummel ist eine recht kleine, auffällig bunte und - wie ich finde - sehr hübsche Hummel, die recht häufig in unseren Gärten anzutreffen ist. Sie gilt als eine der kleinsten Hummelarten. Die Königin erreicht eine Körpergröße von 15 bis 17 mm. Die Arbeiterinnen sind mit nur 9 bis 14 mm besonders klein.

Begattete Hummelköniginnen überwintern an einem geschützten Platz unter der Erde. Schon im frühen März starten sie ihre ersten Flüge auf der Suche nach einem geeigneten Nest. Die Wiesenhummel fliegt bereits bei Temperaturen von nur 5° Celsius. Selbst Schneefall oder Kältewerte um die 0 °C hindern eine Hummelkönigin nicht daran, auf Nahrungssuche zu gehen. Hat sie die ersten Eier gelegt, erwärmt sie diese, indem sie sich auf die Brut setzt und durch Muskelzittern Wärme erzeugt. Ab April erscheinen die ersten Arbeiterinnen und übernehmen die Brutpflege. Noch vor Sonnenaufgang starten sie ihre Sammelflüge. Diese beenden sie erst bei Einbruch der Abenddämmerung.

Die Wiesenhummel wird als Pollenstorer, also als Blütenstaub-Bevorraterin bezeichnet. Neben dem Nektar wird auch Pollen als Proviant in nicht mehr benötigten Brutzellen-Tönnchen gelagert.

Flugzeit Mitte März - Ende Juli
Vorkommen sehr häufig
Größe **Königin** 15-17 mm **Drohn** 11-13 mm
Arbeiterin 9-14 mm
Blütenbesuch unspezialisiert *(polylektisch)*
Volkgröße 50–120 Tiere
Erkennungsmerkmale
Königin: Körper schwarz behaart, zwei gelbe Querbinden: gelber Kragen und 2. Hinterleibssegment, die Querbinden fallen sehr unterschiedlich aus und können sogar fehlen, Abdomen orange, auffällig bunt und zottelig
Drohn: sehr unterschiedlich, breiter gelber Kragen, gelbe Binde um den Thorax herum, gelbes Haarbüschel im Gesicht, Tergit 3 immer schwarz, Tergite 5-6 rot-orange
Rüssel mittellang
Kopf kurz bis mittellang
Lebensraum lichte Wälder, Wiesen, Gärten, Parks
Lebensweise Nestbau oberirdisch in Grasbüscheln oder Moospolstern, in verlassenen Mäusenestern, im Gebüsch, in Hecken, in Mauerspalten, in hohlen Bäumen
Kuckuckshummel Wald-Kuckuckshummel *Bombus sylvestris*
Blütenvorliebe keine besondere Vorliebe

Blütenbesuch
unzählige Pflanzenfamilien

Sie ist auf frühblühende Pflanzen angewiesen.

Besonders wichtig sind Frühblüher wie Krokus, Helleborus, Kleiner Winterling, Schleifenblume, Sternhyazinthe, Geflecktes Lungenkraut, Blaustern, Lerchensporn, Maibeere, Schlüsselblume, Schlehe und Weide.

Tipp:
Wenn Sie für eine Weide nicht genug Platz im Garten haben, können Sie eine kleine Hängende Kätzchenweide pflanzen. Ich selber habe eine solche Weide in einem Pflanzkübel auf unserer Terrasse stehen.

Die Hängende Kätzchenweide ist für Kleingärten oder den Vorgarten ideal. Sie mag sonnige und halbschattige Standorte und blüht von März bis April.

Weiden sind sehr wichtige Nahrungspflanzen für viele verschiedene Wildbienenarten.

Dunkle Erdhummel *Bombus terrestris*

Von allen heimischen Hummelarten erreicht die Dunkle Erdhummel die größte Volksstärke, ihr Nest kann bis zu 600 Individuen beherbergen. Wenn nötig, vertreibt sie dank ihrer imposanten Größe auch mal eine Maus aus ihrem Bau, welcher in bis zu 1,5 Metern Tiefe liegen kann. Jungköniginnen beginnen bereits Ende Februar oder Anfang März mit der Suche nach einem geeigneten Ort für ihr Nest. In dieser frühen Jahreszeit sind sie auf frühblühende Pflanzen angewiesen. Sie überwintern in Erdlöchern oder unter trockenem Laub und beginnen, nachdem sie sich gestärkt haben, die Gründung eines neuen Volkes. Die ersten Arbeiterinnen schlüpfen von Ende März bis Anfang April.

Ihren Sammelflug beginnen sie bereits vor Sonnenaufgang und beenden diesen spät nach Sonnenuntergang, sogar bei schlechtem Wetter. Dunkle Erdhummeln werden kommerziell zur Bestäubung in Gewächshäusern eingesetzt, unter anderem für die Tomaten- und Paprikaernte.

Die Weibchen von vier Hummelarten sind sich so ähnlich, dass eine Bestimmung nur mit dem Mikroskop möglich ist. Verwechselbar sind die Dunkle Erdhummel, die Helle Erdhummel, die Große Erdhummel und die Kryptarum Erdhummel. Einzig die Dunkle Erdhummel-Königin kann an ihrem schmalen, dunkelgelb gefärbten Halsband im Feld deutlich erkannt werden.

Flugzeit März - Oktober
Vorkommen sehr häufig
Größe Königin 20-23 mm **Drohn** 14-16 mm
Arbeiterin 11-17 mm
Blütenbesuch unspezialisiert *(polylektisch)*
Volkgröße bis zu 600 Tiere bei optimalen Bedingungen
Erkennungsmerkmale
Grundfarbe schwarz, schmaler Kragen dunkel goldgelb, zweites Hinterleibssegment gelb, Hinterleibsende weiß (nur die Königin ist im Feld an ihren oben genannten Merkmalen zu erkennen)
Drohn wie das Weibchen mit breiterer Querbinde am kopfnahen Thorax
Rüssel kurz
Kopf sehr kurz
Lebensraum bevorzugt offenes Gelände, Gärten, Parks, Weg- und Waldränder, Wiesen, Böschungen, Viehweiden, Brachland
Lebensweise Erdnester in verlassenen Mäusenestern und Maulwurfbauten, erdnahe Hohlräume, Hummelnistkästen
Kuckuckshummel Feld-Kuckuckshummel *Psithyrus campestris*
Blütenvorliebe keine besondere Vorliebe, sie ist ein Generalist

Blütenbesuch
unzählige Pflanzenfamilien

Zuckerwasser auf einer Blüte angeboten, kann einer Hummelkönigin bei Nahrungsmangel im Frühjahr das Leben retten. Sie retten vielleicht das gesamte, noch zu gründende Volk. Fruchtzucker und Haushaltszucker sind geeignet. Bitte verwenden Sie keinen Honig, dieser könnte Krankheitserreger anderer Bienen übertragen.

Hummeln legen oft Pausen ein, in denen sie absolut regungslos verharren. Kein Grund sie zu füttern. Schauen Sie sich die Hummel genau an, bevor sie das Tier in der Ruhephase stören.

Der Rüssel ist mit einer Länge von 8-10 mm vergleichsweise recht kurz. Wegen des kurzen Saugrüssels beißt die Dunkle Erdhummel eine seitliche Öffnung in Blüten mit tieferen Kelchen, um an den Nektar zu gelangen.

Kuckucks-Hummeln

Kuckucksvögel kennt jeder. Indem sie ihr eigenes Ei in das Nest eines anderen Vogels legen, haben sie mit Brut und Aufzucht ihrer Nachkommen nichts mehr zu tun. Brutparasitismus gibt es nicht nur unter Vögeln. Auch bei Wildbienen gibt es eine nicht unerhebliche Anzahl an Kuckucksbienen, welche die Brutfürsorgeleistungen anderer Bienen ohne Gegenleistung in Anspruch nehmen.

Kuckuckshummeln gehören zu den sozialparasitischen Wildbienen. Auch sie bauen keine eigenen Nester, sie sammeln auch keine Nahrung für ihre Nachkommen. Selbst wenn sie Pollen sammeln wollten, es fehlen ihnen schlichtweg die Pollentransporteinrichtungen an den Hinterbeinen, um dies tun zu können. Sie begnügen sich nicht damit, einige Eier bei ihren Wirtshummeln zu verteilen, sie erobern das gesamte Volk.

Nach optischen Gesichtspunkten wird sie der Laie kaum von den Wirtshummeln unterscheiden können. Es gibt jedoch einige Merkmale, die einem guten Beobachter auffallen könnten. Schmarotzerhummeln sind oftmals langsam und träge in ihren Bewegungen. Kuckuckshummel-Weibchen haben im Gegensatz zu ihren Wirtshummel-Weibchen Zeit, da sie sich ausschließlich um ihre eigene Ernährung kümmern müssen. Schmarotzerhummeln geben einen auffallend tiefen Summton von sich. Ihre Flügel sind oftmals dunkel getrübt und ihr Pelz scheint vergleichsweise schütter und struppig.

Gefleckte Kuckuckshummel
Bombus vestalis / Männchen

9

Kuckuckshummelarten
sind in Deutschland bekannt

4 Arten
konnte ich in unserem Garten beobachten

Böhmische Kuckuckshummel *Bombus bohemicus*

Die Böhmische Kuckuckshummel ist in unseren Gärten recht häufig anzutreffen. Neben blütenreichen Gärten und Parkanlagen mag sie magere Wiesen, Waldsäume, Trockenhänge, Hochwasserdämme, Wacholderheiden, extensiv genutztes Grünland, Brach- und Ruderalflächen. Dies sind bevorzugt offene Landschaften, die durch ein entsprechendes Nahrungsangebot und gute Nistbedingungen ihre Wirtshummeln anlocken. Zu den Wirtshummeln gehören Arten aus dem sogenannten Erdhummel-Komplex. Vier Hummelarten [siehe Auflistung rechts unten], die sich zum Verwechseln ähnlich sehen. Darunter die Helle Erdhummel.

Kuckuckshummeln starten ihre ersten Flüge recht spät im Jahr. Ab Mitte April kann man die Weibchen der Böhmischen Kuckuckshummel dabei beobachten, wie sie sich auf die Suche nach einem geeigneten Nest machen. Der späte Flugstart begründet sich in ihrem Vorhaben, ein bereits etabliertes Volk zu übernehmen. Sie töten die Wirtskönigin, legen ihre eigenen Eier in die Brutzellen ihrer Wirte und überlassen den bereits geschlüpften Wirts-Arbeiterinnen die Aufzucht ihrer Kuckucks-Nachkommen.

Aus den Kuckucksbienen-Eiern schlüpfen keine Arbeiterinnen, wie es bei Hummelvölkern üblich ist. Es schlüpfen geschlechtsreife Männchen und Weibchen, die als adulte Bienen überwintern und im kommenden Jahr das Ziel verfolgen, Wirtsnester zu erobern.

Flugzeit überwinterte Weibchen von Mitte April – Mitte August, Jung-Weibchen und Männchen von Mitte Juli - Ende September
Vorkommen häufig
Größe **Weibchen** 23–25 mm **Drohn** 15–18 mm
Blütenbesuch nur zur eigenen Ernährung, unspezialisiert *[polylektisch]*
Volkgröße bildet kein eigenes Volk
Erkennungsmerkmale
♀ wie ihre Wirtshummel die Helle Erdhummel aber ohne die helle Querbinde auf dem 2. Tergit, lang struppig und schütter behaart, sodass der Chitinpanzer durchscheint, Tergite 3-5 weiß oder gelblich behaart, Tergite 3 und 5 jedoch nur seitlich
♂ sehr veränderlich gefärbt, ähnlich dem Weibchen, Abdomenende oft gelb behaart
Rüssel kurz
Kopf kurz und rundlich
Lebensraum überall dort, wo ihre Wirtshummeln zu finden sind, offene Standorte
Lebensweise dringt in die Nester ihrer Wirtshummeln ein und übernimmt das Volk
Wirtshummel Helle Erdhummel *Bombus lucorum*, Dunkle Erdhummel *Bombus terrestris*, eventuell auch bei der Kryptarum-Erdhummel *Bombus cryptarum* und der Großen Erdhummel *Bombus magnus*
Blütenvorliebe keine besondere Vorliebe

Blütenbesuch
verschiedene Pflanzenfamilien wie:

Disteln, Flockenblumen, Löwenzahn, Skabiosen

Unterscheidung:
Kuckuckshummeln sind ihren Wirtshummeln oft sehr ähnlich. Sie besitzen keine Sammelvorrichtungen an den Beinchen, daher sind sie nicht in der Lage, Pollen zu sammeln. Da sie ihre Brut nicht selber versorgen müssen, stehen sie auch nicht unter Zeitdruck. Sehen Sie also eine große, zottelige, laut brummende, langsam fliegende Hummel, die Nektar sammelt, handelt es sich mit großer Wahrscheinlichkeit um eine Kuckuckshummel.

Die Natur hat das Zusammenleben von Hummeln und ihren Nutznießern so eingerichtet, dass Kuckucksbienen Hummelpopulationen nicht aus dem Gleichgewicht bringen können. Uns mag die Lebensweise einer Kuckuckshummel verwerflich vorkommen. Eingreifen sollten wir jedoch niemals. Das überlassen wir besser der Natur.

Männchen

Felsen-Kuckuckshummel *Bombus rupestris*

Sollten Steinhummeln in Ihrem Garten vorkommen, besteht die Möglichkeit, dass Sie auch der Felsen-Kuckuckshummel begegnen. Sie ist der spezielle Brutparasit der Steinhummel und sieht ihr sehr ähnlich. Drei weitere Hummelarten kommen ebenfalls als Wirt infrage, die Bunthummel, die Höhenhummel und die Ackerhummel.

Die Weibchen der Felsen-Kuckuckshummel sind auch für ungeübte Hummelentdecker leicht zu erkennen. Sie sind mit einer Körperlänge von 18–22 mm beeindruckend groß und zählen zu unseren größten Kuckuckshummeln. Ihr Körper ist pechschwarz, ihre Flügel sind auffallend dunkelschwarzbraun gefärbt, wodurch die rostrote Hinterleibsbehaarung kontrastreich hervorsticht. Der schwarze, kräftige Chitinpanzer fällt deutlich ins Auge. Der Kopf ist groß und kastenförmig. Eine wunderschöne Erscheinung.

Die Aufnahmen aus 2020 zeigen leider nur Männchen, da ich dem Weibchen im eigenen Garten noch nicht begegnet bin. Männchen sind in der Färbung recht variabel und nicht leicht zu bestimmen.

Der ausgeprägte Chitinpanzer der Kuckuckshummel-Weibchen schützt sie vor den Stichen der im Nest befindlichen Königin und Arbeiterinnen. Im Kampf um die Übernahme des fremden Nestes kommt es nicht selten zum Tod der Angreiferin, da Hummelstiche für Hummeln tödlich sein können.

Flugzeit überwinterte Weibchen von Ende Mai – Ende Juli / Jung-Weibchen und Männchen ab August
Vorkommen häufig
Größe **Weibchen** 18-22 mm **Drohn** 14-16 mm
Blütenbesuch nur zur eigenen Ernährung, unspezialisiert *(polylektisch)*
Volkgröße bildet kein eigenes Volk
Erkennungsmerkmale
♀ wie ihre Wirtshummel die Dunkle Erdhummel, aber auffallend dunkle, kaum durchscheinende Flügel
♂ wie das Weibchen, aber hellere Flügel, teilweise mit schwachen, hellen Binden, Schienen der Hinterbeine dicht behaart
Rüssel kurz
Kopf kurz und rundlich
Lebensraum überall dort, wo ihre Wirtshummeln zu finden sind
Lebensweise dringt in die Nester ihrer Wirtshummeln ein und übernimmt das Volk
Wirtshummeln Steinhummel *Bombus lapidarius*, Bunthummel *Bombus sylvarum*, Höhenhummel *Bombus sicheli alticola* und Ackerhummel *Bombus pascuorum*
Blütenvorliebe keine besondere Vorliebe

Blütenbesuch
verschiedene Pflanzenfamilien

Beinwell
diverse Disteln
Flockenblumen
Mariendistel
Skabiosen
Wiesen-Löwenzahn
Wilde Karde
Witwenblume

Alle Aufnahmen zeigen Männchen

Wald-Kuckuckshummel *Bombus sylvestris*

Kuckucks- oder Schmarotzerhummeln sind nicht in der Lage, Pollen zu sammeln, da sie keine Körbchen an den Außenschienen der Hinterbeine besitzen. Das erklärt vielleicht auch ihr träges Verhalten an den Blüten, welche sie ausschließlich zu ihrer eigenen Ernährung aufsuchen. Sie können auch kein Wachs produzieren, um Waben oder Vorratstönnchen zu bauen.

Um sich zu vermehren, müssen sie bereits etablierte Nester anderer Hummelarten übernehmen. Erst wenn die Wirtshummel die erste Generation von Arbeiterinnen aufgezogen hat, dringt die Kuckuckshummel-Königin in ihr Nest ein und versucht die Wirtskönigin zu töten. Sie muss genau den richtigen Moment auswählen, um nicht selber bei dem Versuch der Übernahme zu sterben, da die Arbeiterinnen ihre eigene Königin verteidigen und den Eindringling nicht selten tödlich verletzen. War sie erfolgreich, wird sie die Brutzellen, Eier und Larven des Wirtes eliminieren. Sie baut mit dem vorhandenen Wachs neue Brutzellen oder übernimmt vorhandene Brutzellen, um ihre eigenen Eier abzulegen. Die Arbeiterinnen akzeptieren die neue Königin und übernehmen die Pflege der Brut.

Es kommt auch vor, dass nach anfänglichen Kämpfen beide Königinnen im Nest verbleiben. In diesem Fall wird in der Regel die Eierproduktion der Wirtsart durch die Kuckuckshummel unterdrückt.

Flugzeit überwinterte Weibchen von Mitte April – Ende Mai (je nach klimatischen Bedingungen auch bis in den August), Jung-Weibchen und Männchen von Mitte Juni–Ende August

Vorkommen häufig

Größe Weibchen 14–16 mm Drohn 13–15 mm

Blütenbesuch nur zur eigenen Ernährung, unspezialisiert *(polylektisch)*

Volkgröße bildet kein eigenes Volk

Erkennungsmerkmale

♀ wie ihre Wirtshummel die Wiesenhummel, aber dunklere Flügel, Tergite 1, 2 und 3 schwarz, Tergite 4 und 5 schütter weiß behaart, Tergit 6 glänzend , Antennenschaft nur spärlich behaart

♂ Behaarung schwarz, Halsband gelb, Tergite 3 und 4 weiß (selten gelb), Tergite 6 und 7 rot

Rüssel kurz

Kopf kurz und rundlich

Lebensraum überall dort, wo ihre Wirtshummeln zu finden sind

Lebensweise dringt in die Nester ihrer Wirtshummeln ein und übernimmt das Volk

Wirtshummel Wiesenhummel *Bombus pratorum*, eventuell auch bei Heidehummel *Bombus jonellus*

Blütenvorliebe keine besondere Vorliebe

Blütenbesuch
verschiedene Pflanzenfamilien wie:

Disteln, Flockenblumen, Löwenzahn, Kastanie, Knautien, Skabiosen, Wiesenpippau, Zierjohannisbeere

Entgegen ihrem Namen hält sie sich nicht in geschlossenen Wäldern auf. Man findet sie stattdessen an Waldrändern und in Offenlandschaften wie Wiesen, Parks und Gärten.

Verwechslung:
Bombus sylvestris sieht Bombus norvegicus und Bombus flavidus zum Verwechseln ähnlich. Beide Arten haben als eindeutiges Unterscheidungsmerkmal einen stark behaarten Antennenschaft. Der Antennenschaft der Wald-Kuckuckshummel ist nur spärlich behaart. Ein winziges Merkmal, welches nur mithilfe eines Binokulars oder einer besonders guten Makroaufnahme zu erkennen ist.

Da die anderen beiden Arten nur mäßig häufig oder selten in Deutschland vorkommen und der Antennenschaft nur spärlich behaart erscheint, habe ich mich für Bombus sylvestris entschieden.

Gefleckte Kuckuckshummel *Bombus vestalis*

Sie wird auch Keusche Kuckuckshummel genannt, denn *vestalis* bedeutet jungfräulich, indirekt daher auch keusch. *Bombus* bedeutet übrigens Brummen. Ihr Verhalten ist jedoch alles andere als keusch. Denn auch sie dringt in das Nest ihrer Wirtsbiene ein und bekämpft die Königin, um das Nest zu übernehmen. Diesen Kampf gewinnt in der Regel die Kuckuckshummel. Nicht immer wird die Wirtskönigin im Kampf getötet. Wird diese aus ihrem Nest verdrängt, ist es jedoch ihr sicherer Tod.

Um den Kampf der Übernahme eines Nestes überleben zu können, dringt die Kuckuckshummel erst dann in das fremde Nest ein, wenn sie anhand des Geruches der Wirtsarbeiterinnen deren Alter bestimmen kann. Trifft sie auf zu viele Arbeiterinnen, kann sie den Kampf nicht gewinnen. All das muss sie riskieren, um ihre eigene Art zu erhalten, denn auch sie besitzt wie alle Kuckuckshummeln keine Sammeleinrichtungen für Pollen an den Hinterbeinen. Sie muss von den Arbeiterinnen ihrer Wirtshummel versorgt werden, während sie mit der Eiablage beschäftigt ist.

Der Wirt der Gefleckten Kuckuckshummel ist die Dunkle Erdhummel. Mit ihrem brutparasitischem Verhalten stellt sie keine Gefahr für die Populationen der Dunklen Erdhummel dar. Laut der aktuellen Roten Liste gilt ihr Vorkommen als mäßig häufig. Das Vorkommen ihrer Wirtshummel, der Dunklen Erdhummel gilt als sehr häufig.

Flugzeit überwinterte Weibchen von Mitte April – Mitte Juni, Jung-Weibchen und Männchen von Mitte Juli – Ende August
Vorkommen mäßig häufig
Größe **Weibchen** 20-22 mm **Drohn** 30-35 mm
Blütenbesuch nur zur eigenen Ernährung, unspezialisiert *(polylektisch)*
Volkgröße bildet kein eigenes Volk
Erkennungsmerkmale
♀ wie ihre Wirtshummel die Dunkle Erdhummel, aber am Hinterrand T3 seitlich gelb behaart, Behaarung insgesamt schütter und kürzer als bei ihrer Wirtshummel
♂ wie das Weibchen, 3. und 4. Antennenglied sind zusammen so lang wie das 5. Glied (siehe Foto 3)
Rüssel sehr kurz
Kopf kurz und rundlich
Lebensraum überall dort, wo ihre Wirtshummeln zu finden sind
Lebensweise dringt in die Nester ihrer Wirtshummeln ein und übernimmt das Volk
Wirtshummel Dunkle Erdhummel *Bombus terrestris*
Blütenvorliebe keine besondere Vorliebe

Blütenbesuch
verschiedene Pflanzenfamilien

Bombus vestalis bevorzugt beispielsweise Pflanzen wie: Flockenblume, Herzgespann, Klee, Löwenzahn, Schlehdorn, Taubnessel, Vogel-Wicke, Weiden und weitere.

Ein Erkennungsmerkmal dieser Art ist ein Abschnitt am unteren Teil der Antenne. Das 3. und 4. Antennenglied sind zusammen so lang wie das 5. Glied.

Gefleckte Kuckuckshummel
Bombus vestalis / Männchen

Kurzfransige Scherenbiene
Chelostoma campanularum
schlafendes Männchen

5

Scherenbienenarten
sind in Deutschland bekannt

3 Arten
werde ich Ihnen vorstellen

Scherenbienen
Chelostoma

Kräftige, scherenartige Mundwerkzeuge der Weibchen verhalfen dieser Gattung zu ihrem Namen. Fünf Scherenbienenarten sind in Deutschland bekannt. Sie sind klein, schlank und nur wenig behaart. Die kleinste Art ist nur 4 mm groß, die größte gerade mal 12 mm. Alle fünf Arten leben in Abhängigkeit zu ganz bestimmten Blühpflanzen. Sie gehören zu den oligolektischen oder zu den streng oligolektischen Wildbienen.

Sie nisten oberirdisch in vorhandenen röhrenförmigen Höhlungen wie in Käferfraßgängen, in löchrigem Totholz oder auch in hohlen Stängeln. Nisthilfen nutzen sie ebenfalls gerne. Angenommen werden Hartholz-Nistblöcke mit Lochdurchmessern von 3 bis 5 mm oder auch waagerecht im Nistkasten befestigte Schilfstängel mit gleichem Lochdurchmesser.

Wenn Sie die eine oder andere Art dieser Wildbienen-Gattung in ihren Garten locken möchten, sollten Sie dort Glockenblumengewächse und / oder Hahnenfußgewächse pflanzen.

Die Männchen dieser Gattung schlafen gerne in den Blüten ihrer Nahrungspflanzen oder auch in den Blüten der Malve oder des Storchschnabels. Die Aufnahmen dieser Doppelseite zeigen ein verschlafenes Männchen am frühen Morgen in der Blüte einer Moschus-Malve. Nachdem die ersten wärmenden Sonnenstrahlen die Blüten erreicht hatten, erwachte das Männchen und flog davon.

Scherenbienen zählen zu den Wildbienenarten, die auf ganz bestimmte Blühpflanzen spezialisiert sind.

Auf Glockenblumengewächse spezialisiert:
Kurzfransige-Scherenbiene *C. campanularum*
Frühe Scherenbiene *Chelostoma distinctum*
Gruben-Scherenbiene *Chelostoma foveolatum*
Glockenblumen-Scherenbiene *Chelostoma rapunculi*

Auf Hahnenfußgewächse spezialisiert:
Hahnenfuß-Scherenbiene *Chelostoma florisomne*

Hahnenfuß-Scherenbiene
Chelostoma florisommne / Weibchen

Kurzfransige Scherenbiene
Chelostoma campanularum
schlafendes Männchen

Größenvergleich: Im Hintergrund befindet sich die Große Glockenblumen-Scherenbiene.

Alle Aufnahmen zeigen Männchen

Kurzfransige Scherenbiene *Chelostoma campanularum*

Dieser Winzling gehört zu den kleinsten Wildbienenarten und wird wegen der Ausschließlichkeit der Nahrungswahl auch Kleine Glockenblumen-Scherenbiene genannt. Sie sammelt den Pollen ausschließlich an Glockenblumengewächsen und zählt somit zu den streng spezialisierten Bienenarten. Da alle Campanula-Sorten dankbare und ausdauernde Blühpflanzen sind, kommt diese kleine Biene recht oft in Gärten vor. Glockenblumen sollten in keinem Garten fehlen, denn viele weitere Wildbienenarten sind auf Glockenblumen spezialisiert.

Als Nistplatz können Sie dieser Scherenbiene wurmstichiges Totholz aller Art anbieten. Schilfhalme reetgedeckter Dächer besiedelt sie ebenso zuverlässig wie löchrige Zaunpfähle oder die Bretter alter Scheunen und Schuppen.

Bevor die ersten Sonnenstrahlen die Blüten erreichen, können die Männchen schlafend in den Blüten der Glockenblumen beobachtet werden. Erst die wärmende Sonne weckt sie auf. Am Abend gehen sie mit dem Sonnenuntergang wieder in ihre Blüte, um dort oft in Gesellschaft mehrerer gleichgesinnter Bienenmännchen die Nacht zu verbringen.

Die Weibchen schlafen in den Nestern und schützen während ihrer Anwesenheit die Brut vor Brutparasiten.

Flugzeit Ende Mai - Ende August
Vorkommen häufig
Größe 5-6 mm
Blütenbesuch *spezialisiert (oligolektisch)*
Erkennungsmerkmale
♀ Kopf und Thorax schwarz nur wenig behaart, Tergite ohne Endbinden, Clypeus stark gewölbt, Bauchbürste weiß, etwas größer als das Männchen
♂ Kopf und Thorax schwarz, nur wenig behaart, Gesicht behaart, Tergite ohne Endbinden, Endtergit mit zwei kleinen Dornen
Lebensraum Waldränder- und Lichtungen, Streuobstwiesen, Siedlungsbereiche, Gärten
Lebensweise nistet in vorhandenen Hohlräumen mit geringem Durchmesser von 2-2,5 mm, z.B. Totholzfraßgänge, hohle Pflanzenstängel, Schilfhalme, Nisthilfen mit entsprechendem Loch-Durchmesser
Kuckucksbiene Düsterbiene *Stelis minima*
Blütenvorliebe auf Glockenblumengewächse spezialisiert

Blütenbesuch
Dalmatinische Glockenblume
Nesselblättrige Glockenblume
Pfirsichblättrige Glockenblume
Rundblättrige Glockenblume
Wiesen-Glockenblume

Chelostoma campanularum und Chelostoma distinctum sind sich zum Verwechseln ähnlich und können im Feld nicht unterschieden werden. Bei den Männchen gibt es jedoch bei genauer Betrachtung ein Unterscheidungsmerkmal. Am Hinterleib befinden sich zwei kleine Dornen. Der Zwischenraum der Dornen ist bei der Kurzfransigen Scherenbiene breiter als bei ihrer Zwillingsart.

Männchen

Weibchen mit Mörtel zwischen den Kieferzangen

Hahnenfuß-Scherenbiene *Chelostoma florisomne*

Die schlanke Hahnenfuß-Scherenbiene ist ganz und gar von der Existenz des *Ranunculus* abhängig. Innerhalb dieser Gattung fliegt sie zum Sammeln ihrer Pollenvorräte den Scharfen Hahnenfuß, den Knolligen Hahnenfuß, den Kriechenden Hahnenfuß und den Wolligen Hahnenfuß an.

Die gelbe Wiesenblume ist bei vielen Gartenbesitzern nicht beliebt und wird meist als Unkraut entfernt. In unserem Garten darf und soll sie wachsen. Die Kombination des Scharfen Hahnenfußes mit dem rosafarbenen Storchschnabel ergibt in dieser Zusammenstellung ein absolutes Highlight in unserem Staudenbeet. Beide Pflanzen wachsen wunderschön ineinander, da keine die andere verdrängt. Im Gegenteil. Sie bilden sogar im Halbschatten einen Hotspot-Blütenteppich, da auch der Storchschnabel eine ergiebige, viel besuchte Wildbienenpflanze ist.

Etwa fünfundvierzig weitere Wildbienenarten nutzen den Hahnenfuß als Pollenquelle. Grund genug, dieser schönen heimischen Pflanze eine Chance zu geben.

Die Weibchen der Hahnenfuß-Scherenbienen sind im Feld leicht zu bestimmen. Die großen *Mandibeln* (Kieferzangen) und der mittig hervorspringende Lappen am vorderen Rand des *Clypeus* (Kopfschild) machen sie unverwechselbar.

Flugzeit Anfang Mai - Ende Juni
Vorkommen häufig
Größe 8-10 mm
Blütenbesuch streng spezialisiert (streng *oligolektisch*)
Erkennungsmerkmale
♀ Kopf und Thorax schwarz, nur wenig behaart, Tergite mit weißen Endbinden, Lappen an Clypeusvorderkante, große Mandibeln, Bauchbürste weißlich
♂ Kopf und Thorax schwarz, locker weiß behaart, Tergite mit weißen Endbinden, Fühlergeißel unten gelb
Lebensraum Waldränder und Lichtungen, Streuobstwiesen, Siedlungsbereich, Gärten
Lebensweise nistet in vorhandenen Hohlräumen mit geringem Durchmesser von 3,5 mm wie: Totholzfraßgänge, hohle Pflanzenstängel, Schilfhalme, Nisthilfen mit einem Loch-Durchmesser von 3,5 mm
Kuckucksbiene keine
Blütenvorliebe auf Hahnenfußgewächse spezialisiert

Blütenbesuch
Knolliger Hahnenfuß
Kriechender Hahnenfuß
Scharfer Hahnenfuß
Wolliger Hahnenfuß

Scharfer Hahnenfuß und Storchschnabel

Ein Weibchen schaut aus der Nisthilfe

Die Nisteingänge der Hahnenfuß-Scherenbiene verpilzen deutlich sichtbar über den Winter. Vermutlich verpilzen die Nestverschlüsse, weil Nektar in den Mörtel eingearbeitet wird.

Glockenblumen-Scherenbiene
Chelostoma rapunculi / Männchen

Die Männchen schlafen oft zu mehreren Tieren in den Blüten der Pfirsichblättrigen- oder Rundblättrigen Glockenblume.

Männchen

Männchen

Glockenblumen-Scherenbiene *Chelostoma rapunculi*

Chelostoma rapunculi wird auch Große Glockenblumen-Scherenbiene genannt und ist sozusagen die große Schwester der Kleinen Glockenblumen-Scherenbiene.

Sie ist streng oligolektisch auf Glockenblumen spezialisiert. In unserem Garten wird ihr eine Auswahl an zehn verschiedenen *Campanula*-Arten angeboten, da ich überzeugter Fan dieser Pflanzengattung bin. Ich liebe das Blütenmeer, welches sie Jahr für Jahr in meinen Garten zaubern. Glockenblumen sind robust und unkompliziert, sie mögen Schattenplätze ebenso wie sonnige Lagen. Bodendecker- oder Hängepolster-Glockenblumem blühen so zahlreich und ausdauernd vom Frühjahr bis spät in den Oktober, dass sie unterschiedlichste Wildbienenarten anlocken.

Ihre Nester legt die Glockenblumen-Scherenbiene linear an, daher werden auch künstliche Nisthilfen von ihr angenommen. Sie besiedelt wurmstichiges Totholz aller Art wie löchrige Zaunpfähle oder die Bretter alter Scheunen und Schuppen. Schilfhalme reetgedeckter Dächer oder Bambusröhrchen nimmt sie ebenfalls an. Für die Verschlüsse ihrer Nester verwendet sie einen Mörtel, der aus Lehm, Sand, kleinen Steinchen, Nektar und vermutlich auch Speichel zusammengesetzt ist. Im ausgehärteten Zustand sind diese Nestverschlüsse steinhart.

Flugzeit Mitte Juni - Ende August
Vorkommen häufig
Größe 8-10 mm
Blütenbesuch streng spezialisiert *(streng oligolektisch)*
Erkennungsmerkmale
♀ Kopf und Thorax schwarz, wenig graubraun behaart, weiße feine Tergitränder am Hinterleib, kurze Oberkiefer, Bauchbürste gelblich
♂ wie das Weibchen, aber stärker behaart, gelbbraune, dichte Haare im Gesicht
Lebensraum Waldränder- und Lichtungen, Streuobstwiesen, Siedlungsbereich, Gärten
Lebensweise nistet in vorhandenen Hohlräumen, Pflanzenstängeln, Käferfraßgängen in Totholz, Nisthilfen mit Lochbohrungen von 3,5 mm Durchmesser
Kuckucksbiene Düsterbiene *Stelis minuta (laut Kornmilch, 1995)*, diese Bienenart wird selten nachgewiesen und gilt als selten vorkommend
Blütenvorliebe streng spezialisiert auf Glockenblumengewächse

Blütenbesuch
Borstige Glockenblume
Breitblättrige Glockenblume
Dalmatinische Glockenblume
Grasblättrige Becherglocke
Hängepolster-Glockenblume
Knäuel-Glockenblume
Nesselblättrige Glockenblume
Pfirsichblättrige Glockenblume
Rundblättrige Glockenblume
Stern-Glockenblume
Wiesen-Glockenblume

Die beiden Aufnahmen zeigen Weibchen mit geöffneten Kieferzangen (Mandibeln).

15

Seidenbienenarten

sind in Deutschland bekannt

2 Arten

sind in unserem Garten zu beobachten

Buckel-Seidenbiene
Colletes daviesanus

Seidenbienen

Drei Arten, die nicht aus unserem Garten stammen:

Rainfarn-Seidenbiene
Colletes similis

Heidekraut-Seidenbiene
Colletes succinctus

Frühlings-Seidenbiene
Colletes cunicularius

Seidenbienen
Colletes

Zwei Jahre nachdem der Gemeine Rainfarn *Tanacetum vulgare* einen Platz in unserem Garten bekommen hatte, konnte ich die Buckel-Seidenbiene bei uns beobachten. Sie liebt den Rainfarn – sie ist auf Korbblütler spezialisiert. Vielleicht hat der Rainfarn unseren Garten für diese Wildbiene erst so richtig attraktiv gemacht. Sie ist definitiv ein sehr niedlicher Neuzugang. Da die Buckel-Seidenbiene scheinbar für die Wespen unseres Gartens als Leibspeise gilt, ist sie ununterbrochen auf der Flucht vor ihren Fressfeinden – zum Glück recht erfolgreich. Ein so unruhiger, kleiner Gast ist nicht leicht zu fotografieren. Aber hin und wieder muss auch die unruhigste Biene eine kurze Pause einlegen, um Rast auf einer Blüte zu machen.

Auch bei der Paarung dieser kleinen Seidenbiene geht es eher unromantisch und hektisch zu. Meist stürzen sich gleich mehrere Männchen auf ein Weibchen, um es zu begatten. Bei diesen tumultartigen Angriffen auf die Weibchen entstehen regelrechte Wildbienenknäuel, die sich innerhalb von Sekunden wieder auflösen. Das Weibchen tut dann so, als wäre nichts gewesen und sammelt einfach weiter Pollen.

Seidenbienen – sie kleiden ihre Brutzellen mit einer seidenpapierähnlichen Substanz aus – nisten wie Sandbienen unter der Erde. Die seidige Substanz produzieren sie mit einer Drüse des Hinterleibes. Auf diese Weise werden die Brutzellen gegen Pilz- und Bakterienbefall geschützt. Ihre Erdnester bauen sie vorwiegend in verwitterten Steilwänden und Lößabbrüchen bis über 70 cm in die Tiefe. Die Brutzellen werden hintereinander oder in Abzweigungen angelegt.

Beim Pollensammeln sind die meisten Seidenbienenarten auf bestimmte Pflanzenfamilien spezialisiert oder haben besondere Vorlieben. Die Efeu-Seidenbiene liebt beispielsweise die Blüten des Efeus. Erst seit einigen Jahren blüht unser Efeu, der an einem abgestorbenen Baum emporgeklettert ist. Plötzlich waren mit den Blüten auch die Efeu-Seidenbienen da. Wie spezialisierte Wildbienen so schnell und effektiv ihre Nahrungspflanzen finden können, ist mir ein Rätsel.

Das Wildbienenjahr wird mit der Efeu-Seidenbiene beendet. Sie hat die späteste Flugzeit, denn sie schlüpft erst Ende August.

Buckel-Seidenbiene
Colletes daviesanus

Die Paarung der Buckel-Seidenbiene findet in rasanter Geschwindigkeit statt.

Männchen

Männchen

Buckel-Seidenbiene *Colletes daviesanus*

Die Buckel-Seidenbiene, sie wird auch Gemeine Seidenbiene genannt, sammelt Nektar- und Pollenproviant mithilfe ihrer Haarbürsten an den Hinterschienen sowie in Körbchen, die auf der Unterseite der Hinterschenkel sitzen. Bei der Wahl ihrer Nahrungspflanzen ist sie sehr wählerisch, denn infrage kommen ausschließlich Asteroideae aus der Familie der Korbblütler, wie zum Beispiel Rainfarn und Kamille, aber auch Färber-Kamille, Strohblume und Schafgarbe.

Den Namen verdankt sie ihrem buckeligen, leicht gewölbten Rücken und der Bauweise ihrer Brutzellen. Diese sind mit einer zellophanartig „seidigen" Auskleidung versehen. Die Schichten dieser Zellwandauskleidung bildet sie mithilfe verschiedener selbstproduzierter Sekrete, die aushärten und die Wände stabilisieren. Ihre Nester baut sie in Steilwänden, vertikalen Bodenflächen oder an Abbruchkanten. Auch Nisthilfen werden von ihr angenommen, diese sollten aus Löß, Lehm oder Sandstein bestehen. Gelegentlich nutzt sie Bohrungen in Totholz mit einem Durchmesser von 5-7 mm oder besiedelt Nistziegel.

Zwei häufige Seidenbienenarten, die ebenfalls auf Korbblütler spezialisiert sind, sehen der Buckel-Seidenbiene zum Verwechseln ähnlich: *Colletes similis* und *Colletes fodiens*. Ein Unterscheidungsmerkmal des Weibchens zu diesen beiden Arten ist die glänzende, leichte Erhebung des buckeligen Rückens.

Flugzeit Mitte Juni - Ende August
Vorkommen häufig
Größe ♀ 8-10 mm ♂ 7-10 mm
Blütenbesuch spezialisiert *(oligolektisch)*
Erkennungsmerkmale
♀ Kopf und Thorax seitlich hell, gräulich gelb behaart, Gesicht sehr breit und kurz, Hinterleib mattschwarz mit deutlichen hellen Haarbinden, Abdomenende zugespitzt, Mesonotum (Rücken) buckelig mit glänzender leichter Erhebung
♂ wie das Weibchen, aber insgesamt gräulicher behaart und schlanker, Gesicht dichter behaart, Sternit 6 (Segment an Abdomen-Unterseite) mit zwei behaarten, seitlichen Höckern, Hinterleib stumpf
Lebensraum Sand-, Kies- und Lehmgruben, Steinbrüche, Sandsteinmauern, Ruderalflächen
Lebensweise selbstgegrabene Erdnester in Steilwänden oder an vegetationsarmen Hängen, solitäre Nistweise, oft in größeren Kolonien, Bohrungen in Totholz 5-7 mm Durchmesser
Kuckucksbiene Filzbiene *Epeolus variegatus*
Fleischfliege *Miltogramma punctatum*
Blütenvorliebe spezialisiert auf Korbblütler, vor allem Rainfarn

Blütenbesuch
Einjähriger Feinstrahl
Färber-Kamille
Geruchlose Kamille
Gold-Garbe
Jakobs-Greiskraut
Rainfarn
Sand-Strohblume
Mutterkraut
Wiesen-Schafgarbe
Zier-Strohblume

Männchen

Efeu-Seidenbiene *Colletes hederae*

Die Efeu-Seidenbiene ist der Wissenschaft erst seit Anfang der Neunzigerjahre bekannt. 1993 veröffentlichten Konrad Schmidt und Paul Westrich die Entdeckung dieser bislang unbekannten Seidenbienenart. Seither hat sie sich in Deutschland stark ausgebreitet und ist auch in unserem Garten angekommen. Ein Grund, warum diese Art so spät entdeckt wurde, könnte an ihrer für Wildbienen ungewöhnlich späten Flugzeit liegen. Sie schlüpfen erst Ende August und fliegen bis spät in den Oktober hinein.

Sie ist unverwechselbar und bereits im Feld deutlich zu bestimmen, da sie vor allem Efeu anfliegt und mit ihren ca. vierzehn Millimetern Körpergröße zu den größeren Wildbienenarten zählt. Gemeinsam mit den letzten Honigbienen im Jahr, einigen Schwebfliegenarten und Wespen schwirren sie um die Blütenstände des Efeus.

Ein auffälliges Merkmal der Efeu-Seidenbiene sind die ungewöhnlich breiten, cremefarbenen Binden auf dem sonst schwarzen Hinterleib und der rötlichbraun bepelzte Rücken.

Die Nester werden bevorzugt in senkrecht abfallende Löß- oder Sandhänge zunächst waagerecht, später aber annähernd senkrecht gegraben und können bis zu sechs Zentimeter in die Tiefe reichen. Vier bis sechs Brutzellen werden dort einzeln oder hintereinander angelegt.

Flugzeit Ende August - Ende Oktober
Vorkommen häufig
Größe ♀ 8,5–14,5 mm ♂ 8,5–12,5 mm
Blütenbesuch eingeschränkt spezialisiert (eingeschränkt *oligolektisch*)
Erkennungsmerkmale
♀ Körper braun behaart, Thorax dicht rotbraun bepelzt, an den Seiten heller, Hinterleib schwarz, matt glänzend mit cremefarbenen, breiten Binden
♂ wie das Weibchen, Hinterleib weniger glänzend, hellere Binden
Lebensraum Gärten, Parks, lichte Wälder, Efeubestände mit nahe gelegenen Lößwänden, Sandflächen und Hängen
Lebensweise selbstgegrabene Nester in Steilwänden, größeren Kolonien
Kuckucksbiene Filzbiene *Epeolus cruciger*
Filzbiene *Epeolus fallax*
Ölkäfer *Stenoria analis*
Blütenvorliebe auf Efeu spezialisiert

Blütenbesuch
Gewöhnlicher Efeu
Kaukasischer Efeu

Ist Efeu zum Zeitpunkt des Schlupfes noch nicht verfügbar, werden auch andere Pollenquellen genutzt:

Gallen-Sumach
Gelber Zahntrost
Heidekraut
Herbstzeitlose
Kanadische Goldrute
Savoyer Habichtskraut

Gelbbindige Furchenbiene
Halictus scabiosae

Weibchen an einer Kratzdistel

Furchenbienen
Halictus

Die Bezeichnung Furchenbiene verweist auf eine Längsfurche am Hinterleibsende der Weibchen. Eine weitere Gattung, die Schmalbienen *Lasioglossum*, tragen ebenfalls eine Hinterleibsfurche.

Die meisten Arten der Gattung *Halictus* sind Bodenbrüter. Sie graben bis zu 60 cm tiefe Gänge, die oftmals verzweigt sind. Am Ende eines Ganges befinden sich die Brutzellen, die so fein gearbeitet sind, dass ihnen Regenwasser bei normalen Niederschlägen nicht schaden kann. Das versickernde Regenwasser dringt durch die Verdichtung der Zelle nicht ein. Es gibt auch Arten, die aus Erde Waben bauen, die nur wenige Brutzellen enthalten.

Anders als die meisten Wildbienenarten, die zum Beispiel als Ruhelarve überwintern und im Frühjahr oder Sommer schlüpfen, um sich dann zu paaren, schlüpfen Furchenbienen noch im gleichen Jahr, in dem ihre Entwicklung begonnen hat. Sie überwintern also nicht als Ruhelarve. Die Weibchen überwintern in ihren Nestern, wie es Hummelköniginnen tun und versorgen im kommenden Frühjahr ihre Brut. Die Männchen sterben noch im gleichen Jahr.

Viele Furchenbienenarten leben nicht solitär, sondern semisozial oder primitiv eusozial. Das bedeutet, dass sie nur kleine Völker bilden und eine Königin mit nur wenigen Arbeiterinnen hervorbringen.

18

Furchenbienenarten
sind in Deutschland bekannt

2 Arten
kommen in unserem Garten vor

Alle Aufnahmen zeigen Weibchen

Rotbeinige Furchenbiene *Halictus rubicundus*

Die Rotbeinige Furchenbiene ist eine weitverbreitete und häufige Art. Laut der aktuellen Roten Liste ist sie als mäßig häufig gelistet. Daher bin ich besonders froh, dass diese Furchenbienenart den Weg in unseren Stadtgarten gefunden hat. Die Aufnahmen zeigen sie an einer üppig blühenden Kletterhortensie *Hydrangea petiolaris*, die im Frühsommer von Mitte Mai bis Ende Juni blüht.

Sie nutzt eine Vielzahl von Lebensräumen und besucht die Blüten aus neun Pflanzenfamilien. Pollen sammelt sie an den Blüten von Glockenblumengewächsen, Hahnenfußgewächsen, Kardengewächsen, Korbblütlern, Kreuzblütlern, Rosengewächsen, Schmetterlingsblütlern, Storchschnabelgewächsen und Weidengewächsen.

Diese Art gehört zu den Wildbienen, die eine solitäre oder primitiv eusoziale Lebensweise zeigen. Nach dem Überwintern erscheinen die Weibchen im April und graben ihre Nester an vegetationsarmen Stellen. Aus den im Vorjahr befruchteten Eiern schlüpfen junge Arbeiterinnen. Die Arbeiten im Nest werden aufgeteilt. Erst im Juli schlüpfen die jungen Weibchen und Männchen der nächsten Generation, wobei die Männchen im Herbst sterben und die Weibchen überwintern.

Flugzeit Weibchen ab Anfang April, Männchen ab Ende Juli - Anfang September
Vorkommen mäßig häufig
Größe ♀ 10-11 mm ♂ 9-10 mm
Blütenbesuch unspezialisiert *(polylektisch)*
Erkennungsmerkmale
♀ Kopf und Thorax schwarzbraun mit rötlicher Thorax-Behaarung, Gesicht kürzer als breit, Hinterleib mit schmalen weißlichen Haarbinden, Tarsen des Mittelbeines, Tibia und Tarsen des Hinterbeines rostrot
♂ überwiegend schwarz mit gelblich-grauer Behaarung, Gesicht rundlich, Clypeus wenig vorstehend, Clypeusspitze gelb
Lebensraum Waldränder, Waldlichtungen, Streuobstwiesen, Kahlschläge, Sand-, Kies- & Lehmgruben, Weinberg-Brachen, Hochwasserdämme, Magerwiesen, Gärten, Parks
Lebensweise nistet in selbstgegrabenen Hohlräumen in der Erde, je nach Klima nistet die Art primitiv eusozial oder solitär
Kuckucksbiene Blutbiene *Sphecodes gibbus*
Blütenvorliebe
keine besondere Vorliebe, besucht Blüten aus neun Pflanzenfamilien

Blütenbesuch
Acker-Gänsedistel
Acker-Kratzdistel
Acker-Senf
Apfel
Berg-Sandrapunzel
Birne
Brombeere
Fingerkraut
Flockenblume
Frühlings-Greiskraut
Gewöhnliches Ferkelkraut
Gewöhnliche Kratzdistel
Gewöhnlicher Teufelsabbiss
Kleines Habichtskraut
Löwenzahn
Margerite
Rainfarn
Raps
Scharfer Hahnenfuß
Storchschnabel
Wegwarte
Weide
Weißer Senf
Weißer Steinklee
Weißklee

Männchen

Männchen

Die Aufnahme dieses Männchens entstand im späten September. Die sonst ockergelb gefärbten Tergitbinden sind nun weiß und ausgeblichen.

Gelbbindige Furchenbiene *Halictus scabiosae*

Im August 2022 ist mir diese wärmeliebende Wildbienenart zum ersten Mal in unserem Garten aufgefallen. Bis 1990 wurde sie ausschließlich in den südlichsten und wärmsten Teilen Deutschlands gesichtet. Von dort aus konnte sie aufgrund der klimatischen Veränderungen ihre Verbreitungsgebiete ausweiten. Sie ist eine der wenigen Wildbienenarten, die von der Klimaerwärmung profitieren.

Für den Nestbau in der Erde benötigt sie vegetationsarme, unbewachsene Bodenflächen. Dies können sandige, locker lehmige Böden in ebenen oder geneigten Flächen wie auch Steilwände sein. Die selbstgegrabenen Gänge enden in geschlossenen Brutzellen und können bis zu 30 cm tief in die Erde reichen. Sie gehört zu den Wildbienen, die typisch für ihre Gattung, entweder eine solitäre oder eine primitiv eusoziale Lebensweise wählen. Sind die Bedingungen gut, kann es zu größeren Ansammlungen kommen.

Sie zählt zu den größeren heimischen *Halictus*-Arten. Das Männchen ähnelt der *Halictus sexcinctus*, diese hat allerdings gelblich weiß gefärbte Endbinden auf dem Hinterleib. Ein weiteres deutliches Unterscheidungsmerkmal sind die durchgehend dunkelbraun gefärbten Fühler der Männchen. *Halictus sexcinctus* Männchen besitzen überwiegend gelblich bis rostrot gefärbte Fühler mit dunklen Fühlerenden.

Flugzeit März - Oktober
Vorkommen häufig
Größe 12-14 mm
Blütenbesuch unspezialisiert *(polylektisch)*
Erkennungsmerkmale
♀ Kopf und Thorax schwarz, ockergelb behaart, Hinterleib Tergite 1-4 ockergelbe Endbinden, Tergite 2-3 deutliche Basalbinden, breiter Kopf
♂ Kopf und Thorax schwarz, ockergelb behaart, Hinterleib Tergite 1-6 helle Endbinden, Tergite 2-3 Basalbinden, gelb geringelter Scapus (Fühlerschaft), Fühlerende hakenartig, Clypeusspitze (unteres Kopfschild) gelb
Lebensraum warme trockene Standorte, vegetationsarme Flächen, sonnige Waldsäume, Gärten, Sand- und Lehmgruben
Lebensweise selbstgegrabene primitiv-eusoziale Nester, teilweise in größeren Kolonien, mehrere Generationen im Jahr
Kuckucksbiene Buckelbiene *Sphecodes gibbus*
Blütenvorliebe hauptsächlich Korbblütler, teils auch Geißblattgewächse, Glockenblumengewäche, Kardengewächse, Mohngewächse, Windengewächse

Blütenbesuch
6 Pflanzenfamilien, mit einer deutlichen Vorliebe für Korbblütler.

Alpen-Distel
Artischocke
Blaue Kugeldistel
Blauer Lattich
Durchwachsene Silphie
Echter Alant
Gewöhnliche Kratzdistel
Gewöhnliche Kugeldistel
Gewöhnliches Bitterkraut
Gewöhnliches Ferkelkraut
Grüner Pippau
Krause Distel
Kornblume
Löwenzahn
Rispen-Flockenblume
Skabiosen-Flockenblume
Schmuckkörbchen
Sonnwend-Flockenblume
Wegwarte
Wiesen-Flockenblume
Wiesen-Pippau
Acker-Winde
Zaun-Winde
Berg-Sandrapunzel
Wiesen-Witwenblume
Tauben-Skabiose
Klatsch-Mohn
Tamariske

Löcherbienen *Heriades*

Heriades ist eine Gattung mit wenigen Arten, denn deutschlandweit gibt es nur drei: *Heriades crenulatus, Heriades rubicola* und *Heriades truncorum*. Die Gewöhnliche Löcherbiene ist diejenige, die wir am häufigsten antreffen, auch an unseren Nisthilfen.
Heriades crenulatus ist bislang eher selten nachgewiesen worden. *Heriades rubicola* wurde 2017 zum ersten Mal in Deutschland entdeckt. Sie wurde in Berlin und Sachsen-Anhalt gefunden und breitet sich seither aus dem südlichen Osteuropa nach Deutschland aus.
(Quelle: Eucera Nr. 12 vom 14. Juni 2018, ISSN 1866-1521)

Löcherbienen starten ihren Lebenszyklus recht spät im Jahr. Erst Mitte oder Ende Juni schlüpfen die recht kleinen, sechs bis acht Millimeter großen, nur schwach behaarten schwarzen Wildbienen. Taxonomisch gehören sie zu der Großgattung der Mauerbienen *Osmia*.

Sollten Sie eine Nisthilfe für Wildbienen in Ihrem Garten oder auf dem Balkon installiert haben, sind mit großer Wahrscheinlichkeit ab Mitte Juni die Weibchen der Gemeinen Löcherbiene dort zu finden. Denn diese Art nistet sehr häufig im Siedlungsbereich und nimmt neben löchrigem Totholz, alten Zaunpfählen, alten Holzbalken, hohlen Pflanzenstängeln auch die Bohrlöcher künstlicher Nisthilfen an. Diese sollten einen Durchmesser von drei bis fünf Millimetern haben. Sind Korbblütler in Ihrem Garten vorhanden, wäre der Lebensraum perfekt, denn Löcherbienen sind auf Korbblütler spezialisiert.

Gewöhnliche Löcherbiene
Heriades truncorum

Ein ruhendes, regennasses Weibchen auf dem Jakobs-Greiskraut.

Gekerbte Löcherbiene
Heriades crenulatus

Die Aufnahmen der Gekerbten Löcherbiene sind in Italien entstanden. Ein Unterscheidungsmerkmal der Männchen zu der Gemeinen Löcherbiene sind die Farbe und die Zeichnung der Augen. Diese sind leopardenartig gezeichnet und bläulich gefärbt. Die Augen der Gemeinen Löcherbiene sind nicht gemustert und schwarz.

3
Löcherbienenarten
sind in Deutschland bekannt

1 Art
lebt in unserem Garten

Männchen nach einer regnerischen Nacht

Hier zeigt das Weibchen mit einem Biss in den Hinterleib des Männchens: Schluss jetzt!

Gut sichtbar der kleine Doppelhöcker des Weibchens am Vorderrand des Kopfschildes

Männchen

Gewöhnliche Löcherbiene *Heriades truncorum*

Im Juli 2020 beobachtete ich mit meiner Kamera gerade ein Löcherbienenweibchen beim Pollensammeln, als sich plötzlich ein Männchen dazu gesellte. Genau sieben Sekunden dauerte die Paarung. Nach bereits drei Sekunden begann das Weibchen, das Männchen mit einem Biss in dessen Hinterleib abzuwehren. Solche Aufnahmen entstehen meist durch Zufall. Man muss nur lange genug an einer Staude hocken, dabei das Treiben der Bienen beobachten und den Finger stets auf dem Auslöser halten, um den Moment zu erwischen.

Eine typische Körperbewegung des Weibchens ist das nervös-wippende Auf- und Abbewegen des Hinterleibes. Dieses Wippen führt zu einer direkten Pollenaufnahme in die Bauchbürste. Einmal beobachtet, verhilft dieser typische Habitus der Biene, diese im Feld sicher zu bestimmen. Beide Geschlechter sind sich sehr ähnlich. Die Männchen tragen ein hell behaartes Gesicht. Die Weibchen besitzen auffällig große Kieferzangen. Der vordere Rand des *Clypeus* (zwischen den beiden Zangen) ist gerade abgeflacht und mit einem kleinen Doppelhöcker versehen.

Alant, Distel, Flockenblume, Goldrute, Greiskraut, Kamille, Margerite, Prachtscharte, Rainfarn, Ringelblume, Schafgarbe, Sonnenhut, Wasserdost, Wegwarte und viele mehr – die Zahl der Korbblütler ist groß, so auch das potenzielle Nahrungsangebot für die Gewöhnliche Löcherbiene.

Flugzeit Mitte Juni - Mitte September
Vorkommen häufig
Größe 6-7 mm
Blütenbesuch spezialisiert *(oligolektisch)*
Erkennungsmerkmale
♀ Körper schwarz, wenig weiß behaart, hintere Tergitränder mit weißen, feinen Endbinden, Bauchbürste rötlichgelb, Kieferzange *(Mandibeln)* breit und innen ausgebuchtet, kleine Doppelhöcker am Vorderrand des Clypeus
♂ wie das Weibchen, Hinterleib am Ende nach unten eingekrümmt, Gesicht weiß behaart
Lebensraum Waldränder, Wälder, Steuobstwiesen, Gärten, Parks
Lebensweise nistet in vorhandenen Hohlräumen, Käferfraßgängen in Totholz, hohlen Stängeln, Nisthilfen mit einem Lochdurchmesser von 3 oder 3,5 mm
Kuckucksbiene Düsterbiene *Stelis breviuscula*
Keulenwespe *Sapygina decemguttata*
Blütenvorliebe spezialisiert auf Korbblütler

Blütenbesuch
Acker-Gänsedistel
Alant, Aster
Hundskamille
Geruchlose Kamille
Gewöhnliches Bitterkraut
Gewöhnliches Ferkelkraut
Gewöhnliche Kratzdistel
Gold-Garbe
Goldrute
Großes Flohkraut
Grüner Pippau
Greiskraut
Krause Distel
Margerite
Pippau
Rainfarn
Ringelblume
Rispen-Flockenblume
Schafgarbe
Scheinalant
Sonnenhut
Wasserdost
Weidenblättriges Ochsenauge
Wegwarte

Der Nestverschluss wird aus Baumharzen gefertigt, die mit den Kieferzangen geknetet werden.

Maskenbienen *Hylaeus*

Maskenbienen wurden lange Zeit als die Urbienen unter den Wildbienen angesehen. Noch gilt die recht große Gruppe der *Hylaeus*-Arten als unvollkommen erforscht. In Europa sind bislang etwa achtzig Arten dieser Gattung bekannt.

Sie sind klein, schwarz, unbehaart, tragen weiße oder gelbe Gesichtsmasken und sammeln Pollen und Nektar in einem Kropf, da ihnen die *Scopa* (bürstenartiger Haarbewuchs) als Sammelapparat fehlt. Sie gelten als polylektisch lebende Bienen und suchen hauptsächlich kleinblütige Pflanzen auf. Die Masken der Männchen sind deutlich großflächiger als die der Weibchen und füllen nicht selten den gesamten Gesichtsbereich aus. Die Zeichnung der Weibchen ist auf kleinere gelbe oder weiße Flecken seitlich der Komplexaugen reduziert.

In unseren Gärten sind sie längst angekommen, da sie als unspezialisiert sammelnde Bienen nicht allzu wählerisch sind. Sollten Ihnen diese kleinen Bienen noch nicht aufgefallen sein, liegt das höchstwahrscheinlich an ihrer Größe. Maskenbienen sind sehr klein und daher leicht zu übersehen. Ihre Körpergröße liegt zwischen vier bis neun Millimetern. Da sie zudem glänzend schwarz gefärbt sind, werden sie oft mit kleinen Fliegen verwechselt. Es gibt unter den Maskenbienenweibchen nur eine Art, die von einem Laien mit etwas Erfahrung aufgrund ihrer besonderen Färbung von anderen Weibchen unterschieden werden kann: *Hylaeus variegatus*. Diese schöne Maskenbiene ist leider nicht in unserem Garten zu finden. Sie gilt nach der aktuellen Roten Liste als mäßig häufig und wird daher als gefährdete Art eingestuft.

Maskenbiene
Hylaeus variegatus

Weibchen

Männchen *und ihre Masken*

Weibchen *und ihre Gesichtszeichnung*

Maskenbienen zu bestimmen ist schwerer, als die Bildergalerie vermuten lässt, denn die Gesichtszeichnung innerhalb einer Art, besonders bei den Weibchen, ist teilweise sehr variabel.

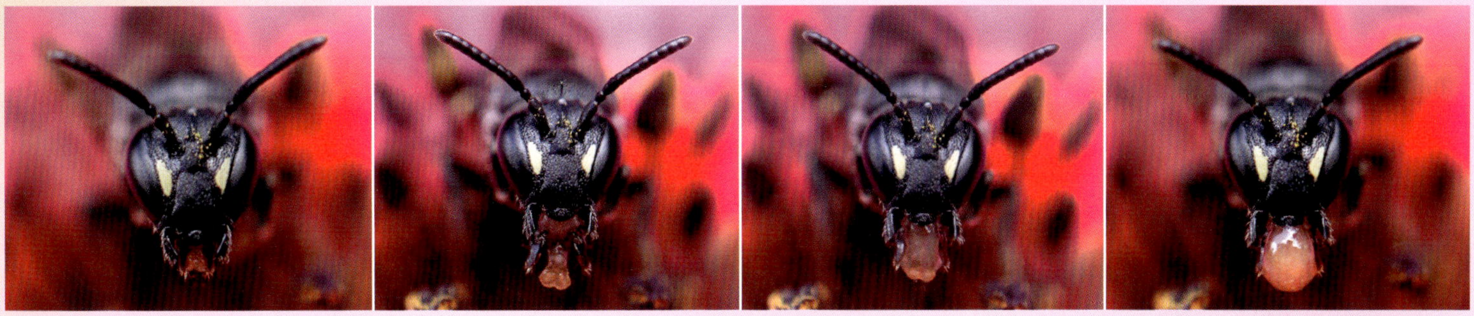

Maskenbienen sammeln Pollen und Nektar in einem Kropf, da sie keinen Sammelapparat zur Pollensammlung besitzen. Ihnen fehlen die Haarbürsten an den Beinen. Man nennt den, ihnen fehlenden Pollenspeicher außerhalb des Körpers, *Scopa*.

Die Abbildungen dieser und der gegenüberliegenden Seite zeigen ein Weibchen der Gewöhnlichen Maskenbiene dabei, wie es den gesammelten Pollen und Nektar verarbeitet, indem es die Masse unzählige Male hervorbringt und wieder einsaugt. Dieser Vorgang dauerte etwa vier Minuten, bis es mit dem gesammelten Schatz vermutlich in Richtung des Nestes davonflog. Den Pollen sammelte es mit den Mundwerkzeugen, den *Mandibeln*, die auf dieser Doppelseite ebenfalls sehr schön zu erkennen sind.

Die kurze und abgestumpfte Zunge dient zum Bau und der Auskleidung der Brutzellen. Wie mit einem Pinsel verstreicht die Maskenbiene ein körpereigenes Sekret, um Rück- und Seitenwände der Brutzellen mit einer seidigen Schicht auszukleiden und zu verschließen.

39

Maskenbienenarten

wurden in Deutschland bislang nachgewiesen

6 Arten

kann ich Ihnen vorstellen

Gewöhnliche Maskenbiene
Hylaeus communis

Ein Weibchen in der Blüte des rosafarbenen Fingerkraut Potentilla nepalensis beim Eindicken des Nektars.

Männchen

Männchen

Männchen

Gewöhnliche Maskenbiene *Hylaeus communis (schwarze Varietät)*

Hylaeus communis ist die häufigste Art ihrer Gattung. Als Generalistin kommt sie mit verschiedensten Lebensräumen und Trachtpflanzen zurecht. Auch bei der Wahl ihrer Nistplätze nimmt sie es nicht so genau. Sie nistet in vorhandenen Hohlräumen in Totholz wie in Käferfraßgängen, in markhaltigen Pflanzenstängeln und in verlassenen Grabwespen-Nestern. Aber auch Risse, kleine Löcher und Fugen in Hauswänden werden von ihr besiedelt. In unserer Hauswand steckt ein Dübel. Sogar dieser wurde als gut befunden, besiedelt und sorgsam mit einer seidigen Membran verschlossen.

Da Maskenbienen keine Sammel- und Transportvorrichtung an den Beinchen besitzen, sammeln und transportieren sie den recht feuchten Pollen-Nektar-Proviant in einem Kropf. Mithilfe der Vorderbeinchen und eines Borstenkammes am Unterkiefer, wird die feuchte Masse aufgenommen und verschluckt. Im Nest wird dieses Gemisch einfach wieder ausgespuckt.

Die Maske der Männchen dieser Art kann in ihrer Form variieren. Die Abbildungen oben zeigen Männchen der schwarzen Variante mit unterschiedlich ausgeprägten Masken. Diese kann mehr oder weniger ausgefüllt sein und ist oft reduziert auf drei gelbe Flecken.

Flugzeit 2 Generationen: Mitte Mai - September, Anfang August-Anfang Oktober
Vorkommen sehr häufig
Größe ♀ 5,5-7 mm ♂ 4,5-6 mm
Blütenbesuch unspezialisiert *(polylektisch)*
Erkennungsmerkmale
♀ Körper schwarz, Gesichts-Seitenflecken gelb, oben innen ausgerandert, quer abgestutzt, Stirnschildchen im Profil stufig von der Stirn abgesetzt, Wangen *(Malae)* deutlich, Halskragen *(Pronotum)* schwarz und scharfkantig, Hinterleibsegment 1 *(Tergum 1)* poliert
♂ Körper schwarz, Gesichtsmaske gelb reduziert, Halskragen *(Pronotum)* schwarz und scharfkantig, Hinterleibsegment 1 *(Tergum 1)* poliert, Fühlerschaft *(Scapus)* kurz, kreiselförmig, mitunter gelb gefleckt
Lebensraum Waldränder, Waldlichtungen, Gärten, Parks, Sandgruben, Kies- und Lehmgruben, Ruderalflächen
Lebensweise nistet in vorhandenen Hohlräumen, Käferfraßgängen, Rissen und Fugen von Hauswänden, markhaltigen Pflanzenstängeln, verlassenen Grabwespen-Nestern
Parasitoide Schmalbauchwespen *Gasteruptionidae*
Blütenvorliebe keine besondere Vorliebe

Blütenbesuch
Acker-Kratzdistel
Acker-Senf
Allium
Blutweiderich
Drüsige Kugeldistel
Färber-Wau
Felsen-Fetthenne
Gänsefingerkraut
Gewöhnliche Kratzdistel
Goldrute
Giersch
Große Sterndolde
Löwenzahn
Mannstreu
Natternkopf
Wilde Resede
Rundblättrige Glockenblume
Schafgarbe
Schmalblättriger Hohlzahn
Sichelklee
Schwertlilie
Sumpf-Salbei
Rainfarn
Wilde Möhre
Wiesen-Pippau

Nistplatz in einem Sechser-Dübel. Leider werden solch exponierte Nistplätze sofort von den Vögeln entdeckt und deren Inhalt verzehrt.

Männchen

Männchen

Männchen

Männchen

Männchen

Gewöhnliche Maskenbiene *Hylaeus communis (gelbe Varietät)*

Die Gewöhnliche Maskenbiene existiert in zwei Varietäten. Es gibt eine gelbe bzw. helle Form und eine dunkle bzw. schwarze Form. Die dunkle Variante der *Hylaeus communis* wird auf der gegenüberliegenden Seite vorgestellt.

Die Weibchen der schwarzen Varietät besitzen einen schwarzen Halskragen *(Pronotum-Oberrand)* ohne gelbe Zeichnung. Die Männchen tragen eine lückige, gelbe Maske, bei der die gelben Flecken unterschiedlich groß ausfallen können, die schwarze Gesichtsfarbe zeigt sich in den Zwischenräumen.

Die Weibchen der gelben Varietät besitzen einen schwarzen Halskragen mit gelber Zeichnung und haben einen kleinen Punktfleck im unteren Bereich des Kopfschildchens. Die Männchen tragen eine voll eingefärbte gelbe Maske.

Beide Varianten der Gewöhnlichen Maskenbiene besuchen die gleichen Trachtpflanzen und bevorzugen den gleichen Lebensraum. Auch die Nistweise ist die gleiche. Die helle Variante tritt jedoch deutlich seltener auf.

Flugzeit 2 Generationen: Mitte Mai - September, Anfang August-Anfang Oktober
Vorkommen tritt seltener auf als die schwarze Varietät
Größe ♀ 5,5-7 mm ♂ 4,5-6 mm
Blütenbesuch unspezialisiert *(polylektisch)*
Erkennungsmerkmale
♀ Körper schwarz, Gesichts-Seitenflecken gelb und ausgedehnt oben innen ausgerandert, quer im Bogen abgestutzt, Punktfleck auf dem Kopfschild *(Clypeus)*, Stirnschildchen im Profil stufig von der Stirn abgesetzt, Wangen *(Malae)* deutlich, Halskragen *(Pronotum)* mit gelben Flecken und scharfkantig, Hinterleibsegment 1 *(Tergum 1)* poliert
♂ Körper nicht selten ganz schwarz, Gesichtsmaske gelb, geschlossen, auf Fühlerhöhe eingeschnürt, Halskragen *(Pronotum)* schwarz und scharfkantig, Hinterleibsegment 1 *(Tergum 1)* poliert, Fühlerschaft *(Scapus)* kurz, kreiselförmig, mitunter gelb gefleckt
Lebensraum Waldränder, Waldlichtungen, Gärten, Parks, Sandgruben, Kies- und Lehmgruben, Ruderalflächen
Lebensweise nistet in vorhandenen Hohlräumen, in Käferfraßgängen, Rissen und Fugen von Hauswänden, markhaltigen Pflanzenstängeln, verlassenen Grabwespen-Nestern
Parasitoide Schmalbauchwespen *Gasteruptionidae*
Blütenvorliebe keine besondere Vorliebe

Blütenbesuch
Acker-Kratzdistel
Acker-Senf
Allium
Blutweiderich
Drüsige Kugeldistel
Färber-Wau
Felsen-Fetthenne
Gänsefingerkraut
Gewöhnliche Kratzdistel
Goldrute
Giersch
Große Sterndolde
Löwenzahn
Mannstreu
Natternkopf
Wilde Resede
Rundblättrige Glockenblume
Schafgarbe
Schmalblättriger Hohlzahn
Sichelklee
Schwertlilie
Sumpf-Salbei
Rainfarn
Wilde Möhre
Wiesen-Pippau

Ein Männchen in der Gewöhnlichen Nachtkerze

Männchen

Männchen

Männchen an der Knotigen Braunwurz

Beulen-Maskenbiene *Hylaeus difformis*

Die Bezeichnung Beulen-Maskenbiene bezieht sich vermutlich auf die im Profil des Männchens sichtbare Beule der Stirn, welche mittig eingebuchtet ist und eine deutliche Erhebung zeigt. Die mittlere Abbildung des Männchens oben rechts zeigt das Gesicht im Profil. Des Weiteren ist der Fühlerschaft beulig verformt und stark nach aussen gebogen. Die Weibchen tragen dreieckig geformte, gelblich gefärbte Seitenflecken in ihrem trapezförmigen Gesicht.

Hylaeus difformis gilt als weit verbreitete, jedoch selten vorkommende Art, daher freue ich mich sehr über die Anwesenheit der kleinen Biene in unserem Garten. Hier finden die Weibchen einige ihrer bevorzugten Pollenquellen wie beispielsweise Brombeere, diverse Laucharten, Goldrute, Glockenblumen und den gewöhnlichen Natternkopf. Die Männchen konnte ich an der Knotigen Braunwurz oder an der Gewöhnlichen Nachtkerze bei der Nektarsuche beobachten.

Möglicherweise gefällt ihr auch der üppig dichte Baumbestand rund um unseren Garten, da sie angeblich offene Waldgebiete oder Waldlichtungen bevorzugt. Ihre Nester legt sie in vorhandenen Hohlräumen wie Käferfraßgängen in Totholz, markhaltigen Pflanzenstängeln, Lehmwänden oder in verlassenen Bauten von Faltenwespen an.

Flugzeit Mitte Juni - September
Vorkommen selten
Größe ♀7-10 mm ♂6-8 mm
Blütenbesuch unspezialisiert *(polylektisch)*
Erkennungsmerkmale
♀ Körper schwarz, Gesicht trapezförmig und nur so lang wie breit, gelbe Seitenflecken dreieckig, Halskragen (Pronotum) schwarz, Tergit 1 poliert, Tergit 1 bis 3 seitlich mit weißen Haarfransen
♂ Körper schwarz, Fühlerschaft stark nach aussen gebogen und mehr als doppelt so breit wie die Geißel, hinten gekrümmt, Fühlerschaft außen gelb liniert, Stirn eingedrückt, Maske gelb, Halskragen (Pronotum) schwarz
Lebensraum Waldränder, Waldlichtungen, waldnahe Wiesen, Gärten, Lehmgruben, Weinbergbrachen
Lebensweise nistet in vorhandenen Hohlräumen von Pflanzenstängeln, Lehmwänden, verlassenen Bauten von Faltenwespen, Käferfraßgängen in Totholz, Nisthilfen, markhaltigen dürren Pflanzenstängeln
Parasitoide nicht bekannt
Blütenvorliebe polylektisch an verschiedenen Pflanzenarten

Blütenbesuch
Berg-Sandrapunzel
Brombeere
Felsen-Fetthenne
Gewöhnlicher Natternkopf
Kanadische Goldrute
Kohl
Lauch
Rundblättrige Glockenblume
Quirlblütiger Salbei

Männchen

Männchen

Männchen

Männchen

Garten-Maskenbiene *Hylaeus hyalinatus*

Maskenbienen sind so klein, dass man sie in der Natur ohne Hilfsmittel kaum voneinander unterscheiden kann. Selbst mithilfe der Makrofotografie fällt es oftmals schwer, die Tiere eindeutig zu bestimmen. Männchen und Weibchen kann man jedoch auch ohne Hilfsmittel voneinander unterscheiden. Die Gesichtsmaske der Männchen ist immer größer und auffälliger als die der Weibchen. Sie kann weiß, hellgelb oder auch gelb gefärbt sein und füllt oft den unteren Bereich zwischen den Augen aus. Die weniger markanten Seitenflecken der Maskenbienenweibchen fallen je nach Art kleiner oder größer aus, können weißlich oder gelb sein und fehlen manchmal komplett.

Hat man das Glück, ein Pärchen vor die Kamera zu bekommen, gibt es keinen Zweifel an der Zusammengehörigkeit der beiden Bienen. So ist die Bestimmung des passenden Weibchens eindeutig wie in diesem Fall. Die Aufnahmen zeigen, dass beide Geschlechter einen gräulich behaarten Brustkasten *(Thorax)* haben. Die meisten Maskenbienen sind übrigens nicht behaart.

Die fünf bis sieben Millimeter kleinen Garten-Maskenbienen suchen Nistmöglichkeiten mit ebenso kleinem Eingang. Dies können Käferfraßgänge ehemaliger Bewohner in Sand-, Löß- & Lehmwänden sein. Sie besiedelt aber auch Hohlräume in Mauerritzen, Mörtelfugen, Steilwänden und Trockenmauern. Sie erreicht Nistmöglichkeiten in einer Höhe von bis zu sechzehn Metern über dem Erdboden.

Flugzeit Anfang Mai - Anfang September
Vorkommen sehr häufig
Größe ♀ 6-7 mm ♂ 5-6 mm
Blütenbesuch vermutlich unspezialisiert *(polylektisch)*
Erkennungsmerkmale
♀ Körper schwarz, Gesicht lang und trapezförmig, Fühlergeißel unten bis ans Ende hell, längliche gelbliche Seitenflecken oben innen ausgerandet, oben abgestutzt, manchmal fehlend, Tergit 1 glatt und mit deutlich weißer Haarbinde, Fühlergeißel unten bis ans Ende hell
♂ Körper schwarz und gräulich behaart, Gesicht trapezförmig, Maske weiß bis gelb, Maske geht über den Fühleransatz hinaus, Geißel unten bis zum Ende aufgehellt, Fühlerschaft gelb gezeichnet und verdickt
Lebensraum Sandgruben, Kies- und Lehmgruben, Weinberge, Obstwiesen, Waldränder, Waldlichtungen, Gärten, Parks, Ruderalflächen
Lebensweise nistet in verschiedenen Hohlräumen, Käferfraßgängen, Rissen und Fugen von Hauswänden, Trockenmauern, Sandwänden, Löß - und Lehmwänden, Bauten von Grabwespen oder Seidenbienen
Parasitoide Schmalbauchwespen *Gasteruptionidae*
Blütenvorliebe besondere Vorliebe für Dickblattgewächse, Glockenblumengewächse, Korbblütler, Kreuzblütler, Resedagewächse, Rosengewächse

Blütenbesuch
Acker-Senf
Berg-Sandrapunzel
Brombeere
Färber-Kamille
Felsen-Fetthenne
Fingerkraut
Flockenblume
Gänse-Fingerkraut
Gewöhnliche Kratzdistel
Giersch
Graukresse
Große Sterndolde
Himbeere
Kletterhortensie
Mannstreu
Margerite
Mutterkraut
Scharfer Mauerpfeffer
Sichelklee
Sophienrauke
Schwertlilie
Wiesen-Schafgarbe
Wilde Möhre
Wilde Resede

Die Paarung der Maskenbiene verläuft nicht so hektisch wie bei vielen anderen Wildbienenarten. Hier sammelt das Weibchen weiter Pollen.

Hier erkennt man den schlanken Fühlerschaft des Männchens.

Gezeichnete Maskenbiene *Hylaeus pictipes*

Hylaeus pictipes ist eine sehr zierliche Maskenbiene. Sie zählt mit *Hylaeus brevicornis* zu den Kleinsten ihrer Gattung.

Wie diese in Deutschland eher seltene Maskenbienenart den Weg in unseren Garten gefunden hat, kann ich nicht sagen. Im Juni 2020 war das abgebildete Pärchen plötzlich da. Sie sammelten gemeinsam an der großen Sterndolde, die ich ebenfalls in diesem Jahr neu gepflanzt hatte.

Während ich die Fotos machte, hielt ich sie für die Mauer-Maskenbiene. Im Feld sind Maskenbienen wegen ihrer winzigen Größe nicht zu bestimmen. Erst bei der Betrachtung meiner Fotos sind mir ihre spezielle Maskenform und der schlanke Fühlerschaft aufgefallen. Denn ein deutliches Unterscheidungsmerkmal zu Maskenbienen mit ähnlicher Maske, ist in diesem Fall der Fühlerschaft *(Scapus)* des Männchens. Dieser ist im Unterschied zu sehr ähnlichen Arten auffallend schlank, nicht viel breiter als die Geißel *(Flagellum)* und nicht verdickt.

Da viele ihrer bevorzugten Blühpflanzen in unserem Garten zu finden sind, hoffe ich, dass diese hübsche kleine Maskenbiene weiterhin bei uns zu Gast sein wird.

Die Verbreitung dieser Art ist noch nicht abschließend geklärt. Sie gilt in Deutschland laut der Roten Liste als mäßig häufig vorkommend.

Flugzeit Mitte Juni - Mitte August
Vorkommen mäßig häufig
Größe ♀ 4-5 mm ♂ 4-5 mm
Blütenbesuch vermutlich unspezialisiert *(polylektisch)*
Erkennungsmerkmale
♀ Gesicht trapezförmig, etwa so lang wie breit, Gesichts-Seitenflecken hellgelb, meist groß, dreieckig, oben oft abgeschnitten, Clypeus manchmal gefleckt, Schläfe nur zwei drittel so breit wie das Auge, Tergit 1 mehr oder weniger deutlich chagriniert mit flachen, zerstreuten Punkten, seitlich mit Haarfranse, Flügel klar
♂ Maske weiß, Seitenflecken gehen bis unter die Fühlerbasen, Fühlerschaft *(Scapus)* schlank, Geißelunterseite bräunlich aufgehellt, Mundwerkzeuge *(Mandibeln)* und Oberlippe *(Labrum)* schwarz, manchmal mit weißem Fleck, Tergit 1 glatt und deutlich punktiert
Lebensraum Wald- und Ufersäume, Flussufer, Lehmgruben, Streuobstwiesen, Brach- und Ruderalflächen, vereinzelt im Siedlungsbereich
Lebensweise nistet in vorhandenen Hohlräumen, Erdlöchern, Mauerfugen, Totholz, Käferfraßgängen, hohlen Pflanzenstängeln
Parasitoide unbekannt
Blütenvorliebe keine besondere Vorliebe

Blütenbesuch
Acker-Hundskamille
Allium
Bärenklau
Brombeere
Berg-Sandrapunzel
Bibernelle
Mannstreu
Natternkopf
Rainfarn
Sterndolde
Wald-Engelwurz
Wilde Möhre
Resede

Männchen

Männchen

Männchen

Männchen

Grobpunktierte Maskenbiene *Hylaeus punctatus*

Hylaeus punctatus gilt als eine relativ seltene Art ihrer Gattung. In Deutschland wurde sie am Oberrhein als häufig vorkommend gemeldet. Die meisten dieser Nachweise vom Oberrhein liegen beinahe drei Jahrzehnte zurück und stammen aus der Zeit nach 1990. Ein weiterer Fund aus dem Jahr 1994 (Schmid-Egger et al. 1995), markierte lange Zeit die Nordgrenze der Verbreitung dieser Maskenbienenart. In den Mittelmeerländern ist sie weit verbreitet.

2020 konnte die Grobpunktierte Maskenbiene durch Andrea Jakubzik und Klaus Cölln für Nordrhein-Westfalen nachgewiesen werden. Gefunden wurde *Hylaeus punctatus* im Zuge eines Monitoringprojektes in Wuppertal am Eskesberg. Durch diesen Fund hat diese Art jetzt auch als Teil der Fauna des Süderberglandes zu gelten.

Der Eskesberg liegt etwa drei Kilometer von unserem Garten entfernt. Ich freue mich sehr, einen so seltenen kleinen Gast in unserem Garten beherbergen zu dürfen. Die ersten Aufnahmen konnte ich Anfang August 2021 machen. Männchen wie auch die Weibchen besuchten regelmäßig die rosafarbenen Blüten des Pyrenäen-Storchschnabel *Geranium pyrenaicum*, der 2021 zum ersten Mal einen Platz in unserem Garten bekommen hat.

Flugzeit Ende Mai - Mitte August
Vorkommen mäßig häufig
Größe ♀ 5-6,5 mm ♂ 5-6 mm
Blütenbesuch unspezialisiert *(polylektisch)*
Erkennungsmerkmale
♀ Gesicht kurz und trapezförmig, Gesichts-Seitenflecken hellgelb, klein, dreieckig, unten dem Clypeus anliegend, oftmals fehlend, Tergit 1 glatt und punktlos, bis zerstreut flach punktiert mit Seitenfransen, Wangen halb so lang wie eine Fühlerbreite, *Mesopleuren* (seitlicher Bereich am Thorax) grob punktiert
♂ Kopf stark konvergierend, Augenabstand oben beinahe doppelt so breit wie unten, Maske weiß und reduziert, Maske meist nur bis zur Höhe der *Clypeusbasis* reichend, Stirnschildchen meist schwarz, Seitenflecken reichen nicht bis zur Fühlerbasis, *Mesopleuren* gröber punktiert als das *Mesonotum* (*Thorax*oberseite), Tergit 1 glatt und grob punktiert
Lebensraum Waldränder, Ruderalflächen, Eisenbahnareale und Siedlungsgebiete
Lebensweise nistet in verschiedenen Hohlräumen
Kuckucksbiene unbekannt
Blütenvorliebe keine besonderen Vorlieben

Blütenbesuch
Feld-Mannstreu
Fetthenne
Giersch
Margerite
Pastinake
Pyrenäen-Storchschnabel
Wald-Engelwurz
Wilde Möhre
Wildkresse
Wilde Resede

Männchen

Männchen

Reseden-Maskenbiene *Hylaeus signatus*

Nur wenige Maskenbienenarten sind so abhängig von einer Pollenquelle wie die Reseden-Maskenbiene. Pollen sammelt sie ausschließlich an der Resede, die auch Wau genannt wird. Die Resede ist in Deutschland recht häufig zu finden. Dieses schöne und wohlriechende Resedagewächs liebt kalkhaltigen, mit Kies durchsetzten Boden, der nährstoffreich und gut durchlässig sein sollte. Staunässe verträgt die Pflanze nicht. Man findet sie daher vor allem an Wegrändern, auf Bahndämmen und auf Ruderalflächen.

Durch die Häufigkeit der Wildpflanze hat die streng spezialisierte Reseden-Maskenbiene keine Schwierigkeiten, an ihre auserwählte Nahrungsquelle zu gelangen. Die Gartenresede *Reseda odorata*, auch Duftresede genannt, wird ebenfalls von ihr angeflogen.

Es heißt, dass nur wenige Pflanzen der Resede ausreichen, um diese kleine Wildbiene anzulocken. Unser Garten ist ein gutes Beispiel dafür. Die Wilde Resede und auch die Färber-Resede haben sich nur sehr spärlich ausgebreitet. Dennoch ist die Reseden-Maskenbiene regelmäßig bei uns zu beobachten. Eine Alternative zu den ein- bis zweijährigen Wildformen der Resede ist die nach Veilchen duftende Garten-Resede. Diese ist allerdings nicht winterhart. In einem Kübel könnte es gelingen, sie an einem hellen, aber kühlen Ort mit wenig Wassergaben über den Winter zu bringen.

Flugzeit Ende Mai - Anfang September
Vorkommen sehr häufig
Größe ♀ 7,5-9 mm ♂ 6-8 mm
Blütenbesuch streng spezialisiert [streng *oligolektisch*]
Erkennungsmerkmale
♀ Gesicht kurz, Gesichts-Seitenflecken weißlich bis gelb, oben abgestutzt, manchmal auch lang dreieckig oder fehlend, Fleckung des Körpers variabel, ganz schwarz oder mit weißen Flecken an Thorax und Beinen, Tergit 1 mit weißen Haarfransen, Flügel glasklar
♂ Gesicht kurz, Maske weiß, Fühlerschaft *[Scapus]* schlank, meist weiß gezeichnet, oben nach außen und nach vorn gebogen, Tergit 1 mit weißen Haarfransen
Lebensraum Flächen mit Resedenbewuchs, Sand- und Lehmgruben, Steinbrüche, Hochwasserdämme, Bahndämme, Feldhaine, Straßenböschungen, Ruderalflächen, Siedlungsbereiche, Gärten
Lebensweise nistet in vorhandenen Hohlräumen in der Erde, Gemäuer, Totholz, Käferfraßgängen, verlassenen Stechimmen-Bauten / in dürren Brombeere- und Rosenranken
Parasitoide Schmalbauchwespe *Gasteruptionidae*
Blütenvorliebe streng spezialisiert auf *Reseda*

Blütenbesuch
Wilde Resede
Färber-Resede
Wohlriechende Resede
Weiße Resede

Um Nektar zu sammeln, fliegt sie unterschiedlichste Pflanzen an. Pollen sammelt sie ausschließlich an den oben genannten Reseda-Arten.

Mit etwas Glück kann man am frühen Abend oder in den Morgenstunden schlafende Männchen einzeln oder in kleinen Gruppen an Pflanzenstängeln der Resede beobachten.

Alle Fotos zeigen Männchen

Gebuchtete Maskenbiene *Hylaeus sinuatus*

Ende Juni 2022 entdeckte ich an unseren Nisthilfen ein Maskenbienen-Männchen mit einer auffällig weißen Gesichtsmaske. Ich nahm an, es sei *Hylaeus pictipes*. Die Männchen dieser Art tragen eine ähnlich gezeichnete, weiße Maske. Bei ausführlicher Betrachtung der Makroaufnahmen zeigte sich, dass ich ein Männchen der Gebuchteten Maskenbiene *Hylaeus sinuatus* fotografiert hatte. Eine Art, die überwiegend in Süd- und Ostdeutschland vorkommt und als mäßig häufig gelistet wird.

Da sich das Männchen an den Nisthilfen aufhielt, wartete es vermutlich auf schlüpfende Weibchen. Diese Art nistet vereinzelt in künstlichen Nisthilfen. Sie baut ihre Nester in vorhandenen Hohlräumen wie in hohlen, markhaltigen Pflanzenstängeln oder in Käferfraßgängen im Totholz. Ihr bevorzugter Lebensraum sind Waldränder und Waldlichtungen, Ruderalflächen, Kahlschläge, Schilfröhrichte, Gebüschsäume mit Brombeerhecken und naturnahe Gärten.

Pollen und Nektar sammelt sie an Doldenblütlern wie der Wilden Möhre, Petersilie oder dem Wald-Engelwurz. Aber auch Korbblütler wie das Mutterkraut oder die Schafgarbe werden angeflogen. Ebenso das Berg-Sandglöckchen aus der Familie der Glockenblumengewächse.

Flugzeit Ende Juni - Ende August
Vorkommen mäßig häufig
Größe ♀ 5-6 mm ♂ 4-6 mm
Blütenbesuch vermutlich unspezialisiert *(polylektisch)*
Erkennungsmerkmale
♀ Gesicht kurz, queroval, Gesichts-Seitenflecken gelb mit charakteristischer Beilform, Tergit 1 glatt oder oberflächlich chagriniert, deutlich punktiert mit größeren Zwischenräumen, seitlich mit Haarfransen
♂ Gesicht queroval mit weißer Maske, die oberhalb des Fühleransatzes stark verbreitert ist, Thorax-Seiten rauh und dicht punktiert, Oberlippe *(Labrum)* und Mundwerkzeuge *(Mandibeln)* oft mit gelbem Punkt, Tergit 1 gerieft und dicht punktiert, Seitenfransen undeutlich
Lebensraum Waldränder und Lichtungen, Ruderalflächen, naturnahe Gärten, Gebüschsäume
Lebensweise nistet in vorhandenen Hohlräumen wie Käferfraßgängen in Totholz, in markhaltigen Pflanzenstängeln, Nisthilfen
Parasitoide unbekannt
Blütenvorliebe Doldenblütler, Korbblütler, Glockenblumengewächse

Blütenbesuch
Berg-Sandglöckchen
Mutterkraut
Petersilie
Wald Engelwurz
Wilde Möhre
Wiesen-Schafgarbe

Schmalbienen

Lasioglossum

Weibliche Schmalbienen tragen eine von feinen Härchen umgebene Längsfurche am Hinterleib. Sie werden Schmalbienen genannt, weil die meisten Männchen dieser Gattung sehr schmal sind und einen deutlich lang gezogenen Hinterleib tragen. Im Unterschied zu den sehr ähnlichen *Halictus*-Arten sitzen die Binden der Schmalbienen in der Regel auf den Tergit-Basen und nicht auf den Tergit-Endrändern. Sie sind klein bis mittelgroß, oftmals braunschwarz bis grünlich gefärbt und im Feld kaum auseinanderzuhalten.

Als Beinsammler transportieren Schmalbienen den gesammelten Pollen mithilfe langer Sammelhaare an den Beinen. Wie die meisten Wildbienenarten nisten auch sie in der Erde. Ihre Nester bauen sie an geraden wie auch an geneigten Bodenflächen, die vegetationslos oder nur schütter bewachsen sind. Fast drei Viertel aller Wildbienenarten nisten im Boden und sind auf unversiegelte, nicht gedüngte und wenig bewachsene Bodenflächen angewiesen. Diese Bedingungen finden Wildbienen in unserem Garten vor, daher nisten auf der kleinen Fläche unseres Gartens so viele unterschiedliche Arten.

Ein Trampelpfad, Fugen zwischen Bodenplatten oder eine Wiesenfläche mit unbewachsenen, lückenhaften Stellen bieten ideale Bedingungen für Bodennister. Bei geeigneten Bodenbedingungen können größere Schmalbienen-Kolonien mit mehreren Tausend Tieren entstehen. Keine Sorge, diese Kolonien von kleinen Wildbienen, die nur vier bis sechzehn Millimeter groß sind, werden Ihnen kaum auffallen oder Sie gar stören. Wildbienen sind erstaunlich unauffällig. Sie fliegen von Blüte zu Blüte und interessieren sich nicht für uns Menschen.

Gewöhnliche Schmalbiene
Lasioglossum calceatum

Männchen

Gewöhnliche Schmalbiene
Lasioglossum calceatum

Typisch für Schmalbienen-Männchen ist der meist gelbliche, vorgezogene Clypeus und der lang gezogene, schlanke Körper.

71

Schmalbienenarten
sind in Deutschland bekannt

5 Arten
leben in unserem Garten

Männchen

Männchen

Männchen

Männchen der hellen und dunklen Variante

Gewöhnliche Schmalbiene *Lasioglossum calceatum*

Die Gewöhnliche Schmalbiene gehört zu der artenreichen Gattung *Lasioglossum*. Diese Gattung zählt allein in Deutschland über siebzig Arten. *Lasioglossum calceatum* ist eine der häufigsten ihrer Gattung. Da sie keine großen Ansprüche an ihren Lebensraum stellt und unzählige Pflanzenfamilien anfliegt, hat sie als Ubiquist gute Überlebenschancen.

Die Weibchen sind nur schwer von ähnlichen *Halictus*-Arten zu unterschieden. Die Männchen tragen meist einen teilweise rot gefärbten Hinterleib, was bei nur wenigen Schmalbienenarten vorkommt. Allerdings gibt es auch eine dunkle Form dieser Art ohne Rotfärbung am Hinterleib.

Lasioglossum calceatum lebt sowohl solitär, hier kümmert sich das Weibchen alleine um die Nachkommen und den Bau des Nestes, als auch eusozial, mit einer Arbeiterinnengeneration und einer zweiten Brut von Geschlechtstieren. Ein überwintertes Weibchen gründet dann das Nest und zeugt die Nachkommen, welche aus Arbeiterinnen und zu einem geringeren Teil aus Männchen bestehen. Die Aufgaben der Brutpflege und die der Nahrungsbeschaffung werden gemeinsam übernommen, es entsteht eine kooperative Arbeitsteilung. Trockenwarme als auch feuchtkühle Standorte werden gleichermaßen für die Nestgründung angenommen. In unseren Gärten suchen sie zumeist vegetationsarme Flächen auf, um dort ihre Nester im Boden anzulegen.

Flugzeit Weibchen ab März, Männchen ab Anfang Juli bis in den Oktober
Vorkommen häufig
Größe 7-10 mm
Blütenbesuch unspezialisiert *(polylektisch)*
Erkennungsmerkmale
♀ Kopf und Thorax schwarzbraun, Hinterleib schwarz mit hellen Binden, wirkt größer als das Männchen, da nicht so schlank
♂ Hinterleib mit rotgefärbten Tergiten und seitlichen Filzflecken auf der Basis der Tergite 2 und 3, Hinterleib kann auch rein schwarz sein, schlanker Körper, teilweise weißgelbe Beinfärbung, unteres Kopfschild *(Clypeusspitze)* gelb, sehr lange Antennen
Lebensraum Gärten, Parks, Waldränder, Auwälder, alpine Gebiete
Lebensweise selbstgegrabene Nester mit zwei Bruten oder auch polygyne Nestbildung, kleine Völker mit bis zu 50 Brutzellen
Kuckucksbiene Blutbiene *Sphecodes monilicornis*
Blütenvorliebe keine besondere Vorliebe, 19 Pflanzenfamilien werden angeflogen

Blütenbesuch
Acker-Gelbstern
Adonisröschen
Apfel / Kastanie / Weide
Ästige Graslilie
Berg-Sandrapunzel
Brombeere
Dolden-Milchstern
Erdbeere
Einjähriges Berufkraut
Flachblatt-Mannstreu
Fingerkraut
Frühlings-Krokus
Gamander-Ehrenpreis
Gänseblümchen
Gewöhnliches Bitterkraut
Gewöhnliche Kratzdistel
Gewöhnliche Waldrebe
Punkt-Gilbweiderich
Glockenheide
Große Sternmiere
Grüner Pippau
Hahnenfuß
Huflattich
Kleines Habichtskraut
Löwenzahn
Margerite
Quirlblütiger Salbei
Raps
Ruprechtskraut
Scharbockskraut
Spitzwegerich
Storchschnabel
Wegwarte
Weißer Senf
Wiesen-Bärenklau
Wiesen-Flockenblume
Wiesenknopf
Wiesen-Schafgarbe
Wiesen-Schaumkraut
Wiesen-Witwenblume

Das Männchen mit den sehr langen, unterseits hellen Antennen im Purpurglöckchen.

Männchen

Männchen

Männchen

Männchen

Braunfühler-Schmalbiene *Lasioglossum fulvicorne*

Ähnlich unkompliziert wie die Gewöhnliche Schmalbiene stellt auch sie keine hohen Ansprüche an Lebensraum oder Nahrungsquellen. Sie fliegt zwar nur fünf Pflanzenfamilien an, darunter ist jedoch die große Gruppe der Korbblütler, die allein unzählige Arten hervorbringt. So ist auch sie als Ubiquist nicht gefährdet und in ganz Deutschland verbreitet.

Ab Ende März schlüpfen begattete Weibchen, nachdem sie in ihrem Versteck überwintert haben. Sie begeben sich sogleich auf Nahrungs- und Nestsuche und beginnen mit dem Brutgeschäft. Die Paarung hat bereits im Sommer des Vorjahres stattgefunden. Nach der Begattung im Herbst sterben die Männchen. Junge Männchen schlüpfen erst wieder im Juli. Diese Art der versetzten Schlupfzeit ist typisch für Furchen- bzw. Schmalbienen.

Weibliche Schmalbienen wie auch Furchenbienen tragen eine Furche am Hinterleib. Braunfühler-Schmalbienen gleichen in ihrer gesamten Erscheinung der Gewöhnlichen Schmalbiene und sind im Feld nicht voneinander zu unterscheiden. Die Bestimmung kleiner *Lasioglossum*-Arten ist anhand von Fotos nicht eindeutig zu klären, daher könnte es sich hier auch um die ebenso kleine und häufigere Furchenbiene *Lasioglossum pauxillum* handeln.

Flugzeit Weibchen ab Ende März, Männchen ab Anfang Juli bis Mitte August

Vorkommen häufig

Größe ♀ 6-7 mm ♂ 6-8 mm

Blütenbesuch unspezialisiert *(polylektisch)*

Erkennungsmerkmale

♀ Kopf und Thorax schwarzbraun, rundliches Gesicht, kürzer als breit, Hinterleib schwarz, Tergit 1 glatt, nur schwach punktiert, filzartige Flecken an den vorderen Ecken der Tergite 2 und 3, wirkt größer als das Männchen, da nicht so schlank

♂ wie das Weibchen, aber schlanker Körper, unteres Kopfschild *(Clypeusspitze)* gelb, sehr lange Antennen, Unterseite gelblich, Antennenglieder 1,5 mal so lang wie breit

Lebensraum Waldränder, Waldlichtungen, Streuobstwiesen, Flugsandfelder, Sand- & Lehmgruben, Gärten, Parks, Weinbergbrachen, Hochwasserdämme

Lebensweise nistet in selbstgegrabenen Hohlräumen in der Erde, kleine bis größere Kolonien, vermutlich solitär

Kuckucksbiene Blutbiene *Sphecodes ferruginatus* Blutbiene *Sphecodes hyalinatus*

Blütenvorliebe keine besondere Vorliebe, besucht Blüten aus fünf Pflanzenfamilien

Blütenbesuch
Acker-Senf
Apfel
Fingerkraut
Heidekraut
Kanadische Goldrute
Löwenzahn
Rainfarn
Raps
Wegwarte
Weide

Die Fühlerglieder des Männchens sind doppelt so lang wie breit, bis auf das dritte Fühlerglied. Dieses ist etwa so breit wie lang.

Dunkelgrüne Schmalbiene *Lasioglossum morio*

Es gibt neun Schmalbienenarten, die metallisch grün schimmern. Die häufigste unter ihnen ist die Dunkelgrüne Schmalbiene. Beide Geschlechter unterscheiden sich kaum von den anderen grünlich schimmernden Schmalbienenarten. Eine exakte Bestimmung ist ausschließlich mithilfe eines Binokulars möglich.

Bei den Abbildungen des Weibchens auf der Pfirsichblättrigen Glockenblume hatte ich das Glück, dass es sich an meine Anwesenheit gewöhnt hatte und eine längere Pause einlegte. Mehrere Stunden mit der Kamera auf einen guten Moment zu warten, ist in der Makrofotografie keine Ausnahme, sondern notwendig, um scharfe Fotos zu bekommen.

Die Bilder zeigen ein Erkennungsmerkmal, welches das Weibchen der *Lasioglossum morio* von der *Lasioglossum nitidulum* (die beiden häufigsten grün schimmernden Arten) unterscheidet. Es ist der vorgezogene Mundbereich, also der *Clypeus*, der bei dem Weibchen der ähnlichen Art eher der Rundung der Kopfform folgt (siehe Pfeil). Ein weiteres Unterscheidungsmerkmal des Weibchens zu *Lasioglossum nitidulum*, ist der braunschwarze Hinterleib, der selten grünlich schimmert.

Flugzeit Weibchen ab Anfang April, Männchen ab Anfang Juli
Vorkommen sehr häufig
Größe 5-6 mm
Blütenbesuch unspezialisiert *(polylektisch)*
Erkennungsmerkmale
♀ Kopf und Thorax metallisch matt grün, Gesicht rundlich bis länglich, lang vorgezogener Clypeus, Stutz oben nicht oder undeutlich abgegrenzt, Hinterleib braunschwarz, selten grünlich mit hellen, zerstreut punktierten Binden
♂ Kopf und Thorax metallisch matt grün, schlanker Körper, Hinterleib fast schwarz, unteres Kopfschild *(Clypeusspitze)* schmal und gelb, lange Antennen, Unterseite gelblich, Antennenglieder 1,5 mal so lang wie breit, Fühlerglied 3 kürzer als breit
Lebensraum Ruderalflächen, Siedlungsbereich, Straßenböschungen, Gärten, Parks
Lebensweise nistet in selbstgegrabenen Hohlräumen in der Erde, in Abbrüchen und Mörtel von Fachwerkbauten, in wenig bewachsenem Boden, oft in kleineren Kolonien
Kuckucksbiene Blutbiene *Sphecodes miniatus*, Blutbiene *Sphecodes niger*, vermutlich auch Blutbiene *Sphecodes geofrellus* und Wespenbiene *Nomada furva*
Blütenvorliebe Blüten aus zwölf Pflanzenfamilien

Blütenbesuch
Acker-Winde
Apfel
Berg-Sandrapunzel
Blutweiderich
Fingerhut
Fingerkraut
Gänseblümchen
Gewöhnlicher Natternkopf
Hahnenfuß
Kleines Habichtskraut
Kohl
Küchenschelle
Lauch
Löwenzahn
Margerite
Raps
Rundblättrige Glockenblume
Schwarze Teufelskralle
Silberkraut
Storchschnabel
Tag-Lichtnelke
Thymian
Tüpfel-Johanniskraut
Wegwarte
Weißer Senf
Wiesen-Schafgarbe
Ziest

Männchen

Männchen

Grünglanz-Schmalbiene *Lasioglossum nitidulum*

Vermutlich handelt es sich bei den Aufnahmen dieser Seite um *Lasioglossum nitidulum*. Nach einem Ausschlussverfahren blieben drei mögliche Schmalbienenarten, die grünlich schimmern und in unserem Garten vorkommen könnten, übrig. Allein vier der neun grünlich schimmernden Arten kommen ausschließlich in den Alpen vor. Zwei weitere haben einen anderen Flugzeitraum als die, die ich fotografisch dokumentiert habe. Übrig bleiben *Lasioglossum leucopus*, welche mäßig häufig vorkommt und die beiden Arten, die ich Ihnen hier vorstelle. *Lasioglossum leucopus* hat einen typisch runden Kopf, der sie eindeutig von *Lasioglossum morio* und *Lasioglossum nitidulum* abgrenzt.

Die Grünglanz-Schmalbiene besiedelt gerne felsige Trockenhänge und Weinberge. Sie ist auch häufig im Siedlungsbereich mit Trockenmauern und Steilwänden zu finden, denn als Lage für ihre Nester bevorzugt sie vertikale Strukturen.

Unser Garten wird rückseitig von einer etwa 5-6 Meter hohen Naturstein- und Ziegelmauer gestützt. Hier findet diese kleine Schmalbiene ausreichend Ritzen und Fugen für den Bau ihrer Nester. Sie nutzt auch die Ritzen und Fugen in alten Gemäuern. Horizontale Flächen in der Erde werden von ihr ebenfalls besiedelt.

Flugzeit Weibchen ab Ende März, Männchen ab Anfang Juli
Vorkommen häufig
Größe 6 mm
Blütenbesuch unspezialisiert *(polylektisch)*
Erkennungsmerkmale
♀ metallisch grün, längliches Gesicht, Stirn sehr dicht punktiert und matt, Mesonotum dicht punktiert, Stutz kantig begrenzt, Tergite fein chagriniert, mittlere Tergite mit großen basalen Haarflecken
♂ Kopf und Thorax grün, Gesicht länglich, Stirnschildchen dicht punktiert, unteres Kopfschild *(Clypeusspitze)* vorn gelb, Fühlergeißel Unterseite gelblich, Fühlerglied 3 fast quadratisch oder länger, Antennenglieder 1,5 mal so lang wie breit, Mesonotum dicht punktiert und glänzend, Tergite glänzend und dicht punktiert, T. 2 und 3 mit großen basalen Haarflecken und an der Basis breit eingedrückt
Lebensraum Siedlungsbereich, Gärten, Parks, Weinberge, Trockenhänge, Trockenmauern
Lebensweise nistet in selbstgegrabenen Hohlräumen in der Erde, Ritzen und Fugen
Kuckucksbiene nicht bekannt
Blütenvorliebe keine besondere Vorliebe, besucht Blüten aus zwölf Pflanzenfamilien

Blütenbesuch
Acker-Rittersporn
Acker-Senf
Alant
Berg-Sandrapunzel
Felsen-Steinkraut
Gewöhnliches Bitterkraut
Gewöhnliche Kratzdistel
Gewöhnlicher Natternkopf
Gewöhnliches Sonnenröschen
Hahnenfuß
Hain-Salbei
Hängepolster-Glockenblume
Katzenminze
Klatschmohn
Kleinblütige Königskerze
Kleines Habichtskraut
Kriechendes Fingerkraut
Lauch
Löwenzahn
Raps
Margerite
Wegwarte
Weißer Senf
Wiesen-Flockenblume
Wiesenkerbel

Das Gesichtsschild des Männchens oberhalb der Oberlippe (Clypeus) ist vorn gelb und seitlich abgerundet.

Männchen

Männchen

Männchen

Männchen

Schmalbiene *Lasioglossum sexnotatum*

Sie wird Sechsfleckige Furchenbiene oder teilweise auch Spargel-Schmalbiene genannt. Letzteres weist auf den Blütenbesuch der Weibchen hin, welche neben einer umfangreichen Auswahl an Blühpflanzen, den Gewöhnlichen Spargel *Asparagus officialis* nutzt.

Obwohl diese Schmalbiene eine ausgesprochen polylektische Art ist, wird sie nur selten gesichtet. Sie gilt laut der Roten Liste als gefährdete Art. Daher freue ich mich sehr über ihre Anwesenheit in unserem Garten.

Ende Juli 2022 konnte ich erstmals ein Männchen bei der Nektaraufnahme an der Knotigen Braunwurz *Scrophularia nodosa* beobachten, seit Jahren wächst dieses unscheinbare, einheimische Braunwurzgewächs an einem schattigen Platz mit magerem Boden. Für das leibliche Wohl der kleinen Biene stehen zudem Akelei, Ackersenf, Flockenblume, Gamander-Ehrenpreis, Löwenzahn, Mohn, Schafgarbe, Schöllkraut und Scharfer Hahnenfuß zur Verfügung. Außerdem besucht sie Pflanzen wie Barbarakraut, Brombeere, Blauglöckchen, Königskerze, Weide und Zaunrübe.

Flugzeit April - September
Vorkommen selten
Größe 9-11 mm
Blütenbesuch unspezialisiert *(polylektisch)*
Erkennungsmerkmale
♀ Kopf und Körper schwarz, Körper schlank, Gesicht rundlich, Tergit 1 glatt, Tergite 2 und 3 mit großen basalen Haarflecken
♂ dem Weibchen sehr ähnlich, Gesicht rundlich, weniger lang als breit, Fühler dunkel
Lebensraum Magerrasen, Wegböschungen, Lößhohlwege, Gärten, Siedlungsbereiche, Ruderalflächen, Industriebrachen
Lebensweise nistet in selbstgegrabenen Hohlräumen im Erdreich
Kuckucksbiene nicht bekannt
Blütenvorliebe 10 Pflanzenfamilien: Blutweiderichgewächse, Hahnenfußgewächse, Korbblütler, Kreuzblütler, Liliengewächse, Rachenblütler, Raublattgewächse, Rosengewächse, Spargelgewächse, Weidengewächse

Blütenbesuch
Acker-Senf
Akelei
Barbarakraut
Blauglocken
Brombeere
Gamander-Ehrenpreis
Klatschmohn
Knotige Braunwurz
Löwenzahn
Mehlige Königskerze
Orientalischer Mohn
Rotfrüchtige Zaunrübe
Scharfer-Hahnenfuß
Schöllkraut
Spargel
Weide
Wiesen-Flockenblume
Wiesen-Schafgarbe
Zuckerschötchen

Schenkelbienen
Macropis

Nur zwei Schenkelbienenarten gibt es deutschlandweit. Beide Arten sind außergewöhnlich und hoch spezialisiert. Sie sammeln nicht wie andere Wildbienenarten Pollen und Nektar für die Versorgung ihrer Brut. Sie sammeln stattdessen Pollen und Pflanzenöl. Bei ihren Sammelflügen steuern sie ausschließlich drei *Lysimachia*-Arten an, um an diesen sehr speziellen Larvenproviant zu gelangen.

Der Gewöhnliche Gilbweiderich, der Punktierte Gilbweiderich und das Pfenningkraut stehen als Nahrungsquelle zur Verfügung. Diese produzieren anstelle von Nektar Öl. Schenkelbienen sammeln das Öl der Pflanzen mithilfe von Saugpolstern an ihren Mittelbeinen. Sie vermischen den Pollen und das Öl zu einer klumpigen Masse und transportieren den energiereichen Ölkuchen mit ihren großen Hinterschenkelbürsten in ihr Nest.

Da diese *Lysimachia*-Arten keinen Nektar liefern, müssen Schenkelbienen zur eigenen Ernährung auf andere Pflanzen ausweichen. Hier bevorzugen sie den Blutweiderich, den Sumpf-Storchschnabel, die Acker-Kratzdistel und die Sumpf-Kratzdistel.

Zwei schlafende Männchen

Schneeweiße Binde

Auen-Schenkelbiene
Macropis europaea

Das Weibchen trägt eine schneeweiße Binde an den sonst schwarzen Hinterbeinen. Eine auffällig große Schienenbürste – die Sammelvorrichtung für das Öl-Pollengemisch.

Wald-Schenkelbiene
Macropis fulvipes

Ein Weibchen im Wald-Storchschnabel

2

Schenkelbienenarten
sind in Deutschland bekannt

Beide Arten gelten laut der Roten Liste in ihrem Vorkommen in Deutschland als selten oder als mäßig häufig

1 Art
kann ich Ihnen vorstellen

Männchen

Männchen

Weibchen im Gilbweiderich mit öligem Pollen an den Hinterschienen

Männchen

Wald-Schenkelbiene *Macropis fulvipes*

Weltweit gibt es nur sechzehn Schenkelbienenarten. In Deutschland kommen nur zwei Arten vor, beide sind streng spezialisiert auf Ölblumen und im Feld kaum voneinander zu unterscheiden. Ein Unterscheidungsmerkmal der Weibchen ist die Färbung der letzten Beinpaare. Die Wald-Schenkelbiene hat gelblich behaarte Hinterschienen mit einem rotbraunen Fersenglied. Die Auen-Schenkelbiene hingegen hat auffällig weiß behaarte Hinterschienen mit einem schwarz gefärbten Fersenglied.

Wenn Sie diese beiden Wildbienenarten in Ihren Garten locken möchten, reicht es nicht, wenn Sie allein den Gewöhnlichen Gilbweiderich, den Punktierten Gilbweiderich oder das Pfennigkraut pflanzen, denn Ölblumen produzieren keinen Nektar. Da Wildbienen sich von Nektar ernähren, müssen die Schenkelbienen auf andere Blühpflanzen, die Nektar bieten, ausweichen. Aber auch hier sind sie spezialisiert. Sie suchen zur eigenen Ernährung zum Beispiel Storchschnabel, Ysop-Weiderich, Kratzdistel, Wald-Ziest und Brombeere auf.

Bei meinen Fotoausflügen in Gärten von Freunden sind mir immer wieder Wald-Schenkelbienen begegnet. Auch in Gärten, die nicht in Waldnähe liegen. Unser Garten ist ein Beispiel dafür, dass diese Art sich im Siedlungsbereich ohne Waldanbindung wohlfühlen kann, vorausgesetzt, sie findet ihre Lieblingspflanzen.

Flugzeit Ende Juni - Ende August
Vorkommen selten
Größe ♀ 8-9 mm ♂ 8 mm
Blütenbesuch streng spezialisiert
(streng *oligolektisch*)
Erkennungsmerkmale
♀ Kopf und Thorax schwarz, locker gelbbraun behaart, Transportbürste (*Scopa*) weiß, Tergite 1 und 2 fast kahl, glänzend, Tergite 3 und 4 am Ende mit weißen Haarbinden, Tergit 1 mittig schmal unterbrochen, Fersenglied 2+3 rotbraun behaart
♂ überwiegend schwarz, gelbgrau behaart, Gesicht mit gelber Zeichnung, Tergite 3-5 mit weißlichen Haarbinden, Tergit 1 mittig unterbrochen
Lebensraum Waldränder, Waldlichtungen, Gärten und Parks mit Gilbweiderichbeständen
Lebensweise nistet in selbstgegrabenen Hohlräumen in der Erde
Kuckucksbiene Schmuckbiene
Epeoloides coecutiens
Blütenvorliebe streng spezialisiert auf Ölblumen
Das Pfennigkraut *Lysimachia nummularia* gedeiht auf mäßig feuchten lehmigen Böden und wird als Bodendecker gerne zur Einfassung von Gartenteichen angepflanzt, findet sich aufgrund der sehr geringen Wuchshöhe aber oft auch unerkannt in Gärten. Es stellt für *Macropis fulvipes* die ursprüngliche Ölquelle dar.

Blütenbesuch
Gewöhnlicher Gilbweiderich
Punktierter Gilbweiderich
Pfennigkraut

Weil Ölblumen keinen Nektar produzieren, müssen die Bienen zur Eigenversorgung auf andere Pflanzen ausweichen.

Nektarquellen
Blut-Storchschnabel
Brombeere
Acker- und Sumpf-Kratzdistel
Wald-Storchschnabel
Wiesen-Storchschnabel
Wald-Ziest
Ysop-Weiderich

Maskenvergleich der Männchen

oben Auen-Schenkelbiene
unten Wald-Schenkelbiene

Die Masken sind sehr ähnlich, allein die Oberlippe (Labrum) der Wald-Schenkelbiene ist gelb und nicht schwarz.

Blattschneider- und Mörtelbienen
Megachile

23
Megachile-Arten
sind in Deutschland bekannt

2 Arten
leben in unserem Garten

Die Gattung *Megachile* fasst Blattschneiderbienen und Mörtelbienen zusammen. Sie unterscheiden sich in der Art und Weise der Fortpflanzung und des Baues ihrer Nester. Blattschneiderbienen nutzen Laubblätter und manchmal auch Blütenblätter zum Bau ihrer Nester. Sie schneiden mit ihren Mundwerkzeugen rundliche Blattstücke zurecht, falten diese in der Mitte zusammen und transportieren sie zum Nest. Das Nest besteht aus mehreren Blattstückchen, die zu einer Art Zigarre gerollt werden und mehrere Brutzellen enthalten.

Mörtelbienen verarbeiten hingegen mineralisches Material wie Lehm, Sand und Steinchen, teils in Kombination mit Harzen für den Bau ihrer Brutzellen. Diese befinden sich an Steinen, Felsen oder in Hohlräumen im Boden.

Die Weibchen der Blattschneiderbienen, wie auch die der Mörtelbienen, sammeln den Pollen mithilfe ihrer Bauchbürste. Ein weiteres gemeinsames Merkmal ist ihre robuste, recht kompakte Gestalt, wie die große Abbildung dieser Seite sehr schön zeigt. Die Männchen tragen oftmals an den vorderen Beinpaaren verbreiterte Vordertarsen mit auffällig hellen Haarfransen.

Der Laie könnte sie mit einer Honigbiene verwechseln. Macht eine Wildbiene jedoch einen Handstand in der Blüte oder entdecken Sie bei einer Wildbiene den schräg nach oben abgewinkelten Hinterleib, ist es ganz sicher ein *Megachile*-Weibchen.

Garten-Blattschneiderbiene
Megachile willughbiella

Ein Weibchen auf dem Blatt des Frauenmantels

Die Kiefernzangen der Weibchen weisen vier Zacken auf

Blattschneiderbienen-Weibchen

schneiden für den Bau ihrer Brutzellen und Nestverschlüsse ovale und runde Stücke aus Laub- und Blütenblättern

Filzzahn-Blattschneiderbiene
Megachile pilidens
Weibchen

Ein Weibchen beim Ausschneiden des Blattstückes

Die Blattausschnitte

Der Transport: das Blattstück wird unter dem Bauch festgehalten

Männchen

Männchen

Platterbsen-Mörtelbiene *Megachile ericetorum*

Mörtelbienen kleiden ihre aus Lehm- und Sandmörtel gebauten Brutzellen mit einer Harzschicht aus. Diese Zellen werden dann in unterschiedlichen Hohlräumen untergebracht. Ihre Spezialisierung auf Schmetterlingsblütler und die Abhängigkeit von Ruderalflächen oder naturbelassenen Gärten erschweren ihr das Überleben.

Ab dem Zeitpunkt, da die Breitblättrige Platterbse in unserem Garten ein bestimmtes Volumen angenommen hatte, war die Platterbsen-Mörtelbiene plötzlich da. Männchen wie Weibchen besuchen vor allem *Lathyrus*-Arten wie die Breitblättrige-, Knollen-, Verschiedenblättrige- und Wald-Platterbse sowie die Gartenwicke. Die Männchen fliegen zur eigenen Ernährung weitere Pflanzen wie beispielsweise Akelei, Fetthenne, Katzenminze, Lavendel, Malve oder Ziest an.

Es ist besonders wichtig, oligolektischen Wildbienen Nahrung in Form ihrer bevorzugten Blühpflanzen anzubieten. Wir unterstützen damit den Erhalt dieser in Abhängigkeit lebenden, oftmals gefährdeten Arten. Vielerorts sind die Bestände der Platterbsen-Mörtelbiene zurückgegangen oder gar erloschen. In Gärten können die erforderlichen Existenzbedingungen dieser wunderschönen Wildbienenart leicht geschaffen werden. Es ist sicher nur eine Frage der Zeit, bis sich diese häufige Biene auch in Ihrem Garten blicken lässt.

Flugzeit Juni - August
Vorkommen mäßig häufig
Größe ♀13-15 mm ♂12-14 mm
Blütenbesuch spezialisiert *(oligolektisch)*
Erkennungsmerkmale
♀ Körper schwarz, weißlich behaart, Kopf und Thorax braun behaart, Hinterleib mit deutlichen, nicht unterbrochenen Terminalbinden, Bauchbürste gelborange, Kieferzange mit zwei Zähnen
♂ wie das Weibchen, aber mit weißen Fransen an den rötlichen Vorder-Tarsen (Fußgliedern), Endtergit mit spitzem Dorn und gezackter Kante, Behaarung insgesamt weißlich
Lebensraum Brachen, Ruderalflächen, Gärten, Trockenhänge
Lebensweise Nester in Hohlräumen wie Mauerfugen, Felsspalten, Erdlöchern, Pflanzenstängeln, Trockenmauern, Holz, Lehmwänden, Nisthilfen mit 6 mm Lochdurchmesser
Kuckucksbiene Kegelbiene *Coelioxys aurolimbata*
Blütenvorliebe Schmetterlingsblütler

Blütenbesuch
Bunte Kronwicke
Breitblättrige Platterbse*
Dornige Hauhechel
Felderbse
Feuerbohne
Gartenwicke
Gewöhnlicher Hornklee*
Knollen-Platterbse
Kriechende Hauhechel
Schwarzwerdender Geißklee
Verschiedenblättrige Platterbse
Vielblättrige Lupine
Wald-Platterbse
Weißer Steinklee

Das Männchen mit den typischen Haarfransen an den vorderen Beinchen

Der typische Handstand des Weibchens in der Blüte

Ein Unterscheidungsmerkmal zu sehr ähnlichen Blattschneiderbienen sind die schwarzen Haare am Endtergit des Weibchens.

Garten-Blattschneiderbiene *Megachile willughbiella*

In Sekundenschnelle schneidet die Blattschneiderbiene runde und ovale Stücke aus Laub- oder Blütenblättern. Diese rollt sie wie eine Zigarre zusammen, deponiert Eier und Proviant darin und verschließt die Enden mit einer Art Pflanzenmörtel. Die kleinen, gefüllten Zigarren versteckt sie meist in oberirdischen, aber auch in unterirdischen Hohlräumen. Diese Hohlräume können Käferfraßgänge, Mauerritzen oder selbstgegrabene Gänge in Totholz sein. Auch unter Baumrinden und in morschen Baumstümpfen gräbt sie ihre Gänge. Sogar in Blumenkästen oder auch in Nisthilfen deponiert sie ihre Brut. Die Bohrungen in Nisthilfen sollten einen Innendurchmesser von sechs Millimetern haben.

Eigentlich solitär lebend, nistet sie gelegentlich kommunal. Mehrere Weibchen nutzen dasselbe Nest oder teilen sich den gleichen Nesteingang. Zu ihren Lebensräumen gehören Waldränder und Waldlichtungen, in denen Totholz zu finden ist. In Gärten und Parks nutzt sie für ihre Nistplätze gerne Trockenmauern, morsche Balken von Holzschuppen oder naturbelassenen Zäunen und sogar Pflanzkübel oder Blumenkästen. Der Pollen wird mittels ihrer orangeroten Bauchbürste gesammelt und transportiert. Sie zeigt bei der Sammlung des Pollens eine besondere Fähigkeit, die unter den *Megachile*-Arten nicht oft vorkommt. Durch eine Vibration der indirekten Flügelmuskulatur ist sie in der Lage, Pollen aus den Blüten des Klappertopfes (Sommerwurzgewächs) zu gewinnen.

Flugzeit Juni-September, in langen heißen Sommern möglicherweise eine 2. Generation ab Mitte August
Vorkommen häufig
Größe ♀ 12-15 mm ♂ 13-14 mm
Blütenbesuch unspezialisiert *(polylektisch)*
Erkennungsmerkmale
♀ Körper gelbbraun behaart, Kopf und Scheitel dunkler, Hinterleib Tergite 1-3 lang gelbbraun behaart, Tergite 3-5 schmale Endbinden, Tergit 6 mit abstehenden schwarzen Haaren, Bauchbürste orangerot, Kieferzange *(Mandibel)* mit vier Zacken, Sternit mit schwarzen Haaren
♂ wie das Weibchen aber schlanker, lange weiße Fransen an den Vorder-Tarsen (Fußgliedern), Fühlerglied am Ende oval verbreitert, Hinterleib lang, gelbbraun behaart
Lebensraum Waldränder, Gärten, Trockenmauern, Brachen, Parks, Steil- und Lößwände
Lebensweise Nester in Hohlräumen wie Mauerfugen, Felsspalten, Käferfraßgängen in Totholz, Nistkästen
Kuckucksbiene Kegelbiene *Coelioxys elongata*, Kegelbiene *Coelioxys quadridentata*

Blütenvorliebe nicht spezialisiert aber eine besondere Vorliebe für Dickblattgewächse, Glockenblumen, Korbblütengewächse, Nachtkerzengewächse, Schmetterlingsblütler

Blütenbesuch
Basilikum
Blütensalbei
Boretsch
Färber-Ginster
Felsen-Fetthenne
Gemeiner Dost
Gewöhnlicher Hornklee
Gewöhnliche Kratzdistel
diverse Glockenblumen
Hauhechel
Kugel-Teufelskralle
Maiblumenstrauch
Platterbse
Rotkelchige Nachtkerze
Wald-Weidenröschen
Weißklee
Wundklee

Die Aufnahme des Männchens zeigt sehr schön, dass Blattschneiderbienen nur zwei Cubitalzellen im Flügel besitzen.

Sägehornbienen
Melitta

Sägehornbienen haben etwas gemeinsam, sie sind beim Sammeln von Pollen auf eine bestimmte Pflanzengattung spezialisiert. Manche, die streng oligolektischen Arten, sogar auf eine einzige Pflanzenart.

So sammeln beispielsweise die Weibchen der Blutweiderich-Sägehornbienen ausschließlich den Pollen des Blutweiderichs, die Zahntrost-Sägehornbienen sammeln ausschließlich am Zahntrost.

Spezialisierte und streng spezialisierte Wildbienenarten haben geringere Überlebenschancen als nicht spezialisierte Arten, weil sie von einer Pflanzengattung oder gar einer einzelnen selten vorkommenden Pflanze abhängig sind. Sie können nicht auf andere Pflanzen ausweichen. Verschwindet diese Nahrungsquelle, ist das Überleben der Bienenart gefährdet. Die Bienenart kann lokal aussterben.

Ihren Lebenszyklus starten Sägehornbienen erst im Sommer. Die Früheste, wie die Esparsetten-Sägehornbiene, beginnt ihre ersten Flüge Ende Mai. Die Zahntrost-Sägehornbiene hat die späteste Flugzeit ihrer Gattung, sie startet zur Blüte des Zahntrostes erst Anfang August und fliegt bis Mitte September. Ein sehr kurzes Zeitfenster, um die Brut zu versorgen und sicher unterzubringen, damit im nächsten August eine neue Generation schlüpfen kann.

6

Sägehornbienenarten
sind in Deutschland bekannt

1 Art
ist in unserem Garten zu Hause

Sägehornbienen
die nicht aus unserem Garten stammen

Blutweiderich-Sägehornbiene
Melitta nigricans
Schlafende Männchen

Blutweiderich-Sägehornbiene
Melitta nigricans
Schlafende Männchen

Zahntrost-Sägehornbiene
Melitta tricincta
Weibchen

Glockenblumen-Sägehornbiene
Melitta haemorrhoidalis / Männchen

Am frühen Morgen kurz nach dem Erwachen in der Glockenblumenblüte. Schön zu erkennen: die an der Unterseite gezackten Antennen der Männchen. Daher der Name Sägehornbiene.

Zwei Männchen schlafen in der Blüte der Pfirsichblättrigen Glockenblume

Männchen

Männchen

Ein Weibchen in der Nesselblättrigen Glockenblume. Sehr schön zu sehen: die rote Endfranse und die mit Pollen gefüllten Hinterbein-Sammelbürsten

Glockenblumen-Sägehornbiene *Melitta haemorrhoidalis*

Sägehornbienen tragen ihren Namen, da die meisten Männchen sägenartig abgestufte Antennenglieder aufweisen. Diese sind bei den Männchen der Glockenblumen-Sägehornbienen besonders ausgeprägt und deutlich sichtbar.

Wie alle Sägehornbienen gehört sie zu den streng oligolektischen Wildbienenarten. Sie ist auf Glockenblumen spezialisiert, daher ist sie in unserem Garten sehr gut aufgehoben. Ich liebe Glockenblumen aller Art. Zur Blütezeit der Glockenblumen verwandelt sich unser Garten in ein Campanula-Blütenmeer. Darunter befinden sich einige bodendeckende Dauerblüher, die bis spät in den Dezember hinein blühen. Die Glockenblumen-Sägehornbiene entdeckte ich 2020 zum ersten Mal in unserem Garten.

Sie ist ein Beinsammler und Feuchtsammler, dazu vermischt sie Pollen mit Nektar zu einer klebrigen Masse. Mittels der dichten Haarbürsten an den Hinterschienen und den Hinterfersen, transportiert sie ihren gesammelten Nachwuchs-Proviant zu ihrem Nest.

Die Männchen schlafen gerne in den Blüten der Glockenblume oder der Malve. Nicht selten treffen sie sich zu mehreren Männchen, um gemeinsam die Nacht in einer Blüte zu verbringen. Und das, obwohl genügend „Einzelzimmer" in Blütenform vorhanden sind. Gemeinsam schläft es sich vielleicht einfach besser.

Flugzeit Mitte Juli - Anfang September
Vorkommen häufig
Größe ♀ 12-13 mm ♂ 11-12 mm
Blütenbesuch streng spezialisiert
(streng *oligolektisch*)
Erkennungsmerkmale
♀ Kopf und Thorax schwarzbraun, gelbbraun bepelzt, Hinterleib mit sehr schmalen, weißlichen Haarbinden, teilweise ganz fehlend, rostrote Endfranse, Behaarung der Hinterbeinbürsten *(Scopa)* und der Tergite 5 und 6 ist rostrot
♂ Fühler schwarzbraun, Geißelglieder am Ende knotig verdickt, sägenartig abgestuft, Kopf, Beine und Thorax gelbbraun behaart, Tergite 1-3 gelbbraun, die hinteren schwarzbraun behaart, ohne helle Endbinden, Tergit 6 rostrot behaart, rostrote Endfranse
Lebensraum Waldränder, Waldlichtungen, Gärten, Parks, Kahlschläge
Lebensweise nistet in selbstgegrabenen Hohlräumen in der Erde
Kuckucksbiene Wespenbiene *Nomada emarginata*
Wespenbiene *Nomada flavopicta*
Blütenvorliebe streng spezialisiert auf Glockenblumen

Blütenbesuch
Acker-Glockenblume
Breitblättrige Glockenblume
Dalmatiner Polster-Glockenblume
Nesselblättrige Glockenblume
Pfirsichblättrige Glockenblume
Rapunzel-Glockenblume
Rundblättrige Glockenblume
Sternpolster-Glockenblume

Das Männchen der Zahntrost-Sägehornbiene trägt sägenartig abgestufte Antennen.

Ebenso das Männchen der Blutweiderich-Sägehornbiene

64

Wespenbienenarten

sind in Deutschland bekannt

2 Arten

sind in unserem Garten zu finden

Rot-Schwarze Wespenbiene
Nomada fabriciana

Männchen

Wespenbienen
Nomada

Wespenbienen gehören zu den brutparasitischen Wildbienen und werden daher auch Kuckucksbienen genannt. Sie machen sich das Leben scheinbar leicht, da sie sich nicht um ihre Nachkommen, nicht um den Bau eines Nestes und auch nicht um die Versorgung der eigenen Brut kümmern müssen. All das überlassen sie ihrer Wirtsbiene.

Da sie keine eigenen Nester bauen, suchen sie nach Unterkünften ihrer Wirtsbienen, um ihre Larven dort unterzubringen. Dabei legen sie ihre Eier in die Brutkammern ihrer Wirte, die Kuckuckslarve frisst in ihrer Entwicklung den vorhandenen Proviant des unfreiwilligen Gastgebers. Einige Kuckucksbienenarten leben friedlich gemeinsam mit ihrem Wirt in einer Kammer, andere töten die Wirtslarve, indem sie die Eier fressen oder die Larven aussaugen.

Um in ein Nest zu gelangen, warten sie den Moment ab, in dem das Wirtsweibchen ausfliegt, um Proviant zu sammeln. Sie legen ihr Ei ab und verschwinden einfach.

Wichtig zu wissen: Sie richten keinen nennenswerten Schaden an. Weibliche Kuckucksbienen besitzen keine Einrichtung für den Pollentransport. Da sie ihre Brut nicht versorgen müssen, sammeln sie auch keinen Pollen, das übernimmt ihre Wirtsbiene.

Deutschlandweit sind aktuell vierundsechzig *Nomada*-Arten [oder Wespenbienenarten] bekannt. Die meisten ähneln mit ihrer gelben Bänderung oder Fleckung den Wespen und sind daher leicht als Wespenbienen zu erkennen, es gibt aber auch unauffälliger gefärbte Arten wie die winzige Rotschwarze Wespenbiene *Nomada fabriciana*, die z. B. die Zweifarbige Sandbiene *Andrena bicolor* als Wirt nutzt. Wespenähnlich gebänderte Wespenbienen lassen sich nur mit geübtem Auge voneinander unterscheiden; dabei hilft, dass sie meist in langsamem Suchflug über den Nestern ihrer Wirte schweben oder an den Nesteingängen warten.

Weitere Hinweise auf die Richtigkeit der Bestimmung einer Wespenbiene sind ihr Flugzeitraum und natürlich die Anwesenheit der ihr zugeordneten Wirtsbienen.

Wespenbienen
die nicht aus unserem Garten stammen

Rothaarige-Wespenbiene
Nomada lathburiana

Beide Abbildungen zeigen Weibchen.
Die Hauptwirte dieser Wespenbiene sind die Weiden-Sandbiene Andrena vaga und die Aschgraue Sandbiene Andrena cineraria.

Gestreifte Wespenbiene
Nomada striata

Schlafendes Männchen
Die Hauptwirte sind die Geißklee-Sandbiene Andrena aberrans, und die Sandbienen Andrena gelriae, Andrena similis und Andrena intermedia.

Männchen

Männchen

Männchen

Männchen

Das letzte Fühlerglied des Weibchens ist gelblich

Rotschwarze Wespenbiene *Nomada fabriciana*

Die Rotschwarze Wespenbiene ist im Feld schnell als Kuckucksbiene zu erkennen, da sie einen auffällig rot gefärbten Hinterleib besitzt. Aufgrund der reduzierten oder unauffälligen Zeichnung am Hinterleib könnte man sie jedoch auf den ersten Blick für eine Blutbiene halten.

Innerhalb der Wespenbienen ist die genaue Zuordnung der Arten schwierig, denn die Bestimmungsmerkmale sind oft schwer zu erkennen, zudem sind manche Arten noch unzureichend beschrieben oder erforscht.

Da einer ihrer Wirte, die Zweifarbige Sandbiene, recht häufig vorkommt, ist auch sie recht häufig zu finden. Wie ihr Hauptwirt bildet sie in einem Jahr zwei Generationen aus *(bivoltin)*. Die erste Generation fliegt von Mitte März bis Ende Mai, die zweite Generation von Mitte Juni bis Mitte August.

Der Blütenbesuch findet ausschließlich zu ihrer eigenen Ernährung statt. Als Nektarquellen besucht sie unterschiedlichste Pflanzen und Bäume, denn sie ist wie ihre Wirtsbienen, unspezialisiert und nicht sehr wählerisch.

Flugzeit zwei Generationen im Jahr:
Mitte März - Ende Mai, Mitte Juni - Mitte August
Vorkommen häufig
Größe ♀ 7-11 mm ♂ 7-10 mm
Blütenbesuch Nektarquellen unspezialisiert
Erkennungsmerkmale
♀ Kopf und Thorax schwarz, manchmal rot gezeichnete Mandibeln, Wangen, Calli und Scutellum, Tergite hell bis dunkelrot, die Basis von 1 schwarz, Tergit 2 manchmal mit gelben Flecken, Fühlerglied 3 kürzer als 4, letztes Fühlerglied gelblich
♂ Wie das Weibchen, Fühler am Ende meist dunkel, Mandibeln, Labrum und Wangen selten gelb gezeichnet
Lebensraum der ihrer Wirte
Lebensweise Kuckucksbiene, parasitisch
Wirt Zweifarbige Sandbiene *Andrena bicolor*, Goldbeinige Sandbiene *Andrena chrysosceles*, Sandbiene *Andrena angustior*
Blütenvorliebe keine besondere Vorliebe

Blütenbesuch
Erica
Fingerkraut
Flockenblume
Huflattich
Löwenzahn
Natternkopf
Ochsenauge
Vergißmeinnicht
Wald-Weidenröschen
Weide

Vermutlich besucht sie sehr viel mehr Blühpflanzen, als die wenigen hier aufgelisteten.

Die Seitenansicht lässt einen deutlichen Blick auf die Wespentaille zu.

Alle Aufnahmen zeigen Weibchen.

Rotfühler-Wespenbiene *Nomada ruficornis*

Nomada ruficornis ist der Brutparasit der Rotfransen-Erdbiene *Andrena haemorrhoa*, eine auffällige und ausnahmsweise leicht zu bestimmende Sandbiene, welche ebenfalls in diesem Buch vorgestellt wird.

Alle Wespenbienen sind auffällig bunt und nur wenig behaart. Oft besitzen sie rötlich-braune Augen und ebenso rötlich gefärbte Antennen. *Nomada ruficornis* hat zudem ein rotes Streifenmuster auf dem Rückenschild und deutlich sichtbare rote Höcker. Das passende, sehr schön gezeichnete Männchen, konnte ich in unserem Garten leider noch nicht entdecken.

Auch sie gilt, wie ihr Wirt, als eine häufig vorkommende Art. Als Generalist kommt ihre Wirtsbiene mit unterschiedlichsten Lebensräumen wie Gärten, Parkanlagen, Waldrändern, Streuobstwiesen, Bergwiesen, Kahlschlägen und Weinbergen zurecht. Kuckucksbienen nehmen immer den Lebensraum ihrer artspezifischen Wirte an.

Bei der Wahl der Nahrungspflanzen ist ihr Wirt ebenso unkompliziert, er fliegt fünfzehn verschiedene Pflanzenfamilien an. Es ist zu vermuten, dass *Nomada ruficornis* die Pflanzen ihrer Wirtsbiene anfliegt. Wissenschaftlich belegt ist die Liste der Nektarquellen, wie sie rechts auf dieser Seite angegeben werden.

Flugzeit Anfang April - Mitte Mai
Vorkommen häufig
Größe ♀ 9-11 mm ♂ 7-11 mm
Blütenbesuch Nektarquellen unspezialisiert
Erkennungsmerkmale
♀ Kopf und Thorax schwarz mit roter Zeichnung, Tergite schwarz, teilweise gelb gefleckt, Fühlerglied 3 viel kürzer als 4, das kleinere Rückenschild *(Scutellum)* deutlich gehöckert und rot
♂ Kopf und Thorax schwarz mit gelber Zeichnung, Tergite rot mit großen gelben Flecken oder Binden, an der Basis schwärzlich
Lebensraum der ihrer Wirte
Lebensweise Kuckucksbiene, parasitisch
Wirt Rotfransen-Erdbiene *Andrena haemorrhoa*
Blütenvorliebe keine besondere Vorliebe

Blütenbesuch
Fingerkraut
Löwenzahn
Scharbockskraut
Stachelbeere
Weide

40

Mauerbienenarten
sind in Deutschland bekannt

4 Arten
leben in unserem Garten

Gehörnte Mauerbiene
Osmia cornuta
Männchen

Mauerbienen
Osmia

Mauerbienen verarbeiten zum Bau ihrer Brutzellen Lehm oder zerkleinerte Blattstückchen. Sie nutzen vorhandene Hohlräume wie Totholz, Mauerritzen, markhaltige Pflanzenstängel oder auch verlassene Schneckenhäuser für ihre Nester. Es gibt auch Arten, die ihre Nester wie Sandbienen der Gattung *Andrena* in den sandigen Boden bauen. Einige Arten wie die Gehörnte Mauerbiene oder die Rostrote Mauerbiene, nutzen gerne Wildbienen-Nisthilfen. Sie fühlen sich in Gärten sichtlich wohl und gehören bei Gartenbesitzern und Wildbienen-Interessierten zu den bekanntesten Arten.

Seit einigen Jahren werden die Kokons dieser beiden Mauerbienenarten Privatleuten zum Kauf angeboten. So landet eine in südlicheren Gebieten Deutschlands vorkommende Wildbienenart in Regionen, in denen sie nicht heimisch ist. Angeblich sei dies ein Beitrag zum Artenschutz. In Wirklichkeit ist es ein ertragreiches Geschäft. Der NABU Berlin forderte zum Weltbienentag 2020 gesetzliche Regulierungen für den Handel mit Wildbienen. Der Wildbienen-Handel stelle laut NABU eine Gefahr für lokale Populationen dar.

„Die ... Zucht von Hummeln und Solitärbienen hat der Erforschung dieser Tiere sehr genützt, doch inzwischen ist der ursprünglich nützliche Einsatz zur Bestäubung nicht mehr auf Gewächshäuser beschränkt. Als „Einweg-Bestäuber" werden sie inzwischen auch im Freiland aufgestellt und sollen anstelle von Honigbienen Obstkulturen bestäuben. Selbst Privatleute können die in Deutschland eigentlich besonders streng geschützten und damit eigentlich vom Handel ausgenommenen Bienenarten kaufen und tun dies oft im Glauben, damit der Natur etwas Gutes zu tun. Dabei ist der Handel und Freilandeinsatz ... nicht unproblematisch."

(Quelle: NABU Berlin /20. Mai 2020 /www. berlin.nabu.de/news)

Unterstützen Sie dieses Geschäft nicht. Wenn Sie etwas Sinnvolles für Wildbienen tun möchten, schaffen Sie wertvollen Lebensraum, indem Sie die richtigen Pflanzen auswählen und in Ihrem Garten für etwas Unordnung mit Totholz und nicht versiegelten Flächen sorgen. Das ist der richtige Beitrag zum Artenschutz.

Die Gehörnte Mauerbiene und auch die Rostrote Mauerbiene gehören zu den Wildbienenarten, die sehr häufig vorkommen. Wohnen Sie in der Region ihres natürlichen Vorkommens, dann werden Ihre Nisthilfen mit großer Wahrscheinlichkeit besiedelt. Diese Bienenarten kommen von alleine, sie müssen und sollten nicht gekauft werden.

Ein Weibchen der Gehörnten Mauerbiene beim Verschließen des Bohrloches

Ein Männchen der Gehörnten Mauerbiene kurz nach dem Schlupf

Die Weibchen erkennt man an den gebogenen Hörnchen am Kopfschild.

Rostrote Mauerbiene *Osmia bicornis*

Osmia bicornis ist ausgesprochen flexibel, was ihre Blütenwahl betrifft. Sie besucht sogar Pollenquellen, die bei anderen Wildbienen kaum Beachtung finden. Dazu gehören zum Beispiel Eiche, Buche und Wegericharten. Pflanzen, die eigentlich durch den Wind bestäubt werden und daher nicht mit auffälligen Blüten locken müssen. Sie nutzt Pollenquellen aus neunzehn verschiedenen Pflanzenfamilien für die Versorgung ihrer Brutzellen. Die Proviantpakete für die Larven enthalten hauptsächlich Pollen und nur wenig Nektar. Nektar wird allerdings zur eigenen Ernährung gesammelt. Da Männchen sich nicht um den Nachwuchs kümmern müssen, sammeln sie auch keinen Pollen. Sie besuchen Blüten, um Nektar zu trinken. In unserem Garten suchen sie dazu folgende Blüten auf: Schneeheide, Maiblumenstrauch, Moos-Steinbrech, Traubenhyazinthe und Vergissmeinnicht.

Ihre außergewöhnliche Flexibilität – es gibt kaum eine Blüte, die sie nicht anfliegt – garantiert ihr beste Überlebenschancen. Auch in der Wahl der Nistplätze ist sie überaus flexibel. Es gibt kaum einen Hohlraum, in dem sie nicht brüten würde. Daher ist sie im Siedlungsbereich oft anzutreffen.

Nisthilfen nimmt sie gerne an. Aus feuchter oder lehmiger Erde baut sie Zellwände und Nestverschlüsse. Ist das Röhrchen lang genug, legt sie bis zu 20 Brutzellen hintereinander an. Bei nicht linearen Hohlräumen können sogar bis zu dreißig Brutzellen nebeneinanderliegen.

Flugzeit März - Juni
Vorkommen häufig
Größe 8-13 mm
Blütenbesuch unspezialisiert *(polylektisch)*
Erkennungsmerkmale
♀ Kopf braunschwarz behaart, zwei gebogene Hörnchen am flachen Kopfschild wie *Osmia cornuta*, Thorax sandfarben behaart, Hinterleibsegmente 1-3 rostrot, Segmente 4-6 braunschwarz
♂ Kopfunterseite und Thoraxunterseite weißlich behaart, Gesicht mit weißem Bart, längere Fühler und Körperbau insgesamt schmaler als beim Weibchen
Lebensraum Waldränder, Waldlichtungen, Streuobstwiesen, Siedlungsbereiche, Gärten, Parks
Lebensweise nistet in vorhandenen Hohlräumen aller Art wie Mauerritzen, Felsspalten, Nisthilfen
Kuckucksbiene keine, aber Taufliege *Cacoxenus indagator*
Blütenvorliebe keine besonderen Vorlieben

Blütenbesuch
Ahorn
Acker-Senf
Apfel
Beinwell
Birne
Brombeere
Eiche
Elfenblume
Esparsette
Feuerdorn
Goldlack
Hainbuche
Heckenrose
Himbeere
Kastanie
Günsel
Klee
Mohn
Natternkopf
Pippau
Pfingstrose
Raps
Rote Heckenkirsche
Hahnenfuß
Scharbockskraut
Schlehe
Sonnenröschen
Spitzwegerich
Stechpalme
Sternmiere
Taubnessel
Walnuss
Weide
Weißdorn
Wiesensalbei
Wilde Resede
Witwenblume
Zaunwicke

Alle Fotos zeigen Weibchen an der Futter-Esparsette

Stahlblaue Mauerbiene *Osmia caerulescens*

Bis auf einige wenige Ausnahmen wachsen die bevorzugten Blühpflanzen der Stahlblauen Mauerbiene in unserem Garten. Kein Wunder, dass die recht häufig vorkommende Mauerbienenart den Weg in unsere kleine, üppig bepflanzte Oase gefunden hat. Mitte Mai 2022 ist mir das kompakt gebaute, blau schimmernde Weibchen zum ersten Mal an der Futter-Esparsette begegnet.

Neben unzähligen Pollenquellen werden ihr diverse Möglichkeiten geboten, ihre Brut unterzubringen. Sie nistet beispielsweise in vorhandenen Hohlräumen, die Käfer zuvor in Totholz gefressen haben, nutzt Nisthilfen mit einem Lochdurchmesser von 4-5 mm, zieht in verlassene Nester von Pelzbienen ein oder besiedelt Pflanzenstängel. Zwei Generationen im Jahr sind möglich.

Ihre Nester werden linear gebaut, sie enthalten bis zu sieben hintereinanderliegende Brutzellen, die jeweils mit einem Proviantpaket aus Nektar getränktem Pollen und einem Ei bestückt werden. Die Zellwände der einzelnen Kammern wie auch der Nestverschluss werden aus zerkautem Pflanzenmörtel gebaut. Dazu werden Laub- und Blütenblätter verschiedener Pflanzen wie Esparsette, Herzgespann, Luzerne, Hornklee oder Moschusmalve zerkaut. Im frischen Zustand ist der Nestverschluss grünlich gefärbt.

Flugzeit 1. Generation: April - Juli
2. Generation: Anfang Juli-August und länger
Vorkommen häufig
Größe ♀ 8-10 mm ♂ 7-9 mm
Blütenbesuch unspezialisiert *(polylektisch)*
Erkennungsmerkmale
♀ Körper metallisch blau, weißlich behaart, Bauchbürste schwarz, Tergite mit hellen Endbinden, die vorderen Endbinden unterbrochen
♂ Körper mit kupfer- bis bronzefarbenem metallischem Glanz, fuchsrot behaart, grüne Komplexaugen, Tergite 1-3 mit lockeren Endbinden, Tergit 7 mit zwei Dornen
Lebensraum Waldränder, Waldlichtungen, Streuobstwiesen, Siedlungsbereiche, Gärten, Weinbergbrachen
Lebensweise nistet in vorhandenen Hohlräumen wie Fraßgängen in Totholz, verlassenen Nestern von Pelzbienen, Reetdächern, Steilwänden, Hohlräumen in Löß- und Lehmwänden, Nisthilfen (Ø 4-5 mm) und in der Erde
Kuckucksbiene Weißfleckige Düsterbiene *Stelis ornatula*, Keulhornwespe *Sapyga quinquepunctata*
Blütenvorliebe 7 Pflanzenfamilien, bevorzugt Schmetterlingsblütler und Lippenblütler

Blütenbesuch
Aufrechter Ziest
Bunte Kronwicke
Echtes Johanniskraut
Futter-Esparsette
Garten-Katzenminze
Gewöhnlicher Hornklee
Gewöhnlicher Natternkopf
Gundermann
Kleine Braunelle
Kleinblütige Bergminze
Kriechender Günsel
Luzerne
Rote Taubnessel
Roter Wiesenklee
Salbei-Gamander
Vogel-Wicke
Weißer Steinklee
Weißklee
Weiße Taubnessel
Wiesen-Salbei
Wirbeldost
Zaun-Wicke

Die Paarung der Gehörnten Mauerbiene kann bis zu zwei Stunden andauern. Nicht selten sitzen die Bienen fest umklammert in unmittelbarer Nähe zu ihrem Nistplatz. Das Männchen muss so lange warten, bis das Weibchen bereit ist.

Die Weibchen sind deutlich größer. Sie tragen unverwechselbar gebogene Hörnchen am Kopfschild.

Gehörnte Mauerbiene *Osmia cornuta*

Das günstige Klima der Städte und das reiche Angebot an früh blühenden Pflanzen und Kräutern mancher Stadtgärten, bieten der Gehörnten Mauerbiene ideale Lebensbedingungen. Daher fühlt sie sich im Siedlungsbereich besonders wohl. Wenn sie Glück hat, gibt es die eine oder andere sonnenbeschienene Hauswand mit Ritzen und Löchern, die sie besiedeln kann. Gibt es diese nicht, sucht sie zum Beispiel Nisthilfen auf, die wir ihr zur Verfügung stellen können. Bereits im späten, milden Februar oder Anfang März beginnt sie ihre Brutzellen anzulegen.

Besiedelte Röhrchen enthalten einzelne, hintereinanderliegende Kammern. In ihnen befinden sich je ein Ei und ein Proviantpaket aus Pollen und Nektar für die spätere Larve. Bereits im gleichen Sommer sind die kleinen Larven zu fertigen Bienen herangewachsen. Sie überwintern in völliger Ruhe in ihrer Kammer, um im kommenden Jahr zu schlüpfen. Damit sie den Winter überstehen, ist es wichtig, die Nisthilfe völlig unberührt zu lassen. Die Kälte des Winters sorgt für ihr Überleben.

Die Männchen tragen auffällig weiß behaarte Kopfschilde und weiße Bärte, welche sich kontrastreich vom schwarzen Körper abheben. Die Weibchen haben zwei kleine, vom Kopfschild abstehende Hörnchen.

Flugzeit Ende Februar - Anfang Juni
Vorkommen häufig
Größe ♀ 12-16 mm ♂ 10-13 mm
Blütenbesuch unspezialisiert *(polylektisch)*
Erkennungsmerkmale
♀ Kopf und Thorax schwarz, Hinterleib rotbraun, zwei gebogene Hörnchen am flachen Kopfschild
♂ Kopf und Thorax schwarz, Hinterleib rotbraun, weißer Bart und weißes Kopfhaar
Lebensraum Siedlungsbereiche, Gärten, Parks
Lebensweise nistet in vorhandenen Hohlräumen wie Mauerritzen, Felsspalten, Nisthilfen
Kuckucksbiene keine, aber Taufliege *Cacoxenus indagator*
Blütenvorliebe keine besonderen Vorlieben

Blütenbesuch
Ahorn
Aprikose
Apfel
Birne
Blaukissen
Blaustern
Christrose
Eiche
Elfenblume
Hahnenfuß
Kirsche
Klee
Krokus
Kuhschelle
Lärchensporn
Löwenzahn
Pflaume
Raps
Schlehe
Schlüsselblume
Schneeheide
Stechpalme
Tulpe
Traubenhyazinthe
Veilchen
Weide
Weißdorn

Alle Fotos zeigen Weibchen.

Die kleinere der beiden ist eine Löcherbiene.

Distel-Mauerbiene *Osmia leaiana*

Während ich die ersten Aufnahmen dieser Biene machte, war mir sofort klar, dass ich diese Art zuvor noch nicht in unserem Garten entdeckt hatte. Nach all meinen Recherchen könnte es sich um die recht seltene Distel-Mauerbiene handeln. Diese Art ist der *Osmia niveata* und *Osmia labialis* zum Verwechseln ähnlich, da diese ebenfalls eine fuchsrote Bauchbürste tragen und die gleichen Blüten besuchen. *Osmia labialis* kommt allerdings nur im Süden Deutschlands vor und ist extrem selten. *Osmia niveata* unterscheidet sich durch einen weit ausgeschnittenen Vorderrand des Kopfschildes. Leider fehlt eine gute Aufnahme des Gesichtes. Diese hätte eine Bestimmung vereinfacht. Es könnte sich daher ebenso um *Osmia niveata* handeln.

Oft ist es reine Glückssache, einen so seltenen kleinen Gast überhaupt vor die Linse zu bekommen. Seit einigen Jahren taucht sie regelmäßig in unserem Garten auf und besucht besonders gerne die Schwarze Flockenblume. Irgendwann wird mir ein gutes Porträt dieser Wildbiene gelingen, um sie sicher bestimmen zu können.

Disteln gehören zu den bevorzugten Blühpflanzen dieser Wildbienenart. Da ich verschiedene Disteln und auch Totholz im Garten fördere, kann ich mit Stolz behaupten, diesen Mauerbienen einen Lebensraum erschaffen zu haben. Eine besonders schöne Distel ist die hier abgebildete Purpur-Kratzdistel *Cirsium rivulare 'Atropurpureum'*.

Flugzeit Ende April - Ende Juli
Vorkommen selten, Rote Liste: 3 = gefährdet
Größe ♀ 9-10 mm ♂ 8-10 mm
Blütenbesuch spezialisiert *(oligolektisch)*
Erkennungsmerkmale
♀ Kopf und Thorax schwarz, manchmal mit blauem Glanz, Gesicht hell behaart, Mandibeln verdickt, Bauchbürste fuchsrot
♂ Kopf und Thorax mit metallisch grünem Glanz, rotbraun behaart
Lebensraum Waldränder, Ruderalflächen, Streuobstwiesen, Brachen, naturbelassene Gärten
Lebensweise nistet in vorhandenen Hohlräumen wie Totholz, hohlen Pflanzenstängeln, vereinzelt in Nisthilfen
Kuckucksbiene Düsterbiene *Stelis phaeoptera*
Blütenvorliebe auf Korbblütler spezialisiert, innerhalb dieser Pflanzenfamilie besonders bevorzugt Disteln und zungenblütige Korbblütler

Blütenbesuch
Acker-Kratzdistel
Alant
Bitterkraut
Ferkelkraut
Gewöhnliche Eseldistel
Gewöhnliche Kratzdistel
Nickende Distel
Weg-Distel
Jakobs-Greiskraut
Krause Ringdistel
Kugeldistel
Ochsenauge
Schwarze Flockenblume
Wegwarte
Wiesen-Flockenblume
Wiesen-Pippau

Ein Weibchen verschließt den Nesteingang mit Pflanzenmörtel

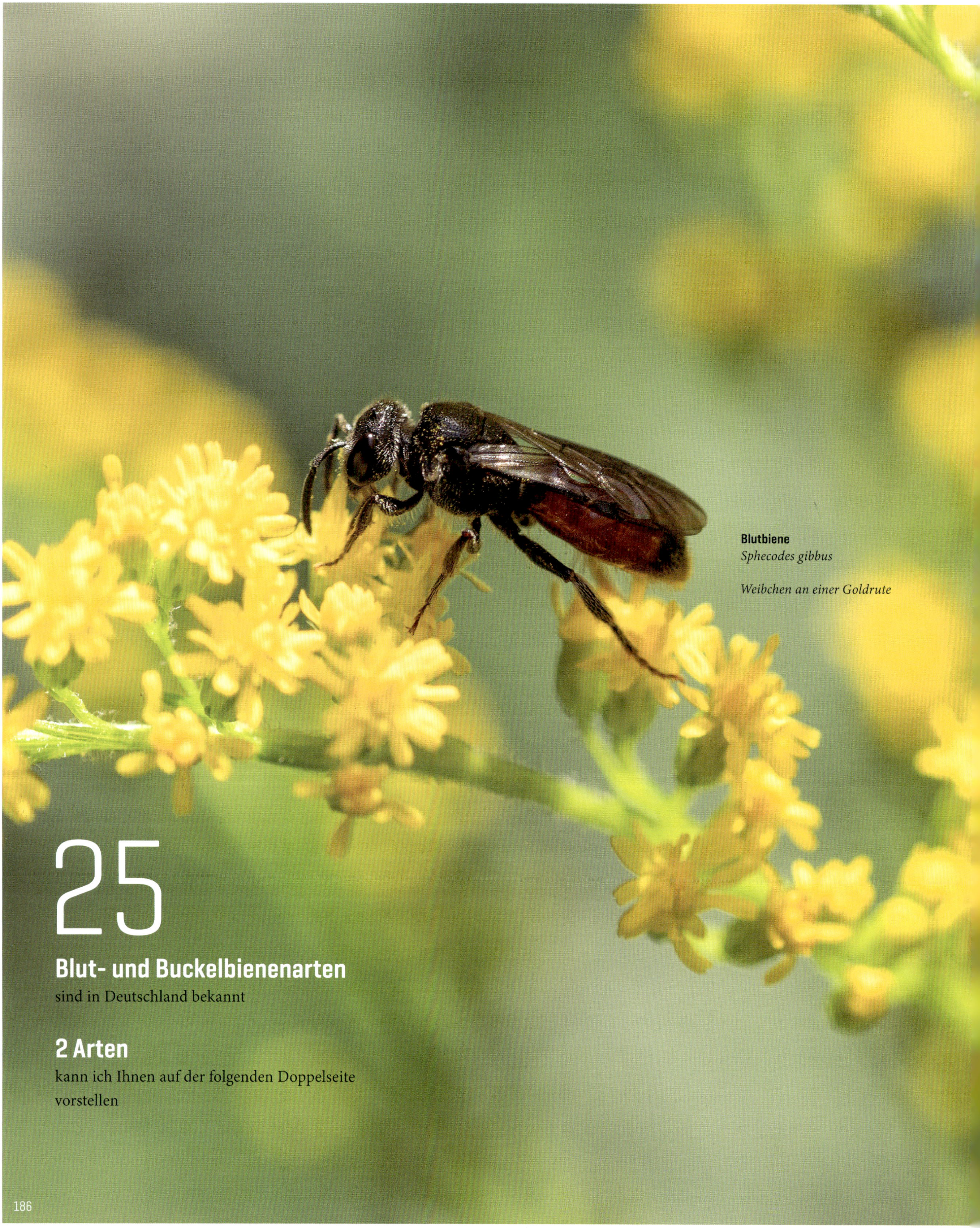

Blutbiene
Sphecodes gibbus

Weibchen an einer Goldrute

25

Blut- und Buckelbienenarten

sind in Deutschland bekannt

2 Arten

kann ich Ihnen auf der folgenden Doppelseite vorstellen

Blutbienen
Sphecodes

Blutbienen gehören zu den Kuckucksbienen, wie auch die zuvor vorgestellten Wespenbienen. Ihre Wirte sind hauptsächlich Furchenbienen, aber auch Sandbienen und Seidenbienen. Sie sind den Wespenbienen teilweise sehr ähnlich. Bei genauer Betrachtung haben Blutbienen einen eher gedrungenen Körperbau.

Diese Merkmale sind natürlich während der Beobachtung der Tiere in der freien Natur nicht auszumachen. Vielleicht begnügen Sie sich in solchen Momenten damit zu wissen, dass es sich um eine Kuckucksbiene handelt. Sollten Sie zufällig beobachten, wen diese Biene begleitet, besteht die Chance einer Bestimmung. Denn oft sitzen Kuckucksbienen am Eingang des Wirtsnestes und warten auf den freien Eintritt, um ihre Eier dort zu hinterlassen.

Warum viele Wildbienenarten ihre Nester nicht gegen ihren Kuckuck verteidigen, ist noch nicht ausreichend geklärt. Ich beobachte immer wieder, dass es am Eingang der Nester nicht zu einem Kampf kommt, die Kuckucksbiene also ungehindert hineinschlüpfen kann. Vielleicht liegt es daran, dass durch die Kuckucksbienen nicht die Gefahr der Ausrottung ihrer Wirtsart besteht. Obwohl etwa ein Viertel aller Wildbienenarten Kuckucksbienen sind.

Manchmal töten oder vertreiben begattete Kuckucksbienen-Weibchen die Wirtsbiene, um ihr eigenes Ei in die fremde Zelle zu legen. Dabei entfernen sie übrigens das ursprüngliche Ei. Auch bereits verschlossene Brutzellen werden aufgebrochen, das Ei ausgetauscht und auf den gesammelten Proviant der Wirtsbiene gelegt. Die Blutbiene verschließt die Zelle und muss sich um nichts Weiteres kümmern.

Blutbienen
die nicht aus unserem Garten stammen

Auen-Buckelbiene
Sphecodes albilabris / Weibchen
Hauptwirt ist die Frühlings-Seidenbiene Colletes cunicularius

Männchen

Buckel-Blutbiene *Sphecodes gibbus*

Blutbienen sind dank ihres roten Hinterleibes vermeintlich schnell ihrer Art zuzuordnen. Die typischen Merkmale der meisten Blutbienen sind der tiefschwarze Kopf, der ebenso schwarze Thorax und die dunkelrote Färbung der Hinterleibs-Tergite 1–3. Die Hinterleibs-Tergite 4–5 sind entweder komplett schwarz oder schwarz-rot verlaufend. Es gibt Ausnahmen wie zum Beispiel bei *Sphecodes albilabris*. Hier ist die Hinterleibsspitze nur reduziert schwarz gefärbt.

Die Buckel-Blutbiene ist relativ groß, daher ist sie die einzige Art, die auch Laien spontan aufgrund ihrer Größe bestimmen können. Sie trägt dunkelbräunlich getrübte Flügel. Die Wirte der *Sphecodes gibbus* sind Furchenbienen. Da einer ihrer Wirte, die Rotbeinige Furchenbiene in unserem Garten vorkommt, ist ihre Zuordnung vermutlich richtig. Äußerlich ähneln sich die fünfundzwanzig Blutbienenarten, die in Deutschland vorkommen, so sehr, dass eine eindeutige Bestimmung, wie so oft nur mit technischen Hilfsmitteln wie einem Binokular möglich ist.

Die Blutbiene *Sphecodes monilicornis* könnte ebenfalls in unserem Garten vorkommen, da sie die Kuckucksbiene der Furchenbienen *Lasioglossum calceatum und Lasioglossum malachurum* ist, die ebenfalls in unserem Garten vorkommen. Die beiden Blutbienenarten sind sich sehr ähnlich, wobei der Kopf des *Sphecodes monilicornis* Weibchens auffallend groß und kubisch geformt ist.

Flugzeit Weibchen Anfang April - Mitte Oktober, Männchen ab Anfang Juni
Vorkommen sehr häufig
Größe ♀ 7-13 mm ♂ 7-12 mm
Blütenbesuch Nektarquellen unspezialisiert *(polylektisch)*
Erkennungsmerkmale
♀ Gesicht queroval, Mesonotum zerstreut kräftig punktiert, Tergite 1-3 mit Endrändern dicht bis zerstreut punktiert, Abdomen unterschiedlich rot gefärbt, Tergite 4-6 schwarz, schwarz behaart, dunkel gefärbte Flügel
♂ wie das Weibchen nur schlanker, einige Männchen kleiner Blutbienenarten haben einen schwarzen Hinterleib
Lebensraum der ihrer Wirte
Lebensweise Kuckucksbiene, parasitisch, Larven schlüpfen aus den Brutzellen der Wirtsnester, Weibchen überwintern in verlassenen Nesteingängen
Wirt Rotbeinige Furchenbiene *Halictus rubicundus*, Vierbindige Furchenbiene *Halictus quadricinctus*, Sechsbindige Furchenbiene *Halictus sexcinctus*, Dickkopf-Furchenbiene *Halictus maculatus*
Blütenvorliebe keine besondere Vorliebe

Blütenbesuch
Acker-Kratzdistel
Berg-Sandrapunzel
Feld-Mannstreu
Fingerkraut
Gamander-Ehrenpreis
Giersch
Habichtskraut
heidekraut
Löwenzahn
Preiselbeere
Rainfarn
Scharfer Mauerpfeffer
Storchschnabel
Wald-Erdbeere
Wald-Weidenröschen
Weide
Weißer Steinklee
Wiesen-Bärenklau
Wiesen-Kerbel
Wilde Möhre
Witwenblume
Zypressen-Wolfsmilch

Alle Aufnahmen zeigen Weibchen

Glänzende Zwerg-Blutbiene *Sphecodes geoffrellus*

Als ich diesen Winzling fotografierte, wusste ich sogleich, dass es sich bei dieser Wildbienenart mit rotem Hinterleib um einen Neuzugang handelt. Solch extrem kleine Wildbienen gibt es zum Beispiel unter den Maskenbienen. Auch diese sind nicht immer leicht zu fotografieren. Der Fluchtinstinkt der Maskenbienen ist meiner Erfahrung nach nicht sehr ausgeprägt. So bleibt immer etwas Zeit, mehrere Fotos zu machen. Der Fluchtinstinkt dieser kleinen Blutbiene war jedoch so sehr ausgeprägt, dass ich nur drei Aufnahmen aus größerer Entfernung machen konnte. Eine weitere Gelegenheit ergab sich nicht.

Obwohl die Aufnahmen nicht sehr scharf geworden sind, wage ich die Bestimmung. Die Körpergröße, der ovale dunkle Fleck auf dem Hinterleib, das generell häufige Vorkommen ihrer Art und der in unserem Garten vorkommende Wirt dieser Kuckucksbiene deuten auf *Sphecodes geoffrellus* hin. Einer ihrer Wirte, die Smaragdgrüne Schmalbiene *Lasioglossum morio*, kommt in unserem Garten sehr zahlreich vor.

Mit einer Körpergröße von nur 5-6 mm ist *Sphecodes geoffrellus* eine der kleinsten Vertreter ihrer Gattung.

Flugzeit Weibchen April - Mitte Oktober, Männchen ab Ende Mai
Vorkommen häufig
Größe ♀ 5-6 mm ♂ 5-6 mm
Blütenbesuch Nektarquellen unspezialisiert *(polylektisch)*
Erkennungsmerkmale
♀ Gesicht rundlich, Stirn zwischen der Punktierung glänzend, Mesonotum zerstreut und fein punktiert, Tergite 2 und 3 auf der Basis undeutlich, zerstreut punktiert, Tergit 3 seitlich mit je einem ovalen, meist schwarzen Flecken
♂ Fühlerglieder mit großen Filzflecken, die etwa 2/3 der Länge einnehmen, der Rest knotig vortretend, Mesonotum fein punktiert, Tergite 2 und 3 nur fein zerstreut punktiert, Tergit 3 an der Basis fein querchagriniert, Tarsen und große Teile der Tibien rot
Lebensraum der ihrer Wirte
Lebensweise Kuckucksbiene, parasitisch
Wirt Smaragdgrüne Schmalbiene *Lasioglossum morio, Lasioglossum leucopus, Lasioglossum nitidiusculum*, vermutlich weitere Schmalbienenarten
Blütenvorliebe keine besondere Vorliebe

Blütenbesuch
Acker-Hundskamille
Fingerkraut
Kleines Habichtskraut
Löwenzahn
Mannstreu
Scharfer Mauerpfeffer
Wiesen-Schafgarbe
Wilde Möhre
Wilde Resede
Zypressen-Wolfsmilch

Honigbienen
Apis

Wer kennt sie nicht, die Biene, die in großen Mengen Honig produziert? Ursprünglich ist die Honigproduktion zur Ernährung des eigenen Volkes gedacht. Als der Mensch vor Jahrtausenden diese erste Süßigkeit entdeckte, konnte er nicht widerstehen. „Honigjäger" sammelten von nun an das süße Gold – die Speise der Götter. Höhlenmalereien aus der Mittelsteinzeit, die in den Cuevas de la Araña in Spanien bei Valencia entdeckt wurden, überlieferten die ersten Nachweise der frühen Honigsammler von vor etwa 8000 bis 12000 Jahren. Erste sichere Nachweise der Bienenhaltung stammen aus der Zeit von 2400 bis 600 vor Christus. Damals wurden in Ägypten bereits Bienen in Beuten gehalten.

Die Honigbiene wurde vergöttert und verehrt. Nicht nur weil Honig die Speisen versüßte, auch in der Medizin erlangte der Honig eine wichtige Bedeutung. In der griechischen Antike schrieb man ihm bedeutende Heilkräfte zu, es wurden beispielsweise Salben und Tinkturen aus Honig verabreicht, um Fieber zu senken oder Entzündungen zu heilen.

Kein Wunder also, dass wir bei Biene zuerst an Honigbiene denken und nicht an Wildbiene. Wildbienen wurden lange Zeit komplett übersehen. Man unterschätzte die große Bedeutung wilder Bienen, die scheinbar nur von Blüte zu Blüte flogen und dabei nichts von Wert produzierten. Heute wissen wir mehr über die wilden Verwandten der Honigbiene. Wobei nicht jedem bewusst ist, dass Wildbienen keinen Honig produzieren. Ein Glas „Wildbienen-Honig" werden Sie niemals kaufen können.

Warum produziert die Honigbiene Honig? Es liegt an der Größe der Honigbienenvölker. Zur Hochsaison im Frühsommer kann ein Volk bis zu 60.000 Bienen hervorbringen. Um ein so großes Volk über den Winter zu bringen, produzieren sie zur eigenen Versorgung Honigvorräte in großen Mengen. Im Winter verbleiben die Honigbienenarbeiterinnen in ihrer Beute. Sie versorgen und schützen die Königin, die mehrere Jahre alt werden kann. Damit die Winterbiene ihre Aufgaben erfüllen kann, wird sie mehrere Monate alt. Eine Sommerbiene lebt durchschnittlich nur etwa 35 Tage.

Im Gegensatz zur Honigbiene leben die meisten Wildbienenarten solitär, sie bilden keine größeren Völker und müssen sich daher nicht um eine Versorgung in solchem Ausmaß kümmern. Es gibt zwar Wildbienenarten, die Völker bilden wie etwa die Dunkle Erdhummel, ihre Größe umfasst jedoch nur etwa 600 Tiere.

Eine einzelne Honigbiene fliegt pro Tag etwa 40 Mal aus, dabei besucht sie pro Ausflug ca. 100 Blüten. Das bedeutet, dass eine Honigbiene 4.000 Blüten täglich aufsucht, um Pollen und Nektar zu sammeln. Für nur ein Kilo Honig muss ein Bienenvolk 900.000 bis 6 Millionen Blüten besuchen.

Diese Zahlen zeigen recht deutlich, dass Honigbienenbeuten nicht einfach so aufgestellt werden können. Schließlich müssen die Völker ein entsprechendes Blütenangebot vorfinden. Das Problem der Nahrungskonkurrenz zwischen Honigbienen und anderen Insekten wie Wildbienen, Schmetterlingen und Schwebfliegen ist bereits groß und sollte nicht verschärft werden.

Als 2017/18 plötzlich jeder vom Bienensterben sprach, entstand ein regelrechter Imkerboom, der die Situation für die Wildbienen – um die es eigentlich ging – noch weiter verschlechterte. Die falsch verstandene Hilfe sorgte für unzählige Honigbienenbeuten in Großstädten, auf Dächern, Balkonen und in blütenarmen Gärten. Die meisten Völker sind vermutlich gestorben, da die Bienenhaltung komplex und sehr zeitaufwendig ist. Ich hoffe, dieses folgenreiche Mißverständnis findet künftig keine Nachahmer mehr.

Blütenreiche Lebensräume sind die Grundlage für die erfolgreiche Imkerei. Verantwortungsvolles Imkern heute bedeutet auch, Nahrung für Bienenvölker beizusteuern.

1 heimische Honigbienenart
ist in Deutschland bekannt

Ihre Wildform, die Dunkle Europäische Biene *Apis mellifera mellifera* ist in Deutschland erloschen.

Westliche Honigbiene
Apis mellifera

Arbeiterin in einer Pfingstrose

Zu viel Imkerei in unseren Städten

Die Eidgenössische Forschungsanstalt für Wald, Schnee und Landschaft WSL berichtet in einer Studie aus 2022, dass die unkontrollierte Zunahme von Honigbienen im untersuchten Raum von vierzehn Schweizer Städten zunehmend Druck auf wilde Bestäuber ausübt und damit die städtische Biodiversität gefährdet.

Die WSL Forscher Joan Casanelles Abella und Marco Moretti fertigten ein Rechenmodell an, welches die Nachhaltigkeit urbaner Bienenhaltung in der Schweiz belegen soll. Untersucht wurde das Verhältnis vorhandener Blühflächen zu der Anzahl der Bienenstöcke in vierzehn Schweizer Städten. Das Ergebnis ist ernüchternd: Zwischen 2012 und 2018 hat sich die Menge an Imkereistandorten beinahe verdreifacht. In Zahlen ausgedrückt ist die Imkerei von 3139 Standorten auf 9370 angestiegen. Eine adäquate Zunahme an Blühflächen wurde jedoch nicht festgestellt, sodass das Angebot an Blütenressourcen, um den Nahrungsbedarf der Honigbienen zu decken, nicht ausreicht. Hier stellt sich die Frage: Was bleibt den übrigen Bestäuberinsekten an Nahrung, wenn das vorhandene Nahrungsangebot selbst für das Honigbienenaufkommen nicht ausreicht? Aktuell sind die Konsequenzen für die Biodiversität in unseren Städten nicht abzuschätzen.

Eines ist jedoch klar. Die Zucht von Honigbienen in privaten Gärten muß reglementiert werden. Honigbienen sind keine Wildtiere, sondern Nutztiere, die von ihren Besitzern mit entsprechenden Blühflächen gefüttert werden müssen.

Eine wissenschaftliche Studie aus Großbritannien besagt, dass 7,5 Bienenstöcke pro qkm einen geeigneten Grenzwert für eine nachhaltige Bienendichte darstellt.

Quelle: idw - Informationsdienst Wissenschaft / 14.02.2022 / https://idw-online.de/de/news788323

11

Honigbienenarten

gibt es weltweit

(Lo et al. 2010)

Sammlerin im Frühlings-Krokus

Königin

Männchen (Drohn)

Die Italienische Honigbiene (Apis mellifera ligustica)

Die Augen der Honigbienen sind von hellen Härchen umrandet. Auch zwischen den einzelnen Linsen der Facettenaugen sitzen feine Härchen. Mit den Augenhaaren können Honigbienen den Winkel der Sonne bestimmen und so präzise navigieren.

Westliche Honigbiene *Apis mellifera*

Wildformen der Honigbiene gibt es in unseren Regionen nicht mehr. *Apis mellifera* ist die einzige, in Mitteleuropa vorkommende, hoch eusoziale Bienenart.

Die Honigbienen-Königin, die bis zu 1.500 Eier am Tag legen und etwa vier Jahre alt werden kann, wird von den Arbeiterinnen gefüttert und beschützt. Zur Lenkung des Bienenstaates erzeugt sie sogenannte Pheromone, Duft- und Geschmacksstoffe, die nicht nur Drohnen anlocken sollen, sondern auch für den Zusammenhalt des Volkes sorgen. Außerdem unterdrücken Pheromone die Entwicklung der Eierstöcke der Arbeiterinnen.

Die Aufgaben der Arbeiterinnen sind vielfältig. Sie putzen die Zellen, versorgen als Ammenbienen die Larven, sie bauen die Waben, erfüllen Reinigungs- und Reparaturarbeiten, bewachen das Flugloch und dürfen zu guter Letzt – wenn sie ein gewisses Alter erreicht haben – ausfliegen, um Nektar, Pollen, Honigtau und Wasser zu sammeln.

Der Drohn stirbt unmittelbar nach der Paarung. Zuvor hatte er jedoch einige Wochen Zeit, in Gesellschaft seiner Artgenossen nach einer Jungkönigin Ausschau zu halten.

Flugzeit März - Oktober
Größe Königin 15-18 mm
Größe Arbeiterin 11-13 mm
Größe Drohn 13-16 mm
Blütenbesuch unspezialisiert *(polylektisch)*
Erkennungsmerkmale
♀ einheitlich braunschwarz gefärbt mit hellen oder rötlichen Filzbinden am Hinterleib, Hinterschienen mit Körbchen an der Außenseite und Bürstchen zur Pollensammlung, Brust behaart, Torso leicht mit Pelz bedeckt, Augen von hellen Härchen umrandet
♂ auffallend große, dunkle Komplexaugen, die sich am Scheitel berühren
Lebensweise
hoch eusoziale Lebensweise, ein Staat besteht aus einer Königin, bis zu 60.000 Arbeiterinnen und mehreren Hundert Männchen
Blütenvorliebe keine Vorlieben, sie ist ein Generalist

Nektar sammelt die Arbeiterin in ihrem Honigmagen.

Mit ihrem Rüssel saugt sie den duftenden Nektar auf. Da der Nektar oft tief in der Blüte sitzt, muss die Biene ihren Rüssel weit ausstrecken, um diesen zu erreichen.

Pollen (Blütenstaub) sammelt die Biene am hinteren Beinpaar.

Bei einem Blütenbesuch bleibt Blütenstaub am Pelz der Biene hängen. Mit den Beinchen bürstet sie den gesammelten Pollen zu ihrem hinteren Beinpaar. Damit dieser haften bleibt, wird Nektar hinzugemischt.

So befeuchtet kann das Pollen-Nektargemisch am Pollenkamm ihrer Außenbeine sicher transportiert werden.

Elf Honigbienenarten gibt es weltweit.

Die echte Wildform der Dunklen Europäischen Honigbiene *(Apis mellifera mellifera)* ist in Deutschland erloschen, kommt aber noch an der Peripherie Europas vor, etwa in Cornwall und auf den schottischen Inseln.

Schwebfliegen
Syrphidae

Wussten Sie, dass Schwebfliegen Wild- und Nutzpflanzen ebenso zuverlässig bestäuben wie Wildbienen? Sie gelten in den gemäßigten Breiten neben den Bienen als die wichtigste Bestäubergruppe. Adulte Tiere ernähren sich ausschließlich von Nektar, Pollen und Honigtau, so bestäuben sie bei der Nahrungsaufnahme automatisch jede besuchte Blüte.

Schwebfliegenlarven ernähren sich vielfältiger als die Elterntiere. Sie werden in drei große Gruppen eingeteilt: Pflanzenfresser, Räuber und Fäulnisbewohner. Sie fressen Pflanzensäfte und Pflanzenreste, einige Arten ernähren sich räuberisch von Blattläusen und Parasiten, andere bevorzugen Abfälle oder suchen im Kot verschiedener Säugetiere nach darin befindlichen Eiern und Larven anderer Fliegen. Wiederum andere Arten leben als Larven in Hummel-, Hornissen und Wespennestern oder in Ameisenbauten, um sich teilweise von deren pflanzlichem Abfall oder von Eiern und Larven ihrer unfreiwilligen Gastgeber zu ernähren. So sind sie nicht nur Bestäuber, sie räumen nebenbei ein wenig auf und halten das Aufkommen der Blattläuse unter Kontrolle. Die Larven der Hain-Schwebfliege werden zum Beispiel zur biologischen Schädlingsbekämpfung eingesetzt, da sie während ihrer zehntägigen Entwicklung bis zur Verpuppung mehrere Hundert Blattläuse vertilgen können.

Der elegante Schwirrflug einer Schwebfliege mit bis zu 300 Flügelschlägen in der Sekunde verhalf ihr zu ihrem Namen. Wie kleine Helikopter stehen sie in der Luft, verharren und fliegen blitzschnell im Vorwärts- oder Rückwärtsgang davon. So verliert man sie schnell aus den Augen, denn ihren rasanten Flugmanövern können wir selten folgen. Manche Arten wie die Hain-Schwebfliege, die Sumpfschwebfliege und die Großstirnschwebfliege ziehen im Herbst nach Süden. Dabei überqueren sie sogar die Alpen, die Pässe der Mittelgebirge und der Pyrenäen. Fallen bei uns die Temperaturen mild aus, begegnen wir an einem sonnig warmen Wintertag der ein oder anderen überwinternden Schwebfliegendame.

Schwebfliegen sind nicht in der Lage zu beißen oder zu stechen. Als Mundwerkzeug steht ihnen nur ein kleiner Tupfer zur Verfügung und sie besitzen keinen Stachel. So wehrlos ausgestattet bleibt ihnen nur die Vortäuschung einer gewissen Wehrhaftigkeit. Die gelbschwarze wespenartige Zeichnung des Hinterleibes soll potenzielle Fressfeinde abschrecken. Manche Arten ähneln Hummeln oder Bienen.

Männliche und weibliche Tiere unterscheiden sich in ihrer Zeichnung meist voneinander. Ein deutliches Merkmal der Männchen sind die eng beieinander liegenden Facettenaugen, die sich oftmals am Scheitel berühren. Die Augen der Weibchen stehen weiter auseinander und sind in der Regel etwas kleiner.

Neunundzwanzig verschiedene Schwebfliegenarten konnte ich in unserem Garten fotografisch dokumentieren. Bei der Zusammenstellung der Fotografien für dieses Kapitel ist mir erst bewusst geworden, wie unterschiedlich und schön sie aussehen. Die sanfte Art, sich auf einer Blüte niederzulassen, ist so einzigartig – ein unvergleichliches Wunder der Natur. Aber sehen Sie selbst. Auf den folgenden Seiten erfahren Sie, wie Schwebfliegen leben und was wir ihnen in unseren Gärten anbieten können, damit sie sich bei uns wohlfühlen.

Späte Großstirnschwebfliege
Scaeva pyrastri

Welche Blühpflanzen bevorzugen Schwebfliegen

Schwebfliegen bestäuben unzählige Blüten, denn sie ernähren sich ausschließlich von Pollen, Nektar und teilweise von Honigtau. Nur wenige Arten sind auf bestimmte Blüten spezialisiert. Mit ihren kurzen, leckenden Mundwerkzeugen favorisieren sie leicht zugängliche offene Blüten wie Doldenblütler, Kreuzblütler, Hahnenfußgewächse, Rosengewächse mit offenen Blüten, Weidenkätzchen, Korbblütler oder blühende Gräser.

Hainschwebfliege
Episyrphus balteatus

Schwebfliegen übernehmen eine wichtige Funktion als Bestäuber unserer Blüten.

Deutschlandweit sind 31% aller Arten in ihrem Bestand gefährdet.*[1]

2020 berichtet der NABU über „Extreme Rückgänge von bis zu 97% bei Schwebfliegen.“*[2]

**1 Rote-Liste-Zentrum / Schwebfliegen, (aktuelle Liste) 2011, Deutschland*
**2 “Warum Schwebfliegen verschwinden“ / https://www.nabu.de/news/2020*

29

Schwebfliegenarten

werde ich Ihnen auf den folgenden Seiten vorstellen

Warum reiben Fliegen sich die Vorderbeine?

Das praktizieren sie beinahe ständig, um die Haftstrukturen und Rezeptoren an ihren Beinen sauber zu halten. Ihre Beine nutzen sie nicht allein zur Fortbewegung oder um sich an einer Scheibe festzuheften. An den Füßen befinden sich Geschmacksrezeptoren und Sinneszellen, die den Fliegen zum Beispiel dabei helfen, geeignetes Futter zu ertasten bzw. zu schmecken oder kleinste Luftbewegungen zu erspüren. So sind sie in der Lage einem möglichen Feind blitzschnell davonzufliegen.

Große Sumpfschwebfliege
Helophilus trivittatu

Gänsedistel-Erzschwebfliege
Cheilosia caerulescens

Hain-Schwebfliege
Episyrphus balteatus

Kleine Keilfleckschwebfliege
Eristalis arbustorum

Hummel-Keilfleckschwebfliege
Eristalis intricaria

Garten-Keilfleckschwebfliege
Eristalis lineata

Scheinbienen-Keilfleckschwebfliege
Eristalis tenax

Kleine Zwiebelschwebfliege
Eumerus funeralis

Gemeine Feldschwebfliege
Eupeodes corollae

Mondfleck-Feldschwebfliege
Eupeodes luniger

Gemeine Goldschwebfliege
Ferdinandea cuprea

Große Sumpfschwebfliege
Helophilus trivittatu

Glänzende Schwarzkopfschwebfliege
Melanostoma mellinum

Matte Schwarzkopfschwebfliege
Melanostoma scalare

Gemeine Narzissenschwebfliege
Merodon equestris

Totenkopfschwebfliege
Myathropa florea

Ohne Trivialnamen
Pipizella spec.

Graue Breitfußschwebfliege
Platycheirus albimanus

Späte Großstirnschwebfliege
Scaeva pyrastri

Frühe Großstirnschwebfliege
Scaeva selenitica

Gewöhnliche Langbauchschwebfliege
Sphaerophoria scripta

Gemeine Keulenschwebfliege
Syritta pipiens

Große Schwebfliege
Syrphus ribesii

Behaarte Schwebfliege
Syrphus torvus

Kleine Schwebfliege
Syrphus vitripennis

Gemeine Waldschwebfliege
Volucella pellucens

Große Waldschwebfliege
Volucella zonaria

Gemeine Langbauchschwebfliege
Xylota segnis

Goldhaar-Langbauchschwebfliege
Xylota sylvarum

Schwebfliege
Syrphidae spec.

Gänsedistel-Erzschwebfliege

Cheilosia caerulescens

Die Gattung der Erzschwebfliegen gilt als besonders artenreich. Es sind teils unauffällig schwarz gefärbte Tiere, die in vielen Fällen nur schwer zu unterscheiden sind. Ihr Gesicht ist mit deutlichen Merkmalen wie Mundhöckern und Augenwülsten ausgestattet, der Hinterleib meist schwarz gefärbt. Die Gänsedistel-Erzschwebfliege ist ursprünglich im Bergland bis über 2.000 Metern zu finden, heute breitet sich die eher selten vorkommende Art zunehmend im Flachland aus und ist auch in Gärten anzutreffen. Hier besucht sie zur Nahrungsaufnahme Pflanzen wie die Gänsedistel, eine essbare Kulturpflanze, die in früheren Zeiten als Gemüsepflanze geschätzt und wie Spinat zubereitet wurde. Die Pflanze ähnelt dem Löwenzahn, ist jedoch kleiner im Wuchs. Als Larvennahrung dienen die fleischigen Blätter diverser Hauswurzarten, in die sich die Larven hineinfressen, ohne die gesamte Pflanze nachhaltig zu schädigen.

Größe	7-10 mm
Lebensraum	Bergland, Flachland, Wiesen, Feldwege, Gärten
Flugzeit	April - September
Blütenbesuch	Disteln, Dost, Margariten, Hauswurz
Larvennahrung	Blätter verschiedener Hauswurzarten *Sempervivum*
Vorkommen	selten

Männchen

Männchen

Hain-Schwebfliege

Episyrphus balteatus

Sie gilt als eine unserer häufigsten Schwebfliegenart und kommt in Kulturlandschaften ebenso häufig vor wie in Wäldern. Bei der Blütenwahl ist sie tolerant, was ihr gute Überlebenschancen garantiert. Mit ihrem kurzen Rüssel bevorzugt sie offen liegende Blüten wie Doldenblütler. Da sie bis in den November hinein fliegt und an manchen warmen Wintertagen plötzlich auftauchen kann, wird sie auch Winterschwebfliege genannt. Die Weibchen überwintern gerne geschützt in Laubhaufen oder Ritzen, sie sterben im darauf folgenden Frühjahr. Einige Exemplare ihrer Art verbringen den Winter im warmen Süden, denn sie sind Wanderschwebfliegen. Entscheiden sie sich im Spätsommer für den weiten Flug Richtung Süden und Südwesten in die Mittelmeerregion, überqueren die leichten Insekten die Alpen bzw. die Pyrenäen. Sie nutzen günstige Winde in geringen Höhen und legen bei guten Bedingungen bis zu 25 Kilometer pro Stunde zurück.

Größe	10-11 mm
Lebensraum	in allen Biotopen zu finden
Flugzeit	Februar/März - November
Blütenbesuch	nicht auf bestimmte Blüten spezialisiert
Larvennahrung	Blattläuse, Blattlauslarven, Blattwespenlarven
Vorkommen	sehr häufig

Kleine Keilfleckschwebfliege

Eristalis arbustorum

Die Kleine Keilfleckschwebfliege gehört zu der Gattung *Eristalis*, welche weltweit etwa einhundert Arten umfasst. Sie kann mit einigen anderen *Eristralis*-Arten verwechselt werden. Es gibt bei genauer Betrachtung jedoch Besonderheiten, wie die gefiederte Fühlerborste, das weißbehaarte ungezeichnete Gesicht, das längliche Flügelmal und die dunklen Vorder- und Mittelfüße. Merkmale, die nur anhand von Fotos oder am nicht lebenden Insekt mit einer Lupe zu beurteilen sind. Sie gehört zu der Gruppe der Wanderinsekten und führt saisonale Wanderungen in den Süden Europas und zurück durch. Da die Larven während ihrer Entwicklung im Wasser oder Schlamm leben und sich von organischen, verrottenden Substanzen ernähren, finden wir sie häufig in feuchten Biotopen. Auf der Suche nach Nahrung ist sie in der Lage, sehr weite Strecken zurückzulegen, sodass Eiablageflächen und Nahrungshabitate weit auseinanderliegen können.

Größe	9-11 mm
Lebensraum	offene Biotope und Feuchtgebiete
Flugzeit	April - Oktober
Blütenbesuch	nicht auf bestimmte Blüten spezialisiert
Larvennahrung	Bakterien, aus Kleingewässern oder Jauche filtriert
Vorkommen	sehr häufig

Hummel-Keilfleckschwebfliege

Eristalis intricaria

Dieser große, pelzige Zweiflügler könnte oberflächlich betrachtet für eine Hummel gehalten werden. Die großen Komplexaugen und die Art ihres schwebenden Fluges verraten bei genauerem Hinsehen jedoch, dass sie nur so tut, als sei sie eine Hummel. So schreckt der wehrlose Brummer potenzielle Fressfeinde ab. Die Hummel-Keilfleckschwebfliege wird auch Pelzige Mistbiene genannt, da sie sich gerne in stehendem, schlammigen Wasser aufhält, um ihre Larven dort unterzubringen. Diese ernähren sich unter anderem von Bakterien, die sie aus Kleingewässern oder Jauche filtrieren. So trifft man diese Art bevorzugt in feuchter Umgebung an. Bei der Blütenwahl ist sie nicht spezialisiert und besucht diverse Wildkräuter und Blüten wie Ackerdistel, Baldrian, Skabiose, Doldenblütler, blühende Sträucher und Bäume.

Größe	11-14 mm
Lebensraum	feuchte Wiesen, sumpfige Weiden, lichte Wälder, Waldränder, Parks, Gärten
Flugzeit	April - Oktober
Blütenbesuch	nicht auf bestimmte Blüten spezialisiert
Larvennahrung	Bakterien, aus Kleingewässern oder Jauche filtriert
Vorkommen	mäßig häufig

Männchen

Garten-Keilfleckschwebfliege

Eristalis lineata

Von April bis Oktober ist sie in mehreren Generationen im Jahr unterwegs. Ihr Speiseplan ist recht umfangreich, so werden zur Nahrungsaufnahme viele verschiedene Pflanzenfamilien angeflogen wie Geißblattgewächse, Korbblütler, Doldenblütler, Hahnenfuß- und Rosengewächse. Das können Arten sein wie Echter Baldrian, Gewöhnlicher Wasserdost, Goldrute, Kratzdistel, Margerite, Roter Hartriegel, Schafgarbe oder Witwenblume. Zu ihren bevorzugten Lebensräumen gehören feuchte Gebiete in Laub- und Nadelwäldern, die Ränder von Tümpeln, Bächen und Flüssen, Sumpfgebiete und Gärten mit kleineren Gewässern. Die Larven ernähren sich von faulenden Pflanzenstoffen und leben daher an schlammigen Tümpeln und Gewässerrändern. Sie bereinigen Gewässer von organischen Rückständen.

Größe	11-14,5 mm
Lebensraum	halb offenes Gelände, lichte Laub- und Nadelwälder, Sumpfgebiete, Ränder von Tümpeln, Bächen, Gärten
Flugzeit	April - Oktober
Blütenbesuch	nicht auf bestimmte Blüten spezialisiert
Larvennahrung	faulende Pflanzenstoffe aus schlammigen Tümpeln und Gewässerrändern
Vorkommen	häufig

Männchen

Männchen

Scheinbienen-Keilfleckschwebfliege

Eristalis tenax

Die Mistbiene, wie sie auch genannt wird, gilt als die am weitesten verbreitete Schwebfliegenart weltweit und kommt in fast allen Lebensräumen vor. Als Wanderinsekt fliegt sie im Herbst von Mitteleuropa nach Süden und Südwesten in die Mittelmeerregion. Im Frühjahr kehrt sie in ihre nördlichen Habitate zurück. Einzelne Weibchen überwintern und können an warmen Wintertagen oder im Vorfrühling plötzlich auftauchen. Die bis zu 20 mm großen Larven ernähren sich von Bakterien und faulenden, sich zersetzenden Pflanzenteilen. Sie filtern diese aus bakterienreichen und sauerstoffarmen Gewässern wie Jauchegruben, Sickergruben oder schlammigen Tümpelrändern, an denen sie als Ei abgelegt wurden. Auf diese Weise tragen sie zur Klärung von Abwässern bei. Wie alle Schwebfliegen bestäuben auch sie unsere Pflanzen.

Größe	14-18 mm
Lebensraum	in fast allen Lebensräumen zu finden
Flugzeit	Februar - November
Blütenbesuch	nicht auf bestimmte Blüten spezialisiert, mit einer Vorliebe für Korb- und Doldenblütler
Larvennahrung	Bakterien und faulende Pflanzenteile
Vorkommen	sehr häufig

Männchen

Kleine Zwiebelschwebfliege

Eumerus funeralis

Eine kleine unauffällige Schwebfliege, die leicht übersehen wird. Sie gehört mit zehn weiteren Arten zu der Gattung *Eumerus* und ist nur schwer zu bestimmen. Ein deutlich sichtbares Flügelmerkmal (siehe Pfeil) könnte auf diese Art hinweisen: Die Querader ist stark zurücklaufend. *Eumerus funeralis* kann ebenso anhand ihrer verdickten Hinterschenkel bestimmt werden, diese tragen unterseits an der Basis einen kleinen Höcker sowie einen haarlosen, glänzenden Streifen. Merkmale, die diese Fotos nicht preisgeben. Daher kann ich nur vermuten, dass es sich um diese Art handelt. Adulte Tiere ernähren sich von Nektar und Honigtau, ihre Larven leben in Zwiebeln diverser Zwiebelpflanzen wie Narzisse, Lilie und Allium. Pflanzen, die in großer Zahl in unserem Garten vorkommen. *Eumerus funeralis* gilt flächenbezogen als weitverbreitete Art, die jedoch nur mäßig häufig vorkommt.

Größe	5-6 mm
Lebensraum	offene Lebensräume, Gärten, Parks, Waldränder, Wiesen
Flugzeit	Mai - August
Blütenbesuch	nicht auf bestimmte Blüten spezialisiert
Larvennahrung	Zwiebeln
Vorkommen	mäßig häufig

Gemeine Feldschwebfliege

Eupeodes corollae

Die Gemeine Feldschwebfliege kann in unseren nördlichen Regionen als saisonaler Gast bezeichnet werden, da sie vor dem Winter nach Süden fliegt. Die dort geschlüpften Nachkommen fliegen im Frühling zu uns zurück. Die Paarung dieser Schwebfliegenart findet im Flug statt und wird am Boden fortgeführt. Da sich die Larven von Blattläusen ernähren, legt das begattete Weibchen Hunderte von Eiern direkt in Blattlauskolonien ab. So können sich die Larven nach dem Schlupf direkt mit ihrer Leibspeise versorgen. Ihr Appetit auf Läuse ist recht groß, während ihrer Entwicklungszeit von 7 bis 25 Tagen können sie mehrere Hundert Läuse fressen. Ausgewachsene Tiere ernähren sich von Pollen und Nektar verschiedener Blühpflanzen, wobei sie eine besondere Vorliebe für Doldenblütler haben. Die gelben Fleckenpaare auf dem Hinterleib gehen über die Seitennaht hinaus, was sie von der Mondfleck-Feldschwebfliege unterscheidet.

Größe	7-10,5 mm
Lebensraum	offenes Gelände, Wiesen, Felder, Gärten, Gebirge
Flugzeit	April - Oktober
Blütenbesuch	nicht auf bestimmte Blüten spezialisiert
Larvennahrung	Blattläuse
Vorkommen	sehr häufig

Männchen

Mondfleck-Feldschwebfliege

Eupeodes luniger

Die beiden vorgestellten Feldschwebfliegenarten sind sich recht ähnlich. Ein für Laien nicht gleich sichtbares Unterscheidungsmerkmal sind die Fleckenpaare auf dem Hinterleib, die bei dieser Art nicht über die Seitennaht hinaus gehen. Das Weibchen trägt auf der Stirn eine schwarze Zeichnung, die wie ein gestürztes Y aussieht. Auch diese Feldschwebfliegenart paart sich im Flug, die Paarung dauert nur ein bis zwei Sekunden. Die Larven fressen Blattläuse und können diese bedeutend minimieren. Bei Blattlausmangel sind sie in der Lage, für einige Zeit auf pflanzliche Nahrung umzusteigen. Adulte Tiere besuchen Blühpflanzen wie Hahnenfuß, Herbst-Löwenzahn, Holzapfel, Gamander-Ehrenpreis, Geflecktes Johanniskraut, Rainfarn, Wiesen-Bärenklau, Weißer Wiesenknopf und weitere Pflanzen.

Größe	9-12 mm
Lebensraum	offenes Gelände, Heckenbiotope, Waldränder, Waldlichtungen, Wälder, Gärten, Wiesen
Flugzeit	April - November
Blütenbesuch	nicht auf bestimmte Blüten spezialisiert
Larvennahrung	Blattläuse
Vorkommen	häufig

Gemeine Goldschwebfliege

Ferdinandea cuprea

Die vorwiegend in Wäldern und Waldnähe vorkommende Gemeine Goldschwebfliege besucht gelegentlich Gärten. Voraussetzung ist ein gewisser Baumbestand, denn ihre Larven leben in Baumwunden, Saftläufen, unter Rinde, in sich zersetzenden Baumwurzeln und in Hohlräumen verschiedener Laubbäume wie beispielsweise Eichen, Buchen, Birken, Ulmen und Weiden. Männliche Tiere bilden nahe der Bäume Reviere und verteidigen diese gegen Eindringlinge. Mitte Juni 2022 fotografierte ich ein Weibchen an den Blüten einer Teppich-Glockenblume. Es heißt, die Gemeine Goldschwebfliege hätte eine Vorliebe für blaue Blüten. Diese hübsche Schwebfliege gilt laut der aktuellen Roten Liste als nicht gefährdete Art, sie kommt jedoch nur mäßig häufig vor. Daher freue ich mich sehr über diese Begegnung in unserem Garten.

Größe	9-13 mm
Lebensraum	Laubwälder, Waldlichtungen, gelegentlich Gärten
Flugzeit	Mai - September/Oktober
Blütenbesuch	Kriechender Hahnenfuß, Löwenzahn, Ringelblume, Disteln, Efeu, Flockenblumen, Witwenblumen, austretende Baumsäfte
Larvennahrung	faulende Pflanzenstoffe
Vorkommen	mäßig häufig

Große Sumpfschwebfliege

Helophilus trivittatus

Die Große Sumpfschwebfliege ist nicht allein in Feuchtgebieten unterwegs, man findet sie überall dort, wo es blütenreiche Flächen gibt. Sie legt auf der Suche nach Nahrung und geeigneten Eiablageplätzen weite Strecken zurück. Ihre Larven entwickeln und ernähren sich in schlammigen Gewässern mit einem hohen Gehalt an organischem Material. An ihrem Hinterleibsende besitzen die Larven einen teleskopartig, röhrenförmigen Rüssel, der als eine Art Schnorchel das Atmen unter Wasser ermöglicht. Der körperlange Rüssel kann auf die sechsfache Größe verlängert werden und sieht aus wie ein Schwanz, daher wird die Larvenart auch Rattenschwanzlarve genannt. (s. S. 212) Viele Schwebfliegenarten bilden Rattenschwanzlarven aus. Die Große Sumpfschwebfliege besucht bei ihren weiten Flügen ein breites Spektrum von Blütenpflanzen und gilt als effiziente Bestäuberin.

Größe	11-17 mm
Lebensraum	offene und feuchte Lebensräume, blumenreiche Wiesen, Flussränder, Salzwiesen
Flugzeit	Mai - Oktober
Blütenbesuch	nicht auf bestimmte Blüten spezialisiert
Larvennahrung	verrottende Pflanzen und Schwebstoffe
Vorkommen	sehr häufig

Glänzende Schwarzkopf-schwebfliege

Melanostoma mellinum

Sie ist mit nur 5 bis 7 Millimetern Körpergröße recht unscheinbar. Kopf und Brust sind glänzend schwarz gefärbt und erscheinen wie auf Hochglanz poliert. Die orangegelben Flecken auf dem leicht gerundeten Hinterleib sind dreieckig geformt mit abgerundetem Hinterrand. Ab Ende Mai und Ende August legen die Weibchen ihre Eier ab. Wer in dieser Zeit mit einem Makroobjektiv unterwegs ist, kann mit etwas Glück die geschwollenen, mit Eiern gefüllten Abdomen der Weibchen erkennen. Die Abbildung des trächtigen Weibchens unten rechts stammt vom 20. Mai 2022. Die Larven ernähren sich von Blattläusen und kleinen, weichhäutigen Insekten. Obwohl die Larven beinlos und blind sind, sind sie in der Lage, Fliegen zu fangen. Die adulten Tiere besuchen viele verschiedene Pflanzenfamilien wie Doldenblütler, Korbblütler, Efeugewächse, Wegerichgewächse sowie Gräser und Wildkräuter.

Größe	5-7 mm
Lebensraum	in allen Biotopen zu finden
Flugzeit	April - Oktober
Blütenbesuch	nicht auf bestimmte Blüten spezialisiert
Larvennahrung	Blattläuse, kleine Insekten
Vorkommen	sehr häufig

Matte Schwarzkopfschwebfliege

Melanostoma scalare

Sie ist deutlich größer als ihre kleine Schwester *Melanostoma mellinum* und trägt ebenfalls rotgelbe Flecken auf dem sonst schwarzen Hinterleib. Diese unterscheiden sich durch den geschwungenen, eingebuchteten Hinterrand. Das rechts oben abgebildete Männchen könnte ebenso *Melanostoma mellinum* sein, anhand des Fotos ist es leider nicht bestimmbar. Die Matte Schwarzkopf-Schwebfliege gilt als weitverbreitete Art, sie besucht gerne Kreuzblütler und Doldenblütler. In unserem Garten ist bis spät in den November zu beobachten, wie sie die letzten blühenden Astern und den dunkelvioletten Ziersalbei *Salvia ‚Amistad'* anfliegt. Die Aufnahme des Weibchens am Ziersalbei links unten vom 28. Oktober zeigt es mit geschwollenem Abdomen voller Eier. Diese Art überwintert als Larve, die bei Nahrungsmangel von Blattläusen und anderen Kleininsekten auf pflanzliches Gewebe umsteigen kann.

Größe	8-10 mm
Lebensraum	Waldränder und lichte Wälder, Wiesen, Gärten
Flugzeit	April - November
Blütenbesuch	bevorzugt Doldenblütler, Korbblütler, Gräser
Larvennahrung	Blattläuse, Kleininsekten
Vorkommen	sehr häufig

Gemeine Narzissenschwebfliege

Merodon equestris

Sie sieht aus wie eine Hummel und zeigt auch das mutige Verhalten einer Hummel, ohne den wehrhaften Stachel zu besitzen. Die Männchen dieser Schwebfliegenart verteidigen ihr Territorium und verjagen bei ihren regelmäßigen Patrouillenflügen, die sie im Bereich ihrer bevorzugten Nahrungspflanzen vornehmen, sogar wehrhafte Hummeln. Ihre Flüge, auch die der Weibchen, sind flink und erfolgen in Zickzacklinien. Die Weibchen legen in der Regel ein Ei pro Pflanze an Zwiebelpflanzen wie Lilie oder Narzisse ab. Die Larven fressen sich in das Innere der Zwiebel und verbleiben dort während ihrer Entwicklungszeit von etwa vier Monaten. Später verlassen sie diese, um sich im Boden zu verpuppen und im Mai oder Juni zu schlüpfen. Leider wird die Gemeine Narzissen-Schwebfliege von vielen Gartenbesitzern und Gärtnern bekämpft, da sie Zwiebelgewächse schädigen kann.

Größe	12-15 mm
Lebensraum	Offenland, offene Flächen in feuchten Laubwäldern, Waldränder, Bergland, Gärten und Siedlungsbereiche
Flugzeit	Mai - Juli/August
Blütenbesuch	nicht auf bestimmte Blüten spezialisiert
Larvennahrung	Zwiebelgewächse
Vorkommen	mäßig häufig

Männchen

Männchen

Männchen

Totenkopfschwebfliege

Myathropa florea

Die Totenkopfschwebfliege ist bei der Nahrungssuche nicht wählerisch, denn sie besucht diverse Blüten wie Mädesüß, Winde, Efeu, Goldrute, Kastanie, Spindelstrauch, Hartriegel, Holunder, Margerite, Mehlbeere, Minze, Petersilie, Weißdorn, Bärenklau, Giersch, Schafgarbe, Rainfarn, Wasserdost, Gewöhnlicher Schneeball, Zypressen-Wolfsmilch und viele weitere Blühpflanzen. Bei ihren Flügen von Blüte zu Blüte verweilt sie laut brummend nur kurz, um gleich darauf die nächste Blüte zu besuchen. Die Männchen verteidigen ihr Revier und vertreiben andere Insekten. Weibchen legen ihre Eier in nassen Hohlräumen verrottender Baumstümpfe, in Mulden zwischen Baumwurzeln, in Astverzweigungen an Laub- und Nadelbäumen oder im Komposthaufen ab. Die Rattenschwanzlarven entwickeln sich in nassen Stellen wie in Baumhöhlen oder in schlammigem Wasser und in Pfützen. Die totenkopfartige Zeichnung auf dem Thorax verhalf ihr zu ihrem Namen.

Größe	10-14 mm
Lebensraum	Laubwälder, feuchtes Weideland, Siedlungsbereiche
Flugzeit	April - Oktober
Blütenbesuch	nicht auf bestimmte Blüten spezialisiert
Larvennahrung	Bakterien, faulende Pflanzenteile
Vorkommen	sehr häufig

Ohne Trivialnamen

Pipizella spec.

In Deutschland kommen vermutlich neun verschiedene Pipizella-Arten vor: *Pipizella annulata, Pipizella divicoi, Pipizella maculipennis, Pipizella mongolorum, Pipizella nigriana, Pipizella pennina, Pipizella viduata, Pipizella virens* und *Pipizella zeneggenensis*. Sie sind sich alle recht ähnlich und anhand eines Fotos schwer oder nicht zu bestimmen. Die Unterscheidungsmerkmale der einzelnen Arten sind in der mir vorhandenen Literatur nicht aufgeführt, daher kann ich sie nicht weiter beschreiben. Eines haben alle gemeinsam – sie sind klein und unscheinbar.

Größe	ca. 6-10 mm
Lebensraum	Gehölzreiche Biotope, Wälder, Waldränder, Hecken, trockenes Grasland, Heide
Flugzeit	-
Blütenbesuch	nicht auf bestimmte Blüten spezialisiert
Larvennahrung	Blattläuse

Männchen

Graue Breitfußschwebfliege

Platycheirus albimanus

Sie gilt als die häufigste unserer grau gefleckten *Platycheirus*-Arten und kommt in fast allen Lebensräumen vor. Die Männchen dieser Art können relativ sicher über ihre breiten Füße in Kombination mit ihrer silbergrauen Fleckenzeichnung am Hinterleib bestimmt werden. Ihre erweiterten Vorderschienen sind hell gefärbt und sehen ein wenig aus wie Plattfüße, da ihre Vorderbeine an den Spitzen abrupt breit ausgeweitet sind. Weibchen besitzen diese erweiterten Vorderfüße nicht und sind wie viele *Platycheirus*-Arten nur schwer zu bestimmen. Ihre mittleren Oberschenkel und Knie sind orange gefärbt. Die Weibchen sind durchschnittlich etwas größer als andere grau gefleckte *Platycheirus*-Weibchen. Eine Vielzahl von Blühpflanzen werden zur Nahrungsaufnahme angeflogen. Die Larven fressen vermutlich Blattläuse an niedrig wachsenden Kräutern, Schilf, Sträuchern und Bäumen.

Größe	7-10 mm
Lebensraum	in fast allen Biotopen zu finden
Flugzeit	April - Oktober
Blütenbesuch	nicht auf bestimmte Blüten spezialisiert
Larvennahrung	Blattläuse
Vorkommen	sehr häufig

Späte Großstirnschwebfliege

Scaeva pyrastri

Sie wird auch Blasenköpfige Schwebfliege oder Halbmondschwebfliege genannt. Ihrer großen Schwester ist sie recht ähnlich, diese aber trägt die mondsichelförmig gekrümmten Fleckenpaare in gelblicher Färbung und nicht cremeweiß, wie es die Aufnahmen deutlich zeigen. *Scaeva pyrastri* erscheint im Gegensatz zu *Scaeva selenitica* erst ab März. Da sie ein ausgeprägtes Wanderverhalten zeigt, legt sie weite Strecken nach Mittel- und Südeuropa zurück. Die Larven ernähren sich von Blattläusen, die sie an niedrigwachsenden Pflanzen finden. Die ausgewachsenen Tiere ernähren sich von verschiedenen Blühpflanzen. Sie besuchen gerne offene Blüten von Doldenblütlern und Korbblütlern. Blühende Gräser, Himbeerblüten, Brombeerblüten und Zypressen-Wolfsmilch sowie viele weitere Pflanzen werden angeflogen.

Größe	10-15 mm
Lebensraum	vom Flachland bis ins Gebirge, Wiesen, Felder, Hecken, Waldränder, Gärten
Flugzeit	März - September
Blütenbesuch	nicht auf bestimmte Blüten spezialisiert
Larvennahrung	Blattläuse
Vorkommen	sehr häufig

Frühe Großstirnschwebfliege

Scaeva selenitica

Die Frühe Großstirnschwebfliege ist, wie ihr Name vermuten lässt, früh im Jahr unterwegs. Die oben angeführten Aufnahmen entstanden am 25. Februar. Bei schwierigen Wetterbedingungen biete ich den Insekten unseres Gartens vorgezogene Traubenhyazinthen bereits im Februar an, eigentlich blühen diese erst ab März/April bis in den Mai. Auf diese Weise habe ich viele Hummelköniginnen retten können. Frühe Schwebfliegenarten freuen sich natürlich auch über das Nahrungsangebot. Weitere Nahrungspflanzen dieser Schwebfliegenart sind Obstbaumblüten, Kleiner Winterling, Wasserdost, Wildrose, Liguster, Distel, Weide, Hahnenfuß, Huflattich, Himbeere, Brombeere, blühende Gräser, Wegwarte und viele mehr. Die Larven ernähren sich von Blattläusen, die sie an Nadelbäumen, Laubbäumen und Sträuchern finden.

Größe	12-15,5 mm
Lebensraum	Nadel- und Laubwälder, Streuobstwiesen, Gärten
Flugzeit	Ende Februar/März - September
Blütenbesuch	nicht auf bestimmte Blüten spezialisiert
Larvennahrung	Blattläuse
Vorkommen	häufig

Männchen

Männchen

Gew. Langbauchschwebfliege

Sphaerophoria scripta

Nur die Männchen dieser Art lassen sich eindeutig über Fotos bestimmen. Bei den Aufnahmen der weiblichen Schwebfliegen kann ich nur vermuten, dass es sich um die passenden Weibchen handelt. Beide Geschlechter sind länglich und schmal gebaut. Beim Männchen überragt der deutlich schmalere Hinterleib die Flügellänge und zeigt kugelförmig nach unten gewölbte Genitalien. Die Art fliegt in mehreren Generationen und kann während des Sommers als Wanderinsekt aus Richtung Süden zu uns einfliegen. Ihre Nahrung besteht aus Pollen und Nektar verschiedener Blühpflanzen. Die Larven ernähren sich von Blattläusen und werden als Ei in Blattlausgelegen abgelegt. Die Verpuppung der Larven findet vermutlich direkt an ihren Geburtspflanzen statt.

Größe	8-12 mm
Lebensraum	in allen Biotopen zu finden, außer in dichten Wäldern
Flugzeit	April - Oktober
Blütenbesuch	nicht auf bestimmte Blüten spezialisiert
Larvennahrung	Blattläuse
Vorkommen	sehr häufig

Gemeine Keulenschwebfliege

Syritta pipiens

Die keulenartig verdickten Oberschenkel am hinteren Beinpaar, die an der Unterseite mit einer Reihe kleiner Dornen versehen sind, machen diese kleine, schlanke Schwebfliegenart unverwechselbar. Sie ist häufig in Gärten, auf Wiesen und Feldern anzutreffen, da sie offene, blütenreiche Lebensräume mit einer Vielzahl an unterschiedlichen Blühpflanzen bevorzugt. Sie hält sich in der Nähe feuchter Biotope oder an Komposthaufen auf, da sich ihre Larven von verrottenden organischen Stoffen ernähren. Dies können beispielsweise Pflanzenstängel, Laub, Kompost, Pferdemist oder Kuhdung sein. Die Rattenschwanzlarven entwickeln sich in den oben genannten organischen Stoffen und überwintern dort möglicherweise im letzten Larvenstadium. Die Rüttelflug-Paarung dauert maximal fünf Sekunden.

Größe	7-9 mm
Lebensraum	offene, feuchte und nährstoffreiche Biotope, Wiesen, Gärten, blütenreiche Felder, Gebüsche, Parks
Flugzeit	März - November
Blütenbesuch	nicht auf bestimmte Blüten spezialisiert
Larvennahrung	faulende und verrottende organische Stoffe aus Pflanzenstängeln, Laub, Komposthaufen und Dung
Vorkommen	sehr häufig

Große Schwebfliege

Syrphus ribesii

Sie wird auch Gemeine Garten-Schwebfliege genannt, vermutlich weil sie eine in Gärten häufig anzutreffende Art ist. Sie ist in Laub- und Nadelwäldern ebenso zu finden wie in unseren Kulturlandschaften wie z.B. Obstplantagen und Feldern. Zur Nahrungsaufnahme besucht sie unterschiedlichste Blühpflanzen, blühende Sträucher und Bäume, um Nektar, Pollen und Honigtau zu fressen. Ihre Larven ernähren sich von verschiedenen Blattlausarten und können bis zu 150 Läuse am Tag vertilgen. Hier wird erneut deutlich, wie wichtig es ist, die Blattläuse im eigenen Garten nicht zu bekämpfen, denn sie sind Nahrungsgrundlage für viele Schwebfliegenarten und weitere Gartenbewohner. Die Große Schwebfliege kann mit einigen sehr ähnlichen Arten verwechselt werden. Ein deutliches Erkennungsmerkmal sind die gelben Beine der Weibchen, die unbehaarten Augen und das gelbe Gesicht mit den rotbraunen Fühlern.

Größe	10-13 mm
Lebensraum	viele verschiedene Lebensräume
Flugzeit	April - November
Blütenbesuch	nicht auf bestimmte Blüten spezialisiert
Larvennahrung	Blattläuse
Vorkommen	sehr häufig

Männchen

Männchen

Behaarte Schwebfliege

Syrphus torvus

Die Behaarte Schwebfliege kommt häufiger in lichten Wäldern mit Fichtenbestand vor als in Gärten, da ihre Larven in Fichtenwaldstreu überwintern. Diese hier abgebildeten Exemplare haben vermutlich den Weg in unseren Garten gefunden, da einige Fichten an unseren Stadtgarten grenzen. Die Tiere besitzen einen goldglänzenden Thorax mit gelbem, wachsartigem Schildchen. Die drei gelben Binden auf dem schwarzen Hinterleib sind mittig eingebuchtet. Das Gesicht ist vollständig gelblich behaart. Ihren Namen verdanken sie den behaarten Komplexaugen. Wenn Sie genau schauen, können Sie die hellen kurzen Härchen auf den Augen der abgebildeten Männchen erkennen. Ein Erkennungsmerkmal, welches sie von der sehr ähnlichen Großen Schwebfliege unterscheidet. *Syrphus torvus* ist ein Wanderinsekt und kann, wie viele Insekten weite Strecken in den Süden Europas zurücklegen. Ihre Larven ernähren sich von Blattläusen.

Größe	9-13 mm
Lebensraum	lichte Wälder und Offenland
Flugzeit	März - September
Blütenbesuch	nicht auf bestimmte Blüten spezialisiert
Larvennahrung	Blattläuse
Vorkommen	häufig

Kleine Schwebfliege

Syrphus vitripennis

Sie ist der Großen Schwebfliege und der Behaarten Schwebfliege sehr ähnlich. Ihre besonderen Unterscheidungsmerkmale sind die schwarze Färbung an der Basis der Hinterschenkel der Weibchen und die unbehaarten Augen. Merkmale, die normalerweise nicht auszumachen sind, außer Sie gehen mit einer Lupe durch den Garten und finden eine ungewöhnlich träge *Syrphus*-Art. Die Kleine Schwebfliege hält sich bevorzugt in der Nähe von Bäumen, Sträuchern und Hecken auf, da sie ihre Eier dort auf den Blättern ablegt. Gerne an Stellen, die von Blattläusen befallen sind, damit ihre Larven nach dem Schlupf gleich ihre Lieblingsspeise finden. Adulte Tiere besuchen viele verschiedene Blühpflanzen, um Nektar und Pollen zu sammeln, zum Beispiel Acker-Glockenblume, Kratzdistel, Weißdorn, Brombeere, Schlehdorn, Löwenzahn, Sumpfdotterblume und Zypressen-Wolfsmilch.

Größe	7,5-11 mm
Lebensraum	offene Biotope, Laub- und Nadelwälder, Gärten und Parks
Flugzeit	April - Oktober
Blütenbesuch	nicht auf bestimmte Blüten spezialisiert
Larvennahrung	Blattläuse
Vorkommen	sehr häufig

Gemeine Waldschwebfliege

Volucella pellucens

Sie ist eine auffällige Erscheinung, die Sie ohne weitere Hilfsmittel im Garten oder bei einem Waldspaziergang eindeutig zuordnen können. Das hier abgebildete, weibliche Exemplar hatte beim Zeitpunkt der Aufnahme bereits viele Flugstunden hinter sich, deutlich zu erkennen am schlechten Zustand ihrer abgeflogenen Flügel. Erstaunlicherweise konnte sie damit so schnell davonfliegen, dass mir nur ein einziges Foto gelang. In all den Jahren ist mir diese Art nur dieses eine Mal in unserem Garten begegnet. *Volucella pellucens* hat eine besondere Vorliebe für Lebensräume in Wäldern, Waldlichtungen und Waldrändern. Ihre Eier legt sie in unterirdisch liegenden Nestern von Hummeln und Wespen ab. Die späteren Larven ernähren sich von den Abfallprodukten ihrer Gastgeber und von toten Insekten. Auf diese Weise halten sie deren Nester sauber. Sie fressen allerdings möglicherweise auch die Larven der eigentlichen Nestbewohner.

Größe	12-18 mm
Lebensraum	lichte Laubwälder, Waldränder, Parks, Gärten
Flugzeit	Mai - November
Blütenbesuch	nicht auf bestimmte Blüten spezialisiert
Larvennahrung	Abfallprodukte ihrer Nestgastgeber
Vorkommen	häufig

Große Waldschwebfliege

Volucella zonaria

Sie ist die größte und schnellste Schwebfliegenart Europas und sieht einer Hornisse täuschend ähnlich, daher wird sie auch Hornissenschwebfliege genannt. Sie wirkt massiv und kann durch ihren ungewöhnlich lauten, tiefen Brummton bereits von Weitem entdeckt werden. Ihre Tarnung als Hornisse trägt sie, da sie ihre Eier in Hornissennestern unterbringt. Ihre Larven ernähren sich von den Abfallprodukten der eigentlichen Bewohner. Auch Wespennester werden zur Eiablage genutzt. Da sie weder einen Stachel noch Beißwerkzeug besitzt, ist sie absolut harmlos. Sie hält sich gerne in Waldnähe auf, besucht aber auch Gärten. Um sich auf die Suche nach Pollen und Nektar zu machen, besucht sie Blüten wie Sommerflieder, Oregano, Baldrian, Minze, Thymian, Skabiose, Hahnenfuß, blühende Sträucher wie Brombeere, Hartriegel, Liguster und viele weitere Pflanzen. Leider gilt sie als eine selten gewordene Art.

Größe	18-22 mm
Lebensraum	Wälder, Offenland, Parks, Gärten
Flugzeit	Mai - November
Blütenbesuch	nicht auf bestimmte Blüten spezialisiert
Larvennahrung	Abfallprodukte ihrer Nestgastgeber
Vorkommen	selten

Männchen

Männchen

Männchen

Männchen

Männchen

Männchen

Gemeine Langbauchschwebfliege

Xylota segnis

Sie wird auch als Träge Holzfliege bezeichnet. Ihr wissenschaftlicher Name beschreibt das Verhalten dieser Schwebfliegenart so, wie sie mir begegnet ist: träge und lässig, minutenlang von der Sonne gewärmt auf einem Blatt sitzend ohne jede Scheu. Das abgebildete Männchen drehte sich sogar einige Male im Kreis, damit ich es von allen Seiten scharf ablichten konnte. Die Aufnahmen zeigen auch, was neben der Rast auf den Blättern zu finden ist – Pollen. Diesen sammeln die Männchen eher auf Blättern als auf Blüten, da sie auf Grund ihres ausgeprägten Territorialverhaltens die Eiablageplätze der Weibchen und die Schlupforte ungern verlassen. Die Larven überwintern an morschen Stellen unter Baumrinde, faulendem Holz oder in sich zersetzendem Gemüse, um sich im Frühjahr zu verpuppen und zu schlüpfen.

Größe	10-13 mm
Lebensraum	Laub- und Nadelwälder, Waldlichtungen
Flugzeit	Mai - September
Blütenbesuch	Engelwurz, Himbeere, Kriechender Hahnenfuß, Zypressenwolfsmilch, Halselnuss, Weißdorn
Larvennahrung	tote, organische Substanzen
Vorkommen	häufig

Goldhaar-Langbauchschwebfliege

Xylota sylvarum

Sie ähnelt der zuvor beschriebenen, kleineren *Xylota segnis*. Ihr Körper trägt eine metallisch tiefschwarze Grundfärbung, der Hinterleib und einige kleinere Haarbüschel am Thorax leuchten goldmetallisch. Obwohl sich diese Schwebfliegenart hauptsächlich in Wäldern aufhält und nur mäßig häufig vorkommt, konnte ich dieses Männchen in unserem Garten entdecken und es dabei beobachten, wie es für Fliegen typisch die Vorderbeine rieb. Das tun sie, um die Haftstrukturen an ihren Beinen sauber zu halten. Zudem sitzen an den Füßen Geschmacksrezeptoren und Sinneszellen, die ihnen zum Beispiel dabei helfen, den auf den Blättern befindlichen Pollen zu ertasten. Wie die zuvor beschriebene *Xylota segnis* verteidigen die Männchen ihr Revier gegen Eindringlinge, daher besuchen sie ebenfalls zur Nahrungsaufnahme selten Blüten.

Größe	11-16 mm
Lebensraum	Laub- und Nadelwälder in Gewässernähe, Lichtungen mit überaltertem Baumbestand
Flugzeit	Mai - September
Blütenbesuch	nicht auf bestimmte Blüten spezialisiert
Larvennahrung	tote, organische Substanzen
Vorkommen	mäßig häufig

Lebenszyklus der Schwebfliegen

Weibliche Schwebfliegen legen ihre Eier möglichst nah an den späteren Larvenfutterquellen ab. Je nach Gattung ernähren sich die Larven fleischfressend von anderen Tieren wie Blattläusen oder Schildläusen, von verrottenden Stoffen in verschmutztem Wasser oder verfaultem Holz, von Kot oder Dung, von Pflanzen wie Zwiebeln, Wurzeln und Pilzen und von den Abfällen oder Larven anderer Insekten. Die beiden größten Gruppen bilden die Blattlausvertilger und die Bakterienfilterer. Im Laufe ihrer kurzen Entwicklung von nur wenigen Tagen frisst eine Larve mehrere Hundert Läuse. Sogenannte Rattenschwanzlarven filtern Bakterien und faulende Pflanzenteile aus unterschiedlichen Gewässern und tragen damit zur Klärung von Abwässern bei. Man findet sie in allen möglichen Gewässern wie in kleinen Feuchtwiesenpfützen, schlammigen Tümpeln oder in Kläranlagen.

Schwebfliegeneier sind etwa einen Millimeter lang, zur Unterseite hin abgeflacht und oval geformt. Die weiße bis gelbliche Färbung dunkelt im Laufe der Zeit nach. Die Entwicklung vom Ei zur Larve dauert je nach Art und Temperatur zwei bis zehn Tage.

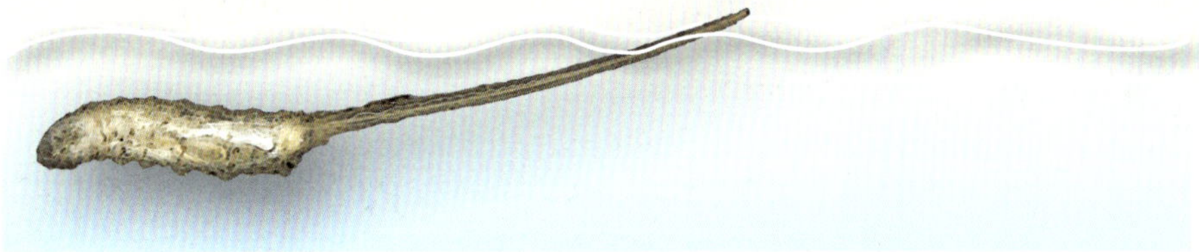

Rattenschwanzlarven sind in der Lage, in stark verschmutztem Wasser zu leben, da sie ein schwanzähnliches Atemrohr besitzen. Es hilft ihnen, unter Wasser zu atmen und kann auf die mehrfache Länge ihrer Körper ausgefahren werden.

Schwebfliegenlarven sind unterschiedlich bunt gefärbt und teilweise gemustert. Die Fortbewegung gelingt über das Strecken und Zusammenziehen des Körpers. Bei Gefahr sind sie durch ruckartiges Zusammenrollen und Auseinanderstrecken sogar in der Lage zu springen. Wie alle Larven sind sie blind und darauf angewiesen, ihre Beute zu ertasten. Je nach Schwebfliegenart sind dies Blattläuse, Blutläuse, kleine Raupen, Käferlarven oder Spinnmilben. Manch eine Larve fängt sogar kleine Fliegen.

Ein Weibchen der Mondfleck-Feldschwebfliege bei der Eiablage nahe einer Blattlauskolonie.

Die meisten Schwebfliegen-Puppen sind ähnlich der Larve zuvor gefärbt oder gemustert. Tropfenförmig haften sie beispielsweise wie hier rechts abgebildet an Pflanzenstängeln.

Die Eier werden meist nahe ihrer späteren Futterquellen abgelegt, wie beispielsweise in der Nähe von Blattlauskolonien. Da Blattläuse sich rein vegetarisch ernähren, stellen sie keine Gefahr für die Eier und Larven der Schwebfliegen dar.

Fühler und Komplexaugen

Ein eindeutiges Unterscheidungsmerkmal der Schwebfliegen zu Wildbienen sind die kurzen, dreigliedrigen Fühler und die, im Verhältnis zu Wildbienen, deutlich größeren Facettenaugen. Je nach Gattung fallen die Fühler der Schwebfliegen unterschiedlich groß aus. Am Ende befindet sich in der Regel eine Borste, die unbehaart, behaart oder gefiedert sein kann.

Schwebfliege

Wildbiene

Männchen

Männchen

Weibchen

Weibchen

Männliche und weibliche Schwebfliegen lassen sich anhand ihrer Augen deutlich voneinander unterscheiden. Die Augen der Männchen berühren sich am Scheitel oder sind einander näher als die der Weibchen, welche durch eine Stirn getrennt sind. Die unteren Abbildungen zeigen, wie eindeutig die Hainschwebfliege über ihre Augen den Weibchen oder Männchen zugeordnet werden kann.

Schwebfliege

Syrphidae spec.

Bei der großformatig abgebildeten Schwebfliege könnte es sich um die Gemeine Zwiebelschwebfliege *Eumerus strigatus* handeln. Da einige Merkmale zur Bestimmung nicht sichtbar sind, begnüge ich mich damit, Ihnen diese Fliege ohne Steckbrief vorzustellen. Interessant sind ihre außergewöhnlich großen, tellerartig geformten Fühler.

Weibchen

Männchen

„Für die Fauna Deutschlands konnten bis 1998 unter Federführung des Arbeitskreises Diptera 3.670 Mückenarten und 5.513 Fliegenarten registriert werden."

Quelle: www.ak-diptera.de

Sechspunkt-Faulfliege
Sapromyza sexpunctata

Fliegen *Brachycera* & Mücken *Nematocera*

Stubenfliege *Musca domestica* oder **Stallfliege** *Musca autumnalis,* im Habitus sind sie gleich

Sie gehören zu der großen und teilweise noch unerforschten Tiergruppe der Zweiflügler. In Deutschland wurden bislang etwa 10.000 Dipterenarten nachgewiesen, vermutlich gibt es viele weitere unentdeckte Arten. Jahr für Jahr kommen deutschlandweit zahlreiche, bislang unbekannte Arten, hinzu. Die Ordnung der Diptera gilt aufgrund der Vielfalt ihrer Unterscheidungsmerkmale als unübersichtlich und schwierig zu bearbeitendes Feld. Daher ist die systematische Darstellung und die Bestimmung von Verwandtschaftsgraden dieser Tiergruppe auch heute noch ein hochaktuelles Forschungsgebiet.

Ausgerechnet in dieser schwierig zu bestimmenden Tiergruppe konnte ich zweiundfünfzig Dipteraarten fotografisch festhalten. Die wenigsten lassen sich nach Fotos eindeutig bestimmen, da die artspezifischen Merkmale nur anhand von mikroskopischen Untersuchungen erkennbar sind. Oftmals kommen bei einer Abbildung mehrere Arten infrage. Aufgrund der unzureichenden Informationen, die mir zur Bestimmung und Beschreibung zur Verfügung stehen, werde ich diese weniger ausführlich vorstellen. Im Gegensatz zu anderen Insektengruppen sind die verschiedenen Arten der Diptera-Gruppe bislang teilweise entweder nicht erfasst oder nur bis zu ihrer Gattung oder Familie bestimmt worden.

52

Diptera-Arten

kann ich Ihnen auf den folgenden Seiten vorstellen

+2

„Fliegen"

die keine Fliegen sind

Mögen Sie Fliegen oder Mücken? Die Antwort auf diese Frage lautet in der Regel: Nein! Das Wissen über Zweiflügler beschränkt sich zumeist darauf, dass sie Krankheiten übertragen können oder unangenehme Stiche hinterlassen. Auf die Stubenfliege trifft es zu, dass sie Krankheiten übertragen kann. Da Fliegen keine Beißwerkzeuge besitzen, müssen sie ihre Nahrung aufweichen oder verflüssigen, um sie aufsaugen zu können. Daher „spuckt" die Fliege Verdauungsenzyme auf die gewünschte Nahrung, damit sich diese zersetzt. So können Erreger übertragen werden. Zweiflügler besitzen entweder saugende, leckend-saugende oder stechend-saugende Mundwerkzeuge. Die Gruppe der Zweiflügler ist so groß und vielfältig, dass vergleichsweise wenigen Arten Krankheitsübertragung und Insektenstiche zugeordnet werden können.

Die spezifischen Lebensweisen machen Zweiflügler für das Ökosystem unentbehrlich. Sie beseitigen Aas und den Kot anderer Tiere; ihre im Boden lebenden Larven produzieren Humus; Fliegen- und Mückenlarven reinigen Gewässer und sind Bestäuber. Zudem sind Eier, Larven und ausgewachsene Fliegen Nahrung und Lebensgrundlage für unzählige Tiere.

Wir sollten also unsere gewohnten Urteile auf ihre Richtigkeit hin überprüfen und Fliege & Mücke ein wenig besser kennenlernen, bevor wir sie grundlos mit der Fliegenklatsche ins Jenseits befördern. Auf den folgenden Seiten haben Sie die Gelegenheit, einige Zweiflüglerarten aus nächster Nähe zu betrachten und etwas über ihre Lebensweise zu erfahren.

Ich bin erstaunt über die große Vielfalt der Zweiflügler unseres Gartens. Unter ihnen gibt es echte Schönheiten, kuriose Exemplare und jede Menge unentbehrliche Nützlinge.

Fliegen & Mücken
52 Arten aus 25 Familien

werden auf den folgenden Seiten vorgestellt

Echte Fliege
Phaonia valida

Schmeißfliege
Lucilia spec.

Raubfliegen
Asilidae

Wollschweber
Bombyliidae

Tanzfliegen
Empididae

Blasenkopffliegen
Conopidae

Bohrfliegen
Tephritidae

Schwingfliegen
Sepsidae

Scheufliegen
Heleomyzidae

Blattlausfliegen
Chamaemyiidae

Polierfliegen
Lauxaniidae

Taufliegen
Drosophilidae

Halmfliegen
Chloropidae

Blumenfliegen
Anthomyiidae

Ohne Trivialnamen
Fanniidae

Echte Fliegen
Muscidae

Schmeißfliegen
Calliphoridae

Asselfliegen
Rhinophoridae

Fleischfliegen
Sarcophagidae

Raupenfliegen
Tachinidae

Zuckmücken
Chironomidae

Haarmücken
Bibionidae

Schmetterlingsmücken
Psychodidae

Fenstermücken
Anisopodidae

Schnaken
Tipulidae

Eintagsfliegen
Ephemeroptera

Florfliegen
Chrysopidae

Zweiflügler werden in die Unterordnungen Fliegen *Brachycera* und Mücken *Nematocera* aufgeteilt.

Fliegen, die keine Fliegen sind.

Eintagsfliegen und Florfliegen besitzen nicht zwei, sondern vier Flügel.

Schwebende Flugkünstler

Flink wie kleine Kolibris schweben die auffälligen Wollschweber geschickt durch unsere Gärten und besuchen mit ihren teilweise körperlangen Saugrüsseln Blüten mit tief liegenden Blütenkelchen, um an den darin verborgenen Nektar zu gelangen. Manche Arten dieser Gruppe besitzen einen kurzen oder sogar vollständig verkümmerten Saugrüssel.

Im Schwirrflug strecken sie ihre dürren Beinchen von sich. Was im ersten Augenblick nicht allzu elegant erscheint, erweist sich bei näherer Betrachtung als außerordentlich geschickt. Diese teils pummeligen Flugkünstler können blitzschnell davonfliegen und auf diese Weise unerwartet schnell aus unserem Blickfeld verschwinden. Auch die Eiablage einiger Arten erfolgt im Flug. Haben sie ein Bodennest ihrer Wirtsbiene oder Wirtswespe gefunden, schießen sie zielsicher ihre Eier an den Nesteingang. Die schnell schlüpfenden Wollschweberlarven dringen in das Nest ein und profitieren vom Proviant der Wirtslarven. Letztendlich fressen sie auch die Larven.

Die Fotografien dieser Seite zeigen den Großen Wollschweber, der in seiner Färbung durchaus variabel erscheinen kann. In der Regel sind die Fliegen dicht, rötlich-braun bis gelblich-beige, bepelzt. Der neun bis zwölf Millimeter große *Bombylius major* gehört zu der am häufigsten in unseren Gärten vorkommenden Wollschweberart. Sein Saugrüssel kann bis zu sieben Millimeter lang sein. Übrigens müssen Sie nicht befürchten, dass Wollschweber mit ihrem Rüssel stechen können. Dieser funktioniert wie ein Strohhalm und kann nicht als Stechwerkzeug eingesetzt werden. Als Brutparasit einiger im Boden nistender Erd- bzw. Sandbienen, Grabwespen oder Schmetterlingsarten wie beispielsweise Eulenfalter, kümmern sich die Weibchen nicht um ihren Nachwuchs. Das überlassen sie ihrem Wirt.

Solche Lebensweisen bringen uns Menschen schnell zu Kategorien wie Gut oder Böse. Aus meiner Sicht eine Aufteilung, die uns bei dem Verstehen der Natur im Wege steht.

Großer Wollschweber
Bombylius major

Raubfliegen

Gestreifte Habichtsfliege

Dioctria linearis

Die meisten Raubfliegen ernähren sich räuberisch von Insekten und Spinnen. Sie können ihre Beute im Flug erjagen. Da auch Käfer mit ihren harten Panzern erbeutet werden, besitzen Raubfliegen kräftige Stechborsten, die ein für Insekten tödliches Gift enthalten. *Dioctria linearis* ist 9-13 mm groß. Sie gilt als weit verbreitete Art, die ab Mai in Wäldern, an Waldrändern und in Gebüschen zu finden ist. Das Foto entstand während ihrer Hauptflugzeit Mitte Juli.

Wollschweber

Gemeiner Trauerschweber

Anthrax anthrax

Das abgebildete Weibchen trägt Eier am Hinterleib, diese schleudert es im Flug in das Nest. Zuvor nimmt es mit dem Haarkranz am Hinterleib Staub auf, welcher sich schützend auf den herausgleitenden Eiern ablegt. Trauerschweber sind Brutparasiten oberirdisch nistender Bienenarten wie Mauerbienen, Pelzbienen, Löcherbienen, Mörtelbienen, Blattschneiderbienen, Scherenbienen und Wollbienen. Die Larve frisst den Proviant und später die Wirtslarve.

Zickzack-Trauerschweber

Hemipenthes morio

Die Larven dieses schwarzbraun gefärbten Wollschwebers leben hyperparasitisch (Parasiten, die Parasiten parasitieren) und entwickeln sich an Raupenfliegen, welche sich wiederum in Schmetterlingsraupen entwickeln. Die ausgewachsenen Fliegen sind Blütenbesucher und ernähren sich von Pollen und Nektar. Die Flügel sind am basalen Teil schwarz gefärbt und zickzackförmig abgegrenzt. Wirte sind Raubfliegenmaden und Schlupfwespenlarven.

Großer Wollschweber

Bombylius major

Der Große Wollschweber ist in Deutschland weit verbreitet und von April bis Juni häufig anzutreffen. Man findet ihn an Waldrändern, Lichtungen, blütenreichen Wiesen und naturnahen Gärten – überall dort, wo die Wirtsarten zu finden sind. Ihre Wirte sind Solitärbienen, Grabwespen und Schmetterlingsarten wie beispielsweise Eulenfalter. Die Weibchen werfen ihre Eier im Flug zielsicher in Richtung der Nesteingänge ihrer Wirtsinsekten.

Tanzfliegen

Schwarze Tanzfliege

Empis ciliata

Die 9,5-13 mm große, glänzend schwarz gefärbte Tanzfliege ist von Mai bis Juni an Waldrändern, Hecken, Wiesen und Feuchtwiesen zu finden. Zur Paarung bilden die Tiere große Schwärme, sogenannte Tanzgruppen. Diese setzen sich entweder aus Weibchen oder Männchen zusammen und werden jeweils vom anderen paarungswilligen Geschlecht angeflogen. Die Fliegen ernähren sich räuberisch von anderen Zweiflüglern und von Nektar.

Gewürfelte Tanzfliege

Empis tessellata

Sie ist groß, kräftig gebaut, grauschwarz gefärbt und besitzt bräunlich bis gelblich getönte Flügel. Mit 9-13 mm Körpergröße zählt sie, wie auch *Empis ciliata*, zu den größten heimischen Tanzfliegen. Von Mai bis August hält sie sich bevorzugt auf feuchten Wiesen oder an Waldrändern und Waldlichtungen auf. Ihre Nahrung besteht aus Nektar, die Männchen fressen zudem kleinere Insekten. Dieses Foto entstand Mitte Mai auf den Blüten einer Kletterhortensie.

Blasenkopffliegen

Stieldickkopffliege
Physocephala rufipes

Physocephala rufipes besitzt einen großen kugeligen Kopf. Der stielartig lange Hinterleib ist am Ansatz rötlich-braun bis gelblich gefärbt, sonst schwarz mit gelber Zeichnung. Sie ist 11-15 mm groß. Die Larven leben in Hummeln. Ihre Eier werden an deren Hinterleib geheftet. Dort dringt die Larve ein, um den Wirt auszufressen. Daher werden sie als Parasitoide bezeichnet. Von Mai bis September sind die Fliegen an diversen Blüten zu beobachten.

Breitstirnblasenkopffliege
Sicus ferrugineus

Der Kopf der Gemeinen Breitstirnblasenkopffliege ist auffallend groß, das Gesicht ist gelb gefärbt und mit einer breiten, stumpfen Stirn ausgestattet. Sie ist etwa 8,5-9,5 mm groß und rostrot gefärbt. Die Larven entwickeln sich parasitär an Hummeln und überwintern bis zur Verpuppung in ihrem toten Wirt. Von Mai bis September sammelt die Fliege zur eigenen Ernährung Pollen und Nektar an verschiedenen Korbblütlern, Doldengewächsen und Disteln.

Bohrfliegen

Bohrfliege
Dioxyna bidentis

Bohrfliegen sind kleine bis mittelgroße Fliegen (2,5-3 mm) mit auffällig gezeichneten Flügeln. In Europa sind über 260 Arten bekannt. Ausgewachsene Tiere leben nur wenige Tage und ernähren sich von Nektar. Die Larven entwickeln sich in lebendem Pflanzengewebe von Blüten, Samen, Früchten, Blättern, Stängeln oder Wurzeln. Sie sind an Wiesen, Wegrändern und in Gärten zu finden und besuchen bevorzugt Korbblütengewächse.

Bohrfliege
Noeeta spec.

Weibliche Bohrfliegen bohren mit ihrem Legeapparat Pflanzenteile an, um ihre Eier dort abzulegen. Die Larven der Bohrfliege *Noeeta pupillata* entwickeln sich beispielsweise in den Blütenköpfen von Korbblütlern wie dem Habichtskraut. Sie fressen die Samen und den Samenboden ihrer Wirtspflanze, verpuppen sich innerhalb der Blütenköpfchen, um entweder zu schlüpfen oder bei späterer Entwicklung im Jahr in den Blütenköpfen zu überwintern.

Margariten-Bohrfliege
Tephritis neesii

Bohrfliegen besitzen auffällig gezeichnete Flügel. Die milchig weiß gefärbten Flügel der Margariten-Bohrfliege zeigen ein arttypisches schwarzbraunes Fleckenmuster. Fühler und Beine sind orangebraun gefärbt. Die Eier werden in Knospen und Blütenböden von Margariten und weiteren Korbblütlern abgelegt. Die adulten Fliegen ernähren sich von Nektar, Pollen und Honigtau und sind überall dort zu finden, wo Margariten blühen.

Schwingfliegen

Schwingfliege
Nemopoda nitidula

Ihr Name beschreibt das typische Verhalten dieser 3-6 mm großen Fliege. Während sie läuft oder steht, bewegt sie ihre glasklaren, halbgeöffneten Flügel, indem sie diese langsam vor- und zurückschwingt. Ihr Körper ist glänzend schwarz, rötlich oder violett metallisch gefärbt. Sie ernährt sich von Nektar und Honigtau. Mineralien und Eiweiße entnehmen sie z. B. aus Jauche. Die Eier werden auf Dung, Komposthaufen oder Baumsäften abgelegt.

Schwingfliege

Sepsis spec.

Anhand der deutlichen Flügelzeichnung kann diese Schwingfliege sicher der Gattung *Sepsis* zugeordnet werden. Die glasklaren Flügel sind nahe der Spitzen schwarz gefleckt. Der schwarze Körper dieser kleinen Fliege zeigt einen rötlich metallischen Schimmer. Von Mai bis Oktober können sie an Waldrändern, Flussufern und Feuchtwiesen beobachtet werden. Die Blütenbesuche finden häufig auf Doldenblütlern und Korbblütlern statt.

Scheufliegen

Scheufliege

Suillia spec.

Scheufliegen sind kleine bis mittelgroße, gelbrot, braun oder schwarz gefärbte Fliegen (1,5-12 mm), die sich besonders in schattigen Bereichen wie Heckenbiotopen, Büschen, Höhlen oder Ställen aufhalten. Etwa 62 Arten sind aus Deutschland bekannt. Sie halten sich an Blüten, Aas, Exkrementen, Baumwunden und Pilzen auf. Die Blütenbesuche finden bevorzugt auf doldenartigen Blüten statt. Das Foto entstand Mitte Juli 2021.

Blattlausfliegen

Blattlausfliege

Leucopis spec.

Deutschlandweit werden nur etwa 30 Blattlausfliegenarten beschrieben. Sie sind 1-4 mm groß, grau gefärbt mit teils dunkel geflecktem Hinterleib. Manche Arten ernähren sich vom Honigtau diverser Blattlausarten. Ihre Larven ernähren sich teilweise räuberisch von Blattläusen und Schildläusen. Bestimmte Arten der Gattung *Leucopis* werden vielversprechend in der biologischen Bekämpfung der Schierlingswollmilbe *Adelges tsugae* eingesetzt.

Polierfliegen

Polierfliege

Meiosimyza rorida

Sie erreicht eine Körpergröße von 3-4 mm. Die Weibchen legen ihre Eier in verrottenden Blättern ab, von denen sich ihre Larven ernähren. Ausgewachsene Fliegen sind von Mai bis Oktober aktiv und ernähren sich hauptsächlich von Pollen, Nektar, Honigtau und verschiedenen Baumsäften. Die blass hellgelb gefärbten Fliegen leben in schattigen, feuchten Biotopen und sind in Wäldern, Gärten, Gebüschen und an Gewässerrändern zu finden.

Polierfliege

Calliopum simillimum oder C. aeneum

Die Fotos dieser dunkel gefärbten Polierfliege sind Mitte Oktober entstanden. Die beiden oben genannten Arten sind als einzige ihrer Gattung bis in den Oktober hinein aktiv. Welche der beiden Arten hier abgebildet ist, kann anhand der Bilder nicht festgelegt werden. Die meisten Arten der Gattung Calliopum sind schwarz oder metallisch gefärbt, bis zu 5 mm groß und besitzen schillernde Augen. Larven ernähren sich von verrottendem Pflanzenmaterial.

Sechspunkt-Faulfliege

Sapromyza sexpunctata

Sexpunctata ist ein Verweis auf sechs runde, schwarze Flecken, die sich auf dem Hinterleib dieser kleinen Fliege befinden, drei auf jeder Seite. Ihr Körper ist hellorange gefärbt und mit dunklen Borsten behaart. Die Flügel sind ungemustert. Ihre Larven entwickeln sich in zersetztem organischen Material wie Laub oder Bodenstreu. Sie wird als thermophile, also wärmeliebende Art bezeichnet. Entdeckt habe ich sie Anfang Juli 2020 auf den Blüten einer Färberkamille.

Große Faulfliege

Meiosimyza decempunctata

Sie sind winzig, nur zwei bis sieben Millimeter groß und werden Polierfliegen, Faulfliegen oder Zitterfliegen genannt. Schätzungsweise kommen in Deutschland etwa dreiundsiebzig bisher nachgewiesene *Lauxaniidae*-Arten vor. Ihre Larven entwickeln sich in faulendem Holz, in pflanzlichem Bodenstreu und auf der Bodenoberfläche, denn sie ernähren sich von toten Pflanzen und Pflanzenteilen. Vermutlich wurde bislang kaum eine Fliegenfamilie so wenig beachtet und untersucht wie die Lauxaniidae. Vielleicht liegt es daran, dass diese Insekten nach menschlicher Auffassung weder als Nützling noch als Schädling angesehen werden. In Mitteleuropa kommen immer wieder Arten hinzu, die neu entdeckt und beschrieben werden.

Über die Große Faulfliege konnte ich nur wenig herausfinden. Es heißt, dass sie eine kälte- und feuchtigkeitsliebende Art ist. In unserem halbschattigen Garten konnte ich mehrere Exemplare an den verblühten Blütenständen des Herzgespanns *Leonurus cardiaca* beobachten. Vermutlich bei der Nahrungsaufnahme, da sie die vertrockneten Blütenteile abliefen und immer wieder mit ihrem Stempel die Oberfläche abtupften. Vielleicht untersuchten sie die Oberflächen aber auch, um einen geeigneten Ablageplatz für ihre Eier zu finden. Die Larven der Großen Faulfliege leben auf abgestorbenen Blättern. Die Aufnahmen entstanden Mitte Juli 2019.

Große Faulfliege
Meiosimyza decempunctata

Polierfliegen

Polierfliege

Minettia inusta

Sie ist gelborange gefärbt und etwa 4,5 mm groß. Auf dem Hinterleib trägt sie braune, in der Mitte unterbrochene Binden, die teilweise auch fehlen können. Ihre Flügel sind an den Randaußenseiten und im mittleren Bereich der Flügelinnenseite dunkel gefleckt. Ihre Larven entwickeln sich in totem organischem Material und ernähren sich von pflanzlichem Abfall. Sie bevorzugen schattige, feuchte Biotope. Dieses Exemplar saß Anfang Juli im Herzgespann.

Polierfliege

Tricholauxania praeusta

Aufgrund der Verdunklungen der waagerecht liegenden Flügeladern im mittleren Bereich der Flügelinnenseiten ist diese Polierfliege eine der wenigen relativ leicht zu identifizierenden, gelblichen *Lauxaniidae*-Arten. Sie ist ca. 4 mm groß und von Mai bis Oktober unterwegs. Die Entwicklung vom Ei bis zur Fliege dauert etwa 3 Wochen. Die Larven ernähren sich von faulenden Blättern und halten sich in der Laubstreu auf.

Taufliegen

Taufliege

Cacoxenus indagator

Sie wird auch Mauerbienen-Taufliege genannt, da sie sich futterparasitisch in den Nestern einiger Wildbienenarten entwickelt. Bevorzugt bei Mauerbienen wie *Osmia bicornis* oder *Osmia cornuta*. Sie ist 2-3 mm groß, schwarz gefärbt, trägt weiße, schmale Haarbinden und hat rote Augen. Die Larven fressen den Proviant ihrer Wirte. Sind zu viele Fliegenlarven in einer Brutzelle, kann der Wuchs der Biene deutlich kleiner ausfallen oder die Biene verhungert.

Halmfliegen

Gemeine Halmfliege

Thaumatomyia notata

Halmfliegen sind winzig kleine Fliegen, mit einer Körperlänge von nur etwa 2-3 mm. Sie ernähren sich von Nektar, Honigtau und weiteren süßen Flüssigkeiten. Etwa 180 verschiedene Arten sind in Deutschland bekannt. Die Larven der Gemeinen Halmfliege leben im Boden räuberisch von Wurzelläusen. Kommt es zu einem Massenauftreten der Fliegen an Gebäuden, sammeln sie sich ausschließlich zur Überwinterung, sie vermehren sich dort nicht.

Blumenfliegen

Blumenfliege

Delia spec.

Es gibt Dutzende *Delia*-Arten mit gleichem Aussehen. Unterscheidungsmerkmale sind die Beborstung der Tiere und ihre Genitale. Weibliche Wurzel- oder Kohlfliegen der Gattung Delia legen beispielsweise ihre Eier am Wurzelhals oder an den Blattachseln von Gemüsepflanzen und diversen Wildpflanzen ab. Die Larven ernähren sich von den Wurzeln ihrer Wirtspflanzen. Adulte Tiere ernähren sich von Pollen und Nektar früh blühender Wildkräuter.

Blumenfliege

Anthomyia spec. (*möglicherweise A. procellaris*)

Anthomyia procellaris ist 5-7 mm groß, weißgrau gefärbt und trägt schwarze Flecken auf Brust und Schultern. Sie gehört in die Familie der Blumenfliegen und ernährt sich vermutlich von Pollen und Nektar. Von Frühling bis Herbst lebt sie bevorzugt in bewaldeten, heckenreichen Lebensräumen. In Europa sind neun *Anthomyia*-Arten mit gleichem Aussehen bekannt. Weibchen - wie hier das hier abgebildete - sind kaum sicher zu bestimmen.

Blumenfliege

Anthomyia spec.

Die meisten Blumenfliegen ernähren sich von Nektar und Pollen, daher halten sie sich gerne nahe ihrer bevorzugten Blüten auf. Einige Arten ernähren sich von Flüssigkeiten wie Jauche, Schweiß oder Blut. Da Blumenfliegen weder einen Saugrüssel noch Beißwerkzeuge besitzen, wird beispielsweise der Pollen mit Speichel vermischt und auf diese Weise verflüssigt, damit die Nahrung später abgetupft werden kann. Ihr leckend-saugendes Mundwerkzeug wird Stempel genannt, da sie Flüssigkeiten abstempelt oder abtupft.

Blumenfliegen sind klein bis mittelgroß, schlank gebaut und mit kräftigen Borsten ausgestattet. Ihre Färbung ist häufig recht unscheinbar. Es gibt jedoch Ausnahmen mit auffällig schwarz geflecktem Körper oder gelb gefärbtem Hinterleib. Die Larven der meisten Blumenfliegen ernähren sich von Pilzen oder pflanzlicher Nahrung. Einige ernähren sich von den Vorräten oder Abfällen ihrer Wirtstiere, andere wiederum leben parasitisch in Eigelegen und Larven anderer Insekten.

Blumenfliege
Anthomyia spec.

Blumenfliegen

Blumenfliege

Anthomyia liturata

Anthomyia liturata ist eine Fliegenart aus der Familie der Wurzelmadenfliegen. Sie ernährt sich von Nektar und Pollen verschiedener Blühpflanzen, auch an Aas und Fäkalien wird sie gesichtet. Fotografieren konnte ich ein Weibchen Mitte April auf den Blüten einer Weißen Narzisse. Die Flugzeit der grau gefärbten, 6-8 mm großen Blumenfliege reicht von April bis in den Dezember. Sie besitzt rot gefärbte Augen und dunkel gezeichnete Längsstreifen auf dem Rücken.

Blumenfliege

Hydrophoria linogrisea

Ihre rötlich-gelb gefärbten Beine unterscheiden *Hydrophoria linogrisea* deutlich von der sehr ähnlichen und häufiger vorkommenden *Hydrophoria lancifer*. Beide Arten sind beigebraun gefärbt und stark borstig behaart. Die Basis der Flügel ist gelblich gefärbt, die Augen sind rot gefärbt und weiß umrandet. Adulte Tiere ernähren sich von Pollen und Nektar.

Fanniidae

Fanniidae

Fannia lustrator oder F. ornata

Die häufigere der oben genannten Arten wäre *Fannia lustrator*. Die 7-9 mm großen Fliegen sind von April bis Oktober in Wäldern, Gärten, Parks, Heckenbiotopen und auf Wiesen zu finden. Adulte Tiere ernähren sich von Nektar, Honigtau und Pflanzensäften. Sie werden auch an Exkrementen beobachtet. Die Larven ähneln Asseln und ernähren sich von faulenden organischen Stoffen. Es könnte sich auch um eine Fliege der Gattung *Piezura* handeln.

Echte Fliegen

Echte Fliege

Coenosia spec.

Zur recht umfangreichen Gattung *Coenosia* gehören meist kleine Fliegen, die sich in der Krautschicht an Blüten aufhalten, um dort kleinere Insekten zu erjagen. Sie ernähren sich nicht von Pollen oder Nektar, sondern räuberisch von kleineren Mücken und Fliegen, die teils im Flug überwältigt werden. Die Larven entwickeln sich im Erdreich und ernähren sich ebenfalls räuberisch von Larven verschiedener Fliegenarten.

Echte Fliege

Muscina prolapsa oder M. pascuorum

Muscina prolapsa und *M. pascuorum* sind schwarzblaugrau gefärbt. Ein Differenzialmerkmal der beiden Arten ist ein Flügelschüppchen, welches in der fotografischen Abbildung nicht zu sehen ist. Beide Arten ernähren sich von faulenden Früchten, Baumsäften und Kot, die Larven von faulenden organischen Stoffen. Beide sind weit verbreitet und in einer Vielzahl von Lebensräumen zu beobachten, wobei *Muscina prolapsa* im Siedlungsbereich häufiger vorkommt.

Echte Fliege

Phaonia valida

Phaonia valida ist eine große Fliege (9,5-12 mm) mit braunem Bauch und rot gefärbten Beinen. Das kleine Schild auf dem Rücken und die feine Behaarung unter den Komplexaugen sind ebenfalls rötlich gefärbt. Sie gilt als ausgesprochene Waldart. Meist sitzen die Fliegen an stehenden oder liegenden Baumstämmen. Das Foto zeigt ein ruhendes Weibchen an einem Totholz-Eichenstamm. Im Herbst kann sie beim Blütenbesuch an Efeu beobachtet werden.

Fleischfliege
Sarcophaga spec.

Schwingkölbchen

Zweiflügler besitzen nicht – wie es bei Insekten üblich ist – vier Flügel, sondern nur zwei Vorderflügel. Das hintere Flügelpaar ist zurückgebildet und dient den meisten Fliegen als Schwingkölbchen (Haltere). Diese Flügelstummel, einem Trommelschlägel ähnlich, erfüllen Steuerungsfunktionen im Flug.

Die Abbildung direkt über diesem Text zeigt eine Fleischfliege. Eigentlich kennt sie jeder, aber niemand freut sich über ihre Anwesenheit. Sie hat ein denkbar schlechtes Image, weil einige weibliche Fleischfliegenarten ihre Larven bevorzugt dort ablegen, wo sich proteinhaltige Stoffe zersetzen. In der Natur lockt sie beispielsweise das Fleisch toter Tiere oder Exkremente. In der Küche können es Nahrungsmittel wie Fleisch, Milchprodukte und Fisch sein. Daher sollten eiweißreiche Lebensmittel nicht unbedeckt in der Wohnung aufbewahrt werden. Innerhalb weniger Stunden können die Larven der Fleischfliege tief in ihre Brutumgebung eindringen, wobei sie eiweißlösende Enzyme abgeben und dabei zahlreiche Krankheiten übertragen können.

Adulte Fleischfliegen sind Nektar- und Pollenfresser, man findet sie bei Sonnenschein auf der Nahrungssuche an unterschiedlichsten Blüten. Sie sind daher auch Blütenbestäuber. Die Larven entwickeln sich in verschiedenartigen Substraten und zeigen daher diverse Typen des Nahrungserwerbs.

Schmeißfliegen

Blaue Schmeißfliege

Calliphora vicina

Auch sie legt ihre Eier unter anderem an Fleisch ab, da die daraus schlüpfenden Maden sich teils von verwesendem Fleisch ernähren. Das können Tierkadaver wie auch frisches Fleisch sein, das zum menschlichen Verzehr gedacht ist. Daher gilt es immer, frisches Fleisch nie ungeschützt im Freien oder im Wohnraum aufzubewahren. Adulte Fliegen ernähren sich von organischen Stoffen wie Pollen, Nektar, Exkrementen oder diversen Lebensmitteln.

Schmeißfliege

Stomorhina lunata

Die 5-9 mm große Fliege besitzt einen ausgeprägten Saugrüssel. Die Abbildung zeigt ein Weibchen bei der Aufnahme von Blütenstaub. Bevorzugte Blüten sind Doldenblütler und Korbblütler. Ihre Larven ernähren sich von Heuschreckeneiern, daher werden die Eier nahe verschiedener Feldheuschrecken abgelegt. 2002 wurde diese Art in die Checkliste der Dipteren Deutschlands (SCHUMANN 2002) aufgenommen. Erster Nachweis 1998 in NRW (DREES 1998).

Goldfliege

Lucilia spec. *(möglicherweise L. sericata)*

Mit ihren goldgrün metallfarbigem Körper sehen sie hübsch aus. Sie bestäuben zuverlässig die Blüten unserer Pflanzen. Es ist allerdings Vorsicht geboten. Sie gelten als Vorratsschädlinge, außerdem können sie unsere Gesundheit bedrohen. Sollten die Fliegen mit offenen Wunden in Kontakt kommen, kann es zu Blutvergiftung und Übertragung von Keimen kommen, die u. a. Typhus, Paratyphus, Dysenterien, Sommerdiarrhöen und Cholera auslösen können.

Asselfliegen

Asselfliege

Rhinophora lepida

Acht Asselfliegen-Gattungen mit 11 Arten gibt es in Mitteleuropa. Sie sind meist grauschwarz gefärbt, klein bis mittelgroß (2–11 mm), Thorax und Abdomen sind mit kräftigen Borsten bestückt. Die Weibchen legen ihre Eier nahe einer Asselkolonie ab. Die späteren Larven bohren sich in einen Asselwirt, um sich von dessen Körperflüssigkeiten und Organen zu ernähren. Der Wirt stirbt, die Larve verpuppt sich in der leeren Asselhülle.

Fleischfliegen

Satelliten-Fliege

Miltogramma punctata

Sie kann in einer Vielzahl von Lebensräumen mit sandigen oder lockeren Böden vorkommen. Die Eier der Fliege werden in die Nester verschiedener bodennistender Bienen geschmuggelt. Seidenbienenarten wie *Colletes daviesanus, Colletes succinctus* oder die Hosenbiene *Dasypoda hirtipes* werden bereits an den Nahrungspflanzen beobachtet und bis zum Nest verfolgt. In dem Moment, da die Wirtsbiene das Nest verlässt, wird das fremde Ei abgelegt.

Fleischfliege

Sarcophaga spec. *(möglicherweise S. carnaria)*

Sarcophaga carnaria gehört zu den häufigsten ihrer Gattung. Ihre Larven leben parasitisch in Regenwürmern. Sie ist wie fast alle Fleischfliegen lebend gebärend. Die Junglarven werden nahe der Regenwürmer platziert, sodass diese, nachdem sie den Wurm entdeckt haben, in ihn eindringen können. Die Larven entwickeln sich innerhalb weniger Tage – am Ende der Entwicklungszeit der Fliegenlarve stirbt der Wurm.

Raupenfliegen

Raupenfliege

Cylindromyia bicolor

Raupenfliegenarten zeigen große Unterschiede in ihrer Körpergröße (2-20 mm) und teilweise auch in ihrer Färbung. Sie sind besonders am Hinterleib und am Rücken stark beborstet. Ihre Larven leben als Innenparasiten in Raupen, Insektenlarven oder Wanzen, die Wirte überleben nicht. Die Larven von *Cylindromyia bicolor* entwickeln sich in der Grauen Baumwanze. Das Ei wird an der Wanze abgelegt, die Larve bohrt sich hinein und frisst den Wirt auf.

Raupenfliege

Cylindromyia spec. *(möglicherweise C. brassicaria)*

Es gibt vier *Cylindromyia*-Arten mit gleichem Aussehen. *C. brassicaria*, die häufigere der Arten, ist auf Wiesen, in Heckenbiotopen und in naturnahen Gärten an Dolden- und Korbblütlern bei der Nahrungsaufnahme zu beobachten. Die Weibchen legen ihre Eier an Wanzen ab. Ihre Wirte sind beispielsweise die Beerenwanze, die Frühlings-Baumwanze, die Grüne Stinkwanze oder die Streifenwanze. Geschlüpfte Larven entwickeln sich innerhalb des Wirts.

Raupenfliege

Eriothrix spec. *(möglicherweise E. rufomaculata)*

Es gibt mehrere Arten mit variabler roter Zeichnung des Abdomens. *E. rufomaculata* ist eine häufige Art, die in verschiedenen Biotopen meist offener, blütenreicher Landschaften zu finden ist. Sie ernährt sich von Nektar diverser Pflanzen wie Doldenblütler und Korbblütler. Ihre Larven entwickeln sich als Innenparasiten in den Schmetterlingsraupen des Rispengraszünslers *Chrysoteuchia culmella*.

Raupenfliege

Gastrolepta anthracina

Gastrolepta anthracina ist eine schlanke, 4-6 mm große, schwarz gefärbte Fliege mit deutlichen Borsten am Hinterleib. Die Weibchen tragen zwei, die Männchen drei weiß schimmernde Binden am Hinterleib. Ihre Larven parasitieren den Wollkäfer *Lagria hirta*. Von Ende April bis September sind sie an Waldrändern, in Hecken-Biotopen und in naturnahen Gärten zu finden.

Raupenfliege

Phasia barbifrons

Phasia barbifrons ist mit 2,5-4 mm Körpergröße eine der kleinsten heimischen Raupenfliegen. Sie ist recht unscheinbar. Der Körper ist schwarz gefärbt, die rotbraun gefärbten Komplexaugen sind proportional zum Körper übermäßig groß, die Schwingkölbchen sind gelb gefärbt. Die M-Ader der Flügel verläuft in einem charakteristischen Bogen. Ihre Larven entwickeln sich als Innenparasiten in Wanzen wie Bodenwanzen, Blumenwanzen und Erdwanzen.

Raupenfliege

Nowickia ferox

Ihr Lebensraum sind Waldränder, Wiesen, Heiden und Gärten. Sie ist 13-16 mm groß, hat schwarze Beine und einen schwarzen Oberkörper. Der Hinterleib ist orange gefärbt mit schwarzer Zeichnung und kräftigen Borsten. Sie ernährt sich von Nektar und Honigtau, ihre Larven parasitär von diversen Eulenfalterraupen. Zur Nektaraufnahme besucht sie Doldenblütler, aber auch Skabiosen, Minzen, Thymian, Majoran, Kreuzkraut, Disteln und Schafgarbe.

Fenstermücke
Sylvicola spec.

Raupenfliegen

Igelfliege *Tachina fera*

Die recht auffällige, mittelgroße (10-15 mm) Igelfliege ist weit verbreitet und häufig. Sie ist in einer Vielzahl von Lebensräumen mit üppiger Vegetation zu finden wie Feldränder, Wiesen, Waldränder, Waldlichtungen, Feuchtgebiete, Heideland, Industriegebiete und Gärten. Auch sie ernährt sich von Pollen und Nektar, bevorzugt von Doldenblütlern und Korbblütengewächsen. Ihre Larven leben parasitär von diversen Eulenfalter-Raupen.

Fenstermücken

Fenstermücke *Sylvicola* spec.

Oberflächlich betrachtet ähneln sie den Stechmücken. Mit einer Körpergröße von etwa 5-9 mm sind sie zwar ebenfalls recht klein, aber deutlich größer als eine Stechmücke. Sie besitzen häufig braun gefleckte Flügel und können nicht stechen. Die Fotos dieser Seite sind an einem kalten, sonnigen Nachmittag Mitte Januar entstanden. Es waren die ersten Insekten, die ich in dieser kalten Jahreszeit in unserem Garten entdecken konnte. Fenstermücken sind ganzjährig unterwegs. An manchen Tagen kann man in der Abenddämmerung ganze Schwarmwolken von tanzenden Fenstermücken beobachten. Die männlichen Tiere laden paarungswillige Weibchen zum Tanz und zur freien Partnerwahl in ihren Schwarm ein. Vom Licht angezogen können wir Fenstermücken dabei beobachten, wie sie an unseren Fenstern verweilen, daher rührt ihr Artname.

Zuckmücken

Zuckmücke
Chironomidae

Männliche Zuckmücken, wie die hier abgebildete, tragen auffällig buschige Fühler. Ebenso typisch für diese Mücken ist der buckelige Oberkörper. Ihre Körpergröße kann zwischen 2-14 mm betragen. Ihre Mundwerkzeuge sind zum Stechen und Blutsaugen nicht geeignet. Sie ernähren sich meist von Nektar und Honigtau. Adulte Tiere leben nur wenige Tage. Die Larven gelten als Nahrung für Vögel und Fische, sie kommen an Land und in Gewässern vor.

Haarmücken

Märzfliege
Bibio marci

Sie gehört zu der Familie der Haarmücken. Ihr rauhaariger Körper ist tiefschwarz gefärbt, sie wird ca. 8-11 mm groß. Die stärker behaarten Männchen besitzen auffallend große Augen. Die Nahrung besteht aus Pflanzensäften, Nektar, Kot und Läusen. Die Larven ernähren sich von verrottenden Pflanzenteilen. Die großen Mücken sind harmlose Bestäuber und können nicht stechen. Abgebildet ist der Paarungsakt: rechts das Weibchen, links das Männchen.

Schmetterlingsmücken

Schmetterlingsmücke
Psychodidae

Mit den meist stark behaarten Flügeln sehen sie aus wie winzige Schmetterlinge. Die 1-5 mm großen Mücken ernähren sich von Pflanzensäften oder Nektar. Sie mögen feuchte, schattige Gartenbereiche in Kompostnähe. Manche Weibchen saugen das Blut von Fröschen. Uns stechen sie nicht. Treten sie in Massen auf, was gelegentlich vorkommt, können sie ein Hygieneproblem darstellen, da die Larven sich teilweise in Abwasserrohren oder Siphons aufhalten.

Schnaken

Schnake
Tipula confusa

Erst spät im Jahr, von September bis November, ist diese mittelgroße Schnake unterwegs. Sie erreicht eine Körpergröße von 11–15 mm, wobei die langen Beine dieses Maß überschreiten. Ihre Flügel sind dunkel getrübt und mit hellen und dunklen Flecken marmoriert. Die langbeinigen Schnaken sind in Fichtenwäldern, Buchenwäldern sowie Gärten mit Baumbestand zu finden. Die harmlosen Tiere können nicht stechen. Ihre Larven entwickeln sich in Laubmoosen.

Schnake
Nephrotoma cornicina

Körper und Kopf sind gelb gefärbt, beide Körperteile tragen in der Aufsicht eine auffällig schwarze Zeichnung. Abgebildet ist ein Männchen, zu erkennen am abgerundeten Hinterleibsende. Das Hinterleibsende der Weibchen endet spitz. Die Schnaken sind 12-15 mm groß, fliegen von April bis September und ernähren sich von Nektar und Pflanzensäften. Dazu besuchen sie gerne Löwenzahn und Wiesenkerbel. Die Eier werden im Boden abgelegt.

Schnake
Tipula vernalis

Sie ist mit 16–19 mm Körpergröße um einiges größer als die zuvor beschriebene Art. Besonders auffällig sind ihre leuchtend grünen Augen. Charakteristisch für diese Art ist die Musterung der dunkel gefärbten Flügeladern. Von April bis Juni findet man sie in feuchten Wiesen, Waldbiotopen und Sumpfgebieten. Die Eier werden im Gras abgelegt, da die späteren Larven an den Wurzeln verschiedener Gräser fressen. Adulte Tiere ernähren sich von Nektar.

Eintagsfliege

Ephemeroptera

Verwandtschaftlich haben sie nichts mit den Fliegen zu tun, obwohl sie Fliegen genannt werden. Dass sie als ausgewachsenes Fluginsekt nur einen Tag überleben, trifft nicht auf jede Eintagsfliege zu. Ihre Lebenszeit kann je nach Art wenige Minuten, mehrere Stunden oder einige Tage andauern. Diese kurze Lebensspanne als fliegendes Insekt nutzen sie ausschließlich zur Fortpflanzung: wenig Zeit für Partnersuche, Begattung und Eiablage. Ihnen bleibt keine Zeit für die Nahrungsaufnahme, die findet nicht mehr statt.

Die Lebenszeit der Larven hingegen dauert ein bis drei Jahre, diese verbringen sie meist in fließenden, seltener in stehenden Gewässern. In dieser Entwicklungszeit finden zehn bis zwanzig Häutungen der Larven statt. Die recht gefräßigen Eintagsfliegenlarven ernähren sich von Algen und abgestorbenem organischem Material, von Mückenlarven, kleinen Krustentieren und verwesenden Wassertieren. Eintagsfliegen gelten entwicklungsgeschichtlich als die ursprünglichsten Insekten unter den Fluginsekten. Schätzungsweise kommen weltweit über dreitausend Eintagsfliegenarten vor, in Deutschland sind es etwa fünfundsiebzig. Noch heute werden neue Arten entdeckt.

Eintagsfliegen-Larve

Eintagsfliegen besitzen nicht zwei, sondern vier Flügel.

Die Florfliege gehört nicht zu den Fliegen, obwohl wir sie Fliege nennen. Sie zählt zu der Ordnung der Netzflügler.

Gemeine Florfliege
Chrysoperla carnea

Florfliegen-Larve

Florfliege

Chrysoperla carnea

Die wohl bekannteste mitteleuropäische Art ist die Gemeine Florfliege *Chrysoperla carnea*, die auch in unserem Haus und Garten zu finden ist. Sie hat zwei gleich große transparente Flügelpaare, die mit einem dichten Netzwerk aus feinen hellgrünen Äderchen durchzogen sind. Ihr Körperbau ist schlank und zierlich, die Komplexaugen schimmern metallisch rötlich bis golden oder je nach Lichteinfall in Regenbogenfarben. Die meist dämmerungsaktiven, ausgewachsenen Tiere ernähren sich von Pollen, Nektar und Honigtau. Honigtau wird von Blattläusen produziert, es sind die zuckerhaltigen Ausscheidungen dieser kleinen Tiere. Schildläuse, Blattflöhe, Mottenschildläuse und Zikaden produzieren übrigens ebenfalls Honigtau.

Florfliegen suchen im Herbst ein sicheres Winterversteck unter Bäumen, in der Laubschicht oder in unseren Wohnungen. Ihre grüne Körperfarbe kann sich zur besseren Tarnung in ein mittleres Braun verfärben. Ihre Larven ernähren sich hauptsächlich von Blattläusen und von verschiedenen kleinen Insekten.

Wespen *Vespinae*

Goldwespe, Hornisse & Feldwespe

41

Wespenarten

kann ich Ihnen vorstellen

Sie gehören zu den Insekten, die die meisten Menschen nicht näher kennenlernen möchten. Die Furcht vor ihrer Aggressivität ist groß und kulturell tief verwurzelt. Wäre uns bewusst, wie Wespen leben und warum sie von großem Nutzen sind, hätten wir sicher eine andere Meinung von diesen faszinierenden, für das Ökosystem so unersetzlichen Tieren.

Wenn sie sich uns nähern, fuchteln wir mit den Händen, um nach ihnen zu schlagen; ergreifen die Flucht oder erstarren und schließen aus Furcht vor ihren unvermeidlichen Stichen die Augen. Dabei sticht auch die Honigbiene. Da wir ihren Honig lieben und über das Wissen verfügen, wie wichtig die Honigbiene für die Menschheit ist, respektieren wir sie und verhalten uns ihr gegenüber weniger ängstlich.

Fällt Ihnen etwas auf? Tiere werden häufig nach ihrem Nutzen bewertet. Gilt ein Insekt wie die Fliege oder die Wespe in unserer Vorstellung als nutzlos, erscheint es uns nicht verwerflich, dieses kurzerhand ins Jenseits zu befördern. Das Angebot todbringender Insektenfallen ist groß. Erfreulicherweise ist diesbezüglich ein neuer Trend zu beobachten, denn seit einigen Jahren häufen sich die Vorschläge, natürliche Hausmittel gegen Insekten anzuwenden, die nicht immer tödlich enden. Nicht ohne Grund!

Viele Stechimmenarten, das sind Hautflügler, die einen Wehrstachel besitzen, sind in den Roten Listen des Bundes oder des Landes verzeichnet. Zu den Stechimmen gehören zahlreiche Wespenarten wie beispielsweise die recht bekannte Hornisse, aber auch Wildbienen wie die Hummeln, Honigbienen und sogar Ameisen. Die Hornisse ist darüber hinaus die einzige Faltenwespenart, die nach der Bundesartenschutzverordnung als besonders geschützt aufgeführt ist. Faltenwespen sind eine Familie der Stechimmen, die mit etwa 100 Arten in Mitteleuropa vertreten sind. Sämtliche Wildbienenarten und die Ameisen der Gattung *Formica* werden übrigens ebenfalls in der gleichen Kategorie besonders geschützter Hautflügler geführt.

Ganz gleich, ob es sich um gefährdete Arten handelt oder nicht: Wespen dürfen nicht ohne besonderen Grund getötet werden. Es ist verboten, Wespennester zu entfernen, zu zerstören oder auszuräuchern. Laut Bußgeldkatalog kann solch eine Tat mit einem Bußgeld zwischen 5.000 und 65.000 Euro in Rechnung gestellt werden. Siehe dazu Bundesnaturschutzgesetz BNatSchG §§ 39, 44

Einer Studie zufolge lösen Wespen negative Gefühle von Hass und Angst aus, während Fliegen als lästig, laut und schmutzig gelten. Bienen und Schmetterlinge sind erwartungsgemäß beliebt, beiden wird ihre Bedeutung als Bestäuber zuerkannt. Das beunruhigende Ergebnis dieser Studie war, dass niemand zu wissen schien, dass Wespen wichtige Raubtiere und sogar Bestäuber sind. Die Wissenschaftler waren über dieses Ergebnis überrascht, zumal dieselben Befragten die ökologische Rolle, die Bienen als Bestäuber erfüllen, klar zu schätzen wussten. „Menschen hassen Wespen, weil sie ihre wichtige Rolle in Ökosystemen nicht verstehen."

„Wasps: why i love them, and why you should too", Seirian Sumner, Professor of Behavioural Ecology, 2021

Um diese Wissenslücken zu schließen, werde ich Ihnen auf den folgenden Seiten verschiedene Wespenarten vorstellen, die ich in unserem Garten fotografisch dokumentieren konnte. In den letzten Jahren bin ich den Tieren mit meiner Kamera immer wieder nah auf den Leib gerückt. Ich habe keinen einzigen Stich, noch eine bedrohliche Situation zu beklagen. Im Gegenteil – die Aufnahmen der Hornisse zeigen, wie entspannt sich dieses wunderschöne Insekt, vor dem sich so viele fürchten, fotografieren ließ. Man darf sie nur nicht erschrecken oder bedrohen. Das versteht sich eigentlich von selbst.

Was ist eine Wespe

„Die sogenannten Wespen gehören alle zur Insektenordnung der Hymenoptera (Hautflügler). Bei der umgangssprachlichen Bezeichnung „Wespe" handelt es sich allerdings nicht um einen systematisch festgelegten, eindeutigen Begriff. Das Wort „Wespe" bildet den Bestandteil diverser eingedeutschter Familiennamen unter den Hautflüglern. Der Volksmund versteht unter dem Begriff „Wespen" in der Hauptsache die allseits bekannten gelb-schwarzen Vertreter der sozialen Faltenwespen." *„Wespen", Witt, 2009*

Wespe ist also nicht gleich Wespe. Unter den Tausenden von Wespenarten, die Fachleute in Deutschland kennen, sind zwei staatenbildende Faltenwespen, die Deutsche Wespe und die Gemeine Wespe, jedermann bekannt. Diese beiden Stechimmenarten besuchen uns im Freien am Kaffeetisch oder beim Grillabend, da sie sich für unsere Nahrung interessieren. Beinahe jeder hat einmal im Leben mit den schmerzhaften Stichen, die sie verursachen können, Bekanntschaft gemacht.

Hornisse
Vespa carbro

Die meisten abträglichen Geschichten über Wespen sind erfunden

Bleiben Sie entspannt, wenn Sie einer Wespe begegnen, und nehmen Sie sich etwas Zeit, diese zu beobachten. Vermutlich werden Sie feststellen: Wespen sind nicht aggressiv, sondern scheu.

Bienenwolf
Philanthus triangulum

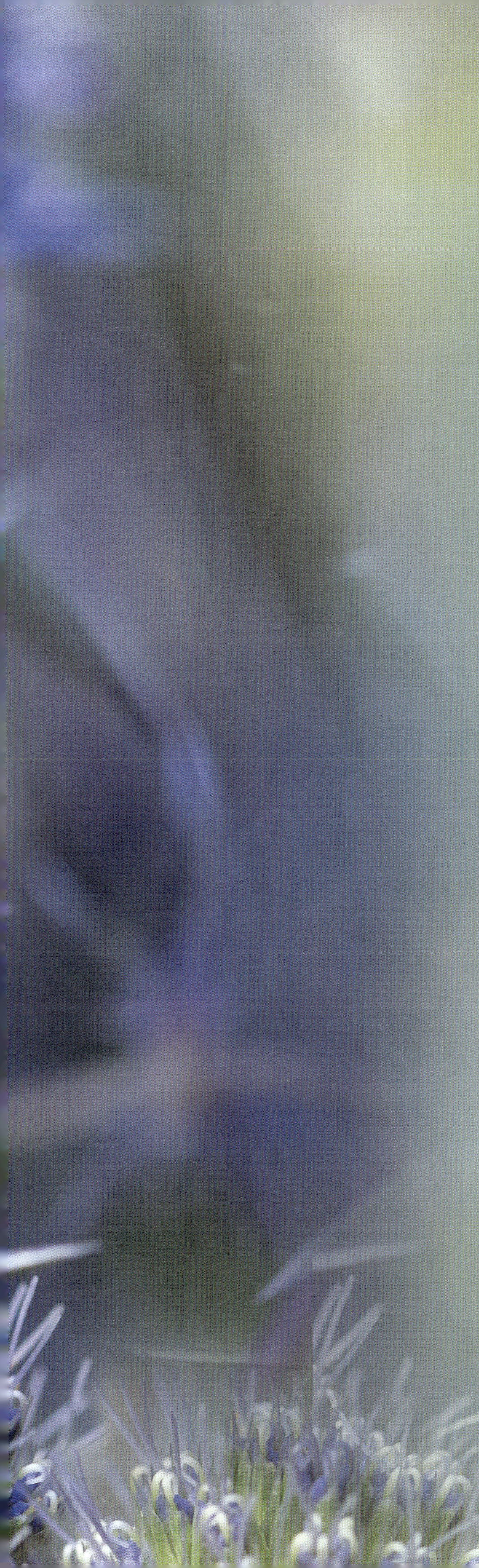

Wahrheiten und Mythen

Wespen sind wichtige Insektenfresser

Staatenbildende Wespen sind effektive Schädlingsbekämpfer. Ein Wespenstaat kann durchschnittlich bis zu einem Kilo Insekten pro Tag vernichten. Dabei erjagen sie eine Vielzahl von wirbellosen Tieren wie Spinnen, Fliegen, Raupen, kleine Käfer oder Läuse. Auch tote Insekten werden aufgesammelt und an die eigenen Larven verfüttert. Einige Schlupfwespenarten werden aufgrund ihrer bevorzugten Beute gezielt zur biologischen Schädlingsbekämpfung eingesetzt. Beispielsweise kann die Ausbreitung von Lebensmittelmotten, Lauchmotten, Kleidermotten, Maiszünslern oder Holzschädlingen durch den gezielten Einsatz der Wespen minimiert werden.

Wespen sind Blütenbestäuber

Wespen sammeln für ihren Nachwuchs keinen Pollen, beim Blütenbesuch transportieren sie nur den Pollen, der an ihrem Körper hängen bleibt. Wobei bislang nicht ausreichend erforscht wurde, wie hoch ihre Bestäubungsleistungen sind. Bienen sind die effektiveren Blütenbestäuber, da sie deutlich mehr Blütenbesuche unternehmen. Manche Wespenarten – wie der hier abgebildete Bienenwolf – sammeln Nektar zur eigenen Ernährung an Pflanzen wie dem Flachblatt-Mannstreu. Deutlich zu sehen: jede Menge Pollen wird von einer Blüte zur nächsten transportiert.

Wespe – nur ein umgangssprachlicher Begriff

Die eine „Wespe" gibt es nicht. Allein in Deutschland soll es nach aktuellen wissenschaftlichen Erkenntnissen 4500 Schlupfwespenarten und 750 Pflanzenwespenarten geben. Wespen versorgen ihre Nachkommen selbst oder leben parasitisch. Die meisten Wespenarten leben solitär, manche aber auch sozial in Staaten.

Wespen sind nicht von Natur aus aggressiv

Sie stechen nur dann, wenn sie bedroht werden. Verhaltensweisen wie heftiges Schlagen oder das Wegpusten der Tiere werden als Bedrohung bewertet. In unserem Atem ist Kohlendioxid enthalten, im Wespennest gilt Kohlendioxid als Alarmsignal. Bleiben Sie entspannt, bleibt auch die Wespe entspannt.

Wespenstiche sind nicht schmerzhafter als Bienenstiche

Sie sind keinesfalls tödlich, sondern in der Regel harmlos und weniger schmerzhaft als der Stich einer Honigbiene. Diese verliert ihren Stachel in unserer Haut und stirbt. Der Stachel sondert weiter Gift ab und sollte entfernt werden. Wespen sterben in der Regel nicht nach einem Stich. Bei allergischen Reaktionen wie Atemnot, Schwindel, Kreislaufproblemen oder Herzklopfen nach einem Insektenstich sollte ein Notarzt gerufen werden.

Sieben Hornissen-Stiche töten kein Pferd

Und im Normalfall auch keinen Menschen. Der Stich einer Hornisse mag schmerzhafter sein, als der einer Honigbiene oder Wespe, er enthält jedoch ein sehr viel schwächeres Gift. Hornissen erzeugen durch ihre beeindruckende Größe einen gefährlichen Eindruck. Fürchten müssen wir uns jedoch nicht, denn Hornissen sind friedfertige Insekten, die sich für uns nicht interessieren. Aktuell werden diese beeindruckenden Wespen in der Roten Liste der gefährdeten Tiere unter der Schutzkategorie III (gefährdet) gelistet.

Wespen werden gegen Ende des Jahres nicht aggressiver

Die meisten Menschen kennen nur ein oder zwei Arten: die **Deutsche Wespe** und die **Gemeine Wespe**. Allein diese beiden Arten suchen im Spätsommer zuckerreiche, kohlenhydrathaltige Nahrung oder Fleisch bei uns Menschen. Da im Spätsommer die Anzahl der Tiere im Wespenstaat sehr hoch und die Brutaufzucht beendet ist, gilt es, die Jungköniginnen beispielsweise mit zuckerreicher Nahrung für die kalte Jahreszeit fit zu machen. Zudem brauchen sie zusätzliche Nahrung zum Überleben. Im Spätsommer gibt es einen Mangel an nektarspendenden Blühpflanzen, daher tauchen sie vermehrt bei uns am Kaffeetisch auf, um nicht zu hungern und um ihr zukünftiges Volk zu erhalten.

Die Wespenarten unseres Gartens

STECHIMMEN
Echte Wespen *Vespinae*

Hornisse
Vespa crabro

Mittlere Wespe
Dolichovespula media

Sächsische Wespe
Dolichovespula saxonica

Deutsche Wespe
Vespula germanica

Rote Wespe
Vespula rufa

Gemeine Wespe
Vespula vulgaris

STECHIMMEN
Grabwespen *Sphecidae*

Grabwespe
Ectemnius cavifrons

Töpfergrabwespe
Trypoxylon figulus

Stahlblauer Grillenjäger
Isodontia mexicana

Blattlausgrabwespe
Passaloecus corniger

Blattlausgrabwespe
Pemphredon lethifer

STECHIMMEN
Wegwespen *Pompilidae*

Tönnchenwegwespe
Auplopus carbonarius
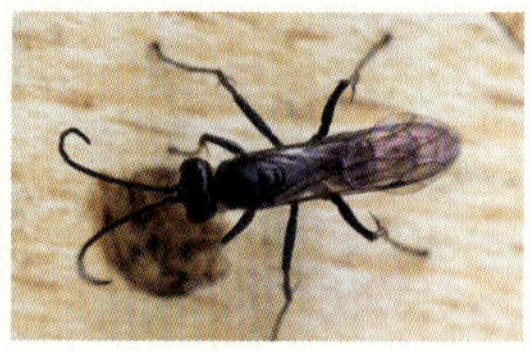

STECHIMMEN
Goldwespen *Chrysididae*

Goldwespe
Omalus biaccinctus

LEGIMMEN
Schmalbauchwespen *Gasteruptiidae*

Schmalbauchwespe
Gasteruption assectator

Schmalbauchwespe
Gasteruption erythrostomum

LEGIMMEN
Erzwespen *Chalcidoidea*

Erzwespe
Leucospis dorsigera

Erzwespe
Perilampus spec.

Erzwespe
Sigmophora spec.

Schlupfwespe
Hoplocryptus bellosus
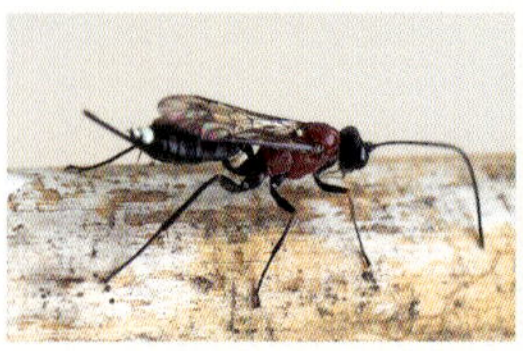

Sichelwespe
Therion circumflexum

PFLANZENWESPEN
Blattwespen *Tenthredinidae*

Geißblatt-Keulhornblatt-wespe *Abia fasciata*

Rosenbürstenhornblatt-wespe *Arge ochropus*

Blattwespe
Athalia spec.

Ungleiche Rosenblatt-wespe *Cladius pectinicornis*

STECHIMMEN
Feldwespen *Polistinae*

Haus-Feldwespe
Polistes dominula

STECHIMMEN
Solitäre Faltenwespen oder Lehmwespen *Eumeninae*

Schwarzfühler-Hakenwespe
Ancistrocerus nigricornis

Dickfühler-Lehmwespe
Symmorphus crassicornis

STECHIMMEN
Grabwespen *Sphecidae*

Bienenwolf
Philanthus triangulum

Bj. Knotenwespe
Cerceris rybyensis

Grabwespe
Crossocerus annulipes

STECHIMMEN
Keulenwespen *Sapygidae*

Zehnpunkt-Keulenwespe
Sapygina decemguttata

STECHIMMEN
Goldwespen *Chrysididae*

Goldwespe
Chrysis ignita

Goldwespe
Chrysis terminata

Goldwespe
Hedychrum gerstaeckeri

Goldwespe
Holopyga generosa

Goldwespe
Omalus aeneus

LEGIMMEN
Schlupfwespen *Ichneumonoidea*

Schlupfwespe
Agrothereutes aterrimus

Schlupfwespe
Aritranis director

Schlupfwespe
Amblyteles xanthorius

Schlupfwespe
Ctenichneumon spec.

Schlupfwespe
Diphyus quadripunctorius

Schlupfwespe
Ephialtes manifestator

PFLANZENWESPEN
Halmwespen *Cephidae*

Halmwespe
Cephus spinipes

AMEISEN
Formicidae

Ameisen
Formicidae

Hornisse

Echte Wespen *Vespinae*

Elf mitteleuropäische Arten der Echten Wespe gibt es: Hornisse, Rote Wespe, Gemeine Wespe, Deutsche Wespe, Mittlere Wespe, Waldwespe, Sächsische Wespe, Norwegische Wespe, Österreichische Kuckuckswespe, Waldkuckuckswespe und Falsche Kuckuckswespe.

Echte Wespen, mit Ausnahme der drei Kuckuckswespen, sind sozial lebende Insekten, die Sommerstaaten bilden. Sie werden Papierwespen genannt, da sie zum Bau ihrer Nester eine papierartige Masse aus trockenem, morschem oder verwittertem Holz herstellen. Diese ausgeklügelten Wunderwerke beherbergen in der Regel einige Hundert Nestinsassen. Die bekanntesten Arten, Deutsche Wespe und Gemeine Wespe, können Volksstärken von bis zu 7000 Tieren erreichen, das ist vermutlich der Grund, warum uns diese beiden Arten bekannt sind. Wespen sind Insektenfresser. Zur Aufzucht und Fütterung ihrer Brut benötigen sie große Mengen von Insekten, die entweder erjagt oder als Aas gesammelt werden. Nur die beiden zuvor genannten Arten besuchen uns am Kaffeetisch und beim Grillen gegen Ende des Sommers, um zusätzliche zuckerreiche Nahrung oder Fleisch zu erbeuten. Die Arbeiterinnen ernähren sich von Baumsäften, Blütennektar oder Fallobst, also von süßen Futtermitteln. Im Sommer werden Jungköniginnen und Männchen herangezogen, allein die jungen Königinnen überwintern und bilden im kommenden Jahr neue Völker

Hornisse

Vespa crabro

Hornissen – die harmlosen Brummer. Sie greifen nie grundlos an, sind recht scheu und interessieren sich nicht für Menschen oder unsere Nahrung. Natürlich gilt auch hier, bei Begegnungen nicht hektisch nach den Tieren zu schlagen oder ihre Nester zu bedrohen. Diese würden sie verteidigen.

Das Leben einer Jungkönigin, die in einer Baumhöhle oder unter der Erde überwintert hat, beginnt etwa Anfang Mai. Ihr Nest legt sie in Baumhöhlen an. Mangelt es an natürlichen Nistmöglichkeiten, sucht sie geschützte Räume wie Schuppen, überdachte Flächen oder Nischen im menschlichen Siedlungsbereich auf. In der Zeit von Mitte August bis Mitte September erreicht das Hornissenvolk mit ca. 200 bis max. 600 Tieren seinen Entwicklungshöhepunkt. Erste Jungköniginnen entwickeln sich und lösen die alte Königin ab. Das Nest wird von den Arbeiterinnen nicht mehr versorgt, die Altkönigin verlässt es, um im Alter von etwa 12 Monaten zu sterben. Im Herbst paaren sich die Jungköniginnen mit den frischen Männchen, danach suchen sie nach einem geeigneten Unterschlupf für die Überwinterung. Der Kreislauf beginnt von Neuem. Die Männchen sterben, ebenso die letzten Arbeiterinnen, die Anfang November das Nest endgültig verlassen. Die pergamentartigen Nester bleiben erhalten, ein Hornissennest wird jedoch im nächsten Jahr kein zweites Mal belegt.

Größe 23-35 mm **Lebensraum** Laubmischwälder, Streuobstbestände, Auwälder und Gärten, Parklandschaften mit Eichen-, Eschen- und Birkenbestand **Flugzeit** April - November **Nahrung** zuckerhaltige Säfte und Flüssigkeiten, wie Baumsäfte, selten Blütennektar **Larvennahrung** Insekten

Hornisse
Vespa crabro

Mittlere Wespe / Kleine Hornisse

Dolichovespula media

Die Mittlere Wespe ist variabel gefärbt – sogar innerhalb eines Nestes bringt diese Art von völlig schwarzen bis zu rotgelb gefärbte Tiere hervor. Arbeiterinnen und Drohnen sind häufig schwarz und besitzen, wie oben links abgebildet, eine schmale, gelbe Zeichnung. Weil die Königin einer Hornisse gleicht, wird sie auch Kleine Hornisse genannt. Die Abbildung der Arbeiterin zeigt diese bei der Beschaffung des Baumaterials für das Nest. Sie sammelt Holzfasern unserer Lärchenholzfassade, um diese mit Speichel gemischt zu einer papierartigen Masse zu verarbeiten. Grundsätzlich sammeln Mittlere Wespen vorzugsweise frisches Pappelholz, seltener Totholz. Ihre etwa 30 cm großen Papiernester werden freihängend in Hecken, im Gebüsch oder unter Dachvorsprüngen in einer Höhe von 1-4 Metern gebaut. In der Regel beherbergt ein Nest bis zu 500 Tiere, bei guten Bedingungen können es bis zu 1700 Tiere werden. Diese Wespenart gilt als friedfertig, bei Gefahr verteidigen die Tiere jedoch ihr Nest. Aus Unkenntnis werden ihre leicht zugänglichen Nester häufig zerstört.

„Die Art wird durch die recht exponierte Lage ihrer Nester und den oft bestechenden „Erstkontakt" besonders häufig Opfer menschlicher Nachstellung. ... Der Artenbestand dieser Wespenart zeigt leider regionale Rückgangstendenzen und ist generell sehr selten in Deutschland anzutreffen. Von den vier der in Deutschland vorkommenden Arten der Gattung der Langkopfwespen *(Dolichovespula)* **ist die Mittlere Wespe die am meisten gefährdete. In einigen Bundesländern steht sie bereits auf der „Roten Liste der gefährdeten Tierarten"."**

Zitat: berlin.nabu.de

Größe 15-22 mm **Lebensraum** lichte Wälder, Gebüsche, Siedlungsbereich **Flugzeit** April - September **Nahrung** Blütennektar, Honigtau, Pollen, Pflanzensäfte **Larvennahrung** Insekten, tierisches Eiweiß

Sächsische Wespe

Dolichovespula saxonica

Für ihre hängenden Papiernester sucht die Sächsische Wespe vor Wind und Regen geschützte Orte auf, das Gebälk alter Dachböden oder den trockenen Platz im Schuppen scheint sie besonders zu mögen. Aber auch Dachvorsprünge oder ein Versteck in einem Gebüsch werden genutzt. Die Nester dieser Wespenart wurden in der Vergangenheit leider oft ohne Grund zerstört. Etwa fußballgroß beherbergen diese über den gesamten Entwicklungszeitraum bis zu 1000 Tiere, darin leben etwa nur 100 bis 300 Tiere gleichzeitig. Im Vergleich zu anderen sozialen Wespenarten sind ihre Völker recht klein. Sie gilt als sehr friedfertig. Unsere süßen Lebensmittel mag sie nicht, sodass die Tiere uns nicht am Kaffeetisch aufsuchen. Etwa ab Mitte Mai schlüpfen erste Arbeiterinnen, die der Königin beim Bau des Nestes und der Versorgung der Brut helfen. Verfüttert wird ein eiweißreicher Brei aus Insekten wie Fliegen und Mücken.

Größe	11-18 mm
Lebensraum	lichte Wälder, offene Landschaften, Siedlungsbereich
Flugzeit	April - August
Nahrung	Nektar, Pflanzensäfte, Honigtau
Larvennahrung	Insekten, tierisches Eiweiß

Deutsche Wespe

Vespula germanica

Im Unterschied zu der sehr ähnlichen Gemeinen Wespe ist ihre Gesichtszeichnung mit nur ein bis drei schwarzen Flecken spärlich. Sie baut ihre Nester unterirdisch in verlassenen Maulwurfs- oder Mäusebauten, seltener in dunklen Hohlräumen in Gebäuden wie beispielsweise in Dachstühlen. Im Normalfall bringen ihre Staaten etwa 1000 bis 4000 Individuen hervor, im Maximalfall können 10.000 Tiere in einem Volk leben. Entsprechend groß kann das Nest mit einem Durchmesser von bis zu 2 Metern ausfallen. Bei solch großen Volksstärken herrscht eine gut organisierte Arbeitsteilung. Wie bei den Honigbienen gibt es eine Aufgabenverteilung, die die Brutpflege, die Nahrungsbeschaffung, den Bau des Nestes oder die Pflege der Königin umfaßt. Das Nest wird beschützt, die Tiere gelten jedoch nicht als angriffslustig. Im Spätsommer können sie lästig werden, da sie unsere süßen Speisen oder Fleisch mögen.

Größe	12-20 mm
Lebensraum	diverse Biotope, anpassungsfähig
Flugzeit	April - Oktober
Nahrung	Nektar und zuckerhaltige Pflanzensäfte, Honigtau
Larvennahrung	Insekten, tierisches Eiweiß

Rote Wespe

Vespula rufa

Diese recht seltene Wespenart ist mir nur ein einziges Mal im Juli 2019 in unserem Garten begegnet. Es heißt, sie sei nicht häufig im menschlichen Siedlungsbereich anzutreffen. Sie meidet vielmehr die Nähe zum Menschen. Auch sie nutzt verwittertes Holz für den Bau ihrer meist unterirdischen Nester, die sie in Hohlräumen wie verlassenen Maulwurfs- oder Mäusebauten anlegt. Ein Volk umfasst etwa nur 150 bis 350, seltener bis zu 700 Tiere. Das Nest mit einem Durchmesser von nur 20 cm enthält 2-3 Waben mit über 1000 Zellen, in denen die Eier, Larven und Puppen Platz finden. Die Aufnahmen zeigen, wie die Überreste eines Insektes transportiert werden, denn ihre Brut wird mit Insekten wie Fliegen und Stechmücken gefüttert. Die ersten beiden Hinterleibssegmente dieser auffälligen Wespe sind variabel rotbraun gefärbt. Die Rote Wespe gehört zu den friedfertigen Wespenarten.

Größe	10-20 mm
Lebensraum	diverse offene, teils feuchte Standorte, im Siedlungsbereich eher selten
Flugzeit	April - September
Nahrung	überwiegend Nektar von Doldenblütlern, Honigtau
Larvennahrung	Insekten

Gemeine Wespe

Vespula vulgaris

Sie ist der Deutschen Wespe bis auf ihre Gesichtszeichnung sehr ähnlich und gehört wie diese zu den häufigsten Wespenarten Mitteleuropas. Als Dunkelhöhlenbrüter baut sie ihre Nester in verlassene Mäuse- oder Maulwurfsbauten, unter Dächern, Schuppen und in anderen dunklen Hohlräumen. Für den Bau sammeln die Tiere morsches Holz von verrottenden Baumstämmen oder Ästen. Das Nest bekommt durch die Wahl der Baumaterialien ein helles, beigefarbenes Aussehen. Die Papiernester anderer Wespenarten sind oftmals gräulich gefärbt. Die Nester der Gemeinen Wespe können mehrere Tausend Tiere beherbergen. Innerhalb des Staates gibt es eine gut organisierte Arbeitsteilung. Nähert man sich ihrem Nest, kann sie sehr wehrhaft werden. Im Gegensatz zu einer Honigbiene stirbt die Wespe nicht durch ihren Stich, da sie ihren Stachel nicht verliert. Ihr Gift kann zu einer allergischen Reaktion führen.

Größe	11-19 mm
Lebensraum	diverse Biotope, anpassungsfähig
Flugzeit	Mitte April - Ende Oktober
Nahrung	Nektar und zuckerhaltige Pflanzensäfte, Honigtau
Larvennahrung	Insekten, tierisches Eiweiß

Feldwespen
Polistinae

Fünf Feldwespenarten gibt es in Deutschland: die Haus-Feldwespe, die Heide-Feldwespe, die Zierliche Feldwespe, die Berg-Feldwespe und die Berg-Feldwespen-Kuckuckswespe. Ihre schwarz-gelbe Färbung ist wespentypisch, ihre langen Beine, die im Flug unter ihrem Körper hängen, arttypisch für Feldwespen. Sie bilden kleine Völker und bauen ihre papierartigen Nester aus zerkauten Holzfasern. Die Waben ihrer Nester liegen offen und sind, anders als bei den Echten Wespen, nicht von einer schützenden Hülle umgeben.

Die Aufnahmen der Feldwespen-Nester sind auf Kreta entstanden. Sie zeigen ein Nest, welches in einem Gebüsch versteckt war, daneben eine Nahaufnahme der Wabenstruktur. Ein Wabennest kann bis zu 150 Zellen aufweisen.

Haus-Feldwespe
Polistes dominula

Männchen

Haus-Feldwespe
Polistes dominula

Bereits von Weitem sind Haus-Feldwespen an ihren langen, im Flug hängenden, teils orange gefärbten Beinen und dem tropfenförmigen Hinterleib gut zu erkennen. Ihre Antennen sind ebenfalls ab dem dritten Glied gelborange gefärbt. Die elegante schlanke Wespe ist eine Papierwespe, die ihre Nester an wärmebegünstigten, südexponierten Stellen in der freien Natur, an Pflanzenstängeln oder in lichte Hecken baut. Sie legt ihre 10 cm kleinen Nester aber auch überall dort an, wo es regengeschützt und warm ist. Das kann in einer Gießkanne, an einem Dachüberstand oder in einem Rohr sein. Ein Volk besteht aus 10 bis 30 Tieren. Diese wunderschöne Wespenart ist nicht nur uns Menschen gegenüber friedlich gestimmt. Innerhalb des Nestes teilen sich mehrere Jungköniginnen zeitweise die Arbeit der Nestgründung, bis die dominanteste Königin das Nest im Kampf übernimmt.

Größe	12-18 mm
Lebensraum	wärmeliebend, offenes Gelände, Siedlungsbereich
Flugzeit	März - Mitte September
Nahrung	Pflanzennektar
Larvennahrung	Insekten, tierisches Eiweiß

Schwarzfühler-Hakenwespe
Ancistrocerus nigricornis

Solitäre Faltenwespen

auch Lehmwespen genannt

Eumeninae

Von etwa 82 in Mitteleuropa vorkommenden solitären Faltenwespen (*Eumeninae*) konnten in Deutschland an die 67 Arten nachgewiesen werden. Lehmwespen leben solitär, sie bilden keine Staaten. Die Weibchen kümmern sich allein um ihren Nachwuchs und fertigen ihre Brutzellen aus Lehm oder Löß. Je nach Art nutzen sie vorhandene Aushöhlungen, bauen Tonkügelchen an Zweige und Gräser oder wasserhahnähnliche Röhreneingänge an vertikale Strukturen.

Weibchen wie Männchen sind einjährig und sterben im gleichen Jahr, in dem sie geschlüpft sind. Das ist bei solitären Wespen generell der Fall. Aus den im Sommer gelegten Eiern entwickeln sich je nach Art unterschiedliche Überwinterungsstadien (Vorpuppe, Puppe). Die Entwicklung zur Imago erfolgt im darauffolgenden Frühjahr.

Lehmwespen sind zierliche Insekten, die niemals aufdringlich werden.

Schwarzfühler-Hakenwespe

Ancistrocerus nigricornis

Sie legt ihre Brutzellen in ausgehöhlten Zweigen und Stängeln, in Fraßgängen von Totholz, in löchrigem Mauerwerk und in Insekten-Nisthilfen an (Ø 5-6 mm). Die einzelnen Brutzellen werden mit Raupen von Kleinschmetterlingen als Proviant belegt. Darauf werden die Eier abgelegt. Mehrere Brutzellen werden linienförmig aneinandergereiht und durch Lehmwände getrennt. Bei schönem Wetter nach milden Wintern sind junge Weibchen bereits im Februar unterwegs.
Größe 10-13 mm **Lebensraum** offenes Gelände, Gärten, Wiesen **Flugzeit** Februar/März - August **Nahrung** Nektar, Pflanzensäfte, Honigtau **Larvennahrung** Schmetterlingsraupen **Vorkommen** mäßig häufig

Dickfühler-Lehmwespe

Symmorphus crassicornis

Die zweitgrößte Art aus dieser Gattung in Deutschland nistet unspezialisiert in verschiedenen Hohlräumen, auch in künstlichen Nisthilfen. Die Abbildungen zeigen die Wespe am Totholzstamm einer Eiche.

Größe 10-16 mm **Lebensraum** sonnige Waldrandgebiete, trockenwarme Kleinhabitate, Heiden **Flugzeit** Mai/Juni - September **Larvennahrung** Blattkäferlarven (der Gattung *Chrysomela* = *Melasoma*)

Grabwespen
Sphecidae

Bienenwolf
Philanthus triangulum

Etwa 260 Grabwespenarten sind in Mitteleuropa bekannt. Ihre Gesamterscheinungen und Färbungen sind recht vielfältig, so dass die Tiere nicht immer auf den ersten Blick dieser Gruppe zugeordnet werden können. Es gibt Winzlinge mit einer Körpergröße von 3-4 mm und große Arten mit 2,5 cm Körperlänge. Viele haben eine Gemeinsamkeit, die je nach Art mehr oder weniger deutlich, teilweise kaum sichtbar ausgeprägt ist. Der Hinterleib einiger Grabwespenarten ist gestielt: Das erste Hinterleibssegment ist als langer, dünner Stiel ausgebildet. Bei vielen Arten ist das erste Tergit nur etwas verschmälert. Eine weitere Gemeinsamkeit ist beispielsweise, dass die Tiere ihre Flügel in Ruhelage nicht – wie es bei den Faltenwespen üblich ist – längs falten. Grabwespen besitzen kräftige Kiefer, die zum Graben geeignet sind. Die meisten dieser solitär lebenden Wespen graben ihre Nester in den Boden, in markhaltige Pflanzenstängel oder in morsches Holz.

Bienenwolf
Philanthus triangulum

Der Bienenwolf ist eine wärmeliebende Art und eigentlich an trockenen Standorten, die den Steppen ähnlich sind, zu Hause. Da diese Grabwespenart bereits seit einigen Jahren in unserem Stadtgarten lebt, wird deutlich, wie anpassungsfähig Insekten sein können. Selbst in der Wuppertaler Innenstadt, auf einem Randstreifen einer viel befahrenen Straße, konnte ich eine große Population dieser Wespen beobachten. Es heißt, dass der Bienenwolf immer seltener wird. Sicher liegt es daran, dass auch für diese Art immer mehr Lebensraum schwindet. Vielleicht sind ihre Überlebenschancen in der Innenstadt jedoch besser als bisher angenommen. Immerhin war das Angebot ihrer bevorzugten Larvennahrung nie so groß wie heute. Denn zur Brutversorgung jagt der Bienenwolf fast ausschließlich die Honigbiene. Diese wird durch das Weibchen mit einem Stich zwischen die Vorderflügel betäubt und in das Nest transportiert, um als Larvenproviant zu dienen. Die betäubte Biene wird durch eine spezielle Behandlung „haltbar" gemacht und verdirbt erst nach mehreren Tagen. So kann die Larve sich in ihrer Kammer einige Tage lang von ihrem Bienenvorrat ernähren. Bei erwachsenen Tieren steht neben dem Nektar, den sie der erjagten Honigbiene entnehmen, der Nektar verschiedener Blühpflanzen auf dem Speiseplan, der wie bei fast allen Wespenarten an Blüten gesammelt wird. Bemerkenswert ist, dass weibliche Bienenwölfe eine

Männchen

Bakterienart kultivieren, die sie in speziellen Drüsen ihrer Antennen züchten. Die Larven weben diese Bakterien in ihren Kokon ein. Auf diese Weise entsteht eine antibiotische Substanz, die den Nachwuchs vor Pilzbefall und Bakterieninfektionen schützt.

Größe 8-18 mm **Lebensraum** offenes Gelände, trockene Heiden, Magerrasen, offene Sandflächen, Gärten, Wiesen **Flugzeit** Mai - September **Nahrung** Nektar **Larvennahrung** Honigbienen, selten Wildbienen

Bienenjagende Knotenwespe

Cerceris rybyensis

Man könnte sie ebenso Wildbienenjäger nennen, denn sie erbeutet nicht wie der Bienenwolf Honigbienen, sie jagt Wildbienen. Folgende Gattungen stehen auf dem Speiseplan ihrer Larven: Sandbienen, Furchenbienen, Schmalbienen und Zottelbienen. Die Weibchen dieser solitär lebenden Wespenart bauen für ihren Nachwuchs unterirdische Nester, die sie mit einem Larvenproviant aus gelähmten Wildbienen ausstatten. An geeigneten Standorten wie in sandigen, aber auch in lehmigen Böden können Kolonien von Nestern mehrerer Knotenwespen-Weibchen entstehen. Ihre Nesteingänge erkennt man an dem angehäuften Aushub um das Erdloch herum, es entsteht ein kleiner Hügel. Der Hauptgang reicht etwa 10-15 cm in die Tiefe und endet in einer horizontal liegenden Zelle, die zu weiteren Zellen führt. Oftmals befinden sich ihre Nester in der Nähe zu ihren Beutetieren. Männchen übernachten bei schlechtem Wetter gerne mal in einer Nisthilfe. Auch sie haben natürliche Feinde wie verschiedene Goldwespenarten, oder die Fleischfliegenarten *Metopia* spec. *und Pterella* spec., von denen sie parasitiert werden.

Größe 8-12 mm **Lebensraum** offene Lebensräume mit sandigen oder lehmigen Böden **Flugzeit** Juni - September **Nahrung** Pollen und Nektar **Larvennahrung** Wildbienen

Grabwespe

Crossocerus annulipes

Crossocerus bezeichnet eine Gattung der Grabwespen. Etwa 37 verschiedene *Crossocerus*-Arten, die sich alle sehr ähnlich sehen, sind in Europa bekannt. Sie sind klein bis mittelgroß, oftmals schwarz gefärbt, manche tragen gelbe Flecken am Hinterleib. *Crossocerus annulipes* ist in Deutschland flächenbezogen weit verbreitet, jedoch nur lokal häufig vorkommend. Sie nistet bodennah in weichem Totholz, nutzt vorhandene Käferfraßgänge oder gräbt ihre Gänge selbst. Für ihre Larven erbeutet sie Blattläuse, kleine Blattzikaden oder kleine Weichwanzen. Zur Nektaraufnahme besucht sie die Blüten verschiedener Doldenblütler. Eine weitere Nahrungsquelle ist Honigtau, den sie von Blättern aufsammelt.

Ich kann nur vermuten, dass es sich bei den Abbildungen um die genannte Art handelt, da *Crossocerus*-Arten schwer über fotografische Abbildungen zu bestimmen sind.

Größe	4,5–7 mm
Lebensraum	Waldränder, Auwälder, Gebüsche, Gärten, Parks
Flugzeit	Juli - September
Nahrung	Nektar, Honigtau
Larvennahrung	Blattläuse, Blattzikaden, kleine Weichwanzen

Grabwespe

Ectemnius cavifrons

Ectemnius cavifrons ist eine überwiegend schwarz gefärbte Wespe mit deutlich abgegrenzter Gelbzeichnung. Die Weibchen sind mit einer Körpergröße von etwa 16 mm recht groß, ihre Gesamterscheinung kompakt. Sie legen, wie es bei vielen Arten dieser Gattung üblich ist, ihre Nisthöhlen in Weichholz an. Die Aufnahmen zeigen die Tiere in einem der Bohrlöcher eines Eichen-Totholzstammes, welchen ich den Insekten als künstliche Nisthilfe anbiete. Es hat eine Weile gedauert, bis diese besiedelt wurde. Der Grund liegt vermutlich an der Gerbsäure des Eichenholzes, sie verflüchtigt sich nur langsam. Als Larvenproviant werden Schwebfliegen und andere Fliegen erbeutet. Die ausgewachsenen Grabwespen ernähren sich vom Nektar verschiedener Blühpflanzen. Sie haben eine besondere Vorliebe für leicht zugängliche Blüten wie die der Doldenblütler.

Größe	11-16 mm
Lebensraum	unterschiedlichste Lebensräume
Flugzeit	Juni - September
Nahrung	Nektar, Honigtau
Larvennahrung	Fliegen, bevorzugt Schwebfliegen und Waffenfliegen

Töpfergrabwespe

Trypoxylon figulus

Sie hat einen lang gezogenen, schlanken Körper, der komplett schwarz gefärbt ist. Ihre Augen sind nierenförmig eingebuchtet, ein Merkmal, welches typisch ist für ihre Gattung. Trypoxylon figulus und ihre beiden Schwesternarten *T. medium* und *T. minus* sehen sich so ähnlich, dass man sie im Freiland nicht unterscheiden kann. Diese wohl häufigste heimische Grabwespenart nutzt für ihre Nester vorhandene Hohlräume wie Käferfraßgänge, Schilfhalme, Dachstroh und abgestorbene, markhaltige Stängel von Holunder oder Brombeere. Sie nimmt Nisthilfen an und bevorzugt Lochgrößen vom etwa 3-6 mm Durchmesser. Zu ihrer Beute gehören Spinnen wie Kugelspinnen und Baldachinspinnen. Als Larvenproviant werden mehrere Spinnen in einer Kammer abgelegt, auf die das Ei deponiert wird. Die Kammern werden mit Lehmwänden abgetrennt und verschlossen.

Größe	7,5-12 mm
Lebensraum	offene Landschaften, Siedlungsbereich
Flugzeit	Mai - September
Nahrung	Nektar
Larvennahrung	Spinnen

Stahlblauer Grillenjäger

Isodontia mexicana

Die ursprünglich aus Mittel- und Nordamerika stammende Grabwespenart breitet sich seit den 1960er-Jahren über Frankreich nach Deutschland aus. 1998 wurde *Isodontia mexicana* erstmals in Deutschland nachgewiesen. Die auffällige Grabwespe ist groß, dunkel gefärbt und trägt einen langen Hinterleibsstiel. Bei seitlichem Lichteinfall können ihre Flügel bläulich schimmern. Ihre Nester werden in oberirdischen Hohlräumen angelegt, hierfür nutzt sie natürliche und künstliche Hohlräume aller Art. Sie nistet auch in künstlichen Nisthilfen, wenn diese einen Durchmesser von 8 bis 10 mm aufweisen. Charakteristisch für diese Art ist die Wahl ihres Baumaterials, denn sie nutzt die Blätter von Grashalmen, um die einzelnen Kammern damit zu trennen und um den Nesteingang zu verschließen. Die Kammern für die Larven werden mit Grillen und Laubheuschrecken verproviantiert. In unserem Garten besucht sie zur eigenen Ernährung bevorzugt die Blüten des Flachblatt-Mannstreu. Weitere Nahrungspflanzen sind beispielsweise Goldrute und Brombeere.

Größe 15-20 mm **Lebensraum** warme Standorte, Siedlungsbereich, Streuobstwiesen, sonnige Hänge, Waldränder **Flugzeit** Juli - September **Nahrung:** Pollen und Nektar **Larvennahrung** Laubheuschrecken, Grillen

Blattlausgrabwespe

Passaloecus corniger

Ihr Körper ist schlank, langgezogen und schwarz gefärbt. Ihre Nester baut sie in hohle oder markhaltige Stängel wie abgeschnittene Brombeerranken, Rosenstängel, Dachschilf oder auch in Käferfraßgänge. Pflanzenstängel werden ausschließlich in abgestorbenem Zustand angenommen, daher können Sie in Ihrem Garten einzeln angebrachte, senkrecht stehende oder waagerecht liegende Brombeerstängel anbieten. Solche Nistplätze sind meist Mangelware und werden von den entsprechenden Insekten schnell gefunden und besiedelt. Die Abbildungen zeigen *ein Passaloecus corniger*-Weibchen bei einem bemerkenswerten, für diese Art typischen Verhalten des Beute-Diebstahls: Sie klaut die Beute anderer blattlaussammelnder Wespenarten aus deren Nestern. So muss sie nicht aktiv nach Blattläusen jagen. Bei dem abgebildeten beraubten Nest in einem Rosenstängel könnte es sich um das Nest der Grabwespe *Pemphredon lethifer* handeln. Diese legt ihre Nester teils in abgestorbenen Rosenstängeln an.

Größe 5,5-7,5 mm **Lebensraum** trockenwarme Standorte, Kahlschläge, Ödland, Waldränder, Gärten und Parks **Flugzeit** Mai - August **Nahrung** Nektar und Pollen **Larvennahrung** Blattläuse

Blattlausgrabwespe

Pemphredon lethifer

Die Gattung *Pemphredon* umfasst in Europa etwa 10 - 15 Arten. Sie sind nach optischen Kriterien kaum zu unterscheiden, die Artbestimmung ist schwierig. Sie sind mittelgroß und schwarz gefärbt. Ihre Nistplätze findet *Pemphredon lethifer* in hohlen, markhaltigen Pflanzenstängeln wie Brombeerranken, Rosenstängeln, verlassenen Käferfraßgägen in Holz und in Pflanzengallen von Halmfliegen der Gattung *Lipara*. Als Larvenproviant sammelt sie Blattläuse, auf die das Ei abgelegt wird und die von den geschlüpften Larven gefressen werden. Diese werden erst dann gefangen und als Proviant gesammelt, wenn die Eier reif sind und die Larven voraussichtlich schlüpfen. Zwei oder mehrere Generationen im Jahr sind möglich, so schlüpfen die fertig entwickelten Wespen bereits nach etwa 30 Tagen. Die Weibchen haben eine Lebenszeit von etwa 10 Wochen, sie tragen bis zu 70 Eier in sich. Bei Platzmangel werden Linienbauten angelegt, bei hinreichendem Platzangebot verzweigen sich die Bauten in kurze Seitengänge, die wiederum in einer Zelle enden.

Größe 5-8,5 mm **Lebensraum** trockene wie feuchte Standorte, häufig in Gärten und Parks **Flugzeit** April - September **Nahrung** Nektar und Pollen **Larvennahrung** Blattläuse

Wegwespen *Pompilidae*

Etwa 100 Wegwespenarten sind in Deutschland bekannt. Als Larvenproviant erbeuten Wegwespen Spinnen, die auf unterschiedliche Weise genutzt werden. Es gibt Arten, die ihr Ei auf einer kurzzeitig gelähmten Spinne ablegen. Die Larven entwickeln sich an der lebenden Spinne, bis sie diese töten. Andere rauben die Beute anderer Wegwespen und versorgen so ihre Brut. Arten wie die Tönnchenwegwespe legen eine einzelne gelähmte Spinne in die Brutkammer ihrer Larven.

Tönnchenwegwespe *Auplopus carbonarius*

Die meisten Wegwespenarten legen ihre Brutkammer unterirdisch an. Es gibt aber auch Arten, die Rindenritzen oder hohle Pflanzenstängel nutzen. Die hier abgebildete Tönnchenwegwespe baut 5 mm breite und 10 mm hohe Lehmtönnchen, um ein Ei und eine gelähmte Spinne als Proviant dort unterzubringen. Dazu nutzt sie meist gut versteckte Orte. Die Abbildungen zeigen, wie eine Wegwespe ganz offensichtlich Materialdiebstahl betreibt. Sie sammelt Lehm am Nestverschluss eines Mauerbienennestes und baut diesen systematisch zurück.

Größe 7-10 mm **Lebensraum** offenes Gelände, Siedlungsbereich **Flugzeit** Juni - August **Nahrung** Nektar **Larvennahrung** Spinnen

Männchen

Keulenwespen *Sapygidae*

Vier von weltweit 80 Keulenwespenarten sind in Deutschland vertreten. Ihren Namen verdanken sie der keulenartigen Verdickung am Ende der letzten Fühlerglieder der Männchen. Sie zählen zu den sogenannten Kuckuckswespen, da sie Futterparasiten bei solitär lebenden Wildbienenarten wie Mauerbienen, Löcherbienen, der Hahnenfuß-Scherenbiene oder der Schwarzen Mörtelbiene sind. Sie legen ihre Eier in die Brutzelle ihrer Wirtsbiene, die Larve frißt deren Ei und den Proviant der Wirtslarve.

Zehnpunkt-Keulenwespe

Sapygina decemguttata

Die Zehnpunkt-Keulenwespe hält sich überall dort auf, wo ihre Wirtsbienen, die Löcherbienenarten *Heriades truncorum* und *Heriades crenulatus* zu finden sind, an Totholz wie Zaunpfählen oder abgestorbenen Bäumen wie auch an Wildbienen-Nisthilfen. Wie die Löcherbienen besuchen die ausgewachsenen Keulenwespen zur Nektaraufnahme Korbblütler. Ein bis zwei Eier werden in die Brutzelle ihrer Wirtsbiene gelegt.

Größe 6,5-9 mm **Lebensraum** dort, wo ihre Wirtsart zu finden ist **Flugzeit** Juni - August **Nahrung** Nektar von Korbblütlern **Larvennahrung** Eier und Pollenvorrat von Löcherbienen

Goldwespen *Chrysididae*

Winzlinge mit aufsehenerregendem Outfit – Goldwespen schimmern in den prachtvollsten Farben und offenbaren die ungewöhnlichsten Farbkombinationen. Sie funkeln metallisch glänzend in Grün, Blau, Rot, Gold, Kupferrot, Orange und leuchtend Violett. Zu Recht zählen sie zu den spektakulärsten Insekten unserer Gärten. Es gibt kleine Arten mit nur 2 mm Körpergröße und solche, die 22 mm groß werden können. Über 200 verschiedene Goldwespenarten gibt es in Europa, alle leben parasitisch und gehören somit zu den Kuckuckswespen. Meist legen die Weibchen ihre eigenen Eier in die Nester ihrer Wirte, seltener werden die Eier direkt in den Larvenproviant ihrer Wirtstiere injiziert. *Omalus aeneus* legt ihre Eier in lebende Blattläuse, die mit etwas Glück von ihrem Wirt mitsamt dem Kuckucksei erbeutet und in dessen Nest eingetragen werden. Wirtsarten sind solitäre Faltenwespen, Grabwespen, Wegwespen oder bauchsammelnde Wildbienenarten, seltener Honigwespen, Pflanzenwespen oder Schmetterlinge. Von den 109 in Deutschland vorkommenden Goldwespenarten kann ich Ihnen auf den folgenden Seiten 6 wunderschöne Arten vorstellen.

6 Goldwespen-Arten
beschreibe ich auf den folgenden Seiten

Goldwespe
Chrysis terminata

Goldwespe *Chrysis ignita*

Goldwespen sind schwer zu bestimmen. Je nach Lichteinfall variiert die Farbigkeit ihrer metallisch glänzenden Körper. Was zuvor rötlich erschien, leuchtet aus einem anderen Winkel betrachtet goldorange. Aufgrund ihrer nur geringen Körpergröße und ihrer Rastlosigkeit ist es nicht immer leicht, detailreiche Fotos für eine sichere Bestimmung zu bekommen. *Chrysis ignita* wird oft mit ähnlichen Arten der *Chrysis*-Gruppe verwechselt. Für Laien ist es kaum möglich, diese zu unterscheiden. Die Wirte der Goldwespen dieser Doppelseite sind solitäre Faltenwespen. Bislang ist nicht ausreichend geklärt, ob allein *Chrysis ignita* oder ebenso *Chrysis terminata* folgende Wirte aufsuchen: *Ancistrocerus antilope, A. gazella, A. nigricornis, A. oviventris, A. parietinus* und *A. parietum*.

Größe 5-10 mm **Lebensraum** offene Landschaften, Waldgebiete, Gärten und Parkanlagen **Flugzeit** Mai - Oktober **Wirte** solitäre Faltenwespen

Goldwespe *Chrysis terminata*

Die Aufnahmen dieser Goldwespe entstanden Mitte Februar. Die frühe Flugzeit gilt als sicherer Hinweis zur Bestimmung dieser Art, denn begattete Weibchen der zweiten Generation können an warmen Tagen bereits ab Januar dabei beobachtet werden, wie sie ein Sonnenbad nehmen. Des Weiteren trägt *Chrysis terminata* vier zahnförmige Erhöhungen auf dem Stirnquerkiel des Kopfes und hat einen schlanken, parallelseitigen Körperbau. Mit diesen Merkmalen hebt sie sich von der sehr ähnlichen Goldwespe *Chrysis ignita* ab. *Chrysis terminata* gilt als eine der häufigsten und verbreitetsten europäischen *Chrysis*-Arten. Einer ihrer Wirte ist die Faltenwespe *Ancistrocerus nigricornis*, die ebenfalls in unserem Garten vorkommt und in großer Zahl unsere Wildbienen-Nisthilfen aufsucht.

Größe 6-10 mm **Lebensraum** unterschiedlichste Lebensräume **Flugzeit** begattete Weibchen der 2. Generation ab Januar, März / 1. Generation von April - Oktober **Wirt** Faltenwespe *Ancistrocerus nigricornis*

Goldwespe
Hedychrum gerstaeckeri

Veränderliche Krabbenspinne
Misumena vatia
mit einer erbeuteten Fliege

Goldwespe

Hedychrum gerstaeckeri

Die Aufnahmen zeigen diese recht kleine Wespe bei der Nahrungsaufnahme auf einem Korbblütler. Weitere Nahrungspflanzen sind Doldenblütler, Dickblattgewächse, Wolfsmilchgewächse, Lippenblütler und Resedengewächse. Einer ihrer Wirte, die Bienenjagende Knotenwespe, ist in unserem Garten regelmäßig anzutreffen. Weibchen wie Männchen dieser Goldwespenart besitzen einen vollständig grünlichen oder blaugrünen Brustabschnitt. Ihre Mundwerkzeuge *(Mandibeln)* sind mittig heller bräunlich gefärbt, wie es die erste Aufnahme oben zeigt.

Größe 4-8 mm **Lebensraum** spärlich bewachsene offene Biotope wie Magerwiesen und Ruderalflächen aber auch Waldränder und Gärten **Flugzeit** April - September **Wirte** Knotenwespen *Cerceris rybyensis, C. ruficornis* und *C. sabulosa*

Goldwespe

Holopyga generosa

Ein eindeutiges Erkennungsmerkmal der Gattung *Holopyga* ist unter anderem eine stark gebogene Medialader im Vorderflügel (siehe untere Abbildung, Ader ist mit Pfeil gekennzeichnet). Die Biologie der meisten Arten dieser Gattung ist bislang unzureichend erforscht. Soweit bekannt, handelt es sich bei dem Wirt der recht häufig vorkommenden *Holopyga generosa* um die im Boden nistende Grabwespenart *Astata boops*. Das Goldwespenweibchen legt sein Ei in die Beute seines Wirtes – in eine Wanzenlarve. Damit seine Rechnung aufgeht, muss die mit dem Ei bestückte Wanzenlarve vom Grabwespenweibchen gefangen und in dessen Nest transportiert werden.

Größe 7-9 mm **Lebensraum** spärlich bewachsene, offene Biotope wie Magerwiesen und Ruderalflächen, Lößhänge und Sandgebiete aber auch Waldränder und Gärten **Flugzeit** Mai - September **Wirt** Grabwespe *Astata boops*

Goldwespe
Omalus aeneus

Goldwespe

Omalus aeneus

Sie gehört mit nur 3-6 mm Körpergröße zu den kleinsten Goldwespenarten und gilt als recht häufig vorkommend. Ende Juni 2021 konnte ich ein Weibchen in einer Borretschpflanze beobachten. Sie besuchte die Pflanze nicht, um Pollen oder Nektar zu sammeln, sondern um Läuse aufzusuchen. Sie gehört wie *Omalus biaccinctus* zu den Goldwespenarten, die ihre Eier in lebende Läuse legen. Ihre Wirtswespen sammeln Läuse als Larvenproviant und tragen mit etwas Glück für die Goldwespe – oder Pech für die Grabwespe – die Läuse mitsamt dem darin versteckten Ei in ihr eigenes Nest. Die Larve der Goldwespe wird später die Larve der Wirtswespe verspeisen.

Größe 3-6 mm **Lebensraum** Waldränder, Waldlichtungen, Gärten, Parks, Obstbaumkulturen, Auwälder und Sandgebiete **Flugzeit** April - September **Wirte** Grabwespen *Passaloecus corniger, P. eremita, P. gracilis, P. singularis, P. turionum, Pemphredon lethifer, P. lugubris* und *Psenulus pallipes*

Goldwespe

Omalus biaccinctus

Sie ist ebenso klein wie die zuvor beschriebene Art und sieht dieser recht ähnlich. Ein deutliches Unterscheidungsmerkmal ist ihr zweifarbiger Körper. Kopf und Brust sind blauviolett gefärbt, der Hinterleib schimmert rötlichgrün. Sie gehört ebenfalls zu den Goldwespenarten, die ihre Eier in lebenden Läusen unterbringt. Ihre Wirtswespen sind vermutlich die Grabwespen *Pemphredon spp.* und *Psenulus pallipes*. Auf Blüten werden beide hier vorgestellten Goldwespenarten recht selten beobachtet. Doldenblütler besuchen beide. Häufiger findet man sie auf Blättern und Gehölzen wie Holunder, Hartriegel, Himbeere, Eiche und Birke. Die Abbildungen zeigen *Omalus biaccinctus* auf den trockenen Blütenständen des Flachblatt-Mannstreu.

Größe 3-5 mm **Lebensraum** Waldränder, Waldlichtungen, Gärten, Parks, Sandgebiete, Schlagflächen und grasbewachsene Binnendünen **Flugzeit** Juni - September **Wirte** vermutlich die Grabwespen *Pemphredon* spec. und *Psenulus pallipes*

Schmalbauchwespen
Gasteruptiidae

Man nennt sie wegen ihres auffällig schmal gebauten Hinterleibes Schmalbauchwespe oder Gichtwespe, da sie deutlich verdickte Hinterschienen aufweisen. Sie sind schwarz gefärbt und tragen eine rötliche Zeichnung am Hinterleib. Der Legebohrer ist je nach Art unterschiedlich lang ausgeprägt. Er kann kurz sein oder gar die Körperlänge des Tieres überragen und dient der Eiablage. Schmalbauchwespen sind Futterparasiten und teilweise Brutparasiten bei verschiedenen Wildbienenarten wie Seidenbienen, Spiralhornbienen und Keulhornbienen. Weitere Wirtsarten sind Maskenbienen, Löcherbienen, Mauerbienen und Scherenbienen, daher können einige Schmalbauchwespenarten an Wildbienen-Nisthilfen beobachtet werden. In der Regel werden die Pollenvorräte und die Bienenlarven der Wirte von den heranwachsenden Wespenlarven gefressen. Zur Nahrungsaufnahme wählen die adulten Wespen leicht zugängliche Blüten wie Doldenblütler.

Schmalbauchwespe
Gasteruption assectator

Schmalbauchwespe

Gasteruption assectator

Gasteruption assectator gilt in Deutschland als die vermutlich häufigste Schmalbauchwespenart. Möglicherweise liegt es an der Häufigkeit ihrer Wirtsbienen, denn einige ihrer Wirte wie die Maskenbienen *Hylaeus brevicornis* und *Hylaeus communis* oder die Glockenblumen-Scherenbiene *Chelostoma rapunculi* gelten als häufig vorkommende Wildbienenarten. Die Wespenweibchen legen ihre Eier in die Brutzelle ihrer Wirte. Die heranwachsende Larve bedient sich an deren Nahrungsvorrat und saugt meist das Ei ihrer Wirtsbiene aus. Die Abbildungen zeigen je ein Männchen und ein Weibchen bei der Nahrungsaufnahme in den Blüten einer Kletterhortensie und in einer Sterndolde.

Größe 9-14 mm **Lebensraum** Habitate der Wirtsbienen **Flugzeit** Mai - August **Wirte** Maskenbienen *Hylaeus brevicornis, Hylaeus communis, Hylaeus pectoralis, Hylaeus rinki* und *Chelostoma rapunculi*

Schmalbauchwespe

Gasteruption erythrostomum

Die Abbildungen zeigen weibliche Tiere, die deutlich an ihrem Legebohrer zu erkennen sind. Männchen besitzen keine Legebohrer. Als Wirtsbienen wurden bislang die Maskenbienen *Hylaeus pectoralis* und *Hylaeus communis* gelistet, vermutlich zählen auch *Hylaeus hyalinatus* und *Hylaeus punctatus* zu ihren Wirten. Bis auf die Schilfgallen-Maskenbiene, gehören alle genannten Arten zu unseren häufig vorkommenden Gartenbewohnern, die Jahr für Jahr unsere Nisthilfen besiedeln. Zur eigenen Nahrungsaufnahme besucht auch diese Schmalbauchwespe Blüten, die einen leichten Zugang zum Nektar ermöglichen. Beobachten konnte ich sie an den weißblühenden Astilben und an Doldenblütlern.

Größe 10-19 mm **Lebensraum** Habitate der Wirtsbienen **Flugzeit** Juni - August **Wirte** Maskenbienen *Hylaeus pectoralis und Hylaeus communis,* vermutlich auch *Hylaeus hyalinatus* und *Hylaeus punctatus*

Schmalbauchwespe

Gasteruption spec.

Trotz der deutlichen Abbildungen ist die Art nicht zu bestimmen.

Erzwespen
Chalcidoidea

Einige ihrer Vertreter gehören zu den kleinsten geflügelten Insekten, denn selten werden sie größer als 5 mm. Etwa 22.000 beschriebene Arten gibt es weltweit, schätzungsweise kommen 2.000 Arten in Mitteleuropa vor. In dieser zu großen Teilen noch unzureichend erforschten Insektengruppe gibt es vermutlich eine große Zahl unentdeckter Arten. Da sie so klein sind, werden sie meist übersehen. Ihre Körperfärbung variiert zwischen schillernd metallisch Grün, Blau, Bronze oder Purpur. Aber auch hier gibt es Ausnahmen. Die rechts vorgestellte Falten-Erzwespe gilt mit ihrer schwarz-gelb Färbung und einer Körpergröße von bis zu 11 mm als untypische Erzwespe. Aufgrund dieser Eigenschaften gilt sie als recht auffälliges Insekt. An Wildbienen-Nisthilfen kann sie bei der Eiablage beobachtet werden, ihre Larven entwickeln sich parasitär von älteren Wirtslarven. In Mitteleuropa wird sie in der Regel selten gesichtet.

Erzwespen ernährt sich im Larvenstadium meist parasitisch. Die geschlüpften Larven befallen die Eier, Larven und Puppen ihrer Wirte, sowie ausgewachsene Wirtstiere. Die Weibchen legen ihre Eier meist in oder auf das Wirtstier, sodass die jungen Larven sich von diesem Wirt ernähren können. Andere freilebende Erzwespen-Larven ernähren sich räuberisch von den Eiern verschiedener Napfschildläuse, indem sie diese selbst erjagen.

Falten-Erzwespe *Leucospis dorsigera*

Diese ungewöhnlich große Erzwespe hat zwei Geschwisterarten, die ebenfalls groß und schwarz-gelb gefärbt sind. *Leucospis dorsigera* gehört in Mitteleuropa zwar zu den häufigsten dieser drei Arten, sie wird jedoch nur selten gesichtet. Das oben abgebildete Weibchen konnte ich Mitte Juni 2022 dabei beobachten, wie es den Legebohrer ca. 3 mm neben dem Nisteingang durch das Holz bohrte, um ein Ei abzulegen. Dieser Vorgang dauerte etwa 15 bis 20 Minuten. Verwunderlich ist nicht, dass es in das Holz bohrt und nicht in den Nestverschluss selbst, sondern die Wahl des Löcherbienennestes. *Heriades truncorum* wird nicht als eine ihrer Wirtsbienen genannt. Zur Eiablage werden in der Regel bereits verschlossene Nester älterer Wirtslarven gewählt. Das Weibchen setzt den Legebohrer so an, dass dieser seitlich durch das Holz geführt in einem Wirtskokon landet um ein Ei zu plazieren. Eine verholzte Stängelwand wird auf die gleiche Weise bearbeitet. Die Wirtslarve wird ausgesaugt.

Größe 5-10,5 mm **Lebensraum** der Wirtsarten: *Anthidium strigatum, Osmia adunca, Osmia bicornis, Osmia niveata, Osmia tridentata* **Flugzeit** Mai - August **Nahrung** vermutlich Pollen und Nektar **Larvennahrung** Wirtslarven

3 Erzwespen-Arten
beschreibe ich auf dieser Seite

Erzwespe
Leucospis dorsigera

Erzwespe *Perilampus* spec.

Die Perilampidae sind eine kleine Familie innerhalb der Erzwespen, die hauptsächlich aus Hyperparasitoiden (Parasiten, die andere Parasiten befallen) besteht. Sie sind klein, oft glänzend metallisch grün, blau oder bronzefarben. Die Brust und das große Schildchen sind meist grob punktiert. Beine und Hinterleib oft ebenfalls metallisch glänzend. Bei der abgebildeten Art könnte es sich um *Perilampus aeneus* handeln. Dieser Winzling wird zwischen 3,5-5 mm groß, lebt von Juni bis Oktober in Wiesen, Gärten, Feldern und Parks. Zur Larvennahrung werden Rübsen-Blattwespen aufgesucht.

Erzwespe *Sigmophora* spec.

Bei dieser Erzwespe könnte es sich um *Sigmophora brevicornis* handeln, Größe ca. 2 mm. Etwa 20 Arten sind bekannt und weltweit verbreitet. Ihre Wirtsarten sind Gallmücken wie beispielsweise *Asphondylia hornigi*. Die Gallmücken-Larven dieser Art entwickeln und verpuppen sich in den Blüten des Echten Dost *Origanum vulgare*. Etwa 1-4 Eier der Erzwespen entwickeln sich in Blütengallen, aus denen Weibchen wie Männchen schlüpfen können. Diese überwintern vermutlich als adulte Tiere außerhalb der Blütengalle. Die erste Generation beginnt Ende März - Mai, danach folgen mehrere sich überschneidende Generationen bis zum Spätherbst.

Schlupfwespen
Ichneumonidae

Die ausgesprochen artenreiche Insektengruppe der Schlupfwespen gilt bislang zu Teilen als wenig untersucht. Durch die Einführung verschiedener Bürgerforschungsportale wie *observation.org* wurden in Belgien und den Niederlanden im letzten Jahrzehnt wandernde oder eingeführte Schlupfwespenarten auf der Grundlage fotografischer Nachweise erstmals erfasst. Dies hatte zur Folge, dass viele der „erstgemeldeten" Arten bereits Einträge auf den Bürgerforschungsportalen hatten, bevor diese wissenschaftlich bestätigt wurden.* Für Deutschland neue Arten sind nur äußerst selten auf Citizen-Science-Plattformen wie *observation.org* zu finden. *Quelle: Belgian Journal of Entomology 122: 1–142 (2021) / Two hundred and five ichneumonid wasps reported for the first time in Belgium and the Netherlands

Schlupfwespen sind schlank gebaut, Körpergrößen zwischen 5-12 mm überwiegen. Es gibt abweichend auch kleinere Arten, die bis 2 mm groß sind, bzw. größere Arten mit bis ca. 35 mm Körpergröße. Die Weibchen besitzen einen Legebohrer, der je nach Art unterschiedlich lang sein kann. Diesen nutzen sie, um ihr eigenes Ei in die Larven, Puppen oder seltener in Eier von Schmetterlingen, Pflanzenwespen, Käfern oder anderen Insekten oder an Spinnen zu legen. (Erwachsene Insekten werden nie von Schlupfwespen attackiert, wohl aber von Brackwespen!) Die späteren Larven ernähren sich als Parasitoide von ihrem Wirt. In der biologischen Schädlingsbekämpfung werden verschiedene Schlupfwespenarten kommerziell gezüchtet und eingesetzt.

Die Holzwespen-Schlupfwespe *Rhyssa persuasoria* wird auch als Riesenholzwespen-Schlupfwespe bezeichnet, da sie mit einer Körperlänge von 18 - 35 mm (ohne Legebohrer) eine der größten in Europa vorkommenden Schlupfwespenarten ist. Männchen können bis zu 9 mm klein sein. Der Legestachel der Weibchen erreicht eine Länge, die über ihre Körperlänge hinausgeht. Ihre Larven sind Parasitoide von Holzwespen-Larven wie der oben abgebildeten Riesenholzwespe.

Holzwespen-Schlupfwespe
Rhyssa persuasoria (Illustration)

Schlupfwespe
Aritranis director

Riesenholzwespe *Urocerus gigas*

Die Riesenholzwespe tauchte während des Baus unser Lärchenholzfassade plötzlich auf. Sie ließ sich kurz ablichten, um gleich darauf wieder zu verschwinden. Sie ist eine Hautflüglerart aus der Familie der Holzwespen *Siricidae*. Mehrere Hundert Eier legt ein Weibchen mit dem auffällig langen Legebohrer in frisch gefällte oder kranke Nadelbäume. *Urocerus gigas* legt ihre Eier bevorzugt in Fichte, aber auch in Kiefer und Lärche. Die Larven bohren etwa 40 cm lange Fraßgänge in das Holz. Diese verlassen sie als ausgewachsene, bis zu 45 mm große Wespe, nach üblicherweise 2-3 Jahren Entwicklungszeit. So kann es vorkommen, dass die Tiere aus ihren kaum sichtbaren Fraßgängen hervortreten, obwohl das Holz bereits zu Möbeln oder Bauholz verarbeitet wurde. Weibliche Tiere besitzen einen Legebohrer, der einem Stachel ähnelt. Riesenholzwespen sind trotz ihrer imposanten Erscheinung völlig harmlos.

8 Schlupfwespen-Arten
stelle ich Ihnen auf der folgenden Doppelseite vor

Schlupfwespe

Agrothereutes aterrimus

Über die Lebensweise der Art ist so gut wie nichts bekannt. Im Belgian Journal of Entomology 122: 1-142 (2021) wurde eine Arbeit mit dem Titel „Zweihundertfünf Schlupfwespen, die zum ersten Mal in Belgien und den Niederlanden gemeldet wurden" veröffentlicht. Diese Studie untersucht das Vorhandensein vieler nicht gemeldeter Arten auf Citizen Science Portalen mit fotografischem Nachweis. *Agrothereutes aterrimus* zählt zu einer der häufigeren Arten, die auf den Portalen hochgeladen und in dieser Arbeit beschrieben wurden, die sowohl in Belgien als auch in den Niederlanden zuvor fehlten. Beobachtungen wurden oft in oder in der Nähe von Gärten gemacht, ihre Wirte sind Schmetterlinge.

Größe 9-15 mm **Flugzeit** Mai - Juli **Larvennahrung** Schmetterlingsraupen

Schlupfwespe

Aritranis director

Aritranis director gilt vermutlich als eine der häufigsten Schlupfwespenarten im Allgemeinen. Sie scheint opportunistisch zu sein. In der Tierwelt werden Organismen als opportunistisch bezeichnet, wenn diese jede Gelegenheit wahrnehmen, einen Lebensraum durch entsprechende Vermehrung zu nutzen. Über die Larvennahrung gibt es in der Literatur einige Angaben, die meisten sind jedoch nicht verlässlich. Welche Insekten als Wirte dieser Schlupfwespenart gelten, ist noch nicht zweifelsfrei geklärt.

Größe 5-10 mm **Lebensraum** Waldränder, Hecken, Gärten, Moore **Flugzeit** April - August

Schlupfwespe

Ichneumon xanthorius

Mit einer Körpergröße von bis zu 15 mm sind diese Schlupfwespen auffallend groß. Männchen und Weibchen unterscheiden sich deutlich voneinander. Abgebildet ist ein Männchen. Weibliche Tiere besitzen auf dem schwarzen Hinterleib vier gelb gefärbte Tergitbinden, das Hinterleibsende ist ebenfalls gelb gefleckt. Die Unterseite der Fühlerbasis der Weibchen ist gelb und nicht wie bei den Männchen durchgehend schwarz. Die Art ist in Europa weit verbreitet. Weibchen können hauptsächlich von April bis Mai, Männchen ab Juni beobachtet werden.

Größe 13-15 mm **Lebensraum** der ihrer Wirte **Flugzeit** April - Oktober **Larvennahrung** Schmetterlingsraupen diverser Eulenfalter wie Breitflügelige Bandeule, Bunte Bandeule, Baja-Bodeneule, Trapez-Bodeneule, Rhombus-Bodeneule, Triangel-Bodeneule

Schlupfwespe

Ctenichneumon spec.

Bei der abgebildeten Schlupfwespe handelt es sich um *Ctenichneumon* spec., eine Art der Unterfamilie *Ichneumoninae*. Diese Unterfamilie gilt nach den *Phygadeuontinae* als die zweitgrößte der Schlupfwespen. Eine Bestimmung anhand der vorhandenen fotografischen Darstellungen ist leider nicht möglich, hierzu wäre die Untersuchung des Tieres mithilfe eines Mikroskopes erforderlich. Die von 2,5 mm bis 30 mm großen *Ichneumoninae* sind meist farbig gezeichnet. Ein Bestimmungsmerkmal dieser Unterfamilie ist eine relativ große fünfeckige Zelle in der Mitte des Vorderflügels. Raupen oder Puppen diverser Schmetterlingsarten dienen ihrem Nachwuchs als Nahrung.

Larvennahrung Raupen oder Puppen diverser Schmetterlinge

Ephialtes spec.

Vierfleck-Höhlenschlupfwespe

Diphyus quadripunctorius

Abgebildet ist ein Weibchen, diese tragen vier gelbliche Flecken auf dem schwarz gefärbten Hinterleib. Männchen besitzen dort zwei breite gelbe Bänder. 2017 wurde sie vom Verband der deutschen Höhlen- und Karstforscher zum Höhlentier des Jahres gewählt. Zur Überwinterung suchen die begatteten Weibchen frostfreie Orte wie Höhlen, Bergwerkstollen, Felsenkeller, Felsspalten oder Baumhöhlen auf. Mehrere Hundert Weibchen können bei der gemeinsamen Überwinterung zusammenkommen. Möglicherweise findet sie Unterschlupf in der 6 m hohen und über 10 m langen Natursteinmauer unserer vollschattigen Grundstücksgrenze.

Größe 13-18 mm **Lebensraum** Höhlengebiete, Waldränder, Lichtungen, Hecken, Wiesen **Flugzeit** Mai - August **Larvennahrung** Raupen verschiedener Schmetterlingsarten, bevorzugt Eulenfalter

Rotbeinige Holz-Schlupfwespe

Ephialtes manifestator

Viele Insekten, wie die oben abgebildete Schlupfwespe, sind anhand fotografischer Darstellungen kaum zu bestimmen. Anhand der Länge des ersten Hinterleibstergits, welches auf der Abbildung gut sichtbar ist, kann die abgebildete *Ephialtes manifestor* jedoch recht gut von den sehr ähnlichen Gattungen *Liotryphon* oder *Dolichomitus* unterschieden werden. Schwieriger ist die Trennung von *Townesia* per Foto, zumal beide Gattungen eine ähnliche Ökologie aufweisen und ihre Eier in die Nester von Stechimmen legen. Das Foto rechts zeigt *Ephialtes manifestator,* die häufigste Art in Europa, bei der Eiablage in ein Nest der Löcherbiene *Heriades truncorum*.

Größe 8-19 mm **Lebensraum** Gärten, Waldränder **Flugzeit** April - Oktober **Larvennahrung** Falten- und Grabwespen, Wildbienen

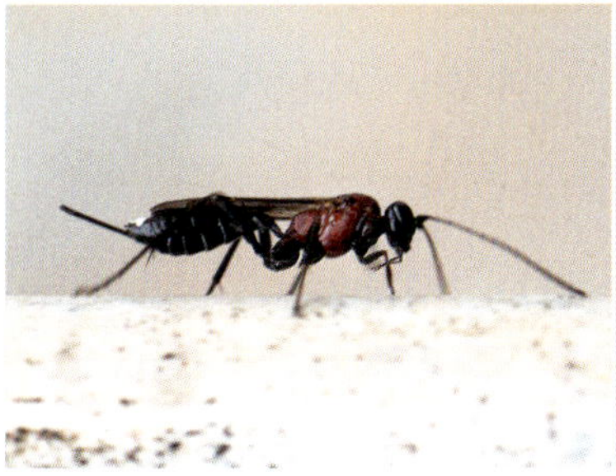

Schlupfwespe

Hoplocryptus bellosus

Ihr Rumpf ist rötlich gefärbt, der Hinterleib, der Kopf und die Beine sind schwarz gefärbt. Am Ende des Hinterleibes und auf dem Rückenschildchen befinden sich jeweils flächig weiße Zeichnungen. Die Larven sind Parasitoide von solitär lebenden Bienen und Grabwespen wie: Maskenbienen, Mauerbienen *Osmia leucomelana*, Düsterbienen *Stelis minuta, Stelis ornatua* und Grabwespen *Pemphredon rugifer, Trypoxylon attenuatum*. Ihre Wirtsarten entwickeln sich in Hohlräumen von Pflanzenstängeln und Zweigen, bevorzugt werden Brombeer- und Rosenzweige. Weibchen legen ihre Eier durch die Brutzellenwand in die Wirtslarve.

Größe 6-9 mm **Lebensraum** dort, wo ihre Wirtstiere zu finden sind **Flugzeit** Juni - August **Wirte** Wildbienen und Grabwespen

Sichelwespe

Therion circumflexum

Die bis zu 26 mm große Sichelwespe ist durch ihre Körpergröße, ihre Farbigkeit und die langen gelborange gefärbten Beine eine auffällige Art. Abgebildet ist ein Weibchen. Es besitzt einen kurzen Legestachel. Die Männchen unterscheiden sich durch den fehlenden Stachel und ein vollständig gelb gefärbtes Gesichtsfeld von den Weibchen. Diese tragen drei vertikale gelbe Streifen im Gesicht und einen gelben Kopfschild. Die Eier werden in die Raupen diverser Schmetterlingsarten gelegt. Mögliche Wirtstiere sind: Eulenfalter, Kiefernschwärmer, Ligusterschwärmer, Zackenbindige Rindenspanner oder Zickzackspinner.

Größe 15-26 mm **Lebensraum** Waldränder, Lichtungen, Gebüsche, Hecken **Flugzeit** Mai - September **Larvennahrung** Raupen verschiedener Schmetterlingsarten

Echte Blattwespen
Tenthredinoidea

4 Blattwespen-Arten
stelle ich Ihnen auf dieser Doppelseite vor

Über 750 etablierte Pflanzenwespenarten sind in Deutschland bekannt. Die Echten Blattwespen bilden die größte Familie unter den Pflanzenwespen. Meist sind sie schwarz oder braun gefärbt, es gibt unter ihnen leuchtend grün, rot, orange oder gelb gefärbte Ausnahmen und ebenso vielfältig gemusterte Exemplare. Es gibt kleine Arten ab 2 mm Länge und große Arten, die eine Körperlänge von 20 mm erreichen. Ein charakteristisches Merkmal besitzen alle gemeinsam, ihnen fehlt die Wespentaille. Zudem fehlt ihnen ein wehrhafter Stachel. Die adulten Wespen sind Blütenbesucher, jagen aber teilweise zusätzlich zur eigenen Ernährung kleinere Insekten. Ihre Larven sehen Schmetterlingsraupen ähnlich, allerdings besitzen Erstere nicht sieben, sondern acht oder mehr Beinpaare. Ein weiteres Merkmal zur Unterscheidung ist, dass das 4. und 5. Segment des Hinterleibes der Schmetterlingsraupen beinlos ist. Die Blattwespenlarven besitzen lediglich ein beinfreies Segment. Die Larven der Pflanzenwespen ernähren sich bis auf wenige Ausnahmen von Pflanzen.

51% der bei uns bekannten Pflanzenwespenarten gelten aktuell als ungefährdet Quelle: Rote Liste Zentrum - Pflanzenwespen (Hymenoptera: Symphyta)

Geißblatt-Keulhornblattwespe *Abia fasciata*

Geißblatt-Keulhornblattwespe
Abia fasciata

Sie ist eine markant gezeichnete Blattwespe und gilt in Deutschland als weit verbreitet. Gesichtet wird sie jedoch eher selten. Die Männchen werden zudem sehr selten erfasst. Die Tiere können bis zu 15 mm groß werden, ihr Körper ist größtenteils schwarz gefärbt, der Hinterleib glänzend. Die Weibchen tragen ein milchig cremefarbenes Band auf dem Vorderteil des Hinterleibes. Die Vorderflügel beider Geschlechter besitzen mittig einen breiten schwarzen Fleck. Ihre Fühler sind keulenartig verdickt. Die Larven ernähren sich von Blättern der Geißblattgewächse, der Schneebeere und der blühenden Muskatnuss. Sie sehen aus wie Schmetterlingsraupen und sind in der Dämmerung und teilweise nachts aktiv. Tagsüber verbergen sie sich zusammengerollt unter den Blättern ihrer Nahrungspflanzen. Die ausgewachsenen Wespen besuchen zur eigenen Versorgung die Blüten von Doldengewächsen wie Bärenklau oder Korbblütlern wie Skabiosen.

Geißblatt-Keulhornblattwespen Raupe

Größe 9-15 mm **Lebensraum** Waldränder, Hecken-Biotope, Gärten, Parks **Flugzeit** Mai - Juli **Nahrung** Nektar, Pollen, Pflanzensäfte **Larvennahrung** Pflanzengewebe der Geißblatt- und Schneebeerengewächse

Gelbe Rosenbürstenhornblattwespe *Arge ochropus*

Sie besitzt einen schwarzen Kopf, Brustoberseite und Brustunterseite sind ebenfalls schwarz. Der restliche Körper ist bis auf die schwarz gefleckten Tarsenglieder gelborange gefärbt. Erkennungsmerkmale, die die Rosenbürstenhornwespen-Weibchen von anderen *Arge*-Arten Mitteleuropas unterscheidet. Abgebildet ist ein Weibchen. Diese legen 15-20 Eier in Reihe an Rosenblättern ab. Nach etwa einer Woche schlüpfen die Larven, sie beginnen vom Blattrand ausgehend gesellig die Blätter zu fressen. Sie richten dabei nur geringe Schäden an. Gegen Fressfeinde sind die Larven durch körpereigene Giftstoffe geschützt.

Größe 7-10 mm **Lebensraum** Waldränder, Gebüsche, Parks, Gärten **Flugzeit** April/Mai - August **Nahrung** Pollen und Nektar von Doldenblütlern **Larvennahrung** Pflanzengewebe diverser Rosengewächse

1 Halmwespe
konnte ich entdecken

Halmwespen *Cephidae*

Halmwespen sind zwischen 4 und 18 mm groß, ihr Körper ist lang gestreckt. Der Kopf ist kurz, ihr Hinterleib zylindrisch geformt. Ihre langen, fadenförmigen Fühler weisen ungewöhnlich viele Glieder auf, etwa 16 bis 30 je Fühler. Die Tiere sind meist schwarz gefärbt, häufig tragen sie gelbe Bänder oder Linien auf den Hinterleibssegmenten. Ihre Beine und Teile des Kopfes können gelb gezeichnet sein. Ihre Larven entwickeln sich in Halmen oder Zweigen und ernähren sich vom Pflanzengewebe ihrer Wirtspflanzen. Weltweit sind über 160 Halmwespenarten bekannt.

Halmwespe *Cephus spinipes*

Halmwespe *Cephus spinipes*

Cephus spinipes ist schwarz gefärbt, sie trägt eine gelbe Zeichnung an Hinterleib und Beinen. Durch die Gelbfärbung der Hinterschienen ist sie von der sehr ähnlichen Art *Cephus pygmeus* zu unterscheiden. Diese besitzt dunkel gefärbte Hinterschienen. In grasbewachsenen Lebensräumen mit Hahnenfußbestand trifft man ausgewachsene Halmwespen recht häufig an, da sie sich bevorzugt von Pollen und Nektar verschiedener Hahnenfußgewächse ernähren. Korbblütler wie Löwenzahn stehen vermutlich ebenfalls auf ihrem Speiseplan. Die Larven entwickeln sich in Stängeln von Süßgräsern.

Größe 7-9 mm **Lebensraum** Blumenwiesen mit Hahnenfußgewächsen **Flugzeit** Mai - Juli **Nahrung** Pollen und Nektar, Honigtau **Larvennahrung** Süßgräser

Ungleiche Rosenblattwespe
Cladius spec. (vermutlich *Cladius pectinicornis*)

Die weiblichen Tiere dieser schwarzen Blattwespe sind nur schwer zu identifizieren. Ihr Kopf weist im oberen Bereich glänzende Stellen auf, die Beine sind gelblich hell gefärbt. Die Männchen haben auffällig gekämmte Antennen. Die Larven dieser Blattwespenart ernähren sich vom Pflanzengewebe diverser Rosenpflanzen. Die Afterraupen* sind gelbgrün bis grün gefärbt mit hellbrauner Kopfkapsel, mittig mit braunem Fleck zwischen den dunklen Punktaugen. Sie gilt als weit verbreitet und sehr häufig. **Bezeichnung für Pflanzenwespen- und Schnabelfliegenraupen, die den Raupen der Schmetterlinge ähneln.*

Größe 5-7 mm **Lebensraum** Waldränder, Gebüsche, Parks, Gärten **Flugzeit** März - September **Nahrung** Pollen und Nektar **Larvennahrung** Pflanzengewebe diverser Rosenpflanzen

Blattwespe
Athalia spec.

Bei dieser Blattwespe könnte es sich um *Athalia circularis* handeln, die 10 in Deutschland bekannten Arten der Gattung *Athalia* sind schwer zu unterscheiden. *Athalia circularis* gilt als eine weit verbreitete, sehr häufige Art. Ihr Lebensraum sind Waldränder, Hecken-Biotope, feuchte Gebiete und Wiesen mit Rainfarn- und Doldenblütlerbeständen. Die ausgewachsenen Tiere ernähren sich von Pollen und Nektar der zuvor genannten Pflanzen. Ihre Larven ernähren sich vom Pflanzengewebe diverser krautiger Stauden wie Ehrenpreis, Wegerichgewächsen und Gundermann.

Größe 4-6 mm **Lebensraum** Waldränder, Hecken-Biotope, Wiesen **Flugzeit** Mai - Oktober **Nahrung** Nektar und Pollen **Larvennahrung** Pflanzengewebe diverser krautiger Stauden

Ameisen *Formicidae*

Jeder kennt sie, denn man begegnet ihnen überall. Dass sie wahre Überlebenskünstler sind, bestätigen fossile Funde in Bernstein eingeschlossener Ameisen aus Frankreich und Burma. Die bislang ältesten Ameisenfossilien stammen aus der mittleren Kreidezeit und sind über hundert Millionen Jahre alt. Grund genug, einen genaueren Blick auf diese unscheinbaren Erfolgsinsekten zu richten. Den meisten Menschen sind sie unangenehm oder gar lästig. Auf den folgenden Seiten erfahren Sie Wissenswertes über die Lebensweise und Aufgaben dieser winzigen Insekten, die täglich in unseren Gärten unterwegs sind und ihre unersetzliche Arbeit verrichten.

Ihr Erfolgsrezept ist eine perfekt funktionierende Gemeinschaft, denn Ameisen leben je nach Art in kleineren Kolonien mit einigen Hundert Individuen oder in großen Staaten mit mehreren Millionen Tieren. Ein Ameisenstaat besteht fast ausschließlich aus Weibchen wie Königinnen und Arbeiterinnen. Die wenigen geflügelten Männchen haben einzig die Aufgabe, Jungköniginnen zu begatten. Nach dem sogenannten Hochzeitsflug sterben sie. Begattete Jungköniginnen gründen ein neues Volk. Dieses ist in verschiedene Kasten strukturiert und durch eine geregelte Aufgabenverteilung organisiert. Die Aufgabe der Männchen ist die Befruchtung der Königinnen, welche einzig in der Lage sind Eier zu legen und für Nachkommen zu sorgen. Die Arbeiterinnen erledigen Aufgaben wie den Bau des Nestes oder die Nahrungsbeschaffung zur Versorgung der Königin und der Brut. Sogenannte Soldatinnen verteidigen den Bau gegen Angreifer und besitzen zur besseren Wehrhaftigkeit sichtbar ausgebildete kräftige Oberkiefer.

Ameisennester sind architektonisch ausgeklügelte Meisterleistungen. Je nach Ameisenart werden diese unter der Erde oder wärmespeichernden Steinen; in morsches Totholz; in hohlen Baumstämmen; in Hohlräumen von Pflanzen; in selbstgebauten Erdkuppeln, die später mit Gras überwachsene Hügel bilden und in mit Seidenfäden zusammengesponnenen Blättern angelegt. Die häufig in unseren Gärten vorkommende Schwarze Gartenameise *(Lasius niger)*, baut wenige Zentimeter hohe Nesthügel, meist auf sonnenbeschienenen Lichtungen, wobei das Nest ober- und unterirdisch angelegt wird. Im Inneren des Unterschlupfes sorgt ein fein verzweigtes Netz aus Gängen, Kammern und Lüftungsschächten für die Behausung von maximal 15.000 Tieren. Ihre Königinnen haben eine hohe Lebenserwartung, sie werden angeblich bei optimalen Bedingungen bis zu 30 Jahre alt. Im Winter werden die Laufwege des Nestes zum Schutz vor Kälte und Regenwasser verschlossen, damit darin eine Überwinterung in einer Art Kältestarre möglich ist. Der flache Hügel wird mit Tannennadeln oder Ähnlichem abgedeckt und dient als zusätzliche Wärmedämmung.

Die Lebensweise und das Verhalten der unterschiedlichen Arten ist erstaunlich vielfältig. Blattschneider-Ameisen kultivieren nahrungsspendende Pilze. Manche leben in gegenseitiger Abhängigkeit mit pflanzensaftsaugenden Insekten. Sie melken blattsaugende Läuse, Schildläuse oder Blattflöhe und schützen diese im Gegenzug vor deren Fressfeinden. Samenfressende und -sammelnde Ameisen helfen manchen Pflanzen bei der Ausbreitung ihrer Samen und somit ihrem Fortbestand. Es gibt sozialparasitäre Arten, die in fremde Nester eindringen, um die eigentliche Königin zu töten. Die feindliche Übernahme führt zu einer Art Versklavung der Arbeiterinnen.

Einige ernähren sich räuberisch von Raupen, Fliegen, Spinnen oder Schmetterlingen. Andere bevorzugen ausschließlich die Ausscheidungen verschiedener Pflanzensäfte saugender Läuse, um Honigtau zu ernten. Baumsäfte, Pilzfruchtkörper, Samen, tote Insekten und Tierleichen werden ebenfalls gefressen. Es gibt demnach Räuber, Aasfresser, Samenfresser, Pilzzüchter und Allesfresser unter ihnen.

Ca. 14.060

Ameisenarten

wurden bislang weltweit erfasst

In Deutschland gibt es rund 112 Arten

Ameisen gehören wie Bienen und Wespen zu den Hautflüglern und sind mit den Wespen nahe verwandt. Im Grunde sind sie flügellose Wespen. Vermutlich konnten sie sich vor mehr als 100 Millionen Jahren aus solitär lebenden Wespen entwickeln.

Die Abbildung der Niströhrchen zeigt eine Gewöhnliche Löcherbiene unter Beobachtung einiger Ameisen, die ihr beim Verschließen ihres Nesteinganges Gesellschaft leisten. Die Biene verwendet klebrige Harze für den Verschluss aus Sandkörnern, Steinchen und kleinen Holzfasern. Vermutlich werden die Ameisen vom Harz angelockt, denn ich entdeckte, dass sie die Verschlussfläche über einen längeren Zeitraum bearbeiteten, nachdem die Biene davongeflogen war.

Waldameisen nutzen Harz wie eine Art Antibiotikum und setzen es gegen krankheitserregende Bakterien und Pilze ein.

Arbeiterinnen...

fressen und sammeln an einer hellgrünen Tomate. Neben dem Raub von Honigtau suchen sie an verschiedenen Blühpflanzen nach Pollen und Nektar. An den Knospen der Pfingstrosen oder an den Blüten der Kornblumen sind sie in unserem Garten regelmäßig anzutreffen. Vergorenes Gemüse wie diese Tomate scheint ihnen ebenfalls zu schmecken.

Wie melken Ameisen Läuse? Um an den Honigtau zu gelangen, gibt es verschiedene Möglichkeiten. Entweder sammeln Insekten Ausscheidungen der Pflanzensauger von Blättern und Zweigen auf – Honigbienen suchen auf diese Weise nach den honigsüßen Exkrementen der Läuse. Oder sie bringen die Tiere dazu, etwas von dem kohlehydrathaltigen Saft auszuscheiden. Bevor eine Laus die zuvor gesammelte Nahrung abgibt, bedarf es einer gewissen Kommunikation. Die Ameise streichelt mit ihren Fühlern deren Hinterleib und nimmt den austretenden Tropfen auf. Die „gemolkene" Flüssigkeit transportiert die Ameise in ihrem Kropf in das Nest.

Ameisen sorgen für die natürliche Vermehrung von Schneeglöckchen & Co. Sie sind erfolgreiche Gärtner und Pflanzenverteiler. Schneeglöckchen, Schöllkraut, Lerchensporn, Taubnesseln, Borretsch, Walderdbeeren, Bärlauch, Günsel, Waldveilchen, Lungenkraut, Buschwindröschen, Leberblümchen, Glockenblumen, Seggen und weitere krautige Pflanzenarten werden ohne unser Zutun verbreitet. Mehr als 100 Arten verbreiten sich in Deutschland über Samen. Damit bei Ameisen überhaupt ein Interesse an den Pflanzensamen aufkommt, sind diese mit einem winzigen Nährkörper, dem Elaiosom ausgestattet, welcher zuckerhaltig, fett- und eiweißreich ist. Nach der Lagerung in der Vorratskammer wandert der Samen wieder aus dem Bau heraus, sobald der leckere Teil verspeist wurde. Die Ameisen befördern ihn nach draussen.

Geflügelte Ameisen sind entweder Männchen oder jungfräuliche Königinnen. Sobald eine Königin begattet wurde und einen geeigneten Ort für die Gründung eines neuen Volkes gefunden hat, wirft sie ihre Flügel ab. Sie legt erste Eier, aus denen Arbeiterinnen schlüpfen. Sind diese ausgewachsen, übernehmen sie die Fürsorge der Königin, die ab diesem Zeitpunkt bis auf die Eiablage keine weiteren Aufgaben hat. Zunächst werden ausschließlich Arbeiterinnen schlüpfen, im Folgejahr werden geschlechtsreife Tiere herangezogen.

Weniger Ameisen durch Unkrautvernichtungsmittel und Insektizide. Sie gelten als Überlebenskünstler, gegen unsere Umweltgifte kommen sie jedoch nicht an. Bereits geringe Mengen von Herbiziden und Insektiziden können einen Ameisenstaat in kurzer Zeit signifikant dezimieren. Dabei wird das Herbizid Glyphosat für Insekten als nicht toxisch eingestuft – es schadet den Tieren jedoch nachweislich. Die Schwächung der Ameisenvölker kann mittel- und langfristig ganze Ökosysteme aus dem Gleichgewicht bringen.

Quelle: Royal Entomological Society, Ecological Entomology: "Chronic sublethal pesticide exposure affects brood production, morphology and endosymbionts, but not immunity in the ant, Cardiocondyla obscurior."

Ameisen sind nützliche und unersetzliche Insekten. Auch in Ihrem Garten verhelfen sie zu einer besseren Bodenqualität, sie lockern und durchlüften die Erde. Sie gelten als die Gesundheitspolizei der Natur, da tote Insekten an ihre Larven verfüttert werden. Sie minimieren Baumschädlinge und gelten als wichtige Nahrungsgrundlage für Vögel, Igel, Mäuse, Reptilien, Amphibien, Insekten, Spinnen und weitere Tiere.

Viele der in Mitteleuropa leben Ameisenarten sind bereits vom Aussterben bedroht, stark gefährdet oder gefährdet. Daher greifen Sie bitte nicht gleich zu einer Köderdose, sollten Ameisen in Ihre Wohnung wandern. Es gibt nicht tödliche Methoden, ihnen den Aufenthalt in Innenräumen zu verleiden. Duftstoffe wie Essig mögen die Tiere beispielsweise nicht. Haushaltstipps wie der Einsatz von Backpulver lässt die Tiere qualvoll verenden. Kochendes Wasser in ein Nest zu schütten bedeutet einen ebenso qualvollen Tod und zerstört vermutlich das gesamte Volk. Sind Ameisen tatsächlich so unangenehm, dass wir uns das Recht herausnehmen, sie zu töten, nur weil sie lästig erscheinen? Ich denke wir können uns freuen, wenn sie in unseren Gärten unterwegs sind. Denn auch für diese Tiere gilt, dass ihre Lebensräume schwinden.

„Ameisen sind unter anderem für die Wiederverwendung natürlicher Reststoffe und Bodenbelüftung zuständig und bilden mehr Biomasse als alle Säugetiere zusammen."

Dalial Freitak, Zoologin vom Institut für Biologie der Universität Graz

Der Hochzeitsflug

Sobald geflügelte Jungköniginnen und Männchen geschlüpft sind, bereiten sie sich auf den Hochzeitsflug vor. Dabei werden sie von den deutlich kleineren Arbeiterinnen überwacht, damit die Männchen sich nicht zu weit vom Nest entfernen. Der geeignete Zeitpunkt für dieses Intermezzo liegt bei den einheimischen Arten im Frühling oder Sommer. Die Jungköniginnen werden von unterschiedlichen Männchen begattet und tragen von diesem Zeitpunkt an mehrere Millionen Samenzellen in ihrer Samentasche. Bis an ihr Lebensende trägt die Königin Eier in sich, um diese fortwährend zu befruchten. Sie kann täglich bis in den Herbst mehrere Hundert Eier legen. Ammenameisen übernehmen mit viel Sorgfalt die Fürsorge für die Eier und Larven, um den Fortbestand des Volkes zu sichern.

Anfang Juli 2020 erschienen unzählige paarungswillige Ameisen auf der Terrasse und in unserem Haus. Da eine Paarungszeremonie nur wenige Stunden dauert und die Männchen nach dem Ereignis sterben, ist ein Massenaufkommen nicht weiter bedenklich – es löst sich schnell von ganz alleine wieder auf. Allein die Tiere, die sich ins Innere des Hauses verirrt hatten, wurden eingesammelt und in das eigentliche Geschehen zurückgesetzt.

Ca. **16.000**

Pflanzenlausarten

sind weltweit bekannt

über 2970 Arten leben in Europa

Pflanzenläuse
Sternorrhyncha

Sie gehören zu den Gartenbewohnern, die jeder kennt und niemand mag. Meist werden sie sogleich bekämpft, dabei sind sie für unzählige Gartenbewohner wie Vögel, Florfliegen, Käfer, Schlupfwespen, Spinnen, Raubwanzen und Schwebfliegen eine wichtige Nahrungsquelle.

Bleiben Sie entspannt und gewähren Sie den Pflanzenläusen den Aufenthalt in Ihrem Garten. Sie werden feststellen, dass sie schnell zu beliebten Leckerbissen für Blau- und Kohlmeise werden. Außerdem geben Blattläuse verschiedenen Marienkäferarten die Möglichkeit, zu überleben. Wenn die Larven der Marienkäfer ab April aus ihren Eiern schlüpfen, begeben sie sich sogleich auf die Jagd und vertilgen bis zu ihrem Lebensende als einjähriger Käfer unzählige Läuse.

Es klingt vielleicht absurd, aber die Edelrosen unseres Gartens, die von unserem Vorbesitzer übrig geblieben sind, dürfen aufgrund einer Tatsache bleiben: Sie werden Jahr für Jahr von Blattläusen aufgesucht. Etwa Mitte April, wenn die Blaumeisen ihre Jungen aufziehen, finden sie vor allem in den Rosen und Obstbäumen jede Menge leicht zu erbeutende Läuse. Diese stellen eine wichtige, eiweißreiche Nahrung während der Jungenaufzucht dar. Ich kann oft beobachten, dass die flügge gewordenen Jungvögel sogar in der Rose sitzend von den Elterntieren gefüttert werden.

Pflanzenläuse werden in vier Überfamilien gegliedert: Blattläuse, Blattflöhe, Schildläuse und Mottenschildläuse. Meist werden sie nach ihren Wirtspflanzen benannt. So gibt es unter den Blattläusen die Erbsenblattlaus, die Rosenblattlaus, die Grüne Pfirsichblattlaus, die Gefleckte-, Grünfleckige-, oder Grünstreifige Kartoffelblattlaus, die Grüne Gurkenlaus, die Baumwollblattlaus, die Schwarze Bohnenlaus und einige mehr.

Blattläuse können geflügelt und ungeflügelt sein, sie besitzen einen Saugrüssel, der entweder in das Pflanzengewebe bis zu den Parenchymzellen eingestochen wird oder in die Siebröhren versenkt wird. Die meist pflanzenspezifischen Blattläuse ernähren sich von Pflanzensäften, wovon sie nur einen Teil verdauen. Ausgeschieden wird ein zuckerhaltiger Kot – bekannt als Honigtau. *(Bild 1-7)*

Blattflöhe besitzen Sprungbeine, so können sie sich springend fortbewegen. Ihre Flügel sind ebenfalls gut ausgebildet. Sie saugen die Pflanzensäfte ihrer Wirtspflanzen und leben pflanzenspezifisch an einer oder an mehreren nahe verwandten Pflanzen. *(keine Abbildung vorhanden)*

Schildläuse ernähren sich vom Saft aller Teile ihrer Nahrungspflanze, wobei die Tiere selten pflanzenspezifisch ausgerichtet sind. Nur die Weibchen besitzen einen Stechrüssel, Männchen nehmen keine Nahrung auf. Sie unterscheiden sich optisch deutlich voneinander, da männliche Schildläuse meist geflügelt sind und vom Körperbau den Insekten ähneln. Weibchen hingegen besitzen einen schildförmigen, meist vollkommen bewegungsunfähigen Körper, der zum Schutz vor Fressfeinden mit einem Wachssekret überzogen ist. *(keine Abbildung vorhanden)*

Mottenschildläuse besitzen weißlich, gelblich, bräunlich oder rot gefärbte Körper und Flügel, die mit einem mehlartigen Wachsstaub überzogen sind. Sie ernähren sich ebenfalls von Pflanzensäften. Einige Arten werden werden als Weiße Fliege bezeichnet *(siehe Bild unten)*.

Zikaden *Auchenorrhyncha*

Wussten Sie, dass nur drei von etwa 640 in Deutschland vorkommenden Zikadenarten in der Lage sind, zirpende Gesänge zu erzeugen, die das menschliche Gehör wahrnehmen kann?

Sogenannte Singzikaden werben tagsüber oder in der Dämmerung teils ununterbrochen mit ihren Gesängen um paarungswillige Partner. Uns ist diese Geräuschkulisse aus Sommerurlauben in Mittelmeerländern bekannt.

Hierzulande hört man Zikaden nicht, sie werden ebenso selten bemerkt. Diese recht große Insektengruppe ist der Bevölkerung nahezu unbekannt, da die Tiere nicht in unseren Focus vordringen und leicht übersehen werden. In Deutschland lebende Arten sind nur wenige Millimeter klein und erreichen selten eine Körpergröße von 10 mm. Meist gut getarnt sitzen sie irgendwo auf einem Blatt und gehen ihrer Nahrungsbeschaffung nach, indem sie an Pflanzenteilen saugen. Die Nahrungsspezialisten sind Vegetarier und oft sogar an bestimmte Wirtspflanzen gebunden. Beinahe 60% der in Deutschland lebenden Arten sind von nur einer Wirtspflanze oder Pflanzengattung abhängig. Diese *monophag* lebenden Tiere nutzen ihre ausgewählten Pflanzen zur eigenen Ernährung und der Eiablage. Sie sind auf Gedeih und Verderb an ihre Nahrungspflanzen gebunden.

Neben vorwiegend Süß- und Sauergräsern, Bäumen und Sträuchern, ernähren sich einige Arten von Wildkräutern, Gemüsekulturen, Wein, Getreide und Zierpflanzen. **Nur wenige Zikadenarten verursachen nennenswerte Schäden, sodass Sie in Ihrem Garten nicht gleich zur Bekämpfung dieser Tiere schreiten sollten.** Entdecken Sie Schaum an Ihren Pflanzen, handelt es sich um die Geburtsstätte einer Schaumzikade. „Wenn die Schaumflocken wirklich stören, kann man sie einfach mit Wasser wegspritzen." Ein Tipp aus dem Internet. **Entfernen Sie jedoch den Schaum, löschen Sie gleichzeitig das Leben des darin befindlichen Tieres aus.** Vielleicht schauen Sie zuerst, um welche Zikadenart es sich handelt, bevor Sie ein Leben leichtfertig auslöschen, denn auch diese Tiergruppe ist gefährdet.

„Drastische Biomasseverluste bei Zikaden verschiedener Grasländer in Deutschland innerhalb von sechs Jahrzehnten." lautet ein Forschungsbericht, der 2019 im Verlag W. Kohlhammer, Stuttgart, veröffentlicht wurde. Die Forschenden, Sebastian Schuch, Stefan Meyer, Julian Bock, Roel van Klink und Karsten Wesche gaben bekannt: „Der ermittelte Biomasserückgang für Zikadenpopulationen auf geschützten Trockenrasen Ostdeutschlands beträgt 54 % und für genutztes Feuchtgrünland in Niedersachsen sogar 78 % über einen Zeitraum von 40 bis 60 Jahren. Diese Daten unterstreichen, dass die aktuell viel zitierten Verluste der Insektenbiomasse tatsächlich beträchtlich sind und sich wohl auch verallgemeinern lassen. Darum sollten zügig Maßnahmen zur Erhaltung und zum Wiederaufbau von Insektenpopulationen ergriffen werden." Sogar die Bestände der eigentlich sehr häufigen Wiesenschaumzikade sind rückläufig.

In unserem Garten haben Zikaden nichts zu befürchten. Im Gegenteil. Vielleicht wird es Ihnen nach dieser Lektüre so ergehen wie mir. Betrachtet man die Tiere aus der Nähe, verändert sich das Verhältnis zu ihnen. Seitdem ich weiß, dass in den Schaumbällchen neues Leben entsteht, freue ich micht diese an den Pflanzen zu entdecken. Regelmäßig schaue ich, ob vielleicht gerade eine junge Zikade ihre Geburtsstätte verlässt. Übrigens: Größere Schäden an unseren Pflanzen konnte ich bislang nicht feststellen. Bei der Wiesenschaumzikade ist – nebenbei bemerkt, nachweislich häufig kein Schadbild sichtbar.

Wir könnten entspannt bleiben und neuem Leben eine Chance geben.

Manna-Singzikade
Die Larvenhaut einer geschlüpften Zikade

Singzikaden

Die Aufnahmen des Zikaden-Pärchens und die der Larvenhaut stammen aus einem Spanienurlaub. Die Manna-Singzikade *(Cicada orni)* ist im Mittelmeerraum beheimatet und gilt als eine der bekanntesten und weit verbreitetsten Singzikaden Europas. Im Hochsommer versuchen die Männchen mit ihren schrillen Lauten Weibchen anzulocken. In Deutschland wird man ihren Gesang nicht hören, denn sie verirren sich eher selten in unseren Süden und falls doch, bleiben sie nicht für länger.

Kein anderes Insekt ist in der Lage, Töne in einer vergleichbaren Lautstärke zu erzeugen. Mit einem Trommelorgan im vorderen Bereich des Hinterleibes, welches zur Schallverstärkung größtenteils hohl ist, werden Töne mit ungewöhnlich hoher Lautstärke allein durch Muskelanspannung erzeugt. Dabei treffen zwei gewölbte Platten aufeinander und werden zum Knacken gebracht.

Wiesenschaumzikade
Philaenus spumarius

Schnabelkerfen

Hemiptera

Zikaden gehören wie Wanzen und Blattläuse zu der Insekten-Ordnung der Schnabelkerfen. Ihre Gemeinsamkeit sind stechend-saugende Mundwerkzeuge, mit denen sie Pflanzensäfte aufnehmen. Wie mit einem Strohhalm saugen sie den flüssigen, zuckerreichen Saft der Pflanze auf und scheiden überflüssigen Zucker in Form von Honigtau wieder aus. Dieser wird wiederum von anderen Insekten als Nahrung aufgenommen.

Bienenhonig und Zikaden

Wie passt das zusammen?
Viele Insekten wie auch die Honigbiene sammeln nicht ausschließlich Pollen und Nektar, sie nehmen zudem Honigtau auf, welcher an Blättern und Tannennadeln zu finden ist. Diese zusätzliche zuckerreiche Nahrungsquelle ist ein Ausscheidungsprodukt der Schnabelkerfen und stellt die Grundlage verschiedener Honigsorten wie Blatt-, Tannen- oder Waldhonig dar.

7 Zikadenarten

kann ich Ihnen vorstellen

Käferzikaden

Echte Käferzikade
Issus coleoptratus

Schaumzikaden

Wiesenschaumzikade
Philaenus spumarius

Erlenschaumzikade
Aphrophora alni

Zwergzikaden

Kräuter-Blattzikade
Eupteryx melissae

Wald-Nesselblattzikade
Eupteryx urticae o. E.calcarata

Wiesen-Erdzikade
Aphrodes makarovi

Zwergzikade
Empoasca spec.

Echte Käferzikade

Issus coleoptratus

Die Bezeichnung Käfer-Zikade beschreibt die käferähnliche, gedrungene Gestalt dieser Art. In ihrer Färbung und Zeichnung sind die Tiere recht variabel. Es gibt hellbraun gefärbte Exemplare und solche, die eine dunkel olivgraue Körperfarbe besitzen. Mit ihren zurückgebildeten Flügeln sind sie nicht in der Lage zu fliegen. Nymphen haben aufgrund einer Verzahnung an den Hinterbeinen jedoch die Fähigkeit, weite Sprünge zu vollziehen. So gelangen sie mit einem blitzschnellen Satz außergewöhnlich weit von Pflanze zu Pflanze. Diese Sprungzahnräder verschwinden im Laufe der Entwicklung in das Erwachsenenstadium bei der letzten Häutung. Käferzikaden-Nymphen gelten mit ihren enormen Sprungkräften als „Weltmeister im Springen", sie übertreffen sogar die Sprungfähigkeiten der Flöhe.

Ausgewachsene Tiere halten sich in der Kraut-, Strauch- oder Baumschicht unbewaldeter Landschaften auf und sind an Gehölzen wie Ahorn, Birke, Eiche, Hasel, Linde und Ulme zu finden. Ihre Eier legen sie an verschiedenen Pflanzen wie Efeu, Eibe, Liguster, Wacholder und in der Laubstreu ab. In unserem Garten fand ich Nymphen an unterschiedlichen, abgestorbenen Pflanzenstängeln, die über den Winter stehen bleiben dürfen. So haben die Larven die Möglichkeit, nach der Überwinterung im darauffolgenden Frühjahr zu schlüpfen.

Männchen und Weibchen sind im ausgewachsenen Alter an der Nervatur, der Aderung der Insektenflügel zu unterscheiden. Diese tritt bei den männlichen Tieren deutlich hervor. Die der Weibchen zeigt sich im hinteren Bereich der Flügel als fein geädertes Netz.

Es gibt in Deutschland eine weitere *Issus*-Art *(Issus muscaeformis)*, die seltener zu finden ist. Diese trägt ein deutliches weißes Querband im unteren Drittel der Stirn, abgesehen von diesem Merkmal sind sich die beiden Arten zum Verwechseln ähnlich.

Käferzikaden sind in Mitteleuropa mit 13 Arten vertreten, davon kommen in Deutschland allein 3 Arten vor: Echte Käferzikade, Fliegen-Käferzikade und Mittelmeer-Käferzikade.

Größe 6-8 mm **Lebensraum** Gehölzstandorte und innerstädtische Flächen mit Laub- und Nadelbäumen, Sträuchern und Kräutern wie Gärten, Parks und Wälder **Lebenszeit** Mai - Oktober **Nahrung** Pflanzensäfte verschiedener Laubbäume

Echte Käferzikade
Nymphe

Die Aufnahme dieser jungen Zikade entstand Anfang Juni an einer verblühten Distel.

Echte Käferzikade
Weibchen

Die Wachsfortsätze am Hinterleib der männlichen Nymphen dienen vermutlich dem Schutz vor Fressfeinden.

Die oberen vier Abbildungen zeigen Männchen, die beiden unteren zeigen Weibchen der Echten Käferzikade.

Wiesenschaumzikaden sind strohfarben, bräunlich oder braunschwarz gefärbt und mit unterschiedlichsten Mustern gezeichnet. Über 20 verschiedene Varianten sind bisher bekannt. Sie verfügen über zwei Punktaugen *(Ocellen)* und zwei Facettenaugen mit dunkler waagerechter Zeichnung.

Etwa 50 Tage dauert das Larvenstadium, erst dann verlassen die noch Grün gefärbten Tiere ihre Geburtsstätte.
Nach weiteren 10 Tagen sind die Zikaden ausgewachsen.

Den Schaum produzieren die Larven selbst. Dieser schützt vor Fressfeinden und bietet für die Entwicklung benötigte Feuchtigkeit und Temperatur. Obwohl der Schaum bis zu 99% aus Wasser besteht, wird er durch Regen nicht fortgespült. Verantwortlich sind Schleimstoffe und Eiweiße, die die kleinen Tiere bei der Ausscheidung der Luftbläschen einmischen.

Wiesenschaumzikade

Philaenus spumarius

Sie gehören zu den am weitesten verbreiteten Zikadenarten Deutschlands und gelten bislang als nicht gefährdet. Aber auch sie werden immer seltener. Und das, obwohl diese Zikadenart besonders gute Überlebenschancen hat. Begründet ist dies in ihrer Anpassungsfähigkeit an unterschiedlichste Umweltfaktoren und Biotoptypen. Sie nimmt über 170 Nährpflanzen an! Gegen die Wirkung der Pestizidanwendungen auf deutschen Feldern und leider oft in Gärten und Parkanlagen kann sie jedoch nichts ausrichten.

Die Strategie der Larven, sich durch Schaum vor Fressfeinden zu schützen, funktioniert in der Tierwelt, bei uns Menschen bleiben die Schaumbällchen leider nicht unbemerkt. Zu oft werden die „unansehnlichen" Schaumflocken mit dem Wasserschlauch achtlos entfernt, mitsamt den darin befindlichen Lebewesen. Viele ekeln sich vor der „Hexenspucke". So werden die Tiere auch in nicht landwirtschaftlichen Flächen grundlos bekämpft, denn sie richten keinen nennenswerten Schaden an.

Größe 5-7 mm **Lebensraum** Wiesen, Gebüsche, Waldränder, Parks, Gärten **Lebenszeit** Juni - Oktober **Nahrung** Pflanzensäfte

Bitte entfernen Sie die Schaumnester nicht grundlos. In Garten-Foren ist die Liste der Schmähungen lang: Bäh-Tierchen, eklige Viecher, Handschuhe anziehen und manuell zerquetschen ...

Meist werden die Tiere nur aus ästhetischen Gründen getötet. Wie kann es sein, dass wir diese wunderbaren Tiere und ihre Fähigkeiten nicht schätzen, sondern verachten?

Erlenschaumzikade

Aphrophora alni

Da ich diesen Winzling aus den Augen verloren hatte, gab es keine Möglichkeit der Bestimmung.

Sie gehören zu den sogenannten Stratenwechslern, diese verbringen ihre Larvalphase in der Krautschicht oder im Boden und steigen erst nach der letzten Häutung in Laubgehölze auf. Die ausgewachsenen Tiere leben an Gehölzen wie Birke, Erle oder Weide. Sie ernähren sich von den Pflanzensäften der Bäume, indem sie bestimmte Pflanzenteile anstechen und wie mit einem Strohhalm die Baumsäfte aufsaugen.

Um ihre Eier zu platzieren, wandern die Weibchen ab Anfang Juni hinunter in die unteren Krautschichten. Ist das Ei an einem sicheren Ort abgelegt, muss es zunächst den Winter überstehen, denn die Larven schlüpfen erst im kommenden Frühjahr.

Erlenschaumzikaden sind recht leicht zu bestimmen, ein gelblicher rechteckiger Fleck im vorderen Drittel des Vorderflügels ist charakteristisch für diese Tiere. Einen weiteren hellen Fleck tragen sie im unteren Drittel der Flügel. Ihre Grundfärbung ist braun. Der vordere Bereich des Körpers ist mit zahlreichen Punktgruben versehen.

Größe 6-9 mm **Lebensraum** gehölzreiche, trockene bis feuchte Biotope, Waldränder, Hecken, Gärten, Parks **Lebenszeit** Juni - Oktober **Nahrung** Pflanzensäfte

Kräuter-Blattzikade

Eupteryx melissae

Die Melissen-Zikade, wie sie ebenfalls genannt wird, gilt als eine ursprünglich mediterrane Art. Ihren Lebensraum findet sie in Siedlungsbereichen mit kultivierten Pflanzen wie Andorn, Melisse, Katzenminze, Echtes Herzgespann, Echter Eibisch und diversen Salbei-Arten. Bei ihrem Besuch an den genannten Pflanzen richten die Zikaden kaum nennenswerte Schäden an. Forschungen haben ergeben, dass das Saugen der ausgewachsenen Tiere wie auch der Larven, Tüpfelflecken verursacht, die sich nicht weiter ausweiten und bis in die kommende Saison klar abgegrenzt bleiben. Die Blätter sterben nicht ab, sie bekommen lediglich kleine gelbe Flecken.

Größe 2-3 mm **Lebensraum** innerstädtische Flächen wie Gärten, Straßenbegleitgrün, Gewächshäuser **Lebenszeit** April - November **Nahrung** Kulturpflanzen mit ätherischen Inhaltsstoffen

Kräuter-Blattzikade
Eupteryx melissae

Wald-Nesselblattzikade

Eupteryx urticae oder Eupteryx calcarata

Die hier genannten Zwergzikaden können allein anhand einer Genitaluntersuchung des Männchens unterschieden werden. Beide Arten leben an Brennnesselpflanzen. *Eupteryx urticae* bevorzugt frische bis mäßig feuchte, halbschattige und schattige Standorte und wird daher oft in Waldnähe und an Uferbereichen angetroffen. Sie ernährt sich von der Großen Brennnessel, dort findet zudem die Eiablage statt. *Eupteryx urticae* ist in Nordwest-Deutschland weit und dicht verbreitet. *Eupteryx calcarata* ist eher an sonnigeren und trockeneren Standorten zu finden. Beide Möglichkeiten sind in unserem Garten gegeben.

Größe 2-3 mm **Lebensraum** Waldgebiete, Gärten, Uferbereiche **Lebenszeit** Mai - Oktober **Nahrung** Große Brennnessel *(Urtica dioica)*

Wiesen-Erdzikade

Aphrodes makarovi

Die Färbung dieser Zwergzikade kann sehr variabel sein, daher ist sie nicht leicht zu bestimmen. Ihre Grundfärbung variiert in den meisten Fällen von Dunkelbraun bis Schwarzbraun. Häufig zeigt sich ein helles Querband über dem Kopf und auf dem Halsschild, auf den Vorderflügeln befinden sich helle, schräg verlaufende Streifen. Allerdings gibt es unter den Weibchen auch Exemplare, auf die diese Merkmale nicht zutreffen. Abgebildet ist eine junge Larve, die sich in der Blüte einer Sterndolde aufhält. Im Gegensatz zu den ihr sehr ähnlich aussehenden weiteren Arten, mag sie schattige nährstoffreiche Habitate, in denen sie ihre bevorzugten Nahrungspflanzen wie Brennnesseln, Löwenzahn und Disteln findet. Da die Aufnahme im Schattenbereich unseres Gartens entstanden ist, nehme ich an, dass es sich um *Aphrodes makarovi* handelt.

Größe 5,5–7,5 mm **Lebensraum** schattige nährstoffreiche Habitate **Lebenszeit** Mai - Oktober **Nahrung** Pflanzensäfte von Löwenzahn, Disteln, Brennnesseln und anderen Pflanzen

Zwergzikade

Empoasca spec.

Anfang März fand ich diese winzige, grüngefärbte Zwergzikade an der Blüte einer Narzisse. Sie hat – wie einige weitere *Empoasca*-Arten – einen vollkommen hellgrün gefärbten Körper, helle Augen und keinerlei Zeichnung auf den Flügeldecken. Demnach könnte es sich um *Empoasca decipiens* handeln, eine Zwergzikade, die als Nahrungspflanzen verschiedene Kräuter und Gehölze besucht. *Empoasca vitis*, die Grüne Rebzikade ist ihr zum Verwechseln ähnlich, sie ist an den durchsichtigen Flügellängsstreifen zu erkennen, die hier leider nicht sichtbar sind. Allerdings lebt sie auf immergrünen Laubgehölzen in der Nähe von Weinbergen, die hier nicht vorkommen.

Größe 3-4 mm

Gepunktete Nesselwanze
Liocoris tripustulatus

Die hier abgebildeten Wanzenarten stammen nicht aus unserem Garten. Wie Sie sehen, präsentiert sich diese große Insektengruppe in ihrer Form- und Farbgestaltung ausgesprochen vielfältig und farbenfroh.

Von links nach rechts:
Bodenwanze *Spilostethus pandurus*
Mediterrane Fruchtwanze *Carpocoris pudicus*
Kohlwanze *Eurydema oleraceum, Paar*
Schmuckwanze *Eurydema ornata, Paar*
Purpur-Fruchtwanze *Carpocoris purpureipennis, Paar*
Streifenwanze *Graphosoma italicum, fast ausgewachsene Larve*

Wanzen *Heteroptera*

Selbst passionierte Gartenbesitzer zucken die Schultern, wenn sie Gartenwanzen beschreiben sollen: grün, flach, sie stinken, stechen, sind hässlich und schädlich. Natürlich gibt es grüne, flache, stinkende Arten wie die Grüne Stinkwanze oder Schädlinge wie die ebenfalls stinkende, aus den Tropen und Subtropen eingeschleppte Grüne Reiswanze. Darüber hinaus existiert eine Vielzahl an bunten, reich verzierten, kleinen, großen, runden, eckigen und länglichen Wanzen, die größtenteils an Pflanzen saugen. Einige Arten ernähren sich räuberisch von Insekten, andere von Pilzen. Einzig die Bettwanze und wenige ihrer Verwandten saugen Blut. Kaum eine Art richtet einen nennenswerten Schaden in unseren Gärten an. Eines haben alle Wanzenarten gemeinsam: Sie sind dank ihres umfangreichen Nahrungsspektrums, ihrer geringen Standortansprüche und ihrer hochwirksamen Abwehrmechanismen absolute Überlebenskünstler.

Nicht allein ihr Erscheinungsbild ist enorm vielfältig, Wanzen sind außergewöhnlich anpassungsfähig, sie besiedeln beinahe jeden Lebensraum. Es gibt wärmeliebende Arten und solche, die feuchte Standorte bevorzugen. Sie leben in Mooren, in trockenen Sandlebensräumen, auf oder in Gewässern und sogar permanent auf dem offenen Ozean. Die unterschiedlichen Arten suchen verschiedenste Biotope auf wie Wiesenlandschaften, Wasserlandschaften, Waldsäume mit Hecken und Bäumen, Ruderalflächen oder Parks und Gärten.

Für Laien gestaltet sich die Ordnung innerhalb der Wanzen recht unübersichtlich. In sieben Teilordnungen, die wiederum in 23 Unterfamilien unterschieden werden, tauchen Wanzen-Familien auf wie: Baumwanzen, Blumenwanzen, Plattwanzen, Feuerwanzen, Schildwanzen, Kugelwanzen, Bodenwanzen, Glasflügelwanzen, Schmalwanzen, Stelzenwanzen, Stachelwanzen, Raubwanzen, Rindenwanzen, Wasserwanzen, Teichläufer, Wasserläufer, Zwergwasserläufer, Ruderwanzen, Zwergrückenschwimmer, Sichelwanzen, Krummfühlerwanzen, Lederwanzen, Netzwanzen, Meldenwanzen und viele mehr. Keine sieht aus wie die andere, zumindest wenn man genauer hinschaut.

Es lohnt sich also, einen Blick in die Welt der Wanzen zu wagen, um die unbegründeten Vorurteile abzuschütteln. Vermutlich werden Sie staunen, welche Wanzenvielfalt selbst in einem Stadtgarten vorhanden sein kann.

24
Wanzenarten
kann ich Ihnen auf den folgenden Seiten vorstellen

Ihr schlechter Ruf eilt ihr voraus. Diesen verdankt sie einer einzigen von über 40.000 Wanzenarten weltweit: der Bettwanze.

Bettwanzen saugen menschliches Blut, die meisten Wanzen ernähren sich hingegen von Pflanzensäften, sogenannte Raubwanzen erbeuten Insekten aller Art.

Die recht harmlosen Wanzen unserer Gärten verursachen keine nennenswerten Schäden.

Durch ihre stechend-saugenden Mundwerkzeuge gehören sie zur Ordnung der Schnabelkerfe. Sie sind ausgesprochen vielfältig in ihrer Lebensweise, der Wahl ihrer Lebensräume und in ihren überraschend bunt gefärbten Outfits.

Spezielle Duftdrüsen vieler Wanzenarten geben bei Gefahr einen stinkenden Duftstoff ab, der Feinde abwehren soll. Den Fressfeinden vergeht schlichtweg der Appetit auf ihre übelriechende Beute.

Nicht jede Wanze stinkt, die Graue Gartenwanze duftet angeblich nach Marzipan, die Zimtwanze verbreitet einen zimtähnlichen Geruch.

Grüne Stinkwanze
Palomena prasina

Die oberen drei Abbildungen zeigen die Paarung, die Wanzeneier und die Nymphen der Grünen Stinkwanze (*Palomena prasina*), die unteren Abbildungen zeigen die Eier und Nymphen der Grauen Gartenwanze (*Rhaphigaster nebulosa*).

Auf der Mauer, auf der Lauer sitzt ‘ne kleine Wanze

Kennen Sie dieses Kinderlied? Ich habe es als Kind oft gesungen, mich aber nie gefragt, ob Wanzen tatsächlich tanzen können. Das ist wohl eine Frage der Interpretation. Manch eine Wanze „tanzt“ sogar über die Wasseroberfläche, denn Wasserläufer gehören ebenso in die Familie der Wanzen wie der Wasserskorpion. Skorpionswanzen finden ihren Lebensraum in stehenden Süßwasser-Gewässern. Aufgrund ihrer ausgeprägten Vorderbeine und der Spitze des Hinterleibes, die einem Skorpion ähneln, tragen sie ihren Trivialnamen.

Paarung und Eiablage. Die Paarung und Eiablage der Wanzen fällt je nach Art unterschiedlich aus. Das abgebildete Pärchen der Grünen Stinkwanze gehört zu der Familie der Baumwanzen, diese paaren sich Hinterleib an Hinterleib. Andere sitzen rechtwinklig zueinander oder stundenlang fest umklammert. Die Weibchen haben dann die Aufgabe, ihre Eier sicher unterzubringen. Einige Arten besitzen einen Legebohrer, mit dem sie ihre winzigen Eier in die Erde oder in Pflanzenteile bohren können. Andere Arten verscharren ihre Eier oder heften sie an Pflanzenteile, wie es die Abbildungen zeigen.

Eine Wanze durchläuft in ihrem Leben mehrere Nymphenstadien. Anders als bei Schmetterlingen oder Käfern verpuppen sich Wanzen nach dem Schlupf nicht. Vom Embryo zum adulten Tier durchlaufen sie in ihrer Entwicklung mehrere Nymphenstadien, die durch je eine Häutung begleitet werden. So kommt es, dass die Nymphen sich bei jeder Häutung optisch verändern, bis sie ihr endgültiges Aussehen annehmen.

Weichwanze
Dicyphus pallidus

Blumenwanzen

Gemeine Blumenwanze
Anthocoris nemorum

Weichwanzen

Grüne Distelwanze
Calocoris affinis

Zweikeulen-Weichwanze
Closterotomus biclavatus

Unbeständiger Schmalhans
Dicyphus errans

Weidenröschen-Weichwanze
Dicyphus pallidus

Weichwanzen

Dickfühlerweichwanze
Heterotoma planicornis

Gepunktete Nesselwanze
Liocoris tripustulatus

Grüne Futterwanze
Lygocoris pabulinus

Gemeine Wiesenwanze
Lygus pratensis

Glattköpfige Schmalwanze
Stenodema laevigata

Sichelwanzen

Ameisensichelwanze
Himacerus mirmicoides

Glasflügelwanzen

Zimtwanze
Corizus hyoscyami

Binden Keulert
Rhopalus subrufus

Randwanzen

Rotbrauner Stachler
Coriomeris denticulatus

Amerikan. Kiefernwanze
Leptoglossus occidentalis

Randwanzen

Rhombenwanze
Syromastus rhombeus

Baumwanzen

Schillerwanze
Eysarcoris venustissimus

Grüne Reiswanze
Nezara viridula

Grüne Stinkwanze
Palomena prasina

Graue Gartenwanze
Rhaphigaster nebulosa

Feuerwanzen

Gemeine Feuerwanze
Pyrrhocoris apterus

Erdwanzen

Vergissmeinnicht-Erdwanze
Sehirus luctuosus

Bodenwanzen

Bodenwanze
Scolopostethus decoratus

Oxycarenidae

Malvenwanze
Oxycarenus lavaterae

Gemeine Blumenwanze

Anthocoris nemorum

Von etwa 600 beschriebenen Blumenwanzenarten weltweit sind 48 Arten in Deutschland bekannt. Die länglich ovalen Wanzen ernähren sich von Blattläusen und anderen weichen Insekten wie Blattflöhen oder Spinnmilben. Sie erreichen maximal eine Größe von nur 4,4 Millimetern und sind den Weichwanzen recht ähnlich. Ein Unterscheidungsmerkmal sind die beiden zusätzlichen Punktaugen *(Ocelli)*, die den meisten Weichwanzen fehlen. Mit dem bloßen Auge ist dies jedoch nicht zu erkennen. Die Arten der Gattung *Anthocoris* sind nicht leicht zu unterscheiden und schwer bestimmbar. Die Gemeine Blumenwanze gilt als weit verbreitete und häufigste Art ihrer Gattung. Sie mag mäßig feuchte, offene bis halbschattige Lebensräume und ist in der Krautschicht, auf Brennesseln wie auf verschiedenen Gehölzen zu finden. Im Obstanbau gilt sie als Nützling, da sie jede Menge Schädlinge vertilgt.

Blumenwanze	
Größe	3,5-4,4 mm
Lebensraum	offene bis halbschattige Lebensräume
Flugzeit	Imagines sind das ganze Jahr über zu finden
Nahrung	diverse Gliederfüßer, Honigtau, Pollen, Pflanzensäfte
Eiablage	April - Juni, im Blattgewebe von Gehölzen und krautigen Pflanzen

Grüne Distelwanze

Calocoris affinis

Die Grüne Distelwanze ist eine von 333 in Deutschland vorkommenden Weichwanzenarten. Weichwanzen gelten als die artenreichste Familie unter den Wanzen, mit über 10.000 bekannten Arten zählen sie zu den 20 größten Insektenfamilien weltweit. Ihre Körperdecken sind nur schwach verhärtet, also weichhäutiger als die anderer Wanzenfamilien. Ihnen fehlen die sogenannten Punktaugen *(Ocelli)*, daher werden sie auch Blindwanzen genannt, was nicht bedeutet, dass sie blind sind. *Calocoris affinis* trägt eine überwiegend einfarbig grüne Färbung mit kurzer schwarzer Behaarung. Ihre Membran ist braunschwarz gefärbt und zeigt eine helle, deutlich sichtbare Aderung. Die Tiere mögen feuchte Standorte wie schattige Gärten, Parks oder Waldränder mit einem dichtbewachsenen Pflanzenbestand wie Wildkräuter, Brennnessel und niedrig wachsende Gehölze.

Weichwanze	
Größe	6,8–8,2 mm
Lebensraum	feuchte Standorte mit dichtem Pflanzenbestand
Flugzeit	Mai - September
Nahrung	verschiedene krautige Pflanzen
Eiablage	Eiüberwinterer

Zweikeulen-Weichwanze

Closterotomus biclavatus

Ihr deutscher Trivialname ist auf die schwarz gefärbte Verdickung des zweiten Fühlerglieds zurückzuführen. Die braunschwarz gefärbte Weichwanze trägt eine deutlich sichtbare, goldglänzende, kurze Behaarung auf der Körperoberseite. Die Beine sind rotbraun gefärbt und tragen im unteren Teil an den Schienen kleine schwarzgefärbte Dornen. Die in Europa weit verbreitete Wanzenart gilt im Norddeutschen Tiefland als eher selten vorkommend. Ihr bevorzugter Lebensraum sind Landschaften mit Sträuchern, Halbsträuchern, Bäumen und krautigen Pflanzen. Sie ernähren sich in erster Linie von Pflanzensäften, fressen allerdings auch mal die eine oder andere Blattlaus. Ihre Futterpflanzen stammen bevorzugt aus der Familie der Rosengewächse wie Brombeere, Himbeere, Heidelbeere, Rhododendren und weitere Pflanzen der Gattung Rubus.

Weichwanze

Größe	5,5-7,7 mm
Lebensraum	feuchte Wiesen, lichte Wälder, Waldränder, Gärten
Flugzeit	Mai - September
Nahrung	verschiedene krautige Pflanzen, Blattläuse
Eiablage	Eiüberwinterer

Unbeständiger Schmalhans

Dicyphus errans

Diese in Deutschland weit verbreitete Weichwanzenart könnte aufgrund ihrer geringen Größe, der schmalen Körperform und den langen Beinen mit einer Mücke verwechselt werden. Das untere Foto zeigt recht eindrücklich, wie klein *Dicyphus errans* auf dem Blatt des Dichtblütigen Ziest im Verhältnis zu Blatt und Blüte erscheint. Neben verschiedenen Ziesten besucht sie zur Nahrungsaufnahme weitere Pflanzen wie Brennnesseln, Fingerhüte, Greiskräuter, Hauhechel, Kürbisgewächse, Leimkräuter, Reiherschnäbel, Salbei, Schwarze Tollkirsche, Storchschnäbel und Weidenröschen. Sie ernährt sich jedoch nicht allein von Pflanzensäften, kleine wirbellose Insekten wie Blattläuse, Spinnmilben und Fransenflügler stehen außerdem auf ihrem Speiseplan. Die Weibchen legen ihre Eier in Stängeln oder im Blattgewebe ihrer Wirtspflanzen ab, erste Larven entwickeln sich ab Juni. Bei warmen Temperaturen sind die Tiere bis in den Winter aktiv.

Weichwanze

Größe	4,5-5,4 mm
Lebensraum	offene Lebensräume, Gärten, Gewächshäuser
Flugzeit	Imagines sind das ganze Jahr über zu finden
Nahrung	Pflanzensäfte, kleine Insekten, Insekteneier
Eiablage	in Stängeln oder Blattgewebe der Wirtspflanzen

Weichwanze

Dicyphus pallidus

Die einzelnen Arten der Gattung *Dicyphus* zu unterscheiden, gestaltet sich als recht schwierig. Vermutlich handelt es sich bei dieser abgebildeten Weichwanze um *Dicyphus pallidus*, eine zierliche Wanze mit hellem Kopf, variabel kurzen wie auch langen Fühlern und blasser Zeichnung. Ihre Futterpflanzen sind Lippenblütler, der Waldziest *Stachys sylvatica* wird als ihre Hauptfutterpflanze genannt. Diese zierliche Waldpflanze wächst auch in unserem Garten, ich habe sie gezielt für bestimmte Wildbienenarten wie die Garten-Wollbiene gepflanzt. Um so schöner, dass ich damit auch diese zarte, grünlichgraue Weichwanze anlocken konnte. *Dicyphus pallidus* besiedelt in der Regel waldähnliche Landschaften, die teils kleinere feuchte Stellen aufweisen. Der schattige Teil unseres Gartens wie auch die Ecke mit dem Waldziest scheinen ihr jedenfalls gut zu gefallen.

Weichwanze	
Größe	4,5-6,7 mm
Lebensraum	halb offenes Gelände, lichte Wälder, Standorte mit feuchten Arealen
Flugzeit	Juni - Oktober
Nahrung	Lippenblütler, Waldziest *Stachys sylvatica*
Eiablage	Eiüberwinterer

Weichwanze

Heterotoma planicornis

Mit ihren auffällig breiten abgeflachten Fühlern, der dunklen Körperfarbe, den deutlich sichtbaren weißen Schuppenhaaren und den hellgrünen Beinen ist sie unverwechselbar. Sie hält sich gerne in der Strauch- und Krautschicht unterschiedlicher Biotope auf und ist häufig an Brennnesseln zu finden, ebenso an Besenginster, *Rubus*-Arten, Schlehdorn und Weißdorn. An Bäumen trifft man sie seltener an. Zu ihrer bevorzugten Nahrung gehören Blattläuse, Blattflöhe, Raupen der Gespinnstmotten und der Knospenmotten, Wickelraupen und weitere kleine wirbellose Tiere. Findet sie keine tierische Nahrung, kann sie Knospen oder unreife Beeren ihrer Wirtsarten besaugen. Auch sie gilt als Nützling und ist in Deutschland weit verbreitet. Ab Ende Mai schlüpfen die Nymphen, nachdem sie im Ei überwintert haben. Die ausgewachsenen Tiere sind ab Juli bis in den September zu beobachten.

Weichwanze	
Größe	4,6-5,5 mm
Lebensraum	Kraut- und Strauchschicht, Brennnessel, Hecken
Flugzeit	Juli - September
Nahrung	Blattläuse und Flöhe, Gespinst- und Knospenmottenraupen, Wicklerraupen, kleine Wirbellose
Eiablage	Eiüberwinterer

Gepunktete Nesselwanze

Liocoris tripustulatus

Wenn ich diese recht kleinen Wanzen im Garten entdecke, muss ich immer schmunzeln. Sie tragen ein herzförmiges Mal auf dem Rücken, welches gelblich oder auch orange gefärbt sein kann. Das sieht ziemlich nett aus! Wollen Sie nach ihr Ausschau halten, werden Sie an der Großen- und Kleinen Brennnessel fündig. Diese nutzt sie zur Eiablage, indem sie ihre Eier in die Oberseite der Blattstiele setzt. Ab Mai schlüpfen die ersten Larven in einem zartgrünen Gewand, auf dem Rücken tragen sie drei schwarze kleine Punkte. In Deutschland ist die Gepunktete Nesselwanze überall häufig zu finden. Sie mag sonnige, offene Landschaften wie Gärten, Ruderalflächen oder lichte Wälder mit Brennnesselbestand. Beobachtet wurde sie auch an Mädesüß und Giersch. Die Tiere überwindern im Erwachsenenstadium in geschützten Bereichen wie in der Laub- und Bodenstreu, unter Borke oder in hohlen Pflanzenstängeln vertrockneter Pflanzen.

Weichwanze

Größe	3,8-5 mm
Lebensraum	sonnige, offene Landschaften
Flugzeit	Imagines sind ab Juli zu finden
Nahrung	Säfte ihrer Wirtspflanzen
Eiablage	Eier werden in die Blattstiele der Wirtspflanzen gelegt

Grüne Futterwanze

Lygocoris pabulinus

Die Grüne Futterwanze ist der Grünen Distelwanze sehr ähnlich. Ein kaum sichtbares, über die Makrofotografie jedoch zu erkennendes Unterscheidungsmerkmal, ist die kurze Behaarung der Tiere. Die der Grünen Futterwanze ist schwarz, die Behaarung der Grünen Distelwanze ist weiß. Außerdem erscheint sie insgesamt etwas einheitlicher gefärbt, die Membran ist hell und mit grünen Nerven durchzogen.
Lygocoris pabulinus lebt an Laubgehölzen wie Apfel- und Steinobstgewächsen, an Brennnesseln, Minzen, Melden, Nachtschattengewächsen und Zierpflanzen. Im Obst- und Gemüseanbau gilt sie als Schädling, da die Entwicklung der Triebe und Früchte durch das Saugen der Tiere beeinträchtigt wird.

Weichwanze

Größe	5,0-6,7 mm
Lebensraum	schattige Standorte
Flugzeit	Mai - Oktober
Nahrung	Pflanzensäfte verschiedener Kräuter und Holzgewächse
Eiablage	September - Oktober, an jungen Trieben von Laubgehölzen oder auf krautigen Pflanzen Herbstgeneration = Eiüberwinterer

Gemeine Wiesenwanze

Lygus pratensis

Auch sie trägt ein Mal auf dem Rücken, welches mal mehr, mal weniger einem Herz ähnelt. In der Farbigkeit sind beide Geschlechter sehr variabel. Die Weibchen sind grünlich braun gefärbt, die Männchen rotbraun bis dunkelrot. Die untere Aufnahme zeigt ein Pärchen bei der Brautschau, links ist das Weibchen zu sehen, rechts das Männchen. Die Gemeine Wiesenwanze mag warme Wildwiesen mit Wildkräutern und Blüten. Sie bevorzugt offene und halbschattige Landschaften, ist aber auch an feuchten warmen Waldsäumen zu finden. Ihre Nahrung besteht aus Pflanzensaft und Nektar von einer Vielzahl von Pflanzen. Sie hat eine Vorliebe für Korbblütler. Da die ausgewachsenen Tiere über sehr gute Flugfähigkeiten verfügen, sind sie in der Lage, weite Ausbreitungsflüge zu unternehmen.

Weichwanze

Größe	5,8-7,3 mm
Lebensraum	warme, offene bis halbschattige Lebensräume, Waldlichtungen, Gebüsche, Wiesen
Flugzeit	Mai - Oktober
Nahrung	diverse Gliederfüßer, Honigtau, Pollen, Pflanzensäfte
Eiablage	Mai-Juni, in Blütenknospen und verschiedene Pflanzenteile

Glattköpfige Schmalwanze

Stenodema laevigata

Ihr auffällig langgestreckter Körper kann eine Länge von bis zu 9,2 Millimeter erreichen, ebenso lang erscheinen ihre Fühler und die Beine. Ihre Färbung variiert von grün, braun, gelb bis ocker, denn sie ist in der Lage, sich innerhalb dieses Farbspektrums an ihre Umgebung anzupassen. Beispielsweise trägt sie im Frühjahr eine hellgrüne Färbung, die im Herbst ins Braun wechselt. Die Glattköpfige Schmalwanze gehört zu der Gruppe der Graswanzen, die Arten der Gattung *Stenodema* sind dadurch gekennzeichnet, dass sie in der Lage sind, einen Farbwechsel zu vollziehen, außerdem bevorzugen sie Süßgräser als Nahrung. Sie saugen nicht nur die Pflanzensäfte der Gräser, sie legen auch ihre Eier in deren Blütenständen ab. Bevorzugte Gräser sind beispielsweise: Fuchsschwanzgräser, Knäuelgräser, Schwingel, Honiggräser, Straußgräser, Schmielen, Weizen und Roggen. Ihren Lebensraum findet sie in grasreichen Offenland-Biotopen wie auch an schattigen Standorten.

Weichwanze

Größe	7,6-9,2 mm
Lebensraum	grasreiche Biotope, sonnig und schattig
Flugzeit	ab Juni
Nahrung	Pflanzensäfte der Süßgräser
Eiablage	Juni - Juli an Blütenständen der Wirtsgräser

Ameisensichelwanze

Himacerus mirmicoides

Sichelwanzen besitzen einen sichelförmig gebogen Stechrüssel, von dem ihr Trivialname abgeleitet ist. Sie leben ausschließlich räuberisch von Insekten und anderen Gliederfüßern, wobei sie vermutlich nicht auf bestimmte Beutetiere spezialisiert sind. Sie besiedeln sowohl trocken-warme, offene Standorte als auch feuchtwarme Biotope in verschatteten Gehölzbereichen. Die Abbildungen zeigen Tiere, die sich im Nymphenstadium befinden. Die jungen Larven ähneln in ihrer äußeren Erscheinung großen Ameisen. Zwei weiße Flecken an den Seiten der Hinterleibsbasis täuschen eine Ameisentaille vor. Adulte Tiere verlieren diese ameisenähnliche Erscheinung. Die Eiablage findet im Frühjahr in Pflanzenstängeln statt – die Überwinterung im Erwachsenenstadium an trockenen, geschützten Orten.

Sichelwanze

Größe	7-8,7 mm
Lebensraum	in der Krautschicht, auf Bäumen, Büschenn und in Wiesen
Lebenszeit	März - Oktober
Nahrung	ausschließlich räuberisch, Insekten und andere Gliedertiere
Eiablage	im Frühjahr in Pflanzenstängeln

Zimtwanze

Corizus hyoscyami

Mit ihrer Körpergröße von etwa 8 bis 10 Millimetern und der kontrastreichen schwarzroten Färbung, gehört sie zu den auffälligen Wanzenarten. Obwohl sie zu den Glasflügelwanzen zählt, sind weder die basalen Flügel noch die Membran glasklar. Es gibt zwei weitere schwarzrot gefärbte Wanzenarten, die der Zimtwanze ähneln, die sich allerdings in ihrer Zeichnung deutlich voneinander abheben. Die Zimtwanze duftet übrigens ein wenig nach Zimt, daher stammt ihre deutsche Trivialbezeichnung. Als Pflanzensauger ernährt sie sich von den Säften verschiedener Pflanzen und bevorzugt Standorte mit einer üppigen Krautschicht. Sie ist an blütenreichen Standorten zu finden, die trocken und sonnig, wie auch leicht beschattet und feucht sein können. Die Aufnahme dieser Zimtwanze enstand Ende Mai im halbschattigen Bereich unseres Gartens, hier legte die Wanze eine kurze Pause auf einer Wiesen-Schwertlilie ein.

Glasflügelwanze

Größe	8,5-10,3 mm
Lebensraum	offene bis leicht schattige, blütenreiche Standorte
Flugzeit	Mai bis vermutlich Oktober
Nahrung	polyphag, verschiedene Wirtspflanzen
Eiablage	ab Mai, Eiablage an ihren Nahrungspflanzen

Binden-Keulert

Rhopalus subrufus

Der Binden-Keulert und ich haben scheinbar eine Gemeinsamkeit, wir lieben Storchschnabelgewächse. Etwa 430 verschiedene Arten bringt diese Pflanzengattung hervor, einige davon befinden sich in unserem Garten. Neben vielen weiteren Nahrungspflanzen bevorzugt der Binden-Keulert außerdem Lippenblütler. Wie alle Glasflügelwanzen ernährt er sich rein pflanzlich und saugt an reifen und unreifen Samen der Wirtspflanzen. Nach der Überwinterung als Imago beginnt ab Mai die Paarungszeit, ab Juli bis September können die Nachkommen beobachtet werden. Das Leben findet in der Krautschicht unterschiedlichster Lebensräume statt, die sonnig bis halbschattig, trocken oder auch mäßig feucht sein können. Über 200 Glasflügelwanzenarten sind weltweit bekannt, 15 kommen in Deutschland vor. Nicht eine dieser Arten zählt zu den Schädlingen in der Landwirtschaft.

Glasflügelwanze

Größe	6,5–7,7 mm
Lebensraum	offene bis halbschattige Lebensräume
Flugzeit	Mai - September
Nahrung	Pflanzensäfte unterschiedlicher Nahrungspflanzen, bevorzugt Storchschnäbel und Lippenblütler
Eiablage	ab Mai

Rotbrauner Stachler

Coriomeris denticulatus

Der Rotbraune Stachler gehört zu der Familie der Randwanzen, abgeleitet von dem meist stark verbreiterten Rand des Hinterleibs. Sie werden auch Lederwanzen genannt, da sie durch die meist mattbraune, teils körnig strukturierte Körperoberfläche ledrig erscheinen. Weltweit sind über 2000 Arten vertreten, in Deutschland wurden bislang 19 Arten erfasst. *Coriomeris denticulatus* ist rötlich braun gefärbt und zeigt an verschiedenen Stellen des Körpers wie an den Fühlern, den Beinen, am Kragen und an den Seitenrändern deutlich sichtbare, teilweise hell abgesetzte Borsten und Dornen. Sie leben an Hülsenfrüchtlern und sind in der sogenannten Krautschicht zu finden, das ist die an den Boden gebundene Vegetation mit Wuchshöhen bis ca. 1,5 Meter. Die Tiere überwinterten, tauchen ab Ende April auf und sind bis in den September zu beobachten. Die Eier werden an und unter den Nahrungspflanzen abgelegt, Nymphen schlüpfen ab Juni.

Randwanze

Größe	8-9,5 mm
Lebensraum	trockene, sonnige Lebensräume
Flugzeit	Ende April - September
Nahrung	Pflanzensäfte diverser Hülsenfrüchtler
Eiablage	ab Mai an den Nahrungspflanzen

Amerikanische Kiefernwanze

Leptoglossus occidentalis

Sie wird auch Nordamerikanische Zapfenwanze genannt, da sie zur Nahrungsaufnahme an Samen, Zapfen und Blüten von Nadelbäumen saugt. Kiefern, Douglasien, Fichten, Tannen und weitere Nadelbaumarten gehören zu ihren Nahrungspflanzen und sind zugleich ihr Lebensraum. Die aus dem Westen Nordamerikas, Kanadas und aus Mexiko stammende Wanzenart wurde 1999 erstmals in Europa nachgewiesen, seitdem hat sie sich weit verbreitet und wird auch in Deutschland seit 2006 dauerhaft gesichtet. In Plantagen zur Koniferen-Saatgutgewinnung kann sie den Ertrag mindern, eine direkte Schädigung der Bäume findet nicht statt. In unserem Garten besucht sie unter anderem die Kegelförmige Zuckerhutfichte. Die große, recht auffällige Wanze gibt bei ihren geschickten Flügen einen hummelähnlichen Summton ab und soll angeblich bei Berührung nach unreifen Bananen duften.

Randwanze

Größe	16-20 mm
Lebensraum	Lebensräume mit Nadelbaumbestand
Flugzeit	ab Mai
Nahrung	Samen und Blüten von Nadelgehölzen
Eiablage	Mai-Juni, im Blattgewebe von Gehölzen und krautigen Pflanzen

Rhombenwanze

Syromastus rhombeus

Ihre rhombische Körperform macht sie unverwechselbar. Sie ist gelblich braun gefärbt und mit dunkelbraunen feinen Punktgruben gesprenkelt. Ihre auffällig braunorange gefärbten Fühler sind am ersten und zweiten Fühlerglied dreikantig geformt, die Fühlerenden spindelförmig und schwarz. Zur Nahrungsaufnahme besucht sie Gewächse wie Bruchkräuter, Hornkräuter, Sandkräuter, Seifenkräuter, Leimkräuter oder Nelken. Sie saugt den Pflanzensaft ihrer Wirtspflanzen. Zwischen Juni und September schlüpfen die Larven aus ihren Eiern, die an Pflanzenstängeln oder im Streu unterhalb der Pflanzen abgelegt werden. Die Larven leben zunächst gut versteckt am Boden und krabbeln, sobald sie ausgewachsen sind, zu ihren Wirtspflanzen hinauf. Sie entwickeln sich zwischen Juni und September.

Randwanze

Größe	9,5-11,5 mm
Lebensraum	offene warme Lebensräume
Flugzeit	Ende Juli - Oktober
Nahrung	Pflanzensäfte von Nelkengewächsen
Eiablage	April - Juni, an den Stängeln ihrer Wirtspflanzen oder im Bodenstreu nahe der Pflanzen

Schillerwanze

Eysarcoris venustissimus

Der Dunkle Dickwanst, wie diese Wanze aufgrund ihres schildförmigen Körperbaus auch genannt wird, gehört in die Familie der Baumwanzen. Europaweit ist sie mit etwa 187 Arten vertreten, rund 70 Arten wurden bislang in Mitteleuropa gesichtet. *Eysarcoris venustissimus* gehört mit nur 6,5 Millimetern Körperlänge zu den kleineren Baumwanzen. Sie ist graubraun bis graugrün gefärbt, mit ihrem glänzend-kupferfarbenen Schildchen ist sie unverwechselbar. Ihre Nahrungspflanzen sind Lippenblütler wie Andorn, Hohlzahn, Schwarznessel, Wirbeldost, Ziest und weitere Lippenblütengewächse. Die Fotos zeigen eine Schillerwanze auf den Blüten der Jerusalemkerze *Phlomis russeliana*. Die Larven sind bis in den Spätsommer hinein zu finden, ausgewachsene Tiere der neuen Generation sind Anfang August unterwegs, bis sie einen Platz zum Überwintern gefunden haben.

Baumwanze	
Größe	4,5-6 mm
Lebensraum	Wälder, Gärten, Hecken, halbschattig und feucht
Flugzeit	Imagines sind das ganze Jahr über zu finden
Nahrung	Pflanzensäfte von Lippenblütlern
Eiablage	ab Mai, auf der Blattunterseite ihrer Wirtspflanzen

Grüne Reiswanze

Nezara viridula

Sie sieht als ausgewachsenes grün gefärbtes Tier der Grünen Stinkwanze sehr ähnlich, ein Unterscheidungsmerkmal ist die fehlende Schwarzfärbung der Punktierung. Die verschiedenen Larvenstadien der Grünen Reiswanze zeigen eine gänzlich abweichende Musterung zu *Palomena prasina*. Sie durchlaufen in ihrem Leben fünf Nymphenstadien, bei jeder Häutung verändert sich ihre Farbigkeit und die Zeichnung des Körpers. Erst bei ihrer letzten Häutunq bekommt sie ihre einheitlich grüne, braune, gelbe oder rötliche Erscheinung. Wanzen durchlaufen generell meist fünf, durch Häutungen getrennte Nymphenstadien. Die Grüne Reiswanze ernährt sich von diversen Pflanzen, über 30 verschiedene Pflanzenfamilien wurden nachgewiesen. Aufgrund klimatischer Veränderungen breitet sich die aus Ostafrika stammende Wanzenart auch in Deutschland aus. In ihrem natürlichen Verbreitungsgebiet gilt sie als wirtschaftlicher Schädling.

Baumwanze	
Größe	11,5-16,5 mm
Lebensraum	unterschiedlichste, warme Lebensräume
Flugzeit	Mai - Oktober
Nahrung	Pflanzensäfte, 30 verschiedene Pflanzenfamilien
Eiablage	auf der Blattunterseite der Nahrungspflanzen

Grüne Stinkwanze

Palomena prasina

Die Grüne Stinkwanze gehört vermutlich zu den häufigsten heimischen Baumwanzen. Eine weitere zum Verwechseln ähnliche Art neben der Grünen Reiswanze ist die seltenere *Palomena viridissima*. Anhand ihrer Fühlerglieder im ausgewachsenen Stadium können sie unterschieden werden. Die Glieder von *Palomena prasina* sind alle gleich lang, das zweite Fühlerglied von *Palomena viridissima* ist etwa 1,6 bis 2 Mal so lang wie das Dritte. Die im Frühjahr und Sommer grün gefärbten Tiere wechseln temperaturgesteuert im Herbst ihre Farbigkeit in braun bis rotbraun. Bei Gefahr kann sie ein übelriechendes Sekret absondern und damit ihre Fressfeine erfolgreich vertreiben. Sie findet ihren Lebensraum sowohl in Laubbäumen wie auch im Gebüsch oder an krautigen Pflanzen wie Brennnesseln oder Disteln. Obwohl sie in größerer Zahl in Gärten und auch auf landwirtschaftlichen Flächen auftauchen kann, gilt sie nicht als relevanter Schädling.

Baumwanze

Größe	11-14 mm
Lebensraum	diverse Lebensräume
Flugzeit	April - November
Nahrung	Säfte von Pflanzen, Beeren und Früchten
Eiablage	Mai - Juli, an Nahrungspflanzen geheftet

Graue Gartenwanze

Rhaphigaster nebulosa

Ihr Körper ist graubraun gefärbt und unregelmäßig gemustert, der Seitenrand abwechselnd schwarz gelblich gefleckt. Mit einer Körpergröße von bis zu 16 Millimetern gehört sie zu den größeren Vertretern der Baumwanzenfamilie. Sie saugt an unterschiedlichen Pflanzen, bevorzugt an Laubbäumen, Obstbäumen und Beerensträuchern. Wenn sich die Gelegenheit bietet, saugt sie an toten Insekten oder sticht Blattkäfer an. Sie mag sonnige Standorte mit Laubbaumbestand, bewohnt jedoch auch sonnig gelegene Krautschichten. Sie breitet sich in Deutschland vor allem im Siedlungsbereich aus, da sie keine hohen Ansprüche an ihren Lebensraum stellt und von der Erwärmung in unseren Städten profitiert. Wir finden sie in Gärten, Parkanlagen, auf Streuobstwiesen, an efeubewachsenen Wänden und in lichten Laubwäldern. Sie kann mit der sehr ähnlichen Marmorierten Baumwanze verwechselt werden, diese hat jedoch einen beinahe quadratischen Kopf.

Baumwanze

Größe	13,5-16 mm
Lebensraum	diverse Lebensräume
Flugzeit	Imagines sind das ganze Jahr über zu finden
Nahrung	Pflanzensäfte
Eiablage	spätes Frühjahr, an Pflanzen geheftet

Gemeine Feuerwanze

Pyrrhocoris apterus

Über 300 Feuerwanzenarten gibt es weltweit. Die Gemeine Feuerwanze ist eine von zwei in Deutschland vorkommenden Arten. Durch ihre auffällige, schwarzrote Färbung ähnelt sie der einige Seiten zuvor beschriebenen Zimtwanze. Durch die kreisrunden Flecken auf der Körperrückseite ist sie jedoch unverwechselbar. Meist kann man sie auf dem Boden krabbelnd beobachten, sie wandert auch in die obere Krautschicht hinauf oder in Bäume, um an verschiedenen Pflanzensamen zu saugen. Wirtspflanzen sind beispielsweise Malvengewächse wie Hibiskus, Eibisch, Stockrose, Wilde Malve und Weg-Malve, aber auch Lindenarten und die Robinie. An sonnigen Tagen können Hunderte gesellig am Fuß einer Pflanze wie einer Stockrose zusammenhocken, meist lösen sich ihre Zusammenkünfte recht schnell wieder auf. Sie gelten in unseren Gärten nicht als Schädlinge.

Feuerwanze	
Größe	9-11,5 mm
Lebensraum	offene, sonnige Lebensräume
Flugzeit	außer bei Frost das ganze Jahr über
Nahrung	Samen der Wirtspflanzen, tote Insekten, Insekteneier
Eiablage	April - Mai, in kleine Höhlungen im Boden, Weibchen bewachen das Gelege einen gewissen Zeitraum

Erdwanze

Sehirus luctuosus

Die Trivialbezeichnung Erdwanze ist auf die Lebensweise der meisten Arten innerhalb dieser Familie zurückzuführen. Viele leben im Erdboden, sie saugen an den Wurzeln ihrer Wirtspflanzen, die Weibchen legen ihre Eier auf dem Erdboden ab, in dem die Nymphen später aufwachsen. Ihre sensenförmigen Vorderschienen ermöglichen es ihnen, im Erdboden zu graben. Auch hier gibt es Ausnahmen, denn nicht alle Erdwanzen leben im Erdboden. Wanzen der Unterfamilie *Sehirinae* leben auf ihren Wirtspflanzen wie Lippenblütlern, Raublattgewächsen und weiteren Pflanzen wie beispielsweise Beinwell, Borretsch, Königskerze, Natternkopf, Ochsenzunge und Vergissmeinnicht. Ab Ende April bis in den Mai kann man die beinahe komplett schwarz gefärbten Wanzen bei der Paarung beobachten. Die Nymphen sind ab Juni in Bodennähe an ihren Nahrungspflanzen zu finden. Es gibt eine sehr ähnliche Art *Sehirus morio*, die kleiner ist und seltener vorkommt.

Erdwanze	
Größe	6,2-8,3 mm
Lebensraum	offene, trockene oft sandige Lebensräume
Flugzeit	April - Oktober
Nahrung	Pflanzensäfte von Raublattgewächsen
Eiablage	April-Mai in Bodennähe der Nahrungspflanzen

Bodenwanze

Scolopostethus decoratus

Bodenwanzen werden auch Langwanzen genannt, da sie einen langgestreckten oder langgestreckt-eiförmigen Körper besitzen. Von den 59 Arten, die in Europa vertreten sind, kommen etwa 23 Arten in Mitteleuropa vor. Sie sind häufig auf bestimmte Pflanzen spezialisiert. Nicht alle Bodenwanzen sind auch bodenbewohnend, es gibt Arten, die auf Pflanzen leben. *Scolopostethus decoratus* lebt am Erdboden nahe ihrer Nahrungspflanzen wie Heidekrautgewächse, Heidelbeere und weitere Pflanzen und Gehölze. Vermutlich saugt sie auch gelegentlich an toten oder lebenden Insekten. Von Ende April bis Juni legen die Weibchen ihre Eier auf den Wirtspflanzen ab, die Nymphen schlüpfen von Juni bis August. Sind die Temperaturen in den Wintermonaten mild, können die recht farbenfroh braun, schwarz und weiß gemusterten Wanzen das gesamte Jahr über beobachtet werden. Sie besiedeln bevorzugt trockene Lebensräume mit sandigen oder kalkhaltigen Böden.

Bodenwanze	
Größe	3,5-4,2 mm
Lebensraum	offene bis halbschattige Lebensräume
Flugzeit	Imagines sind das ganze Jahr über zu finden
Nahrung	Samensauger, Heidekrautgewächse, Heidelbeere
Eiablage	Ende April - Juni auf Wirtspflanzen

Malvenwanze

Oxycarenus lavaterae

2004 wurde deutschlandweit der erste Nachweis dieser Wanzenart aus der Oberrheinebene gemeldet. 2017 erfolgte der bisher nördlichste Nachweis im Kölner Raum. Seit 2019 ist diese ursprünglich aus dem westlichen Mittelmeerraum, aus Nordafrika und den Kanaren stammende Wanze, in unserem Garten an den Malvengewächsen zu finden. Hier besucht sie die Wilde Malve, die Moschus-Malve, einen Hibiskusstrauch oder unsere Stockrosen. Weitere Nahrungspflanzen sind Strauchpappeln, Eibisch, Haselsträucher und Linden. Daher wird sie auch Lindenwanze genannt. Im Herbst sind sie dabei zu beobachten, wie sie sich in größeren Kolonien zur Überwinterung an Lindenbäumen versammeln, dabei richten sie an den Bäumen keine Schäden an. Nahe unseres Gartens befindet sich ein öffentlicher Platz, der von einer großen Zahl alter Linden umsäumt ist.

Malvenwanze	
Größe	4,8-6 mm
Lebensraum	Lebensräume mit Linden- oder Malvenbestand
Flugzeit	in warmen Jahren das ganze Jahr über zu finden
Nahrung	Pflanzensäfte von Malvengewächsen, Linden
Eiablage	im Frühjahr in den Rindenritzen der Linden

Ca. **7.000**

Käferarten

sind in Deutschland bekannt

Grüner Scheinbockkäfer
Oedemera nobilis

Goliathkäfer
Goliathus

Käfer *Coleoptera*

Sie gelten weltweit mit über 350.000 beschriebenen Arten als die artenreichste Insektenordnung – jährlich kommen Hunderte neu entdeckte Arten hinzu. Bei dem Versuch, sich als Laie innerhalb dieser Artenvielfalt einen Überblick zu verschaffen, verliert man sich schnell in der Systematik und Ordnung der Familien und Gattungen.

Das Erscheinungsbild der unterschiedlichen Käferarten könnte nicht vielfältiger sein: Sie sind winzig klein wie der nur 0,5 Millimeter große Zwergkäfer *Baranowskiella ehnstromi*. (Wussten Sie, dass das kleinste allein lebensfähige Insekt der Welt ein Käfer ist? *Scydosella musawasensis* misst gerade mal 0,325 Millimeter.) Und sie sind groß und wehrhaft wie der Hirschkäfer. Er gehört zu den größten und auffälligsten Käfern Europas. Die Männchen können bis zu acht Zentimeter lang werden. Einer der extravagantesten Vegetarier unter den Käfern ist der Goliathkäfer. Obwohl er nur Blüten, Pflanzen und Obst zu sich nimmt, bringt er als Larve stattliche 110 Gramm auf die Waage. Dieses beachtliche Gewicht macht ihn zum schwersten Insekt überhaupt.

Auch Körperbau und Strukturierung der Körperoberflächen sind erstaunlich vielfältig. Die Lebensweise der jeweiligen Arten brachte unterschiedlichste Formen hervor. So können kugelige runde Käfer, die sich bei Gefahr einfach fallen lassen – da sie flugunfähig sind – sich schneller wieder aufrichten als flache Käfer. Flache Käfer können sich besser unter loser Rinde verstecken, als ihre kugeligen Verwandten. Die Flügeldecken der Tatzenkäfer sind in der Mitte zusammengewachsen, da sie nicht fliegen. Ihre auffälligen Tatzen zeigen deutlich, dass die großen, behäbigen Käfer zu Fuß unterwegs sind. Andere Käfer wie der rechts abgebildete Blattkäfer oder der Kupfer-Rosenkäfer sind durch besonders leuchtende Warnfarben so signifikant, dass potenzielle Fressfeinde ihre Giftigkeit deutlich erkennen und so vor ihnen gewarnt sind. Meist handelt es sich nur um die Vortäuschung falscher Tatsachen – die Nachahmung visueller Signale, um giftige Vorbilder zu imitieren, nennt man Schutzmimikry. Bei Marienkäfern verrät die Farbe der Deckflügel jedoch ihre tatsächliche Giftigkeit. Hier gilt: Je leuchtender, umso übler im Geschmack. Übel schmeckende Insekten werden sogleich wieder ausgespuckt. Vögel lernen schnell das Signal richtig einzuordnen und lassen nach einer schlechten Erfahrung leuchtend bunte Käfer einfach links liegen.

Laufkäferarten wie der rechts abgebildete Goldglänzende Laufkäfer ernähren sich räuberisch. Auf ihrem Speiseplan stehen Insekten, Gliederfüßer, Würmer, Schnecken, Raupen und auch Wirbeltiere wie Kaulquappen oder kleine Fische. Abfallverwerter wie der Mistkäfer ernähren sich von Kot. Aaskäfer fressen Aas. Dann gibt es noch Pilzfresser oder solche wie beispielsweise die Speckkäfer, die sich von Leder, Federn, Sehnen, Haaren und trockener Haut ernähren. Die pflanzenfressenden Käfer ernähren sich meist von Blättern, Blüten, Samen, Wurzeln oder Stängeln der Pflanzen. Fast jede organische Nahrungsquelle wird durch bestimmte Käferarten ausgeschöpft. Zu guter Letzt gibt es die holzfressenden Arten, die sich von Totholz oder von verwesenden Pflanzenteilen ernähren.

Käfer sind Nahrungsgrundlage für Vögel und Säugetiere, Schädlingsbekämpfer, Abfallverwerter und Bodenverbesserer. Ganz nebenbei erfüllt jeder dieser kleinen oder großen Käfer eine wichtige Aufgabe in unserem Ökosystem mit unentbehrlichen Nutzeffekten für das Leben auf unserer Erde.

Wir Gartenbesitzer sollten ihr Leben nicht einfach auslöschen, nur weil sie Löcher in unseren Pflanzen hinterlassen. Ändern Sie Ihre Perspektive, ändern Sie Ihr gewohntes Verhalten. Schauen Sie sich die Tiere genauer an. Die folgenden Seiten ermöglichen Ihnen, einen Blick auf die wunderbare Käfervielfalt eines kleinen Stadtgarten zu werfen. Nicht jeden kleinen Käfer, besonders die in Bodennähe lebenden Arten, konnte ich aufspüren. Aber schauen sie selbst...

Die hier abgebildeten Käferarten stammen nicht aus unserem Garten.

Von oben nach unten:
Kupfer-Rosenkäfer *Protaetia cuprea*
Blattkäfer *Oreina alpestris*
Tatzenkäfer *Timarcha tenebricosa*
Stolperkäfer *Valgus hemipterus*
Hirschkäfer *Lucanus cervus*
Goldglänzender Laufkäfer *Carabus auronitens*

31
Käferarten
konnte ich in unserem Garten entdecken

Marienkäfer

Siebenpunkt-Marienkäfer
Coccinella septempunctata

Schachbrett-Marienkäfer
Propylea quatuordecim-punctata

Trockenrasen-Marienkäfer
Coccinula quatuordecimpus-tulata

Veränderlicher Marienkäfer
Hippodamia variegata

Asiaticher Marienkäfer
Harmonia axyridis

Blatthornkäfer

Goldglänzender Rosenkäfer
Cetonia aurata

Trauer-Rosenkäfer
Oxythyrea funesta

Gartenlaubkäfer
Phyllopertha horticola

Gebänderter Pinselkäfer
Trichius fasciatus

Glattschieniger Pinselkäfer
Trichius gallicus o. sexualis

Rüsselkäfer

Weißpunktiger Schwertlilienrüssler
Mononychus punctumalbum

Dickmaulrüssler
Otiorhynchus veterator

Grüner Laubrüssler
Phyllobius maculicornis

Langrüssliges Stockrosen-spitzmäuschen
Rhopalapion longirostre

Blattrandkäfer
Sitona puncticollis

Blattkäfer

Schwarzköpfiger Wegerich-Erdfloh
Longitarsus melanocephalus

Rotbeiniger Malven-Erdfloh
Podagrica fuscicornis

Lilienhähnchen
Lilioceris lilii

Wollhaarkäfer

Zweifleckiger Zipfelkäfer
Malachius bipustulatus

Schwarzkäfer

Gemeiner Wollkäfer
Lagria hirta

Grüner Laubrüssler
Phyllobius maculicornis

Bockkäfer

Echter Widderbock
Clytus arietis

Grüner Scheinbockkäfer
Oedemera nobilis

Grünlicher Scheinbockkäfer
Oedemera lurida

Gefleckter Schmalbock
Rutpela maculata

Rothalsbock
Stictoleptura rubra

Speckkäfer

Wollkrautblütenkäfer
Anthrenus verbasci

Blattkäfer

Erdfloh
Altica spec.

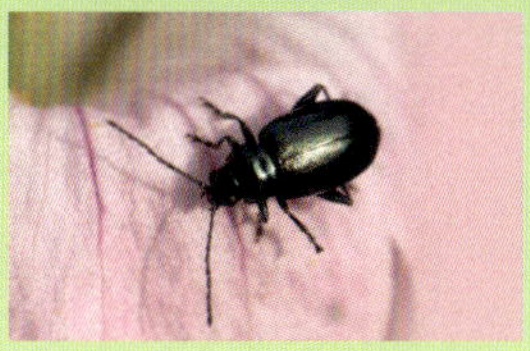

Ginster Samenkäfer
Bruchidius villosus

Querbindiger Fallkäfer
Cryptocephalus moraei

Hellrandiger Langfuß-Erdfloh
Longitarsus dorsalis

Stachelkäfer

Gebänderter Stachelkäfer
Variimorda villosa

Veränderlicher Marienkäfer
Hippodamia variegata

Marienkäfer *Coccinellidae*

Sie heißen Sonnenscheinchen, Himmelskäferlein, Glückskäferle, Himmelmietzchen, Flimmflämmche oder Muttergotteskindchen. Die Liste der Kosenamen für einen der beliebtesten und bekanntesten Käfer ist lang, denn das kleine, farbenfrohe Tier gilt als Glückssymbol, und das nicht erst seit jüngster Zeit. In der Dordogne in Frankreich fand man einen 1,5 Zentimeter großen, aus Mammutelfenbein geschnitzten Marienkäfer, der vor etwa 20000 Jahren gefertigt und vermutlich als glücksbringender Anhänger getragen wurde. Man hielt Marienkäfer für ein Geschenk Muttergottes, denn ihr großer Appetit auf Blatt- und Schildläuse nutzte der Landwirtschaft und brachte gute Ernten ein.

Als Nutztier geschätzt, wurde der Käfer fortan gezielt zur Schädlingsbekämpfung eingesetzt. Das brachte nicht nur Vorteile. Zwar verzeichnete man bereits 1889 in Kalifornien erste Erfolge in der biologischen Schädlingsbekämpfung durch australische Marienkäfer *Rodolia cardinalis*, die zu diesem Zweck importiert wurden. Die späteren Probleme für das Ökosystem waren jedoch nicht vorhersehbar, denn die Tiere breiteten sich rasant aus. Heute sind sie dort, wo man sie einsetzte, nahezu flächendeckend verbreitet.

In Europa sollte der Asiatische Marienkäfer *Harmonia axyridis* bei der Schädlingsbekämpfung helfen. Seit Ende des 20. Jahrhunderts breitet sich die Art auch hier erfolgreich aus. Das massenhafte Auftreten der vielfältig bunt gefärbten Käfer kann dazu führen, dass einheimische Marienkäfer- und Insektenarten verdrängt werden. Denn der Appetit des *Harmonia axyridis* ist besonders groß. Er kann 100 bis 270 Blattläuse täglich fressen, unser heimischer Siebenpunkt-Marienkäfer schafft gerade mal 50 bis 70 am Tag! Da er neben Blattläusen auch andere weichschalige Insekten, Insekteneier, Larven oder auch Marienkäfereier, -larven und -puppen frisst, wird der kleine Vielfraß zum Problem. Auch in unserem Garten begegne ich meist den Asiatischen Marienkäfern und seltener den bei uns heimischen Marienkäferarten. Dabei ist es nicht immer einfach zu erkennen, welche Art man gerade vor sich hat. Der Harlekin Marienkäfer, wie *Harmonia axyridis* auch genannt wird, ist extrem variabel in seiner Färbung und Erscheinung. Besonders charakteristisch ist der oftmals hell-gelblich gefärbte Halsschild, der mittig ein schwarzes M oder ein W trägt.

Etwa 80 verschiedene heimische Marienkäferarten gibt es deutschlandweit. Europaweit geht man von 250 Arten und Unterarten aus 75 Gattungen aus. Die nebenstehenden Illustrationen einer kleinen Auswahl an Marienkäferarten soll zeigen, wie farbenfroh und vielfältig einzelne Arten ausgestattet sind. Dabei habe ich eine willkürliche Auswahl getroffen. Es hat jedenfalls großen Spaß gemacht, diese hübschen Käfer zu illustrieren.

Zweipunkt-Marienkäfer
Adalia bipunctata
rote Variante
3,5 - 5,5 mm

Zweipunkt-Marienkäfer
Adalia bipunctata
schwarze Variante
3,5 - 5,5 mm

Siebenpunkt-Marienkäfer
Coccinella septempunctata
6 - 8 mm

Augen-Marienkäfer
Anatis ocellata
8 - 9 mm

Vierzehnpunkt-Marienkäfer
Propylea quatuordecimpunctata
3,5 - 4,5 mm

Zweiundzwanzigpunkt-Marienkäfer
Psyllobora vigintiduopunctata
3 - 4,5 mm

Sechzehnfleckiger Marienkäfer
Halyzia sedecimguttata
5 - 7 mm

Asiatischer Marienkäfer
Harmonia axyridis
6 - 8 mm

Siebenpunkt-Marienkäfer

Coccinella septempunctata

Sie gehören zu unseren häufigsten heimischen Marienkäfern und gelten daher auch als die bekanntesten ihrer Art. Mit ihren sieben schwarzen Punkten auf den leuchtend roten Deckflügeln, dem schwarzen Kopf und Halsschild sind sie leicht zu bestimmen. Vier weitere weiße Flecken tragen sie im Gesicht und auf dem Halsschild. Übrigens zeigt die Anzahl der Punkte nicht das Alter der Käfer an, unterschiedlich gepunktete Käfer gehören unterschiedlichen Arten an, sodass recht häufig ihr Artenname die Anzahl der Punkte trägt. Der Siebenpunkt-Marienkäfer frisst Blattläuse und Schildläuse, daher gilt er als freundlicher Nützling und ist in Gärten ein gern gesehener Gast. Nach der Paarung legt das Weibchen bis zu 400 Eier bevorzugt an Pflanzen ab, die von Blattläusen befallen sind.

Marienkäfer	
Größe	5,2-8 mm
Lebensraum	offenes als auch bewaldetes Gelände wie Wälder, Wiesen, Raine und Gärten
Flugzeit	Frühjahr - Spätherbst
Nahrung	Blatt- und Schildläuse
Larvennahrung	Blatt- und Schildläuse, Eier des eigenen Geleges

Schachbrett-Marienkäfer

Propylea quatuordecimpunctata

Auch der Vierzehnpunkt-Marienkäfer, so wird der Schachbrett-Marienkäfer ebenfalls genannt, gilt als einer unserer häufigsten Marienkäferarten. Er begegnet mir jedoch bei Weitem nicht so häufig wie der Siebenpunkt-Marienkäfer. In all den Jahren der Fotorecherche im eigenen Garten ist er mir nur wenige Male vor die Kamera gekrabbelt. Die Abbildungen der vier verschiedenen Käfer zeigen anschaulich, wie unterschiedlich variantenreich das schachbrettartige Muster seiner Deckflügel ausfallen kann. Es heißt, diese Art wurde in weit über 100 unterschiedlichen Farb- bzw. Musterungsvarianten festgehalten. Eines haben alle in ihrer unglaublichen Formenvielfalt gemeinsam: vierzehn Punkte. Diese können jedoch auch mal schwarz statt gelb sein.

Marienkäfer	
Größe	3,5-4,5 mm
Lebensraum	auf Laubhölzern und krautigen Pflanzen, Wiesen, Felder, Wälder, Gärten und Parkanlagen
Flugzeit	März - Oktober
Nahrung	Blattläuse
Larvennahrung	Blattläuse

Trockenrasen-Marienkäfer

Coccinula quatuordecimpustulata

Zwischen April und Mitte September ist dieser ebenfalls vierzehnfleckig gezeichnete Marienkäfer unterwegs. Als wärmeliebende Art halten sich die Tiere gerne auf Trockenrasen, in sandigen Gebieten und an sonnigen Kahlschlägen auf. Wie fast alle Marienkäferarten frisst auch er Blattläuse. Er hat jedoch besondere Vorlieben für spezielle Blattläuse wie die Grüne Zwetschgenblattlaus. Zwetschgenblattläuse befallen Zwetschgen, Pflaumen und weitere *Prunus*-Arten. Auch der Gemeine Birnenblattsauger gehört zu den Leibspeisen des kleinen Käfers. Vielleicht findet dieser schöne Marienkäfer das Nahrungsangebot unseres Gartens so interessant, dass er auf Ruderal- und Trockenflächen verzichten kann. Er findet hier Pflaume und Birne und damit seine bevorzugten Leckerbissen.

Marienkäfer	
Größe	3-4 mm
Lebensraum	bevorzugt trockene Standorte, Trockenrasen, sandige Gebiete, Feldraine, Waldränder, Kahlschläge
Flugzeit	April - Mitte September
Nahrung	Blattläuse
Larvennahrung	Blattläuse

Veränderlicher Marienkäfer

Hippodamia variegata

Sie werden auch Variabler Flach-Marienkäfer genannt, da sie einen nur wenig gewölbten, in seiner Färbung sehr variablen Körper besitzen. Die beiden Aufnahmen zeigen, dass die Käfer entweder sechs schwarze Punkte je Deckflügel im unteren Bereich tragen oder, wie auf der unteren Abbildung zu sehen, nur drei kleinere Punkte. Charakteristisch ist die weiße, kronenförmige Zeichnung auf dem schwarzen Halsschild und die beidseits weißen Flecken auf dem Schildchen. Ihr Körper ist länglich geformt. Auch sie ernähren sich von Schild- und Blattläusen und sind recht häufig in Gärten anzutreffen. Man trifft ihn jedoch seltener, als den Siebenpunkt- oder den Zehnpunktmarienkäfer. Zur Überwinterung kommen sie nicht in unsere Häuser, sie überwintern als ausgewachsene Käfer im Boden, in Moospolstern oder Bodenstreu.

Marienkäfer	
Größe	3-5,5 mm
Lebensraum	Wiesen, Gebüsche, Gärten, Waldränder, Felder
Flugzeit	April - Oktober
Nahrung	Schild- und Blattläuse
Larvennahrung	Schild- und Blattläuse

Asiatischer Marienkäfer

Harmonia axyridis

Dieser asiatische Neubürger fühlt sich überall dort wohl, wo es Blattläuse gibt. Scheinbar lebt er besonders gerne in unseren Städten und Gärten, denn die guten Überwinterungsmöglichkeiten in Gebäuden aller Art und das reiche Nahrungsangebot sichern sein Überleben. Der Asiatische Marienkäfer ist mit einer außergewöhnlich guten Infektionsabwehr ausgestattet und daher weniger anfällig für Krankheiten als mitteleuropäische Arten. Ein Parasitenbefall, der bei unseren heimischen Marienkäfern zum Tod führt, macht ihm nichts aus. Er hat nur wenige natürlichen Feinde, da er bei Gefahr, wie die meisten Marienkäferarten, eine übelschmeckende Flüssigkeit abgeben kann, die scheinbar nur den Waldwächter *Arma custos* nicht abschreckt. Eine Baumwanze, die sich räuberisch von Insekten wie Käfern und deren Larven ernährt.

Derart ausgestattet ist der Harlekin-Marienkäfer in der Lage, einheimische Marienkäferarten und auch andere Insektenarten zu verdrängen. In unserem Garten ist er bereits sehr viel häufiger zu beobachten, als unsere heimischen Arten.

Es ist nicht immer einfach, ihn sicher zu bestimmen, da die Käfer in sehr vielen variablen Färbungen vorkommen. Die Färbung der Flügeldecken kann gelb, orange, rot oder schwarz sein, sie tragen helle oder dunkle Punkte. Auch die Anzahl der Punkte kann zwischen 0 und 21 Punkten ganz unterschiedlich ausfallen. Der Halsschild, im großen Bild links sehr schön zu sehen, ist in der Regel hell-gelblich gefärbt und trägt mittig eine Zeichnung, die wie ein M oder ein W erscheint.

Asiatische Marienkäfer fressen im Vergleich zu ihren europäischen Artgenossen täglich etwa die fünffache Menge an Blattläusen. Werden sie nicht satt, fressen sie die Eier anderer Insekten. Es ist also gut, Blattläuse im eigenen Garten nicht zu bekämpfen, um heimische Marienkäferarten zu schützen!

Marienkäfer	
Größe	6-8 mm
Lebensraum	Wiesen, Gebüsche, Gärten, Waldränder, Felder
Flugzeit	April - Oktober/November
Nahrung	Schild- und Blattläuse, kleine Insekten, Insekteneier
Larvennahrung	Schild- und Blattläuse, kleine Insekten, Insekteneier

Goldglänzender Rosenkäfer

Cetonia aurata

Ein auffallend großer, variabel metallisch glänzend gefärbter Rosenkäfer. Die Färbung seiner Deckflügel kann metallisch grün, blaugrün, blauviolett, golden oder bronzefarben sein. Weiße, fleckige Querrillen zeichnen sich ab, als seien es Alters- oder Kampfspuren. Die Körperunterseite ist rotgolden gefärbt. Ausgewachsene Käfer ernähren sich von Pollen und Nektar verschiedener Blühpflanzen. Zur Nahrungsaufnahme sitzen sie gerne in blühenden Hecken und Sträuchern. Ihre Eier platzieren sie bevorzugt in modrigem Holz, in Komposthaufen oder manchmal auch in Ameisenhaufen. Die ausgewachsen etwa 50 Millimeter langen Larven verpuppen sich in einem Kokon aus Erdreich und Holzfasern, um nach einer Entwicklungszeit von etwa zwei Jahren zu schlüpfen.

Blatthornkäfer

Größe	14-20 mm
Lebensraum	Wiesen, Gebüsche, Gärten, Waldränder
Flugzeit	April - September
Nahrung	Pollen und Nektar von blühenden Sträuchern wie Weißdorn, Holunder, Rose, sowie von Doldenblütlern und Obstgehölzen
Larvennahrung	verrottetes Holz und andere organische Stoffe

Trauer-Rosenkäfer

Oxythyrea funesta

Der wärmeliebende Rosenkäfer galt vor nicht all zu langer Zeit in Deutschland als sehr selten und wurde 1998 in die Rote Liste der stark gefährdeten Käferarten aufgenommen. Seit etwa 25 Jahren breitet sich der Trauer-Rosenkäfer wieder erfolgreich von Südwestdeutschland ausgehend bis in den Norden Deutschlands aus. Nun hat er auch den Weg in unseren Garten gefunden, worüber ich mich sehr freue. Er besucht auf der Suche nach Pollen einheimische Stauden und blühende Sträucher. Man findet ihn häufig auf Korb- und Doldenblütlern wie beispielsweise Distel, Flockenblume, Habichtskraut, Hahnenfuß, Löwenzahn, Margerite, Wildrose, Skabiose oder Weißdorn. Die Eier werden im Boden nahe den Wurzeln ihrer Nahrungspflanzen abgelegt. Die bis zu 30 Millimeter langen Larven verpuppen sich im Boden und erscheinen erst im kommenden Frühjahr. Entgegen einigen Falschinformation aus dem Internet: Er gilt nicht als Schädling!

Blatthornkäfer

Größe	8-12 mm
Lebensraum	Waldsäume, blütenreiche Wiesen, Gärten
Flugzeit	April - Ende Juli
Nahrung	Pollen von Korb- und Doldenblütlern
Larvennahrung	Pflanzenwurzeln

Gartenlaubkäfer

Phyllopertha horticola

Dieser kleine, dem Maikäfer ähnliche Vertreter hat es nicht leicht. Er wird von vielen Gartenbesitzern als Schädling eingestuft, dabei verursacht er kaum nennenswerte Schäden. Bei meinen Recherchen fand ich unzählige Webseiten, die beschreiben, wie man Käfer und Larven dieses „Schädlings" vernichten kann. Sicher ist er so verhasst, da er sich im Larvenstadium neben Humuspartikeln von Gräserwurzeln ernährt und so die Optik des perfekten grünen Rasens stört. Dabei kommt es selbst bei zahlreichem Auftreten der Larven nicht zu größeren Schäden. In naturnahen Gärten wie dem unseren, fällt er allein durch seine Schönheit auf. Schäden erkenne ich keine und die Blattfraßspuren dieser kleinen Käfer mindern keineswegs den Wert unserer Pflanzen und Bäume.

Blatthornkäfer

Größe	8-11 mm
Lebensraum	offene Habitate wie Wiesen, Felder, Gärten, Hecken, Waldränder
Flugzeit	Ende Mai - Anfang Juli
Nahrung	Blätter von Eiche, Hasel, Birke, Kirsche, Himbeere, Erdbeere und Rosenblüten
Larvennahrung	Pflanzenwurzeln, insbesondere Graswurzeln

Gebänderter Pinselkäfer

Trichius fasciatus

Vom weitem könnte man den hummelartig gedrungenen, dicht behaarten Käfer für eine recht große Hummel halten. Die auffällig schwarze Zeichnung auf den gelblich bis orangefarbenen Flügeln scheint zu signalisieren: Ich bin gefährlich wie eine Wespe oder so wehrhaft wie eine Hummel! Ein Schutz vor Fressfeinden. Die Larven ernähren sich überwiegend von morschem Holz verschiedener Laubbaumarten. Die ausgewachsenen Käfer fressen den Pollen diverser Blühpflanzen wie beispielsweise Brombeere, Rose, Distel und Doldengewächse. Da diese wunderschöne Käferart eher an Waldlichtungen im Bergland und seltener im Flachland anzutreffen ist, ist meine Freude groß, ihn regelmäßig in unserem Garten begrüßen und fotografieren zu dürfen. Er besucht bevorzugt die Kugeldisteln unseres Gartens.

Blatthornkäfer

Größe	9-12 mm
Lebensraum	Waldlandschaften mit Laubholzanteilen, Waldsäume mit blütenreichen Wiesen, im Flachland selten
Flugzeit	Mai - Anfang September
Nahrung	Pollen diverser Blühpflanzen wie Doldengewächse, Rosen, Brombeersträucher und Disteln
Larvennahrung	Totholz und andere organische Pflanzenteile

Glattschieniger Pinselkäfer

Trichius gallicus (oder Trichius sexualis)

In Europa kommen drei Pinselkäferarten vor, die sich äußerlich sehr ähnlich sind. Sie unterscheiden sich nicht etwa durch die Zeichnung der Flügeldecken, diese kann recht variabel ausfallen. Entscheidende Merkmale befinden sich am mittleren Beinpaar an der Mittelschiene und an der Hinterleibsunterseite. Die Mittelschiene des Gebänderten Pinselkäfers ist am Außenrand gekerbt und läuft deutlich in einen spitzen Zahn aus, die des Glattschneidigen Pinselkäfers und des Südöstlichen Pinselkäfes sind glatt. Es könnte sich hier ebenso um den Südöstlichen Pinselkäfer handeln. Diese beiden Arten werden eindeutig über ihre weißliche Beschuppung an der Hinterleibsunterseite unterschieden. Leider zeigen die Aufnahmen dieses Detail nicht. *Trichius gallicus* gilt als eine wärmeliebende Käferart und ist in fast allen Bundesländern vertreten, hauptsächlich in der Norddeutschen Tiefebene.

Blatthornkäfer

Größe	10-12 mm
Lebensraum	wärmeliebend, Offenland, Gebüsch- und Waldsäume
Flugzeit	Mai - August
Nahrung	Pollen diverser Blühpflanzen wie Doldengewächse, Brombeere, Rainfarn, Rosengewächse, Korbblütler
Larvennahrung	Totholz und andere organische Pflanzenteile

Echter Widderbock

Clytus arietis

Ein auffällig gezeichneter Bockkäfer, der vor allem Laubwälder vom Flachland bis in das niedrige Bergland besiedelt. In unseren Gärten kommt er ebenfalls recht häufig vor, vorausgesetzt er findet genügend abgestorbenes Holz oder alte Bäume, um seine Eier dort abzulegen. Die Eier werden bevorzugt in trockenen Ästen und in morschem Holz verschiedener Laubbäume wie Eiche, Buche, Edelkastanie, Birke, Weide und in Obstgehölzen versteckt. Bis zu ihrer Verpuppung fressen die Larven sich in das Holz hinein, um nach zwei Jahren, in der Regel ab Mai, zu schlüpfen. Der fertige Käfer hat eine Lebenserwartung von etwa sechs bis acht Wochen. Zur Nahrungsaufnahme fliegen die Tiere bevorzugt Doldenblütler wie beispielsweise die Wilde Möhre oder die Wald-Engelwurz an.

Bockkäfer

Größe	7-14 mm
Lebensraum	Obstwiesen, Waldränder, Waldwege, Feldgehölze, Gärten, Hecken
Flugzeit	Mai - Juli
Nahrung	Blütenpollen und Nektar, Weißdorn, Doldenblütler
Larvennahrung	Totholz, Ahorn, Eiche, Roteiche, Esskastanie, Obsthölze, Rotbuche und Weißdorn

Grüner Scheinbockkäfer

Oedemera nobilis

Der Grüne Scheinbockkäfer ist auch als Blaugrüner Schenkelkäfer bekannt, weil das Männchen wie die meisten dieser Art auffallend dicke Oberschenkel besitzt. Abgebildet sind zwei Weibchen, das Männchen ist mir leider nicht begegnet. Im unteren Bild zeigt das Weibchen den ausgefahrenen Legerüssel, obwohl es hier auf der Blüte keine Eiablage beabsichtigt. Die Eier werden nicht einfach auf einer Blüte abgelegt, sondern im Mark trockener Krautstängel oder in altem, abgestorbenem Holz versteckt. Im Herbst verlassen die Larven ihren Geburtsort, um sich im Boden zu verpuppen. Obwohl sie bereits im Herbst fertig entwickelt sind, bleiben sie bis zum nächsten Frühjahr zur Überwinterung in ihrer Puppenwiege und schlüpfen dann erst aus ihrem Versteck im Erdboden.

Scheinbockkäfer	
Größe	8-15 mm
Lebensraum	Blühwiesen, Gärten, Waldränder und Lichtungen
Flugzeit	April - August
Nahrung	Pollen und Nektar
Larvennahrung	Pflanzenmark, morsches Holz wie Buche, Birke, Eiche, Weißdorn, selten auch Nadelholz, Mark der Sonnenblumenstängel, abgestorbene Kräuter

Grünlicher Scheinbockkäfer

Oedemera lurida

Der Grünliche Scheinbockkäfer hat einen ähnlich gestreckten Körper wie der Grüne Scheinbockkäfer, er ist jedoch durch die dunkelgraugrüne, manchmal bläuliche Färbung nicht zu verwechseln. Zudem ist er mit einer Körpergröße bis maximal sieben Millimetern sehr viel kleiner. Über seine Größe ist er relativ sicher zu bestimmen, denn es gibt in dieser Gattung einige sehr ähnliche Arten, *Oedemera lurida* ist die Kleinste von ihnen. Die Abbildungen zeigen den eher unscheinbaren Käfer auf den zierlichen Blüten des Maiblumenstrauches, denn die adulten Tiere ernähren sich von Blütenpollen und Nektar. Zwischen Mai und Juli kann man die recht häufige Art an Waldrändern, auf Lichtungen oder auf blumenreichen Wiesen antreffen. Die Larven ernähren sich vom Pflanzengewebe ihrer Geburtsstätte.

Scheinbockkäfer	
Größe	4,5-7 mm
Lebensraum	Blühwiesen, Gärten, Waldränder und Lichtungen
Flugzeit	Mai - Juli
Nahrung	Pollen und Nektar
Larvennahrung	Pflanzengewebe, morsches Holz, Mark trockener Krautstängel, abgestorbene Kräuter

Weibchen

Männchen

Gefleckter Schmalbock

Rutpela maculata

Jedes Jahr darf ich ab Anfang Juni diese schön gefärbten Bockkäfer bei der Brautschau und oft auch bei der Paarung beobachten. Treffpunkt ist immer ein Wildrosenstrauch unseres Gartens mit rosafarbenen Blüten. Eine besonders schöne Farbkombination, bei der die gelbschwarzen Käfer ganz wunderbar hervorstechen. Trotz ihrer Körpergröße von immerhin vierzehn bis zwanzig Millimetern gehören sie nicht zu den größten Bockkäfern, sie fallen dennoch aufgrund ihrer Größe und Farbigkeit schnell ins Auge. Der größte Bockkäfer, der Mulmbock *Ergates faber,* misst etwa sechs Zentimeter Körperlänge, der kleinste Kleinbock *Gracilia minuta* maximal sieben Millimeter. Die Familie der Bockkäfer gehört zu den größten und vielfältigsten Käfergruppen weltweit.

Bockkäfer	
Größe	14-20 mm
Lebensraum	Waldränder, Laubwälder, Wiesen, Felder, Gärten
Flugzeit	Ende Mai - Anfang September
Nahrung	Pollen und Nektar, mit einer Vorliebe für Doldenblütler, Rosen, Brombeeren und Himbeeren
Larvennahrung	Morsches, verpilztes Holz: Buche, Birke, Eiche, Weißdorn, selten auch Nadelholz

Rothalsbock

Stictoleptura rubra

Ähnlich groß wie der Gefleckte Schmalbock und ebenso auffällig ist der Rothalsbock. Wie die Aufnahmen oben zeigen, unterscheiden sich Weibchen und Männchen in ihrer Färbung deutlich voneinander. Die Weibchen tragen den namensgebenden rotbraunen Halsschild und rotbraune Flügeldecken, die Männchen tragen hingegen einen schwarzen Halsschild und ockergelbe Flügeldecken. Die Männchen sind schlanker und etwas kleiner als die Weibchen. Da sie ihre Larven in feuchtem, verpilztem Totholz von Nadelhölzern wie Fichte und Kiefer ablegen, trifft man den Rothalsbock in Waldnähe oder in Gärten mit Nadelbaumbestand und einem Blütenangebot von Dolden- oder Korbblütlern an. Die Entwicklungszeit der Larven beträgt zwei Jahre. Sie verpuppen sich in Holzrandnähe.

Bockkäfer	
Größe	10-19 mm
Lebensraum	Nadelwälder, Waldränder, Holzschläge, Gärten
Flugzeit	Ende Mai - September
Nahrung	Pollen, Nektar, Blütenteile bevorzugt von Dolden- und Korbblütlern
Larvennahrung	Fichte, Kiefer, seltener Tanne und Lärche, Obstgehölze, Esskastanie, Rotbuche und Weißdorn

Weißpunktiger Schwertlilienrüssler

Mononychus punctumalbum

Dieser Rüsselkäfer gehört mit seiner kugeligen, kurzovalen Gestalt und dem gebogenen Rüssel zu den lustigsten Funden unter den Käfern unseres Gartens. Ich freue mich jedes Jahr auf diese witzigen kleinen Gestalten. Schwertlilienrüssler sind auf Schwertlilien, insbesondere auf die Sumpf-Schwertlilie spezialisiert, sie suchen aber auch andere Irisarten für die Eiablage auf. Die Weibchen bohren im Juli mit ihrem Rüssel ein Loch in die Fruchtkörper der Schwertlilien und legen ihre Eier direkt in die Samen ab. Die Larven entwickeln sich gut geschützt im Inneren der Blütenfrucht, verpuppen sich im Spätsommer und schlüpfen rechtzeitig, bevor die Früchte aufplatzen und die reifen Samen freisetzen. Die Käfer überwintern im Bodenstreu. Sie bringen nur eine Generation pro Jahr hervor.

Rüsselkäfer

Größe	3,8-5,2 mm
Lebensraum	Wiesen, Felder, Gärten, Hecken, Waldränder
Flugzeit	Mitte April - Anfang Oktober
Nahrung	Schwertlilien und Irisarten
Larvennahrung	Samenfrucht der Schwertlilien und Irisarten

Dickmaulrüssler

Otiorhynchus veterator

Die überwiegend phytophagen Rüsselkäfer, sie nehmen Nahrung verschiedenster Herkunft an, sind in Deutschland mit ca. 950 Arten vertreten. Sie lassen sich in zwei große Gruppen unterteilen. In kurzrüsslige, meist flugunfähige Arten und in langrüsslige, geflügelte Arten. Dieser kurzrüsslige Käfer gehört zu der Untergattung *Otiorhynchus*, diese halten sich überwiegend am Boden oder in der unteren Krautschicht auf, sind flugunfähig und nicht auf bestimmte Wirtspflanzen spezialisiert. Sie ernähren sich von Bodenstreu, in der sie gut versteckt leben und fressen unterschiedliche Pflanzen. An ihren Wirtspflanzen hinterlassen sie oft charakteristische Fraßkerben. Die meist am Boden lebenden Käfer sind dort gut getarnt, da ihre Erscheinung, Färbung und Struktur die ihres Aufenthaltsortes nachahmt.

Rüsselkäfer

Größe	7-8 mm
Lebensraum	Magerrasen, Wälder, Brachen und Ruderalflure, Sümpfe und Stillgewässer
Flugzeit	unbekannt die Fotos stammen von Anfang Juni
Nahrung	Bodenstreu und unterschiedliche Pflanzen
Larvennahrung	evtl. Pflanzenwurzeln

Grüner Laubrüssler

Phyllobius maculicornis

Dieser leuchtend blaugrün beschuppte Rüsselkäfer gehört zu der Gattung der Grünrüssler *Phyllobius*. Die Käfer dieser Gattung sind meist kleiner als ein Zentimeter. Mit nur vier bis sechs Millimetern Körpergröße ist dieser Laubrüssler zwar recht klein, aber durch seine wunderschöne Färbung ebenso auffällig. Die leuchtend bläulichgrüne Beschuppung wird mit zunehmendem Alter abgewetzt, sodass mit der Zeit die schwarze Farbe des Chitins immer mehr zum Vorschein kommt. Der Rüssel wirkt von oben gesehen rechteckig und ist beinahe so breit wie der restliche Kopf. Sie sind nicht auf bestimmte Pflanzen spezialisiert und ernähren sich von Blättern verschiedener Bäume, Sträucher und krautigen Pflanzen. Die Larvenentwicklung erfolgt im Boden. Die Larven ernähren sich von Pflanzenwurzeln diverser Pflanzen.

Rüsselkäfer	
Größe	4-6 mm
Lebensraum	Wiesen, Felder, Gärten, Hecken, Waldränder, Laubholzgebüsch
Flugzeit	Ende April - Mitte Juni
Nahrung	unterschiedliche Pflanzen häufig an Weißdorn
Larvennahrung	Wurzeln verschiedener Sträucher

Langrüssliges Stockrosen-spitzmäuschen

Rhopalapion longirostre

Rüsselkäferweibchen nutzen ihren langen Rüssel, um kleine Kanäle in die Knospen ihrer Wirtspflanzen zu bohren, darin verstauen sie drei bis vier Eier. Bereits nach etwa drei Tagen schlüpfen die Larven. Diese nagen Fraßgänge zum Fruchtknoten der Malve, um sich von deren Pollen, Pflanzensäften und Samen zu ernähren. In der leeren Samenkapsel findet die Verpuppung statt. Die Entwicklung zum ausgewachsenen Käfer dauert etwa vier bis sechs Wochen. Da wir viele Stockrosen in unserem Garten haben, gibt es auch viele dieser kleinen Käfer. Bislang konnte ich keinen Blütenschwund feststellen, die kleinen Löcher in den Blättern der Stockrose stören mich nicht. Möchten Sie Ihre Pflanzen schützen, sammeln Sie rechtzeitig die Käfer ab. Nutzen sie bitte keine Spritzmittel, die andere Insekten töten könnten.

Rüsselkäfer	
Größe	2,2-3,5 mm (ohne Rüssellänge)
Lebensraum	Gärten und sonstige Flächen mit Stockrosenbestand
Flugzeit	April - Oktober
Nahrung	Blätter der Stockrosen
Larvennahrung	Samen der Stockrosen

Blattrandkäfer

Sitona puncticollis oder Sitona lepidus

Blattrandkäfer sind etwa 4-8 Millimeter große, längliche Käfer mit gut entwickelten Schultern und meist parallelseitigen Flügeldecken. Etwa 25 Arten sind aus Mitteleuropa bekannt. Die Larven wie auch die ausgewachsenen Käfer der Gattung *Sitona* leben an Hülsenfrüchtlern. Sie fressen besonders bei Nacht ovalrunde Ausschnitte in die Blätter ihrer Nahrungspflanzen. Die jungen Larven leben in den Wurzelknöllchen ihrer Wirtspflanzen, die älteren Larven ernähren sich von der Außenseite der Wurzeln. Zu ihren Wirtspflanzen zählen beispielsweise verschiedene Kleearten, Ginster, Luzerne, Ackerbohne und Platterbsen. Ob es sich bei den abgebildeten Blattrandkäfern um *Sitona puncticollis* oder *Sitona lepidus* handelt, ist anhand der Fotos leider nicht eindeutig zuzuordnen. Den abgebildeten Käfer fand ich Ende März nahe unserer Platterbse, an dessen Blatträndern ich ovale Ausschnitte entdeckte. Der Wuchs der Pflanze wurde nicht beeinträchtigt.

Rüsselkäfer	
Größe	5-6 mm
Lebensraum	verschiedene Lebensräume mit Fabaceae Beständen
Flugzeit	Frühling - Spätsommer
Nahrung	Blätter ihrer Nährpflanzen, Fabaceae
Larvennahrung	leben an Fabaceae und benagen die Wurzeln

Wollkrautblütenkäfer

Anthrenus verbasci

Der Wollkrautblütenkäfer, auch Museumskäfer genannt, ist ein winziger, bunt gescheckter Speckkäfer, der sich als ausgewachsenes Individuum von Nektar und Pollen ernährt. Die Larven hingegen fressen tote Insekten, Tierhaare und Federn. Bei Entomologen und in naturkundlichen Sammlungen wird er gefürchtet, da er große Schäden anrichten kann. In der Natur erfüllen die Käferlarven mit der Beseitigung tierischer Überreste eine wichtige Aufgabe. Da auch Textilien und Lebensmittelvorräte befallen werden können, sollten Sie bei Auftreten größerer Ansammlungen der Käfer im Wohnraum aufhorchen und überprüfen, wo sie sich entwickeln konnten. Begegnen Ihnen einzelne Tiere im Garten, können Sie diese bedenkenlos dort verweilen lassen. Die Larven haben eine Lebenserwartung von ein bis drei Jahren, die der adulten Käfer berträgt nur etwa zwei Wochen.

Speckkäfer	
Größe	1,7–3,5 mm
Lebensraum	Wiesen, Gärten, menschliche Behausungen
Flugzeit	März - Oktober
Nahrung	Pollen und Nektar
Larvennahrung	Keratin, Chitin, tote Insekten, Federn, Wolle, Tier- und Menschenhaare

Erdfloh

Altica spec.

Die Bestimmung dieses Käfers ist schwierig und unsicher. Unter den Flohkäfern gibt es einige sehr ähnliche Arten, die metallisch grün oder blaugrün gefärbt sind und deren Beine und Fühler ebenfalls durchgehend dunkel gefärbt sind. Flohkäfer werden in der Regel zwischen ein und vier Millimeter lang, meist sind sie kurzoval geformt und metallisch schillernd. Gemeinsames typisches Merkmal aller Flohkäfer ist der stark vergrößerte hintere Beinabschnitt. Bei Gefahr können Flohkäfer einen weiten Sprung riskieren, der sie mit einer Weite ihrer hundertfachen Körperlänge irgendwohin katapultiert. Diese Sprungkraft verhalf ihnen zu ihrem Namen. Mit weiteren Eigenschaften der uns bekannten Flöhe haben sie nichts gemein. Flohkäferarten sind bei der Nahrungsaufnahme oder der Wahl ihrer Wirtspflanze häufig auf eine einzige oder wenige nah verwandte Pflanzenarten spezialisiert.

Blattkäfer	
Größe	1-4 mm
Lebensraum	Wiesen, Felder, Gärten, Waldränder
Flugzeit	Frühling - Spätsommer
Nahrung	Blätter ihrer Wirtspflanze
Larvennahrung	Wurzeln ihrer Wirtspflanze

Ginster-Samenkäfer

Bruchidius villosus

Befinden sich Ginstersträucher in Ihrem Garten, dann können Sie ab Mitte März diesem kleinen, kugeligen Käfer begegnen. Er ist winzig, die Flügeldecken dicht und fein grau oder olivgrün behaart, die ersten vier Fühlerglieder sind meist rötlich gefärbt und die Gesamterscheinung ist rundlich oval. Er hält sich an verschiedenen Ginsterarten auf, um dort die Eier an den Fruchthülsen der Ginsterpflanzen unterzubringen. Die Larven schlüpfen und bohren sich in die Hülsen, um die darin befindlichen Samen zu fressen. Sie verpuppen sich innerhalb von zehn bis zwanzig Tagen in den Hülsenfrüchten und erscheinen noch im gleichen Jahr, etwa im Juli oder August. Die adulten Käfer überwintern nahe ihrer Wirtspflanze in der Laubschicht am Boden und erwachen ab Mitte März, vorausgesetzt wir lassen das Laub liegen.

Blattkäfer	
Größe	1,7-3,5 mm
Lebensraum	Wiesen, Felder, Gärten, Raine
Flugzeit	Mitte März - Ende Juni
Nahrung	Staubgefäße und Staubbeutel ihrer Wirtspflanzen und diverser Blühpflanzen
Larvennahrung	Samen ihrer Wirtspflanzen wie Besenginster, Zwergginster und Pfriemenginster

Querbindiger Fallkäfer

Cryptocephalus moraei

Der wärmeliebende Blattkäfer lebt an unterschiedlichen Johanniskräutern und besucht bevorzugt das Echte Johanniskraut *Hypericum perforatum*. Die glänzend schwarzen Käfer sind aufgrund ihrer auffälligen Zeichnung unverwechselbar, wobei Männchen und Weibchen sich deutlich voneinander unterscheiden. Die Weibchen tragen auf der Stirn zwei senkrechte rote Flecken, die Männchens eine X-förmige gelbe oder orangefarbene Zeichnung. Ab Mai erfolgt die Eiablage meist an den Pflanzenstängeln ihrer Nahrungspflanzen oder in der Bodenstreu. Zur besseren Tarnung wachsen die Larven in einem braunen Larvensack auf, ein Gehäuse aus Kot und Sekret, welches für Fressfeine unattraktiv erscheinen soll. Fallkäfer ernähren sich hauptsächlich von den Blättern ihrer Wirtspflanzen, ihre Larven meist von abgefallenen Blättern.

Blattkäfer

Größe 3-5 mm
Lebensraum unterschiedliche Lebensräume mit Johanniskrautbeständen
Flugzeit Mai - Juli
Nahrung Blätter ihrer Wirtspflanzen, seltener Blütenpollen
Larvennahrung zerfallene organische Substanzen wie Blätter

Hellrandiger Langfuß-Erdfloh

Longitarsus dorsalis

Seit das Jakobs-Greiskraut in unserem Garten wachsen darf, ist dieser kleine Flohkäfer regelmäßig an den Pflanzen anzutreffen. Die Larven dieser Flohkäferart ernähren sich von den Wurzeln verschiedener Greiskräuter, die adulten Käfer fressen an den Blüten und Blättern. Bevorzugt werden das Jakobs-Greiskraut *Senecio jacobaea* und das nicht heimische Schmalblättrige Greiskraut *Senecio inaequidens*. Früher galt der wärmeliebende Käfer in Deutschland als relativ selten vorkommende Art, er wurde jahrzehnte lang auf der Roten Liste als stark gefährdet gelistet. Vermutlich aufgrund der steigenden Temperaturen und der Verbreitung des in Europa eingeschleppten, sich invasiv ausbreitenden Schmalblättrigen Greiskrauts, gilt der Erdfloh aktuell als nicht gefährdet. Bereits früh im Jahr ist er vor allem im Südwesten Deutschlands auf sonnigen Wiesen und Hängen an Greiskräutern anzutreffen. Sein markantes Äußeres macht ihn unverwechselbar.

Blattkäfer

Größe 1,8–2,5 mm
Lebensraum sonnige Standorte mit Greiskräuterbestand
Flugzeit März - Oktober
Nahrung Blätter und Blüten diverser Greiskräuterarten
Larvennahrung Wurzeln diverser Greiskräuterarten

Schwarzköpfiger Wegerich-Erdfloh

Longitarsus melanocephalus

Der schwarzköpfige kleine Flohkäfer, *melanocephalus* bedeutet aus dem Lateinischen übersetzt schwarzköpfig, hat eine besondere Vorliebe für Wegericharten. Als Wirtspflanzen kommen verschiedene Wegericharten wie Spitzwegerich, Breitwegerich, Strandwegerich und der Mittlere Wegerich infrage. Die Aufnahmen zeigen den Winzling Mitte Juni auf einem Spitzwegerichstängel. Im Frühjahr ab Ende März sind diese recht häufigen Käfer auf der Suche nach einem Partner unterwegs. Nach erfolgreicher Paarung macht sich das Weibchen auf die Suche nach geeigneten Wirtspflanzen, um ihre Eier dort unterzubringen. Die aus den Eiern geschlüpften Larven bohren sich in den Wurzelhals und in die Basis der dickeren Blattadern. Da Wegericharten recht häufig zu finden sind, hat dieser Flohkäfer recht gute Überlebenschancen.

Blattkäfer	
Größe	2,3-3 mm
Lebensraum	Wiesen, Wegränder, Waldränder, Gärten mit Wegerichbestand
Flugzeit	März - September
Nahrung	Wegericharten
Larvennahrung	Wegericharten

Rotbeiniger Malven-Erdfloh

Podagrica fuscicornis

Mitte Juni spazierte dieser kleine Erdfloh auf der Suche nach Nahrung an den Knospen unserer Moschus-Malve entlang. Malven-Erdflöhe haben eine besondere Vorliebe für Malvengewächse wie Wilde Malve, Weg-Malve, Moschus-Malve, Busch-Malve, Stockrose, Eibisch und Strauchpappel. Die kleinen Käfer nutzen diese als Wirts- und Nahrungspflanzen. Adulte Käfer fressen kleine Löcher in die Blätter der Pflanzen, richten aber keine größeren Schäden an, da sie selten in Massen auftreten. Sie gelten daher nicht als bedeutende Pflanzenschädlinge. Die Larven entwickeln sich im Stängelmark der Wirtspflanzen. Dort leben sie bis zum Herbst. Sie verlassen ihre Wirtspflanze, um im Boden zu überwintern. Die Verpuppung findet erst im nächsten Frühjahr statt. Der Rotbeinige Malven-Erdfloh gilt in Deutschland als eine häufig vorkommende Art.

Blattkäfer	
Größe	3-6 mm
Lebensraum	Gärten und sonstige Flächen mit Malvenbestand
Flugzeit	Mitte Mai - Mitte September
Nahrung	Blätter und Blüten diverser Malvengewächse
Larvennahrung	Stängelmark diverser Malvengewächse

Lilienhähnchen

Lilioceris lilii

Lilienhähnchen können an ihren Futterpflanzen sichtbare Schäden anrichten. Käfer und Larven ernähren sich von Blättern und Blütenblättern verschiedener Lilienarten. Die Weibchen legen von April bis Juni und im September Eier in Gruppen auf der Blattunterseite ihrer Futterpflanzen ab. Die Larven verstecken sich gut getarnt in ihrem eigenen Kot, um ihren natürlichen Fressfeinden wie Zwergwespe, Schlupfwespe, Erzwespe, Feldwespe, Vogel, Igel, Spitzmaus und Raubkäfer wenig attraktiv zu erscheinen. Die natürlichen Feinde minimieren in der Regel das Aufkommen der Lilienhähnchen. Bei extremem Befall können Sie die Larven mit einem Gartenschlauch abspühlen. Diese können nicht eigenständig zu ihrer Futterpflanze zurückklettern. Die Käfer sollten Sie nicht töten, sie richten deutlich geringere Schäden an als die Larven.

Blattkäfer	
Größe	6-8 mm
Lebensraum	Wälder und Gärten
Flugzeit	April - Juni und im September
Nahrung	Lilien wie Prachtlilien, Riesenlilien, Schachbrettblumen und Schnittlauch
Larvennahrung	Lilien

Zweifleckiger Zipfelkäfer

Malachius bipustulatus

Er ist nur knapp sechs Millimeter groß, metallisch-grün glänzend gefärbt und trägt zwei rote Flecken an den hinteren Enden der Flügeldecken. Die Fühlerglieder der Männchen sind mit Auswüchsen besetzt, wie es die untere Abbildung recht deutlich zeigt. Ab April suchen die Käfer zur Nahrungsaufnahme blühende Wiesen auf. Hier ernähren sie sich von den Pollen verschiedener Kräuter, blühenden Gräsern und verschiedenen Blühpflanzen. Die Larven dieser Art ernähren sich von kleinen Insekten, die sie unter der Rinde von Laubbäumen finden. Die Eiablage findet in verlassenen Käferfraßgängen anderer Käfer, in Spalten morscher Laubbäume und in morschem Holz am Boden statt, genau dort, wo die Larven ihre Nahrung finden. Die Larven überwintern und verpuppen sich im nächsten Frühjahr.

Wollhaarkäfer	
Größe	5-6 mm
Lebensraum	blütenreiche Habitate, Wiesen, Felder, Gärten, Gebüsche, Ruderalflächen, Wegränder
Flugzeit	April - Juli
Nahrung	Pollen von Blüten und Gräsern
Larvennahrung	kleinere Insekten im Todholz

Gemeiner Wollkäfer

Lagria hirta

Ein weicher Flaum benetzt die gelblich-braunen, gold schimmernden Deckflügel des sonst dunkelbraun oder schwarz gefärbten Käfers. Er ist mit einer sehr ähnlichen Art, dem Frühen Wollkäfer *Lagria atripes* zu verwechseln, welcher jedoch früher im Jahr unterwegs ist, von April bis Anfang Juni. Die Aufnahme des abgebildeten Käfers stammt von Mitte Juli, sodass ich vom Gemeinen Wollkäfer ausgehen kann. Die adulten Pflanzenfresser ernähren sich von den Blättern unterschiedlichster Gewächse wie auch von Farnen. Man begegnet den auffälligen Käfern häufig in Wäldern und an Waldrändern. Aber auch in Gärten, an Hecken, auf Wiesen, an Bachläufen und Ruderalflächen sind sie anzutreffen. Die Larven fressen Falllaub, daher leben sie am Boden in verrottendem Pflanzenmaterial. Sie überwintern als Larve und verpuppen sich erst im Frühjahr des folgenden Jahres.

Schwarzkäfer

Größe	7-10 mm
Lebensraum	Laub- und Nadelwälder, Gärten, Hecken, Wiesen, Bachläufe, Waldränder, Ruderalflächen
Flugzeit	Juni - August
Nahrung	Blätter unterschiedlichster Pflanzen, Farne
Larvennahrung	verrottetes Pflanzenmaterial, Falllaub

Gebänderter Stachelkäfer

Variimorda villosa

Stachelkäfer sind mit 13 Gattungen und etwa 87 Arten in Mitteleuropa vertreten. Sie sind meist dunkel gefärbt, weisen einen gekrümmten Körper auf und besitzen häufig einen langezogenen Hinterleib, der in einer dornigen Spitze endet. *Variimorda villosa* ist schwarz gefärbt und trägt helle Flecken auf den Flügeldecken, die von silbergrau bis goldgelb erscheinen können. Diese weit verbreitete Art hält sich zur Nahrungsaufnahme bevorzugt auf Korbblütlern und Doldenblütlern auf. Die Weibchen legen mit ihrem verlängerten Hinterleibsende ihre Eier in morschem Holz ab, so können die Larven sich meist unendeckt entwickeln. Bevorzugte Gehölze sind Pappeln und Weiden. Fühlen sich die Tiere bedroht, lassen sich die kleinen Käfer fallen und führen purzelnde Bewegungen aus, die aus einer Serie schneller Einzelsprünge hervorgehen, wobei immerzu die Sprungrichtung geändert wird.

Stachelkäfer

Größe	5,5-9 mm
Lebensraum	Fluss- und Bachauen, Gärten, Wiesen
Flugzeit	Ende Mai - Anfang August
Nahrung	Blütenbesuch diverser Pflanzen, vor allem Korbblütler und Doldenblütler
Larvennahrung	morsches Holz, meist Pappel und Weide

Veränderlicher Marienkäfer
Hippodamia variegata

Nützling oder Schädling

Ein Interessenkonflikt mit weitreichenden Folgen für die Natur

Ursprünglich, in der frühzeitlichen Natur, existierten keine Schädlinge. Das Zusammenleben von Pflanze und Tier war solange ausgeglichen, bis der Mensch begann, Felder zu bestellen, Nahrung zu speichern und Kulturpflanzen zu schaffen, die als Nutz- oder Zierpflanzen angebaut wurden. Erste Monokulturen entstanden und damit auch der Interessenkonflikt zwischen Mensch und Tier. Es galt das Überleben und den wirtschaftlichen Erfolg des Menschen unter allen Umständen zu schützen. Im Jahr 1880 tauchte im deutschen Sprachraum erstmals die Bezeichnung Schädling auf. Gebraucht wurde der damals neue Begriff für die Reblaus. Ein bis heute bedeutender Schädling im Weinbau – ein durch den Menschen eingeschleppter Neozoon aus Nordamerika.

Fraßspuren an Blättern verraten: Es herrscht Leben im Garten. Die Natur hält für jedes Lebewesen Nahrung bereit. Funktioniert das Ökosystem Ihres Gartens, halten sich Schädlinge und Nützlinge im Gleichgewicht.

Kein Wunder also, dass wir Käfer und andere Insekten schnell in die Schädlingsecke verfrachten. Es lohnt sich jedoch genauer hinzuschauen, denn nicht jedes, als Schädling bezeichnete Tier ist tatsächlich so schädlich, wie man es ihm nachsagt.

Ob ein Tier als Nützling oder als Schädling eingestuft wird, hängt vom Standpunkt des Betrachters ab. Wenn ich Ihnen nun den Borkenkäfer als Nützling vorstelle, regt sich in Ihnen sicher sogleich Widerstand, denn der Borkenkäfer gilt als einer der gefährlichsten Schädlinge in der Forstwirtschaft. In einem Nationalpark hingegen erfüllen die kleinen braunen Käfer wichtige Aufgaben für das Ökosystem. Sie sorgen dafür, dass aus bereits kranken Bäumen Totholz wird. Totholz gilt als einer der lebendigsten Lebensräume unserer Natur und bildet die Lebensgrundlage vieler Arten wie beispielsweise Pilze, Flechten, Insekten und Vögel. Totholz bedeutet Nahrung, Versteck und Baumaterial zugleich.

Im Fall des Borkenkäfers ist der Interessenkonflikt eindeutig. Er hängt davon ab, ob in einem Wald Bauholz produziert werden soll oder ökologische Prozesse die Hauptrolle spielen.

In der Natur gibt es keine Schädlinge! Jedes Tier erfüllt eine ganz spezifische Aufgabe in unserem Ökosystem. Bekämpfen wir beharrlich einzelne Tiergruppen, kann das weitreichende Folgen haben. Nicht die Borkenkäfer machen unsere Wälder krank. Es sind die von Menschen geschaffenen Monokulturen und der Klimawandel.

1
2
3
4
5
6
7
8
9
10
11
12
13

Die Verwandlung vom Ei zur Larve zur Puppe zum Käfer

Metamorphose des Marienkäfers

Bereits im Spätwinter, sobald die Käfer aus ihrem Winterschlaf erwachen, machen sich die Tiere auf die Suche nach einem Partner. Hat sich ein Pärchen gefunden, wird das Männchen sogleich mit der Paarung beginnen, sich am Weibchen festklammern und es bis zu achtzehn Stunden nicht mehr loslassen. Nicht immer dauert die Paarung so lange. Manche Paare sind bereits nach einer halben Stunde fertig.

Von Ende April bis Anfang Mai kann ein einzelnes Weibchen bis zu vierhundert Eier produzieren. In kleineren Grüppchen von zehn bis sechzig Eiern werden diese in Reihen abgelegt, vorzugsweise auf Blattunterseiten ihrer Wirtspflanzen oder beispielsweise in die Ritzen von Baumrinde. Manche Arten legen die zwischen 0,4 bis 2 Millimetern großen Eier auch einzeln ab. Je nach Art variieren Größe und Färbung der Eier, diese können hellgelb, orange oder weißgrau gefärbt sein.

Nach etwa fünf bis acht Tagen schlüpfen die Larven. Sie sind beinahe ebenso gefräßig wie ihre Eltern und können je nach Art bis zu siebzig Blattläuse am Tag vertilgen. Man nennt sie wegen ihrer Gefräßigkeit auch Blattlauslöwen. Sie fressen so lange, bis sie aus ihrer Körperhülle herausplatzen. Nach der dritten Häutung verpuppen sich die Larven. Nur wenige Tage später wird die Puppe auch diese Hülle verlassen, um als fertiger Käfer in die Welt hinaus zu krabbeln.

Nach dem Schlupf sind die Deckflügel der Tiere noch gelb gefärbt, die Punkte sind in ihrer Größe und Anzahl bereits schwach zu erkennen. Wenige Stunden später zeigt der junge Käfer sein eigentliches Aussehen. Er macht sich sogleich auf den Weg, seinen Lieblingsbeschäftigungen nachzugehen: der Suche nach Nahrung und nach einem geeigneten Partner.

Marienkäferweibchen fressen je nach Beuteangebot ihrer näheren Umgebung einige ihrer eigenen Eier. In der Regel sind dies Eier, die nicht entwicklungsfähig sind und den Weibchen als zusätzliche Nahrung dienen.

Asiatische Marienkäfer hingegen fressen die Eier unterschiedlichster Insekten und machen vor den Eiern anderer Marienkäferarten oder gar den Eiern ihrer Artgenossen nicht halt.

Vollkommene Verwandlung

Wie Schmetterlinge, Hautflügler und Zweiflügler durchlaufen Käfer eine sogenannte **Vollkommene Verwandlung** vom Ei über das Larven- und Puppenstadium zum ausgewachsenen Insekt. Im Laufe dieser Metamorphose verändern sie von der Larve zum Käfer vollständig ihr Aussehen. Libellen, Heuschrecken oder Wanzen hingegen vollziehen eine **Unvollständige Metamorphose** bei der die Larve im Wesentlichen dem ausgewachsenen Insekt ähnelt.

Entwicklung eines Marienkäfers

Harmonia axyridis

Bild 1-2 Marienkäferlarven in unterschiedlichen Altersstufen und Arten

Bild 3 22. Mai: Marienkäferlarve
Bild 4-5 29. Mai: Marienkäferpuppe
Bild 6-8 09. Juni / 14:12 bis 16:27 Uhr - etwas über zwei Stunden dauerte der Schlupf
Bild 9 09. Juni / 16:32 Uhr - versteckt sich der frisch geschlüpfte Käfer auf der Blattunterseite
Bild 10 09. Juni / 17:40 Uhr - nach dem Schlupf sind Marienkäfer zunächst gelblich gefärbt
Bild 11 09. Juni / 19:20 Uhr - bereits nach ein paar Stunden werden erste Punkte sichtbar
Bild 12 10. Juni / 10:20 Uhr - am Tag danach tragen die Flügeldecken eine deutliche Zeichnung
Bild 13 12. Juni / 12:15 Uhr - ist der Marienkäfer vollständig und die Verwandlungsphase beendet

Ohrwürmer *Dermaptera*

Fossile Funde in Bernstein eingeschlossener Ohrwürmer aus dem Unteren Jura zeigen Exemplare, die vor vielen Millionen Jahren vom Baumharz umschlossen verewigt wurden. Sie unterscheiden sich optisch nicht grundlegend von den heute vorkommenden Arten. Der Jura begann vor etwa 200 Millionen Jahren und endete etwa vor 145 Millionen Jahren.

Wir haben es bei den Ohrwürmern also mit einem Insekt zu tun, welches mit den Widrigkeiten der vergangenen 200 Millionen Jahre bestens zurecht gekommen ist und dessen generelle Körperform beinahe unverändert blieb.

Ohrwürmer sind wahre Überlebenskünstler. Eines ihrer Erfolgsrezepte: Sie sind Allesfresser. Neben Pflanzenmaterial ernähren sich Ohrwürmer von Blattläusen, weiteren kleinen Insekten, Larven und Raupen. Tote organische Substanzen, insbesondere die pflanzliche Streu im Boden und auf der Bodenoberfläche gehören ebenso zu ihren bevorzugten Speisen. Früchte können sie zu sich nehmen, wenn diese bereits von anderen Tieren angefressen wurden. Erst dann sind sie in der Lage, beispielsweise in ein Wurmloch zu kriechen, um das weiche Fruchtfleisch zu fressen.

Die nacht- bzw. dämmerungsaktiven Tiere verstecken sich tagsüber gerne in Blüten, wie es einige der Fotografien dieser Seite zeigen. Sie verstecken sich ebenso in Bodenlöchern und Bodengängen, unter Steinen oder Blumentöpfen, unter Laub, in Totholz oder in einer schattigen Gartenecke. Auch die Eiablage und Brutpflege findet in einigen dieser Verstecke statt. Bemerkenswert ist dabei, dass Eier und Nymphen von der Mutter beschützt, gepflegt und sogar gefüttert werden. Etwa 50 bis 60 winzig kleine Eier legt ein Weibchen in einem Versteck wie einer unterirdischen Höhle ab. Sie wird das Nest erst verlassen, wenn die Brut allein überlebensfähig ist. Die Brutpflege dauert einen ganzen Winter lang, in dieser Zeit putzt sie ständig ihre Eier und verteidigt sie gegen Fressfeinde. Zur Verteidigung nutzt sie ihre Hinterleibszange. In der Regel erzeugen sie eine Generation pro Jahr, bei günstigen Bedingungen eine zweite Sommergeneration. Vielleicht führt die für Insekten ungewöhnliche Brutfürsorge dazu, dass Ohrwürmer so viele Millionen Jahre erfolgreich auf unserer Erde existieren.

Wenn Sie Ohrwürmer in Ihrem Garten tolerieren, wird Ihnen ihre ökologische Bedeutung bewußter. Nicht nur Blattläuse werden minimiert, die Eier von Apfelwicklern, Milben und Gespinstmotten werden ebenso vertilgt wie Pilzgeflechte. Ein nächtlicher Gang durch den Garten, ausgestattet mit einer Taschenlampe bringt viele nachtaktive Gartentiere wie den Ohrwurm zum Vorschein. Probieren Sie es bei nächster Gelegenheit aus - Sie werden sehen, es lohnt sich!

Die oberen Fotos zeigen weibliche Exemplare des Gemeinen Ohrwurms (Forficula auricularia) Unten links: junges Männchen mit typischen jedoch kleinen Zangen, Unten rechts: ältere Larve

Von der Antike bis in die frühe Neuzeit galten Ohrwürmer in pulverisierter Form mit Öl gemischt als Heilmittel gegen Ohrenschmerzen und Ohrkrankheiten. Ob die gewünschte heilende Wirkung auch tatsächlich eintraf, ist nicht überliefert und eher zweifelhaft. Naheliegend ist jedoch, dass hieraus die Herkunft des Namens abgeleitet werden kann.

Der Mythos, die Tiere würden nachts in menschliche oder tierische Ohren kriechen, um sich dort einzunisten, hält sich nach wie vor. Aufgrund solcher Überlieferungen haftet den recht harmlosen Insekten ein nachhaltig schlechter Ruf an. Dabei sind sie weder angriffslustig noch gefährlich oder giftig. Im Gegenteil, in unseren Gärten können wir uns auf sie verlassen, wenn es beispielweise darum geht, einen Befall durch Mehltau einzudämmen oder ein Übermaß an Läusen zu reduzieren.

Am frühen Morgen in der Blüte einer gelbfarbenen Langspornigen Akelei, vermutlich hat dieser Ohrwurm hier, bestens vor Fressfeinden versteckt, übernachtet.

10 Ohrwurmarten

von weltweit etwa 2200 Arten sind in Deutschland vertreten

Gemeiner Ohrwurm
Forficula auricularia

Heuschrecken *Orthoptera*

Sie gehören innerhalb der Insektenordnung zu einer Tiergruppe, die vergleichsweise wenige Arten hervorbringt. Zur leichteren Bestimmung werden sie in zwei Gruppen unterteilt: in Langfühlerschrecken und in Kurzfühlerschrecken. Die Fühler der Langfühlerschrecken sind mindestens so lang wie der Körper der Tiere, die der Kurzfühlerschrecken sind erheblich kürzer. Nicht alle Arten sind leicht zu bestimmen, da sie in ihrer Farbigkeit und Zeichnung ungemein variabel erscheinen. Sie können oftmals leichter anhand ihrer charakteristischen Lautäußerungen bestimmt werden.

Der rechts abgebildete imposante Warzenbeißer zählt aufgrund seiner kräftigen Gestalt und der beachtlichen Größe von bis zu 44 Millimetern zu den markantesten Heuschreckenarten Deutschlands. Auch die gesangsstarke Feldgrille ist als solche recht leicht zu erkennen und nahezu unverwechselbar. Sie besitzt einen kugelförmigen Kopf, einen gedrungenen, beinahe vollständig braunschwarz gefärbten Körper und unterseitig rot gefärbte Hinterschenkel. Beide Arten werden in Deutschland nur noch selten gesichtet, in manchen Gebieten gelten sie als verschwunden. Projekte der erneuten Ansiedlung der Feldgrillen und das für die Insekten günstige wärmere Klima führten in den vergangenen Jahren zu einer Erholung der Populationen.

Wußten Sie, dass die Ohren einer Heuschrecke nicht am Kopf, sondern als kleine Öffnung an den Vorderbeinen oder am Hinterleib sitzen? Laubheuschrecken tragen ihre Trommelfelle beispielsweise in den Vorderbeinen und ein zusätzliches Hörrohr seitlich am Brustkorb nahe dem Kopf. Einige Heuschreckenarten und Zikaden sind einzig unter den Insekten dazu in der Lage, artspezifische ausdifferenzierte Lautfolgen zu erzeugen. Viele Insekten können hören, obwohl sie selber keine Laute produzieren, damit sie die Schallereignisse möglicher Fressfeine präziser warnehmen können.

Heuschrecken bewegen sich springend, laufend oder kletternd durch das Leben. Nicht alle können fliegen. Flugfähige Heuschreckenarten besitzen meist schmale, verhärtete Vorderflügel, die der Steuerung dienen und großflächigere Hinterflügel für den Auftrieb, die häufig weich und wie ein Fächer auf- und eingefaltet werden. Manche Arten besitzen gar keine oder stark zurückgebildete Flügel.

Sie ernähren sich je nach Art von Gräsern, Kräutern, Algen, Flechten, Moosen, Blättern, Blütenblättern, Beeren, Früchten, bodenliegenden Samen, kleinen Insekten, Spinnen oder Blattläusen.

Warzenbeißer, Weibchen Decticus verrucivorus
Feldgrille, Nymphe Gryllus campestris

Alle abgebildeten Heuschrecken dieser Doppelseite stammen nicht aus unserem Garten.

Gemeiner Grashüpfer
Pseudochorthippus parallelus

Ca. **85**

Heuschreckenarten

sind Deutschlandweit vertreten

Europaweit gibt es über 1.000 Heuschreckenarten

Das Grüne Heupferd ist eine der häufigsten und mit einer Körpergröße von bis zu 38 Millimetern eine der größten Heuschreckenarten Europas. Die Männchen beginnen erst am frühen Nachmittag mit ihren Gesängen, die aus einer Entfernung von 100 bis 200 Metern zu hören sind. Sie beenden diese spät in der Nacht oder am frühen Morgen bis etwa zwei Uhr. Ihre Singwarten befinden sich meist in mindestens 30 Meter hohen Bäumen. Außerdem sollte es nicht zu kalt sein, denn bei Temperaturen unter 12° Celsius stellt das Männchen die Gesangsaktivitäten ein oder es gibt nur noch wenige Verse von sich.

Grünes Heupferd
Tettigonia viridissima
Alle Aufnahmen zeigen Weibchen

3 Heuschreckenarten
leben in unserem Garten

Grünes Heupferd
Tettigonia viridissima
Larve

Feldheuschrecken

Nachtigall-Grashüpfer
Chorthippus biguttulus

Laubheuschrecken

Punktierte Zartschrecke
Leptophyes punctatissima

Gemeine Eichenschrecke
Meconema thalassinum

Nachtigall-Grashüpfer
Chorthippus biguttulus

Ende Oktober 2021 tauchte zum ersten Mal ein Weibchen des Nachtigall-Grashüpfers in unserem Garten auf. Zuvor hatte ich bis auf die beiden Laubheuschrecken keine weiteren Heuschrecken entdeckt. Obwohl *Chorthippus biguttulus* eine der häufigsten Heuschrecken Deutschlands ist und unterschiedlichste Lebensräume aufsucht, bevorzugt sie warme, trockene Flächen wie Ruderalflure, magere Wiesen, Brachen, Ackersäume, Wegsäume, Böschungen und lichte Waldränder. Feuchte oder schattige Lebensräume oder solche mit dichtbewachsener Vegetation werden gemieden. Letzteres trifft auf unseren Garten zu, der Bewuchs ist dicht und teils schattig bis halbschattig. Ich freue mich jedenfalls sehr, dass eine echte Feldheuschrecke den Weg zu uns gefunden hat. Der Nachtigall-Grashüpfer gehört mit zwei weiteren Arten zu der *Chorthippus biguttulus* Gruppe, die schwer voneinander zu unterscheiden sind, außer man hört ihren einzigartigen, arttypischen Gesang. Sollte Sie Heuschreckengesang interessieren, können Sie bei *www.orthoptera.ch*, der Schweizer Plattform für Heuschreckenkunde, Gesangsaufnahmen verschiedener Arten hören. Die übersichtlich strukturierte Webseite stellt die Heuschrecken Europas detailliert und vorbildlich vor.

Größe 13–21 mm **Lebensraum** unterschiedlichste trockene Habitate
Lebenszeit Juni - November **Nahrung** Gräser, Roter Wiesenklee, Luzerne

Punktierte Zartschrecke

Leptophyes punctatissima

Sie ist hellgrün gefärbt, mit feinen dunklen Punkten gesprenkelt und trägt zwei gelblichweiße Linien seitlich am Halsschild. Im ausgewachsenen Alter zeigt sich ein bräunlicher Streifen auf dem Rücken des Männchens. Die geringelten Fühler der Langfühlerheuschrecke erreichen etwa die vierfache Körperlänge. Abgebildet sind ausschließlich die Larven der Zartschrecken, nicht ohne Grund. Die ausgewachsenen Tiere halten sich nicht wie ihre Larven in der Krautschicht auf, sie klettern meist hinauf in die Bäume und Sträucher und sind nicht leicht zu entdecken. Ab August kann man die Männchen auf der Suche nach einem Weibchen vom späten Vormittag bis nach Mitternacht hochfrequent zirpen hören. Nach der Begattung legen die Weibchen ihre Eier einzeln in trockene Pflanzenstängel oder in rissige Rinde, ab Mai des Folgejahres schlüpfen die jungen Larven. Die Punktierte Zartschrecke gilt als Kulturfolger und ist häufig in Gärten und Parkanlagen zu finden. Sie fressen gerne die Blätter von Himbeere, Brombeere, Klee, Löwenzahn, Brennnessel, Taubnessel und weitere...

Weibchen

Das Vorkommen dieser Art konzentriert sich vermutlich aufgrund der milderen Winter auf Südwest- und Westdeutschland. In Ostdeutschland wird sie bislang nur selten gesichtet. Die klimatischen Veränderungen scheinen dazu zu führen, dass die Tiere sich weiter ausbreiten.

Größe 11–15 mm **Lebensraum** Waldsäume, Obstwiesen, Heckensäume, gehölznahe Hochstaudenflure, Gärten, Parks **Lebenszeit** Mai - Anfang November **Nahrung** Blätter von Himbeere, Brombeere, Rose, Wildrose, Klee, Löwenzahn, Brennnessel, Taubnessel, Schwarzdorn und Ginster

Eichenschrecke

Meconema thalassinum oder Meconema meridionale

Die Gattung *Meconema* umfasst zwei Arten, die sich in den ersten Entwicklungsstadien so ähnlich sind, dass sie kaum zu unterscheiden sind. Später, sobald sich ihre ersten artspezifischen Merkmale herausbilden, sind sie sicher zuzuordnen. *Meconema thalassinum*, die Gemeine Eichenschrecke besitzt voll ausgebildete Flügel mit denen sie recht gut fliegen kann. *Meconema meridionale*, die Südliche Eichenschrecke ist flugunfähig, da ihre Flügel schuppenartig und stark verkürzt sind. Beide Arten leben vorwiegend auf Bäumen und Sträuchern, sie mögen unterschiedlichste Lebensräume und fühlen sich in Gärten und Parks ebenso wohl wie in lichten Wäldern und an Waldrändern. Die Männchen beider Arten erzeugen leise Trommelgeräusche, indem sie ihre Hinterfüße wie Trommelwerkzeuge einsetzen und mit diesen auf Äste oder Blätter klopfen. Die nachtaktiven Tiere halten sich tagsüber gut versteckt auf Blattunterseiten oder im Gebüsch auf. Sie ernähren sich von Blattläusen und kleinen Insekten.

Beide Geschlechter der zierlich gebauten, hellgrünen Heuschreckenarten besitzen lange Fühler, die beinahe die vierfache Körperlänge erreichen. Die Gemeine Eichenschrecke kommt sehr viel häufiger und beinahe flächendeckend in Deutschland vor. Seit den 1960er Jahren breitet sich die aus den ostmediterranen Gebieten stammende Schwesternart entlang des Rheins aus Süden kommend weiter nach Deutschland aus.

Größe 10–15 mm **Lebensraum** unterschiedlichste Lebensräume mit Baumbestand und Sträuchern oder Gebüsch, wärmeliebend **Lebenszeit** *Meconema thalassinum* Juni/Juli - November, *Meconema meridionale* Mai/Juni bis Dezember **Nahrung** Blattläuse, kleine Insekten, Raupen

Literatur & Quellenangaben

Pflanzen

Bayerisches Landesamt für Umwelt, Neophyten – Pflanzenportraits, UmweltWissen – Natur, Dr. Katharina Stroh, Dr. Herbert Preiss, Brigitte Schäffler
Bundesamt für Naturschutz, Gefäßpflanzen – Portraits wichtiger invasiver und potentiell invasiver Gefäßpflanzen, http://neobiota.bfn.de/handbuch/gefaesspflanzen.html
Bundesamt für Naturschutz, Naturschutzfachliche Invasivitätsbewertungen für in Deutschland wild lebende gebietsfremde Gefäßpflanzen, S. Nehring, I. Kowarik, W. Rabitsch und F. Essl (Hrsg.) www.bfn.de/fileadmin/MDB/documents/service/skript352.pdf
Landesamt für Landwirtschaft, Umwelt und Ländliche Räume Schleswig-Holstein, Dipl. Biol. Christian Kassebeer, Erfassung phytophager Insekten an Jakobs-Kreuzkraut in Schleswig-Holstein,
Lüder R., (2005): Grundkurs Pflanzenbestimmung, Quelle & Meyer Verlag - Wiebelsheim
Maurizia, A.; Schaper, F. (1994): Das Trachtpflanzenbuch, Nektar und Pollen- die wichtigsten Nahrungsquellen der Honigbiene, 4. neubearb. u. erw. Auf, Ehrenwirth Verlag - München
Netzwerk Blühende Landschaft – Mellifera e.V., Liste blühender Stauden für den Garten, http://www.bluehende-landschaft.de/fix/doc/NBL-14-Staudenliste-1008.pdf
Nordwestdeutsche Forstliche Versuchsanstalt, Bildtafeln zur Bestimmung von Weidenarten, Zusammengestellt von Dr. Karl Gebhardt
Pritsch, G. (2007): Bienenweide, 200 Trachtpflanzen erkennen und bewerten, Franckh-Kosmos Verlag - Stuttgart
Spohn, M., (2015): Was blüht denn da?, Franckh-Kosmos Verlag - Stuttgart
von der Dunk, K. & Kraus, M.: Grundlegende Untersuchungen zur vielfältigen Insektenfauna im Tiergarten Nürnberg, Arbeitsgemeinschaft bayerischer Entomologen e.V.,

www.bmuv.de/fileadmin/Daten_BMU/Download_PDF/Artenschutz/invasive_arten_empfehlung.pdf
www.floraweb.de - Daten und Informationen zu Wildpflanzen und zur Vegetation Deutschlands
www.lfu.bayern.de/buerger/doc/uw_42_neophyten_pflanzenportraits.pdf
www.lwf.bayern.de/mam/cms04/biodiversitaet/dateien/zur_tier%C3%B6kologischen_bedeutung_der_salweide_bf_gesch.pdf
www.neobiota.bfn.de - Informationen zu gebietsfremde und invasive Arten in Deutschland
www.nw-fva.de/fileadmin/user_upload/Sachgebiet/Untersuchung%20genetischer%20Diversitaet/Weidenzuechtung/Salix_Bildtafeln-14.pdf
www.botanik-bochum.de / www.floraweb.de / www.infoflora.ch/de/flora / www.wildpflanzen.com.de / www.zobodat.at/Die phytophage Acaro- und Entomofauna des Schwarzen Holunders (Caprifoliaceae: Sambucus nigra L.) Joachim Schliesske

Schmetterlinge

Albus, A., (2019): Sonnenfalter und Mondmotten, 2. Edition, Verlag S. Fischer - Frankfurt am Main
Bellmann, H., Ulrich, R., (2016) Der Kosmos Schmetterlingsführer: Schmetterlinge, Raupen und Futterpflanzen, Franckh-Kosmos Verlag - Stuttgart
Biodiversitätspotenzial von Lebensräumen am Beispiel der Schmetterlinge, Johannes Meßer
Jahresbericht des Naturwissenschaftlichen Vereins Wuppertal e.V., Band 67, Juni 2022
Reinhardt, R., Harpke, A., Caspari, S., Dolek, M., Kühn, E., Musche, M., Trusch, R., Wiemers, M., Settele, J., (2020): Verbreitungsatlas der Tagfalter und Widderchen Deutschlands, Ulmer Verlag - Stuttgart
Schmetterlinge und andere Insekten Mitteleuropas (Wegweiser durch die Natur) 1986 , Verlag Das Beste - Stuttgart
Ulrich, R., (2018): Tagaktive Nachtfalter, Franckh-Kosmos Verlag - Stuttgart
Willner, W., (2017): Taschenlexikon der Schmetterlinge Europas, Alle Tagfalter im Portrait, Quelle & Meyer Verlag - Wiebelsheim

www.bund-rlp.de/fileadmin/rlp/Tiere_und_Pflanzen/Schmetterling/Schmetterlinge_W_Duering/Artenportraets_16/C-Falter_2017.pdf
www.bund-rlp.de/fileadmin/rlp/Tiere_und_Pflanzen/Schmetterling/Schmetterlinge_W_Duering/Artenportraets_20/Faulbaum-Blaeuling_2020.pdf
www.bund-rlp.de/fileadmin/rlp/Tiere_und_Pflanzen/Schmetterling/Schmetterlinge_W_Duering/Artenportraets_20/Grosser_Kohlweissling_2020.pdf
www.bund-rlp.de/themen/tiere-pflanzen/schmetterlinge/puppen-der-tagfalter
www.bund.net/themen/tiere-pflanzen/schmetterlinge/steckbriefe/Tagfalter
www.de-ipbes.de/files/IPBES%20GA_SPM_DE_2020.pdf, Das globale Assessment der biologischen Vielfalt und Ökosystemleistungen
www.insektenschutzakademie.de/der-zweite-zaehlzeitraum-ist-am-1-juni-gestartet
www.nrw.nabu.de/tiere-und-pflanzen/aktionen-und-projekte/tagfaltermonitoring/tagfalter-nrw/03158.html
www.oekolandbau.de/landwirtschaft/pflanze/grundlagen-pflanzenbau/pflanzenschutz/schaderreger/schadorganismen-im-gemuesebau/grosser-kohlweissling-pieris-brassicae
www.stadtundgruen.de/, Dr. Reinhard Witt, Artikel: Pflanzen für die Zukunft aus naturgärtnerischer Sicht, Klimawandel im Garten
www.arthropodafotos.de / www.digitale-sammlungen.de / www.insekten-sachsen.de / www.lepiforum.de / www.pyrgus.de / www.natur-schmetterlinge.ch / www.rote-liste-zentrum.de / www.schmetterling-raupe.de / www.schmetterlingsforum.de / www.sn.at/wiki/Celypha_lacunana / www.ufz.de/tagfalter-monitoring

Wildbienen

Amiet, F., Krebs, A. (2014): Bienen Mitteleuropas, Gattungen, Lebensweise, Beobachtung, Haupt Verlag - Bern
Amiet F., Herrmann, M., Müller, A., Neumeyer, R., (2001): Apidae 3 , Fauna Helvetica 6 - Neuchâtel
Amiet F., Herrmann, M., Müller, A., Neumeyer, R., (2004): Apidae 4 , Fauna Helvetica 9 - Neuchâtel
Amiet F., Herrmann, M., Müller, A., Neumeyer, R., (2007): Apidae 5 , Fauna Helvetica 20 - Neuchâtel
Amiet F., Herrmann, M., Müller, A., Neumeyer, R., (2010): Apidae 6 , Fauna Helvetica 26 - Neuchâtel
Amiet F., Müller, A., Neumeyer, R., (2014): Apidae 2 , Fauna Helvetica 4 - Neuchâtel
Amiet F., Müller, A., Praz, C., (2017): Apidae 1 , Fauna Helvetica 29 - Neuchâtel
Bellmann, H., (2009): Der neue Kosmos Insektenführer, Franckh-Kosmos Verlag - Stuttgart
Bremness, L., (2005): Kräuter, Dorling Kindersley Verlag - München
Cheers, G., Hrsg., (2000): Botanica, das ABC der Pflanzen, Könemann Verlag - Köln
Dathe, H.H., (2010): Die Arten der Gattung Hylaeus F. in Europa, (Hymenoptera: Apoidea, Colletidae)1) Mitteilungen aus dem zoologischen Museum Berlin, Band 56, Heft 2, Akademie-Verlag-Berlin
Dathe, H.H., Scheuchl, E., Ockermüller, E. (2016): Entomologica Austriaca Supplement 1, ÖEG - Graz
Garrido, Dr. Claudia: bienen&natur_022023_Honigbienen_Wildbienen.pdf, Imkerei und Wildbienenschutz
Gokcezade, J.F., Gereben-Krenn, B.-A., Neumayer, J., (2017): Feldbestimmungsschlüssel für die Hummeln Österreichs, Deutschlands und der Schweiz, Quelle & Meyer Verlag - Wiebelsheim
Goulson, D., (2016): Und sie fliegt doch, Eine kurze Geschichte der Hummel, List Verlag - Berlin
Jakubzik, A., Lichter, A., Cölln, K., (2018): Die Bedeutung von Naturgärten für die lokale Bienenfauna im besiedelten Raum, Dendrocopos 45: 73-90 - Trier
Michener, C.D. (2007): The Bees of the World - The Johns Hopkins University Press - Baltimore
Pauline, P., Hrsg., (2002): Enzyklopädie des biologischen Gärtnerns - Dorling Kindersley Verlag - München
Radtke, J., Schirm, P., (2002): Stauden, einheimisch, mehrjährig (nach Nektar- und Pollenwert) - Länderinstitut für Bienenkunde Hohen Neuendorf e.V.
Scheuchl, E., Willner, W. (2016): Taschenlexikon der Wildbienen Mitteleuropas, Quelle & Meyer Verlag - Wiebelsheim
Westrich, P., (2014): Wildbienen Die anderen Bienen, Dr. Friedrich Pfeil - München
Westrich, P., (2018): Die Wildbienen Deutschlands, Verlag Ulmer - Stuttgart

Wiesbauer, H., (2017): Wilde Bienen Biologie, Lebensraumdynamik am Beispiel Österreich, Artenporträts, Ulmer Verlag - Stuttgart
Zurbuchen, A., Müller, A., (2012): Wildbienenschutz – von der Wissenschaft zur Praxis, Haupt Verlag - Bern

www.aktion-hummelschutz.de / www.apidarium.de / www.bienenroute.de/trachtpflanzen / www.biologiezentrum.at / www.bluehende-landschaft.de / www.bmub.bund.de / www.botanik-bochum.de / www.bund-nrw-naturschutzstiftung.de / www.bund.net / www.bwars.com / www.die-honigmacher.de / www.dnl-online.de / www.floraweb.de / www.gartendatenbank.de / www.hu-berlin.de / www.insektensachsen.de / www.lfl.bayern.de/lps/obstbau/205374/index.php / www.lfu.bayern.de / www.lwg.bayern.de / www.mellifera.de / www.nabu.de / www.naturgartenfreude / www.naturspaziergang.de / www.neobiota.bfn.de / www.nrw.nabu.de / www.nw-fva.de / www.offene-naturfuehrer.de /
www.pflanzenforschung.de / www.ufz.de / www.wildbienen.de / www.wildbienen.info

Fliegen

Olaf Bastian (1994), Schwebfliegen Syrphidae: Syrphídae, Spektrum Akademischer Verlag
Gerald Bothe (1984), Schwebfliegen, Deutscher Jugendbund für Naturbeobachtung
Kurt Kormann (2002), Schwebfliegen und Blasenkopffliegen Mitteleuropas, Fauna Verlag
Joachim Haupt, Hiroko Haupt (1998), Fliegen und Mücken, Naturbuch Verlag
Danny Wolff, Markus Gebel, Fritz Geller-Grimm (2018) Die Raubfliegen Deutschlands, Entdecken - Beobachten - Bestimmen, Quelle & Meyer Verlag
Reichholf-Riehm, Helgard; Ruth Kühbandner (1984) Steinbachs Naturführer: Insekten, Mosaik Verlag
Heiko Bellmann (2009), Der neue Kosmos-Insektenführer, Kosmos Verlag
Chinery Michael (2004), Pareys Buch der Insekten: Über 2000 Insekten Europas, Kosmos Verlag
Hans-Markus Oelerich / 3.11 Die Faulfliegenfauna (Diptera, Lauxaniidae) brachliegender Weinberge und benachbarter Lebensräume des Naturschutzgebietes „Ahrschleife bei Altenahr"
B. Merz & A. Kofler / Zur Kenntnis der Lauxaniidae und Pallopteridae (Diptera, Acalyptrata) in Osttirol und Kärnten (Österreich)
Hans-Joachim Flügel / Die Schwingfliegen auf dem Gelände des Lebendigen Bienenmuseums (Diptera: Sepsidae) und ihre Blütenbesuche in Mitteleuropa
Die Faulfliegenfauna (Diptera, Lauxaniidae) brachliegender Weinberge und benachbarter Lebensräume des Naturschutzgebietes „Ahrschleife bei Altenahr", Dipl.-Biol. Hans-Markus Oelerich
Die Echten Fliegen des Hagener Raumes (Diptera: Muscidae), Dr. Michael Drees, Hagen, 2008
Die Schwingfliegen auf dem Gelände des Lebendigen Bienenmuseums (Diptera: Sepsidae) und ihre Blütenbesuche in Mitteleuropa, Hans-Joachim Flügel, 2013-2015

www.diptera.info / www.rutkies.4lima.de / www.digital-nature.de / www.natur-in-nrw.de / www.naturspaziergang.de / www.nabu.de / www.arthropodafotos.de / www.discoverlife.org / www.rote-liste-zentrum.de / www.eol.org / www.spessart-fliegen.de / www.zoology.ubc.ca / www.treatment.plazi.org / www.plantopedia.de / www.tuin-thijs.com / www.spektrum.de / www.naturespot.org.uk / www.naturkundemuseum-bw.de / www.lwl.org / www.forschungsstellerekultivierung.de / www.forschungsstellerekultivierung.de / www.zobodat.at / www.ak-diptera.de / www.zookeys.pensoft.net / www.tierdoku.com / www.hoverfly.uk

Wespen

Blösch, M., (2012) Grabwespen: Illustrierter Katalog der einheimischen Arten, 1. Edition, VerlagsKG Wolf
Cölln, K., Dr. / Jakubzik, A.: Diversität der Stechimmen in Dorf und Stadt, Arbeitsgemeinschaft für Faunistik, Biodiversität & Siedlungsökologie
Dollfuss, H., Bestimmungsschlüssel der Grabwespen Nord- und Zentraleuropas, Publikation der Botanischen Arbeitsgemeinschaft am O.Ö. Landesmuseum Linz
Frommer, F., Bahmer, H., (2023): Die Stechimmenfauna des Botanischen Gartens der Universität Gießen im Vergleich mit einem innerstädtischen privaten Hausgarten
Petrischak, H.,; Beobachtungen an solitären Wespen und Wildbienen an ihren Nistplätzen in Brombeerstängeln (Insecta: Hymenoptera)
Reder, G.: Zur Verbreitung der Falten-Erzwespe Leucospis dorsigera F. in Rheinland-Pfalz und im Saarland, mit einem Blick zur grenznahen Nachweisstelle von Leucospis gigas F. in Nordbaden
Riedel, M., Schmidt, K., Zmudzinski, F., (2013): Beiträge zur Kenntnis der badischen Schlupfwespenfauna (Hymenoptera, Ichneumonidae) 11. Nachträge und Korrekturen
Schmid-Egger: Rote Liste Wespen, AMPULEX 1|2010
Schremmer, F., (2004): Wespen und Hornissen: Die einheimischen sozialen Faltenwespen, 2. Aufl., Nachdruck von 1962 Edition, VerlagsKG Wolf
Schwenke, W., (2011): Heimliche Helfer, Die verborgene Welt der Schlupfwespen und Schlupffliegen, Verlag: Books on Demand GmbH
Suhrmann, S.: Auplopus carbonarius (Scopoli, 1763) (Hymenoptera: Pompilidae)
Wiesbauer, H., Rosa, P., Zettel, H., (2020): Die Goldwespen Mitteleuropas, Biologie, Lebensräume, Artenportraits, Verlag Ulmer - Stuttgart
Witt, R., (2009): Wespen, Vademecum Verlag - Edewecht
Wolff, D., Gebel, M., Geller-Grimm, F., (2018): Die Raubfliegen Deutschlands: Entdecken – Beobachten – Bestimmen, Quelle & Meyer Verlag - Wiebelsheim
www.quelestcetanimal-lagalerie.com, Beginner's guide to identifying British ichneumonids by Nicola Prehn and Chris Raper
www.zobotat.at, Beobachtungen beim Tönnchenbau der Wegwespe
www.zobotat.at, Neue Aspekte bei der Einlagerung von Beute durch die solitäre Wespe Symmorphus crassicornis (Panzer) in ihre Brutzellen (Hymenoptera, Vespidae, Eumenidae). 161-175, Armin Tölke

https://insektarium.net / www.aktion-wespenschutz.de / www.artsdatabanken.no/Pages/200926 / www.biodiversity.no / www.biodiversity.no / www.entomologenportal.de / www.entomologie.de / www.europepmc.org/article/pmc/pmc4714362 / www.forum.chrysis.net / www.forum.chrysis.net / www.forum.chrysis.net/ucp.php?i=main&mode=subscribed / www.hornissenschutz.de/alles.htm / www.hornissenschutz.de/downloads/hornissen.pdf / www.idw-online.de/en/news?print=1&id=670105 / www.inpn.mnhn.fr/espece/cd_nom/52992 / www.lepiforum.org / www.lz.de/lippe/lemgo/22230073_Darum-ist-die-Angst-vor-Wespen-Bienen-und-Hornissen-unbegruendet.html / www.nabu.de/imperia/md/content/nabude/artenschutz/wespen.pdf / www.onlinelibrary.wiley.com/doi/10.1111/brv.12719 / www.orf.at/stories/3211773 / www.plazi.org/treatmentbank / www.researchgate.net/figure/Female-frontal-carina-dorsal-view-Chrysis-terminata-A-C-ignita-B_fig9_304491798 / www.sawflies.org.uk/athaliacircularis / www.sawflies.org.uk/cladius-pectinicornis / www.theconversation.com/wasps-why-i-love-them-and-why-you-should-too-155982 / www.treatment.plazi.org/id/302CB573FFFE8B3EAD9DF906FC35FC67 / www.zobodat.at/pdf/NachBlBayEnt_059_0040-0043.pdf / www.zobodat.at/pdf/Natur-und-Mensch_1996_0065-0073.pdf / www.zobodat.at/pdf/Oekopark_144_0001.pdf / www.zobodat.at/pdf/STAPFIA_0024_0001-0247.pdf / www.zookeys.pensoft.net/article/6164/element/2/111

Erzwespen

www.bladmineerders.nl/parasites / The complex of parasitoids of Asphondylia spp. (Diptera Cecidomyiidae), flower gall midges of Lamiaceae, with description of a new species of Baryscapus (Hymenoptera Eulophidae) Gennaro VIGGIANI, Dipartimento di Agraria, Laboratorio di Lotta biologica, Università degli Studi di Napoli, http://www.bulletinofinsectology.org/pdfarticles/vol73-2020-045-052viggiani.pdf

Schlupfwespen

Belgian Journal of Entomology 122: 1–142 (2021) / Two hundred and five ichneumonid wasps reported for the first time in Belgium and the Netherlands / Prof. Dr. Wolfgang Schwenke, Heimliche Helfer: Schlupfwespen und Schlupffliegen, Books on Demand GmbH; 1. Edition (20. Juni 2011) / www.entomologie.de / www.forum.hymis.de / www.hoehlentier.de/vierfleck-hoehlenschlupfwespe / www.rutkies.4lima.de

Pflanzenwespen

Kommentare zur Biologie, Verbreitung und Gefährdung der Pflanzenwespen Deutschlands (Hymenoptera, Symphyta) A. Taeger, E. Altenhofer, S. M. Blank, E. Jansen, M. Kraus, H. Pschorn-Walcher, C. Ritzau / www.rote-liste-zentrum.de/de/Pflanzenwespen-Hymenoptera-SymphytaR-1750.html / www.rote-liste-zentrum.de/de/Pflanzenwespen-Hymenoptera-SymphytaR-1750.html

Keulhornblattwespen

Bestimmungsschlüssel der Keulhornblattwespen Deutschlands. Andreas Taeger, Senckenberg German Entomological Institute, Müncheberg Dr. rer. nat.

Ameisen

Grätz, C., Kupfer, M., (2019): Die fabelhafte Welt der Ameisen: Eine Ameisenumsiedlerin erzählt, 2. Edition, Gütersloher Verlagshaus
Schwenke, W., Prof. Dr. (1985): Ameisen, Der duftgelenkte Staat, LB Naturbücherei, Landbuch-Verlag
www.//antcat.org / www.ameisen-net.de / www.forschung-und-wissen.de/nachrichten/biologie/weniger-ameisen-durch-glyphosat-und-thiacloprid-13375638 / www.scinexx.de/news/biowissen/ameisen-nutzen-harz-als-antibiotikum

Pflanzenläuse

www.blattlaus.de / www.lfu.bayern.de/buerger/doc/uw_13_blattlaeuse.pdf / www.openagrar.de/servlets/MCRFileNodeServlet/openagrar_derivate_00035811/93-026.pdf, Bildschlüssel zur Bestimmung von Blattläusen an Betarüben / www.spektrum.de/lexikon/biologie/blattlaeuse/9218

Zikaden

Mühlethaler, R., Holzinger, W., Nickel, H., Wachmann, E., (2019): Die Zikaden Deutschlands, Österreichs und der Schweiz, Entdecken – Beobachten – Bestimmen, Quelle & Meyer Verlag - Wiebelsheim
Verzeichnis der Zikaden Deutschlands, Österreichs und der Schweiz, https://www.quelle-meyer.de/wp-content/uploads/2018/12/Muehlethaler-et-al_Zikaden_Artentabelle.pdf
Schneller, H.: ISIP - das Informationssystem für die integrierte Pflanzenproduktion, Kleinzikaden als Pflanzenschädlinge und Überträger von Pflanzenkrankheiten
Kunz, G.: Zikaden – die Insekten des 21. Jahrhunderts? (Hemiptera, Auchenorrhyncha) Entomologica Austriaca 18
Nickel, H., Blum, H., Jung, K.: Verbreitung und Biologie der an mitteleuropäischen Arznei- und Gewürzpflanzen schädlichen Blattzikaden (Hemiptera: Cicadellidae, Typhlocybinae)
Nickel, H., Niedringhaus, R.: Die Zikaden des Naturschutzgebietes „Heiliges Meer", mit Anmerkungen zur Fauna Westfalens und Nordwest- Deutschlands (Hemiptera, Fulgoromorpha et Cicadomorpha)
Blum, H., Jung, K., Nickel, H., Planer, J.: www.forschung.oekolandbau.de, Entwicklung praxistauglicher Strategien zur Regulierung von Zikaden im ökologischen Arznei- und Gewürzpflanzenanbau
Nickel, H., Holzinger, W.E., Wachmann, E.: Mitteleuropaische Lebensraume und ihre Zikadenfauna (Hemiptera: Auchenorrhyncha)
Niedringhaus, R., Biedermann, R., Nickel, H., (2010): Ferrantia 60, Verbreitungsatlas der Zikaden des Großherzogtums Luxemburg
Lieberodt, K., Achtziger, R., (2017): Analyse der Zikadengemeinschaften (Hemiptera: Auchenorrhyncha) auf Versuchsflächen zur Förderung der Biodiversität in der Agrarlandschaft im Lehr- und Versuchsgut Köllitsch (Sachsen), Freiberg Ecology online 3

kraeuter/salbei-zwergzikade / www.arthropods.de / www.herbertnickel.de / www.pflanzenschutzdienst.rp-giessen.de/pflanzenschutzinfothek/gemuese / www.zikaden.uni-oldenburg.de / www.zobodat.at/pdf/OEKO_2018_04_0003-0010.pdf / Klein, aber oho! - Zikaden 3-10, Laister Gerold, Kunz Gernot

Wanzen

Wachmann, E., (1989): Wanzen beobachten – kennenlernen. J. Neumann-Neudamm - Melsungen

www.arthropodafotos.de / www.gesundheitsamt-bw.de/fileadmin/LGA/_DocumentLibraries/SiteCollectionDocuments/01_Themen/Laestlinge/Baumwanzen-Information.pdf / www.golddistel.de/wanzen / www.lanuv.nrw.de/fileadmin/lanuv/natur/arten/rote_liste/pdf/AV-NW11-Wanzen-it-endst-1.pdf / www.natur-in-nrw.de/HTML/Artenlisten/pflanzenwanzen.html / www.rote-liste-zentrum.de / www.scinexx.de/service/dossier_print_all.php?dossierID=231954, Unterschätzte Sechsbeiner, Die Vielfalt der Wanzen, 18. September 2020, Anna Bolten / www.wanzen-im-ruhrgebiet.de

Käfer

Helb, M., Harde, K.W.: Der Kosmos Käferführer, Die Käfer Mitteleuropas, 8. überarb. u. aktualis. Aufl., Franckh-Kosmos Verlag - Stuttgart
Klausnitzer, B., (2025): Käfer, überarb. Neuaufl. Edition, Nikol Verlag
Zahradnik, J., (1985) Käfer Mittel- und Nordwesteuropas, Verlag: Paul Parey

www.coleonet.de / www.cryptophagidae.de / www.fkohl.de/taxon/Otiorhynchus%20scaber / www.insekten-sachsen.de / www.insektenfotos.de / www.kerbtier.de / www.nabu.de/tiere-und-pflanzen/insekten-undspinnen/kaefer/13823.html / www.nationalredlist.org/files/2016/09/curculionoidea-BAY.pdf / www.natur-in-nrw.de / www.naturspaziergang.de / www.naturspektrum.de / www.rote-liste-zentrum.de/de/Vom-Verlierer-zum-Gewinner-1820.html

Ohrwürmer

Dathe, H.H. (Hrsg.): Wirbellose Tiere 5. Teil: Insecta, Zweite Auflage, Spektrum Akademischer Verlag Heidelberg · Berlin
Gruner, H.E. (Hrsg.): Lehrbuch der Speziellen Zoologie, Begründet von Alfred Kaestner, Band 1: Wirbellose Tiere

www.earwigs-online.de
www.fmart.de/ Zum Vorkommen und Bestimmung heimischer Ohrwurmlarven (Dermaptera), Danilo Matzke
www.zobodat.at/ Ohrwürmer, die unterschätzten Untermieter, Staatliches Museum für Naturkunde Stuttgart, Dr. Fabian Haas
www.zobodat.at/ Zum Vorkommen von Ohrwürmern in Osttirol und Kärnten, (Insecta: Dermaptera: Labiidae, Forficulidae), Alois Kofler

Heuschrecken

Bellmann, H., (2009): Der neue Kosmos-Insektenführer, Franckh-Kosmos Verlag - Stuttgart
Chinery, M., (2004): Pareys Buch der Insekten: Über 2000 Insekten Europas, Franckh-Kosmos Verlag - Stuttgart
Detzel, P.: Die Heuschrecken Baden-Württembergs, Verlag Ulmer - Stuttgart
Fischer, J., Steinlechner, D., Zehm, A., Poniatowski, D., Fartmann, T., Beckmann, A., Stettmer, C.: Die Heuschrecken Deutschlands und Nordtirols: Bestimmen – Beobachten – Schützen, Bayerische Akademie für Naturschutz und Landschaftspflege (Quelle & Meyer)
Henf, M., Ricono, K., Sonnenburg, F., Stiller, F., Weber, G.:Die Heuschrecken der Bergischen Großstädte Wuppertal, Solingen und Remscheid, Stadt Wuppertal, Ressort Umweltschutz
Stumpner, A., Augusta, G., (2003): Hören, Orten und Verstehen, Sinneswahrnehmung und ihre Auswertung durch das Gehirn, Das Wissenschaftsmagazin der Universität Göttingen

www.dgfo-articulata.de / www.heuschrecken.observation.org / www.offene-naturfuehrer.de/web/Heuschreckenarten_nach_einfachen_Merkmalen_bestimmen_(Bayern) / www.orthoptera.ch

Heimische Pflanzen & Saatgut

Ökologisch erzeugte Pflanzen und regionales Saatgut online bestellen. Eine Auswahl zertifizierter Betriebe:
Gärtnerei Stauden Spatz / Hof Berg-Garten / Rieger-Hofmann GmbH / Wildpflanzen Gärtnerei Strickler GbR

Übersicht der Pflanzen & Insekten

Pflanzen

Schmetterlinge

Wildbienen

Index

Glossar

Abdomen / Metasoma = Hinterleib
Antennen = Fühler
Bivoltin = zwei Generationen pro Jahr
Chagriniert = mit einer Narbung versehen
Clypeus = Kopfschild
Coxa = erstes Beinglied / Hüfte
Cubitalzellen = Flügelzellen
Diskalfleck = Diskalpunkt mitten in der Flügelfläche
Engerling = Larve der Blatthornkäfer
Femur = Schenkel
Flagellum = Fühlergeißel
Flocculus = Haarlocke
Fovea facialis = behaarte flache Grube seitlich der Augen
Habitat = charakteristischer Lebensraum, an dem eine Art in einem Stadium ihres Lebenszyklus lebt
Haltere = zu Schwingkölbchen reduzierte Flügel
Imago = das erwachsene, geschlechtsreife Insekt nach der Verpuppung oder der letzten Häutung
Labialpalpen = Lippentaster, Teil der paarigen Mundwerkzeuge eines Schmetterlings
Labium = Unterlippe
Labrum = Oberlippe
Mandibeln = Oberkiefer
Medialader = die große Längsader im zentralen Flügelbereich
Mesonotum = Hauptschild des Thorax
Mesosternum = mittlere Bauchplatte
Mimikry = Scheinwarntracht
Monophag = auf nur eine Wirtspflanze spezialisiert
Neozoon = Tierart, die nach dem Jahr 1492 unter direkter oder indirekter Mitwirkung des Menschen in ein Gebiet gelangt ist
Nervatur = **Botanik**: Aderung im Blatt / **Zoologie**: Aderung der Insektenflügel
Nymphen = Jugendstadien verschiedener Gliederfüßer
Ocellen / Ocelli = Stirn- bzw. Punktaugen
Oculi = Facettenaugen (Komplexaugen) bestehen aus Tausenden von Einzelaugen
Oligolektisch = Wildbienenweibchen sammeln ausschließlich Pollen einer Pflanzenart (oder eng verwandten Arten) als Larvenfutter
Oliophag = in der Ernährung auf einige wenige Pflanzen- oder Tierarten spezialisiert
Palpen = Taster
Parasit = Organismus, der auf Kosten anderer Lebewesen (Wirte) lebt
Pedicellus = Fühlerwendeglied
Pheromone = Chemische Signalstoffe, die von Drüsen erzeugt werden
Polygyn = Kolonien, die nach der Gründungsphase dauerhaft mehr als eine eierlegende Königin enthalten
Polylektisch = Polylektische Bienen sammeln Pollen von Pflanzen verschiedener Familien, sie nutzen das vorhandene Blütenangebot
Polyphag = Nahrung verschiedenster Herkunft aufnehmend
Population = die in einem Habitat lebende Gesamtheit der Induviduen einer Art
Propodeum = bei Hautflüglern mit Wespentaille das erste Segment des Hinterleibs
Scapus = Fühlerschaft
Scopa = Bürste
Scutum / Mesonotum = Hauptschild des Thorax
Solitär = Einsiedlerbienen, versorgen ihre Brut und bauen ihre Nester ohne Mithilfe von Artgenossen
Sternum = Unterseite eines Körpersegments
Stigma = Vorderflügel Fleck
Tarsus = Fuß
Taxonomisch, *Taxonomie* = systematische Einordnung der Lebewesen in Kategorien wie Art, Gattung, Familie
Tergum = Oberseite eines Körpersegments
Tergit = Chitinisierte Platte des Rückenteils eines Segmentes
Thorax / Mesosoma = Brustkorb
Tibia = Beinschiene
Tibialscopa / Metatibialscopa = Schienenbürste
Trochanter = Schenkelring
Ubiquist = keinen bestimmten Lebensraum bevorzugend
Ventralscopa = Bauchbürste
Xylobionten = im Holz lebende Insekten, Holzbewohner

Fotografie: Michael Römer

Fotografie: Michael Römer

Über die Autorin

Anja Eder, Dipl. Des.

Anja Eder ist Naturfotografin und selbstständige Grafik-Designerin. Studiert hat sie Kommunikations-Design in Düsseldorf, freie Kunst in Düsseldorf und Besançon (Frankreich). 2014 entdeckte sie ihre Begeisterung für die Insektenfotografie. Vor allem die Makrofotografie der Wildbienen faszinierte sie.
Für das Buch „Wildbienenhelfer" arbeitete sie sich erstmals mit Ehrgeiz in die Thematik der Hautflügler ein. 2018 erschien die 1. Auflage des Buches, im Oktober 2023 wurde die 3. überarbeitete Auflage gedruckt. Das Buch „Arten-Retter-Garten" ist ein noch umfassenderes Werk geworden. Von der Idee bis zur gedruckten Auflage mußte ein vorab nicht überschaubarer Aufwand bewältigt werden. Wie schon bei ihrem ersten Buch hat Anja Eder sich auf ihre Fähigkeiten und ihre Autonomie verlassen können. Mittels Crowdfunding wurde die vorliegende Erstauflage finanziert. Ohne zu übertreiben: Vor Ihnen liegt das Mammutprojekt einer Solokünstlerin & Kämpferin. Alle Aufgaben, die bis hierhin zu bewältigen waren, lesen sich wie eine nicht enden wollende Aufzählung von Anforderungen, die man einem einzigen Menschen nicht zumuten möchte. Da sie es sich dennoch zugemutet hat, liegt dieses Buch nun vor. Sicherlich konnte ich helfen. Schließlich arbeiten wir seit dem Studium zusammen. Unser Büro für Visuelle Kommunikation haben wir damals picnic grafik-design genannt. Was wir damals nicht ahnten ist, wie sehr picnic & Insekten unsere Zukunft bestimmen würden.

Michael Römer, September 2024

Wildbienenhelfer

3. überarbeitete Neuauflage

Etwa 573 belegte Wildbienenarten kommen allein in Deutschland vor. Immer mehr Menschen interessieren sich für Wildbienen und entdecken den Wert insektenfreundlicher Pflanzen. Um diese Entwicklung zu unterstützen, habe ich viel Zeit in die 2023 erschienene Neuauflage investiert. Informationen wurden aktualisiert, Tabellen optimiert, 315 neue Fotografien wurden eingefügt und neue Zeichnungen einiger Bienen sind entstanden. Insgesamt beinhaltet das Buch über 860 fotografische Abbildungen und 24 Illustrationen.

Es führt nach Monaten gegliedert durch die Wildbienensaison und zeigt anschaulich, welche Pflanzen den Bienen Nahrung bieten. Ich gehe sehr detailliert auf die Bedürfnisse der Tiere in Bezug auf ihre Nahrungsquellen, ihre Pflanzenspezialisierungen und ihre Lebensräume ein. Sie erfahren, welche Habitate für Bodennister, Totholznister oder Stängelnister geeignet sind und worauf Sie achten müssen, wenn Sie künstliche Nisthilfen anbieten.

„Wildbienenhelfer" ist ein Buch für Entdecker und alle, denen unsere Artenvielfalt am Herzen liegt. Es ist so anschaulich wie möglich gestaltet, damit Groß & Klein in die faszinierende Thematik eintauchen können.

WILDBIENEN-GARTEN.DE

Wildbienenhelfer
3. Auflage, printed in Germany / 248 Seiten / Hardcover / 215 x 280 mm
Verlag: TiPP 4 GmbH, Rheinbach / ISBN 978-3-9439692-7-6

Meine Bücher können Sie über den Buchhandel bekommen oder auch sehr gerne in unserem Shop bestellen:
https://www.wildbienen-garten.de/shop
Informationen über weitere Projekte: www.wildbienen-garten.de / www.anja-eder-fotografie.de
instagram: @wildbienenhelfer / @anja_eder_illustration_

Danke für die fachliche Unterstützung

Bei der Bitte um Überprüfung meiner Bestimmungen und der entsprechenden Textinhalte fand ich durchweg interessierte und hilfsbereite Unterstützer*innen. Ich möchte mich ganz herzlich bei den Entomologinnen und Entomologen, Wissenschaftlerinnen und Wissenschaftlern folgender Fachgebiete bedanken:

Schmetterlinge Tim Laussmann, Wuppertal
Wildbienen Andrea Jakubzik, Leverkusen & Dr. Klaus Cölln, Gönnersdorf / Hans Jürgen Martin, Solingen
Schwebfliegen, Wespen, Ameisen Andrea Jakubzik, Leverkusen & Dr. Klaus Cölln, Gönnersdorf
Schlupfwespen Lennart Bendixen, Mohrkirch / Heinz Schnee, Markleeberg / Dr. Matthias Riedel, Bad Fallingbostel
Fliegen & Mücken Dr. Jens-Hermann Stuke, Ostfriesland
Bombyliidae Dr. Gisela Merkel-Wallner, Bad Kötzting
Tephritidae, Heleomyzidae, Lauxaniidae, Muscidae, Calliphoridae, Tachinidae Wolfgang Adaschkiewitz, Jena
Sepsidae Dipl. Biol. Eric Anton, Jena
Rhinophoridae Dr. Joachim Ziegler, Berlin
Chironomidae Dipl. Biol. Susanne Michiels, Emmendingen

Anmerkung zu der Bestimmung vieler Insektenarten, insbesondere von *Diptera*-Arten: Die wenigsten Arten lassen sich nur nach Fotos eindeutig bestimmen, weil die artspezifischen Merkmale zu winzig sind, z. B. am Genital. Die Bestimmung der Gattungen ist in der Regel sicherer als die der Art. Die Abkürzung „spec." vom lateinischen Wort „species" wird Gattungsbezeichnungen hinten angestellt, wenn zwar die Gattung, jedoch nicht die Art bestimmt werden konnte.

Lektorat & Textkorrektur Dipl. Biol. Karin Ricono & Dipl. Des. Michael Römer
Für die Unterstützung bei Druck / Produktion / Vertrieb druckpartner GmbH, Michael Matschuck / TiPP 4 Verlag, Andreas Klotz

Danke für das Vertrauen

Ich bin überwältigt von so viel Vertrauen in mein Projekt und möchte mich ganz herzlich bedanken.
780 private Unterstützer*innen haben dem Projekt mit Hilfe der Crowdfunding-Plattform „Startnext" zur Realisierung verholfen. Die Crowdfundingsumme reichte aus, um nach Abzug aller Gebühren und sonstiger Kosten, die Startnext-Dankeschöns zu realisieren, zu verpacken, zu verschicken und die Kosten für Druck und Produktion des Buches zu tragen. Anstelle der kalkulierten 1.000 Bücher werden nun 4.000 Bücher in der ersten Auflage gedruckt. **www.startnext.com/mein-arten-retter-garten-buch**

72 mal wurde als Crowdfunding-Unterstützung die persönliche Erwähnung im Buch gewählt. Vielen herzlichen Dank Euch allen!

Adrian Dr. Popp
Alina Mocanu
Andrea Höpke
Andrea Meyer
Andreas Seifert
Andrea Zamponi
André Stadler
Anja Repke
Anja Salewsky
Anja Vorspel, Büro für erforderliche Massnahmen
Benno Lippert, Bee-Lippert - Imkerei und Naturschutz
Bernhard Neuser
Birgit Schattling, Bio-Balkon
Birte Queißer Co. Klaus Weber
Björn Maßmann
Christa Budde-Hielscher
Christian Heitmann
Dagmar Grösser
Dana Menzel
Daniela Fisser-Schmalkuche, Alma hat Zeit
Daniela Kroll
Dirk Schemmel
Eike Ostendorf-Servissoglou
Erwin Weingartsberger
Eva Born
Eva Kettl
Gina-Maria Hatterscheid
Harald Karl
Helmut Riedinger
Imkerei Honigbrötchen
Irmgard Kirchner
Jana Schenderlein
Johannes und Ulla Imhoff
Jonas Drewes
Julian Magdeburg
Karin Geiser
Kathrin Brunert
Kerstin Hiller
Klaus Rieboldt
Klaus und Nicola Fiß
Lilo Hennenlotter
Lukas Hommen
Marion Gnadl
Markus Boss
Martina Matthews
Martin Haase
Mechtild Jurcevic, Fancyfoods
Michael Schaar
Mike Bender-Ogica
Mikosch Siegel
Oliver Mayer
Ottomar Scholz
Peter Fillinger
Petra Stripp-Scheuring, q-blume
Pierre Kröhnert
Ramona Mund-Dengel
Robin Krippendorf
Roman Marty
Sandra Brehmer
Sandra Weinlein-Buller
Sebastian Grotegeers
Sindy Grambow
Stefan Willuda
Susanne Federschmid
Tanja Paul
Thekla Budniok, Federchens Gartenglück
Thomas Giersbach
Thomas Puhlmann, NaturaDB
Timon Lembcke
Tobias Pohl
Ulrike Wiese
Ute Post

Impressum

Herausgeberin
Anja Eder

Idee, Konzeption, Text, Gestaltung, Fotografie, Illustration, Umsetzung
Anja Eder

Verlag
TiPP 4 GmbH
Andreas Klotz
Von-Wrangell-Straße 2
53359 Rheinbach
Telefon: 0 22 26 - 91 17 99
Telefax: 0 22 26 - 90 84 22
tipp4@tipp4.de
www.tipp4.de

Druck
druckpartner GmbH
Michael Matschuck
Lahnstraße 38
45478 Mülheim an der Ruhr
www.druckpartner.de
Klimaneutrale Druckproduktion „bluegreenprint®"
Papier: Magno Volume, 135 g/m²

Printed in Germany, 1. Auflage Oktober 2024

ISBN 978-3-9439692-9-0